国外海洋政策研究报告

（2020）

主　编　何广顺　李双建
副主编　周怡圃　杨　潇

海洋出版社
2020年·北京

图书在版编目(CIP)数据

国外海洋政策研究报告. 2020 / 何广顺，李双建主编. -- 北京：海洋出版社，2020. 12

ISBN 978-7-5210-0724-4

Ⅰ. ①国… Ⅱ. ①何… ②李… Ⅲ. ①海洋开发-政策-研究报告-国外-2020 Ⅳ. ①P74

中国版本图书馆 CIP 数据核字(2020)第 262917 号

国外海洋政策研究报告(2020)

Guowai Haiyang Zhengce Yanjiu Baogao(2020)

责任编辑：苏 勤

责任印制：安 淼

海洋出版社 出版发行

http://www.oceanpress.com.cn

北京市海淀区大慧寺路 8 号 邮编：100081

北京朝阳印刷厂有限责任公司印刷

2020 年 12 月第 1 版 2020 年 12 月北京第 1 次印刷

开本：787 mm×1092 mm 1/16 印张：35.75

字数：600 千字 定价：298.00 元

发行部：62100090 邮购部：62100072

总编室：62100034

《国外海洋政策研究报告(2020)》
编 委 会

前　言

当今世界正处于百年未有之大变局，全球海洋秩序深度变革，国际海洋形势风云变幻。加快建设海洋强国，推动构建海洋命运共同体更加离不开对国际海洋发展形势的宏观把握和国外海洋政策的动态研究。“心事浩茫连广宇，于无声处听惊雷”，国家海洋信息中心秉持“直通海情民意，献策海洋强国”的信念与初心，全天候、全方位跟踪国际海洋形势，研究国外海洋政策，坚持编撰年度研究报告，着力将《国外海洋政策研究报告》打造为拳头产品。

2020 年是《国外海洋政策研究报告》连续出版的第三个年头。本年度报告在延续以往风格的基础上，力争在内容广度上有所拓展，研究深度上有所突破，充分体现形势动态总结的全面性、热点问题分析的准确性和政策文本跟踪的时效性，使其进一步发挥好海洋领域政策工具书的功能，为海洋决策、海洋政策研究与学习提供参考。

本书在结构框架上沿袭往年体例，由四篇构成：第一篇以舆情信息为基础，从海洋管理、海洋经济、海洋科学技术、海洋防灾减灾、海洋生态环境、极地事务、深海大洋七个方面对 2019 年国际海洋发展形势进行了总结和梳理；第二篇以热点问题为导向，对美国北极战略调适、印度“印太”战略走向等热点地区的热点问题进行了深入研究，对 2019 年出现的“黑天鹅”事件霍尔木兹海峡争端做了评析，同时，也对核污水入海、深海采矿、冰川融化、海洋酸化、IUU 捕捞、海洋观测等全球海洋治理的热点议题开展了研究；第三篇以国家海洋政策文本为主干，对美国、俄罗斯、加拿大、英国、爱尔兰、日本、韩国、新西兰、库克群岛、佛得角、萨尔瓦多等 10 多个沿海国家政府发布的重大海洋战略政策、计划规划、法规草案进行了翻译整理；第四篇以国际组织政策文本为核心，选取联合国环境大会、全球海洋观测系统、全球海洋酸化观测网、欧盟、东盟、太平洋岛国论坛、北极理事会、国际北极科学委员会等国际组织与平台发布的关涉全球和地区海洋治理的战略框架与行动计划进行编译。全书选取的政策文本语种包括英语、俄语、日语、韩语、西班牙语等。本书为编委会认识，仅代表个人观点。

本书付梓之际，感谢在成稿过程中给予鼎力支持与悉心指导的各位领导与专家学者，也感谢在海洋情报分析与政策研究一线奋斗的科研人员的辛勤付出。书中出现的不足之处，望广大读者批评指正、不吝赐教。

何广顺

2020年夏　于天津

目　　录

第一篇　国际海洋发展形势

第二篇　全球海洋热点问题

第三篇　主要国家海洋政策

第四篇　国际组织海洋政策

第一篇

国际海洋发展形势

第一章　海洋管理

2019 年，全球海洋领域面临的气候变化、海洋环境污染、海洋生态系统破坏等挑战日益加剧，平衡海洋资源开发与海洋生态环境保护之间的关系，已是各国海洋管理的重中之重。各国海洋综合管理在方式方法上不断取得创新突破，在领域上得到拓展，这得益于地方层面、国家层面、区域层面乃至全球层面在出台海洋法律法规、制定海洋战略规划、出台海洋管理政策文件、采取海洋管理实践行动等各方面的努力。2019 年全球海洋综合管理呈现出以下特点：第一，在手段上，国家层面已经开始采取系统化的方式，建立完善的体制机制，形成了集法律法规—战略规划—政策措施—实践行动于一体的海洋综合管理体系；第二，在内容上，随着气候变化、海洋污染等全球海洋治理问题的重要性与紧迫性日益突出，强化防治海洋环境污染和保护海洋生态系统，已经成为各国海洋领域立法、战略规划、政策措施和实践行动的最优先、最主要的事项；第三，多国以提升极地存在为目标，正不断加紧开发利用极地资源和保护极地生态环境，极地已经成为主要国家利益竞争的焦点，且竞争日趋激烈。

第一节　海洋立法

2019 年，加强海洋法律法规的制定是多个国家海洋综合管理的重要手段，也从根本上体现了一国对于海洋管理的基本态度、基本原则和主要规范。从已经立法或欲出台的法律法规的内容看，主要是强化海洋环境污染防治和海洋生态系统保护、加强海洋资源的可持续利用、促进极地生态环境保护和经济发展、提升海洋治理能力等，从而对国家机构、企业和个人的海洋活动进行规范和引导。

一、强化海洋环境污染防治和生态系统保护

防治塑料垃圾和船舶排污等海洋污染、保护海洋生物多样性已成为各国海洋立法的重要内容。美国在联邦层面发布或正制定一系列保护海洋的法律法规。4月，国会发布了《沿海和海洋酸化的压力与威胁研究法案(2019)》《沿海社区海洋酸化法案(2019)》《海洋酸化创新法案(2019)》《国家河口和酸化研究法案(2019)》等若干研究和防治海洋酸化的法案。6月，参议院公布了“拯救我们的海洋2.0法案”，加强国内、全球海洋垃圾治理，解决威胁沿海经济并危害海洋生物的塑料垃圾污染。9月，参议院提出了《保护濒危露脊鲸科学援助法案》并得到了两党的共同支持，以防止露脊鲸完全灭绝。11月，众议院将《沿海各州应对气候变化法案(2019)》列入立法议程。

除美国外，2月，澳大利亚环境部发布了《大堡礁管理条例》，保护当地的海洋生物多样性。5月，加拿大修订了《海洋法》，增强对海洋生态系统的保护。12月，塞舌尔签署了《国际防止船舶造成污染公约》的4项法律法案，旨在防止船舶对塞舌尔海域的污染。冰岛发布法规，禁止在冰岛领海使用重质燃油，改善港口和沿海地区的空气质量。

二、加强海洋矿产资源和能源利用

虽然美国联邦层面和州层面对海洋能源资源利用的态度有所不同，但在法律层面，美国总体上加大了对海洋油气资源和可再生能源的开发力度。1月，美国参议院否决了一项禁止在弗吉尼亚州近海开采石油的议案，且美国政府准备公布为期5年的联邦近海租赁计划，提议在全国开放多条海岸线，用于近海石油和天然气钻探。与此同时，美国纽约州却通过了一项法案，禁止在该州海岸线外进行任何海上钻探活动。9月，美国举行了《海洋能源研究与开发法案(2019)》《海上风电领土法案》听证会，讨论《风能研究与开发法案》，以开发海洋能源。

澳大利亚、俄罗斯等也加大了海洋矿产资源的开发力度。1月，澳大利亚发布了《近海矿产法修正案(2019)》，重新规定了近海矿产勘探与开发的地理范围、矿产勘探与开发许可证等。10月，俄罗斯通过了旨在加强指定水域的地质勘探工作并赋予天然气、石油工人地质勘探权利的相关法

案。此外，7月，爱尔兰政府发布了《海洋规划与发展管理条例》(草案)，推动海上可再生能源行业发展。1月，库克群岛发布了《海底矿产法案(2019)》草案，强化国家对水下资源的管控。

三、促进极地生态环境保护和经济发展

作为北极大国，美国和俄罗斯都积极通过立法形式强化北极生态环境的保护，推动经济发展。9月，美国众议院通过了《北极文化与海岸平原保护法》，阻止特朗普政府在北极国家野生动物保护区开采石油；同时通过了《北极保护区保护法》，将北极国家野生动物保护区的沿海平原指定为荒野地区，保护其不受石油和天然气租赁和开发的影响。1月，俄罗斯制定了关于俄罗斯北极国家公园管理的法规，禁止破坏北极国家公园动植物以及资源等；2月，俄罗斯总统普京签署法令，将制定和实施北极社会经济发展的国家政策和监管框架的职能转交给远东发展部，并将其更名为远东和北极发展部；9月，俄罗斯政府通过了关于允许私人投资者进入北极的法案和对北极地区企业减税政策的法案，自2020年1月1日开始对卡累利阿共和国内的北极地区企业推行税收优惠政策。

四、保护海洋渔业资源

从5月1日起，瑞典实施新法规以增加对波罗的海鲑鱼种群的保护，并确定鲑鱼捕捞配额。为打击非法、不报告和无管制(IUU)捕捞，5月，加拿大批准了《北冰洋中部公海无管制捕鱼协定》，规定未来16年内禁止在北冰洋中部公海区域进行商业捕鱼；7月正式加入《港口国措施协定》国际协议。8月，马尔代夫通过了新《渔业法》，提出了管控和处罚IUU捕捞行为和人员的措施。

第二节　海洋战略规划

2019年，多个国家或国际组织制定专项海洋战略规划，并在国家相关战略规划中纳入海洋议题。从这些海洋战略规划的制定内容看，主要集中在应对气候变化所带来的挑战、对海洋事务进行统筹协调和安排、优化海

洋空间利用、促进海洋资源可持续利用和海洋产业发展、推动北极可持续发展等方面。

一、应对气候变化和海洋生态环境破坏

5 月，英国环境部宣布启动应对洪水和海岸变化的长期战略。6 月，爱尔兰公布了气候行动计划。7 月，英国海事和海岸警卫局发布了《清洁海事计划》，以减少航运产生的温室气体和污染物排放。10 月，爱尔兰批准了《农业、森林和海洋食品气候变化部门适应计划》，准备应对气候变化带来的洪水、极端风暴潮等威胁。11 月，欧盟海洋空间规划平台发布了《地中海海岸气候变化适应——“联合行动计划”》。

减少海洋垃圾、防治海洋污染、维护生态系统平衡成为多国的战略选择。2 月，加拿大海洋与渔业部宣布实施绿色政府战略，承诺到 2030 年在政府活动中减少 75% 的塑料使用量。同月，澳大利亚环境部发布了《东澳大利亚沿海雨林和沿海藤丛国家恢复计划》。5 月，日本制定大幅削减国内排放塑料垃圾的“塑料资源循环战略”和海岸漂抵垃圾对策的新基本方针。7 月，韩国海洋水产部制定了《海洋生态轴设定管理蓝图（2019—2023）》。同月，加拿大宣布了 2019 年度的北大西洋露脊鲸保护计划。

二、统筹安排海洋管理事务

瑞典、印度尼西亚等国和相关国际组织正从战略角度全面统筹安排海洋资源利用、海洋保护、海洋经济发展。瑞典首次制订了国家海上计划，将据此开展跨境跨海域的国际合作，4 月，瑞典海洋和水管理局制订了“波罗的海海洋行动计划”，涉及渔业、海洋保护区、海洋废物和生物多样性等 32 项措施。6 月，第 18 次世界气象大会批准了新的海洋合作框架，旨在促进协调与合作，加强在海洋学和气象观测、数据和信息管理、服务等领域的协调开发和实施。7 月，英国运输部、海事和海岸警卫局发布了《海事安全行动计划：海事安全事项》；在太平洋岛国论坛外长会议上，南太国家代表一致同意制定“2050 蓝色太平洋大陆战略”，以应对当前及未来地缘政治、气候变化、海洋治理等热点问题，并确保“蓝色太平洋”“太平洋区域主义”等理念的持续贯彻；秘鲁环境部批准制

定沿海海域综合管理计划，旨在促进秘鲁沿海地区协调发展；印度尼西亚海事与投资统筹部确定了纳土纳地区发展计划，涉及边界、国防安全、航行安全和发展一体化。9月，第四届太平洋地区能源和运输部长会议一致通过了《太平洋女性海事领域区域战略(2020—2024)》，以赋予女性在海事领域必要的权利。10月，英国发布新版《海洋战略：第一部分——英国最新评估和良好环境状况》报告。同月，挪威发布最新海洋战略——“蓝色机遇”，特别强调专业知识和数字化、气候和绿色航运以及沿海地区价值创造3个领域。

三、优化海洋空间利用

联合国和欧盟在全球和区域层面大力推进海洋空间规划。1月，联合国教科文组织政府间海洋学委员会和欧洲委员会联合启动了“全球海洋空间规划”项目，这是一项促进跨境海洋空间规划的新联合倡议，以改善对水产养殖、旅游、海洋能源和海底资源开发等管理。5月，欧盟委员会发布了《跨境海洋空间规划》《海洋空间兼容性》两份报告，前者为其他国家开展跨境规划协调提供技术参考，后者提出海上风电、商业渔业、海洋保护区、水产养殖等用途兼容性和冲突解决方案。6月，欧盟资助“黑海跨境海洋空间规划”项目，以支持保加利亚和罗马尼亚的海洋空间规划发展。7月，欧盟发布了《北海波罗的海走廊区域发展、物流和运输的联合跨国空间愿景》。

韩国、瑞典等在国家层面积极推动海洋空间的规划与布局，以实现可持续利用海洋。7月，韩国发布了首个最高级别的《海洋空间基本规划(2019—2028)》，设定了“共生与包容的海洋，经济与环境共存的海洋”蓝图。12月，瑞典海洋与水管理局向政府提交了首部国家海洋空间规划，规划范围包括瑞典波的尼亚湾、波罗的海、北海3个地区的领海和专属经济区。此外，芬兰、印度尼西亚、汤加也都在为制定海洋空间规划积极准备，巴西和乌拉圭已计划在2030年前制定海洋空间规划。

四、促进海洋资源可持续利用

2月，日本出台了新一期《海洋能源矿物资源开发计划》，对天然气水合物、石油与天然气、海底矿产资源的开发提出了具体目标、时间节点和路线图。3 月，美国发布了《以加强水安全为目标的海水淡化统筹战略规划》，以支持海水淡化发展。同月，爱尔兰发布了《爱尔兰近海渔业战略(2019—2023)》，这是其首个近海渔业蓝图，确定了近海渔业发展目标和方向。

五、推动极地可持续发展

芬兰、法国、加拿大等国及北极原住民积极推动北极地区发展。4 月，芬兰拉普兰地区委员会决定将有争议的北极铁路线(从罗瓦涅米到挪威的希尔克内斯)纳入最新的区域土地利用规划中。9 月，法国国防部长签署了新的《北极战略》，该战略明确北极不属于任何国家，只有国家间合作才能取得成果。同月，加拿大发布最新北极政策框架，优先发展基础设施、促进地区经济、支持科研、建立良好生态系统等事项，还发布了一项针对北极资源开发的 10 年战略计划。10 月，萨米理事会发布了《萨米北极战略：通过伙伴关系、教育和倡导确保萨米人的持久影响力》，讨论如何在研究和决策中增加原住民的知识和参与。

第三节　海洋管理政策措施

从 2019 年各国所制定的各类海洋管理政策措施看，主要是对海洋法律法规、海洋战略规划的具体化，从各国或地区发布的海洋政策内容来看，基本涉及了海洋管理的各个具体领域，包括减少海洋环境污染、建设海洋保护区、应对海平面上升、管控海洋渔业资源、开发海洋非生物资源、保护和发展极地地区等。

一、减少海洋环境污染和应对气候变化威胁

第一，减少海洋环境污染。3 月，越南颁布《船舶海洋污染防治体系国家技术标准》。6 月，新西兰确认就石油污染征税。8 月，法国总统马克龙提出，通过降低海运速度减少环境污染。12 月，印度国家绿色法庭要求所有沿海邦和联邦属地向中央污染控制委员会提交报告，说明为防止污水和工业废水排放入海而采取的措施。同月，冰岛颁布最严格的海运二氧化硫

排放规定，即自2020年1月1日起，在离冰岛海岸12海里以内航行的船舶所使用燃料中的硫含量不得超过0.1%，该规定严于国际上3.5%的限制标准。

第二，建设海洋保护区。1月，柬埔寨敦促各省份实施海岸地区保护措施。2月，西班牙出台加强海洋与渔业保护区网络建设的规定。4月，加拿大宣布所有保护区内将全面禁止石油、天然气开采以及采矿、废物倾倒和底拖网捕捞等活动。8月，美国发布了佛罗里达群岛国家海洋保护区恢复蓝图。

第三，应对气候变化与海平面上升。岛屿国家易受到海平面上升、洪水、粮食和水安全的影响。6月，新加坡计划启动一项国家海平面计划，以制定强有力的长期规划应对气候变化。7月，图瓦卢、所罗门群岛、帕劳等南太平洋岛国多措并举减轻海洋灾害对沿海经济影响。

二、加强海洋资源管理

第一，管控海洋渔业资源以实现可持续发展。当前，全球渔业资源持续下降，部分鱼类种群恢复困难，对此，欧盟、美国、瑞典等已经积极采取针对性的具体措施。从2019年起，瑞典提高鱼类售卖可追溯性要求，以更好地控制渔获量。2月，挪威推进利用射频识别技术的电子标记技术管理鲱鱼，以计算年度鲱鱼配额。3月15日起，墨西哥临时禁止在该国太平洋联邦管辖的海域捕捞所有虾类。美国发布禁令，3月16日开始禁止捕鱼船在白令海和阿留申群岛管理区使用拖网直接捕捞太平洋鳕鱼。因鳗鱼数量剧减，从2018年11月至2019年1月，欧盟委员会要求停止捕捞鳗鱼。5月，美国提出了今后5年内以生态系统为基础的渔业管理优先行动，以实现可持续渔业发展目标，并修改了在州水域捕捞大西洋短鳍灰鲭鲨的体型限制标准，以保护这一濒危物种。同月，越南决定为各地渔船颁发远海捕捞配额许可证。5月至7月，孟加拉国执行专属经济区65天禁渔令，促进海洋鱼类种群繁殖。7月，北太平洋渔业委员会年会一致同意引入捕捞配额制度，2020年的上限为55.625万吨。10月，欧盟决定削减2020年波罗的海西部鲱鱼和鳕鱼的捕捞许可，对休闲垂钓者也将有更严格的限制条件。同月，帕劳决定从2020年开始对专属经济区内80%的水域实施禁捕措施。

第二，促进海洋非生物资源开发。1月，英国发布了新版海上风电场指南，预计到2030年英国的海上风电产业年产值将达到300亿英镑。5月，挪威石油和能源部发布了2019年挪威大陆架地质成熟探区的许可公告。为实现到2045年净零排放的承诺，苏格兰将发布《海上风电政策声明草案》，苏格兰海上风电规模将增至10吉瓦。

三、促进极地保护与发展

对于北极国家来说，北极是其国家核心利益所在，开发和保护北极同等重要。5月，北极理事会批准了《改善北极地区的连通性》报告，提升整个北极地区的连通性和通信速度，扩大覆盖范围。8月，德国发布了最新的北极政策指导方针，将致力于气候治理和环境保护作为其北极政策基本要素。9月，冰岛担任北极理事会主席期间的第一届可持续发展工作组会议通过了开发北极远程能源网络、推动北极地区蓝色生物经济发展等建议。11月，北极考察邮轮运营商协会宣布了禁止在北极使用和运输重质燃料油，并发布强制执行游客清洁海洋指南、植被指南等新的北极指南。12月，挪威环境部启动计划，扩大重质燃料油禁令，限制前往斯瓦尔巴群岛海域的邮轮大小。

5月，国际南极旅游组织协会发布旅游业发展新措施，包括：采取强制措施防止袭击鲸类，更严格限制遥控飞机系统的商业使用，减少极地游客废弃物等。7月，在毛里求斯南印度洋渔业协定会议上，深海保护联盟、南极和南大洋联盟发表有关限制南极犬牙鱼捕捞的声明。

四、加大打击IUU捕捞等违法行为的力度

8月，美国海岸警卫队考虑将打击IUU捕捞、保护渔业作为优先事项。10月，在“渔船安全和打击IUU捕捞”部长级会议上，48个国家签署《托雷莫利诺斯宣言》，承诺推动渔船安全并敦促各国采取行动打击IUU捕捞。12月，印度国防部授权海岸警卫队在专属经济区内登上任何船只、扣押资产和逮捕犯罪嫌疑人。

第四节　海洋综合管理实践行动

2019 年，海洋综合管理的实践活动极为丰富，开发与保护并重、极地活动日益频繁成为其主要特征。总体来看，海洋管理的实践活动主要包括：推动极地开发与保护，通过保护濒危物种等维护海洋生物多样性，通过建设人工岛等应对海平面上升，打击 IUU 捕捞持续有力等。

一、推动极地开发与保护

第一，推动北极经济社会发展与生态环境保护。北极国家竞相采取加大基础设施建设投资力度、建立保护区等行动，以求在北极竞争中掌握主动权、话语权，尤其是美国、俄罗斯、加拿大这三个北极大国。美国加大北极资源开发与竞争投入。1 月，即使在政府停摆期间仍继续推动阿拉斯加北极地区约 1.27 万平方千米(1900 万英亩)保护区内的石油钻探活动。4 月，海岸警卫队投资 7.5 亿美元设计和建造新一代重型破冰船。8 月，政府公布了两个备受争议的推动北极阿拉斯加项目进展的文件：一个是安布勒公路项目，建设一条到达阿拉斯加西北部铜矿储量区的公路；另一个是位于阿拉斯加州的国家石油储备区油田项目“柳树探矿”。12 月，美国在格陵兰岛重新建立永久外交领事馆的请求获丹麦批准。此外，美国考虑将海军舰艇送入北极，并在白令海建立一个新的战略港口设施以应对与俄罗斯、中国的北极竞争。

俄罗斯以保护北极生物多样性、发展北极航运、扩大军事存在、提升北极科研能力为重点，积极采取行动。6 月，确定在科尔古耶夫岛建立自然保护区，以保护巴伦支海和北极地区的生物多样性，并建立严格的环境制度。同月，成立了北方海航道公共委员会，为北方海航道发展制定最佳方案。8 月，北方舰队水文学家确认了 5 个新的面积在 900～54 500 平方米之间的北极岛屿。俄罗斯北部小镇哈坦加镇正在翻新机场、物流设施等以打造北极旅游中转站，拟取代挪威朗伊尔城。俄罗斯计划在科拉湾西岸建设“新摩尔曼斯克”项目，重点关注和研究北极问题，并将其打造为北极国际议程的“研讨中心”。

加拿大的北极活动充分体现了保护与开发并重。4 月，政府宣布新的两艘破冰船将在北极等区域使用。5 月，总理宣布将为海岸警卫队建造两艘新的北极巡逻船。8 月，政府宣布计划在北极的巴芬湾埃尔斯米尔岛西北海岸附近建立一个面积超过 42.7 万平方千米的新保护区，在北极南安普敦岛建立 9.3 万平方千米的海洋保护区；政府宣布将投资 5000 万加元修建一条从北极地区的耶洛奈夫到努纳武特中部的公路。12 月，育空地区立法机构批准将育空学院改为大学，成为加拿大在北极建立的首所大学。

4 月，德国与冰岛签署协议创建芬纳峡湾港口发展公司，建设冰岛北部芬纳峡湾深水港和工业基地，将冰岛打造成北极航运的中心枢纽。9 月，英国新型的极地破冰研究船“大卫·阿滕伯勒爵士”（*Sir David Attenborough*）号正式启用，这是英国政府极地基础设施 3 亿英镑投资计划的一部分，以确保其保持极地研究前沿地位。

第二，大力投资南极基建与科研。澳大利亚、美国等南极大国，为提升南极科研能力，大力投资南极基础设施建设和后勤保障服务。为捍卫在南极科研和南极环境保护上的领导地位，澳大利亚政府采取了一系列行动：3 月，在霍巴特投资建设了新的远程医疗中心，为南极科考站医疗人员提供技术指导和后勤保障；为科考站搬运斥资 510 万美元购置了 5 台重型拖车。1 月，美国海岸警卫队“极地之星”号破冰船搭载的 150 名船员抵达南极洲，并为参加第 63 次深冻行动的船只提供补给；2 月，美国国家科学委员会授权国家科学基金会推进南极科学基础设施现代化项目。

智利、巴西等其他南极周边国家也积极行动以提升南极存在。1 月，智利总统发布包括新码头建设在内的弗雷基地现代化改造计划，将基地与南极洲紧密联系在一起，以加强智利在南极洲的存在。7 月，巴西在已投资约 1 亿美元用于巴西费拉斯少校南极站的建设后，宣布将再拨款 200 万黑奥用于该站 17 个实验室的建设。

二、大力保护海洋生物多样性和生态环境

加拿大采取了多项行动以保护海洋生物资源。1 月，宣布在 4 年内完成新不伦瑞克省东岸的栖息地恢复工作；3 月，宣布将在东南部加斯佩半岛东部设立海洋保护区，以保护鲸、狼鱼等濒危物种，还将在不列颠哥伦

比亚省的豪湾建立 8 个面积共约 3.5 平方千米的海上避难所；7 月，宣布将设立不列颠哥伦比亚省鲑鱼恢复和创新基金，第一年总额将达 1300 万加元；8 月，宣布在今后 4 年中将拨款 270 万美元，通过联邦海洋观察蓝色宪章行动小组进一步保护海洋，并将拨款 830 万加元解决加拿大水域“幽灵渔具”问题。

其他国家也积极展开海洋保护行动。3 月，韩国海洋水产部成立海洋环境调查研究院，进行海洋生态系统调查。7 月，为恢复沿海和海洋物种的栖息地，美国国家海洋与大气管理局向 19 个项目提供 1040 万美元的资金，以保护牡蛎、珊瑚和大西洋鲑鱼、加利福尼亚中部海岸银鲑鱼和南部虎鲸。9 月，澳大利亚宣布将在珀斯市成立印度洋蓝碳研究中心，以协助 22 个环印度洋地区合作联盟成员国开展蓝碳研究。11 月，南太平洋区域环境署在马绍尔群岛设立北太平洋办事处，以支持北马里亚纳群岛、密克罗尼西亚联邦、关岛、基里巴斯、马绍尔群岛、瑙鲁和帕劳等国家和地区建设健康和富有弹性的岛屿和海洋生态系统。同月，瑞典为波罗的海行动计划增加了 1000 万克朗投资，以改善波罗的海的环境状况。美国也正在加快采取措施，将北大西洋露脊鲸的严重伤害和致命纠缠风险再降低 60%，并正寻求与加拿大的合作。

三、多举措应对气候变化、海平面上升

由于气候变暖，90% 的大型城市将面临海平面上升带来的淹没风险，尤其是对于小岛屿国家来说，应对气候变化尤为迫切，已经关乎生死存亡。4 月，联合国推广海上漂浮城市概念。8 月，新加坡表示将采取措施应对海平面上升，包括仿效荷兰采用“圩田”的填海造陆技术来保护海岸线、填海造岛。10 月，美国部分城市开始探索防止海平面上升基础设施建设的融资渠道，如迈阿密设立一项 4 亿美元的“迈阿密永久债券”，其中一部分(1.92 亿美元)用以解决海平面上升问题。

此外，联合国环境规划署和全球环境基金共同实施“蓝色森林”项目，在多米尼加、厄瓜多尔、肯尼亚、印度尼西亚、马达加斯加、莫桑比克、阿拉伯联合酋长国和美国 8 个国家开展试点工作，通过红树林和沿海生态系统保护促进碳融资。

四、有力打击 IUU 捕捞

6 月，澳大利亚向萨摩亚捐赠巡逻艇，以强化其海上搜救、打击 IUU 捕捞的能力，斐济军方也宣布将获得两艘由澳大利亚和韩国捐赠的海洋调查船，以增强海上监视能力。9 月，在中西太平洋渔业委员会和北太平洋渔业委员会的支持下，美国海岸警卫队在太平洋进行为期 80 天的巡逻以打击 IUU 捕捞。10 月，韩国和中国启动相关海域联合巡逻，展开为期 7 天的打击 IUU 捕捞行动。11 月，在 2019 年与小岛屿发展中国家的合作中，加拿大渔业官员登上美国海岸警卫队船只以及加拿大的 CP-140 极光巡逻机在斐济、基里巴斯、托克劳、瓦努阿图和图瓦卢等岛屿国家巡逻，以打击 IUU 捕捞。

五、开发利用海洋资源

6 月，挪威计划开放罗加兰海岸附近的乌特西拉诺德区域，建立漂浮式海上风电场。7 月，美国宣布海洋能源管理局将租赁出售墨西哥湾联邦海域约 5.19 万平方千米(7780 万英亩)石油天然气区块，以支持《美国优先海上能源战略》。9 月，美国能源部长宣布，指定国家水资源创新联盟领导能源-海水淡化中心，以解决美国的水安全问题。8 月，印度表示将投资 5.5 亿卢比开展深海研究任务，主要目标是实现“探索深海以获取能源、矿物和水资源”。此外，日本从 7 月起在领海及专属经济区恢复针对小须鲸等 3 种鲸类的商业捕捞。

第二章　海洋经济

2019 年，蓝色经济在国际社会进一步获得共识，双多边交流合作日趋活跃。海洋渔业、海洋油气业、海洋工程建筑业稳步发展，全球海洋交通运输业、海洋船舶工业增速缓慢，海洋可再生能源、深海采矿和海水淡化展现了行业发展潜力，生态游、海岛游、极地游和邮轮游艇新业态进一步挖掘海洋旅游资源潜力。

第一节　蓝色经济得到各界广泛认同

蓝色经济充分体现了人与海洋和谐共生的发展理念，代表着海洋领域的未来发展趋势，其重要性越来越受到各国政府、国际组织、智库、民间团体的认可和推崇。

一、欧洲是推动蓝色经济发展的先导地区

欧洲始终是蓝色经济发展的前沿地区。5 月，欧盟委员会发布了第二版《欧盟蓝色经济报告》，内容包括蓝色经济现状与趋势、蓝色能源、自然资本和生态系统服务、案例研究和区域分析。

葡萄牙是在蓝色生物经济、海洋智能等方面最具代表性的欧洲国家。4 月，葡萄牙海洋部长表示，政府希望在蓝色生物经济领域形成一个能够创造财富和就业机会的新型经济发展模式，将推出一个数字平台用于宣传蓝色生物经济的创新产品和服务。5 月，以“海洋智能治理”为主题的海洋大会在里斯本举行。葡萄牙海洋部长表示，海洋智能治理是与联合国《2030 年可持续发展议程》高度一致的重点战略，消除贫困依赖于共同应对气候变化和保护环境，而海洋是应对气候变化不利影响的关键领域。7 月，葡萄牙海洋部长在“海上校园”项目介绍会上宣布，该项目旨在使葡萄牙在全球海洋科技和蓝色经济领域成为范例，通过国家科研、教育和技术部门的共同努力，促进海洋各相关领域的综合发展，最终将建成一个集公共事

务部门、服务机构、高等院校和研究实验室为一体的海洋国际高新技术园区。

二、环印度洋地区大力挖掘蓝色经济潜力

环印度洋地区合作联盟（IORA）在促进区域蓝色经济发展过程中发挥了重要作用。9月，第三届 IORA 蓝色经济部长级会议在孟加拉国达卡举行。会议通过了《达卡宣言》和其他成果文件，声明 IORA 成员国在未来几年进一步加强和深化蓝色经济优先领域合作的承诺。

蓝色经济占印度国内生产总值的 4%，对国家发展至关重要。2019 年初，印度地球科学部表示将投资 8000 亿卢比启动深海任务，并推出一系列举措推动蓝色经济发展。3 月，印度副总统文卡亚・奈杜称，不能让海洋及其生态系统进一步退化，印度应充分挖掘蓝色经济的巨大潜力，实现更高的增长，并为可持续利用海洋保护区启动相应的方案。莫迪总理在 8 月 15 日印度第 73 个独立日表示，印度必须把重点放在开发海洋资源、发展蓝色经济上，努力进入全球市场。

孟加拉国高度重视蓝色经济对本国社会经济发展的重要价值。4 月，孟加拉国规划部长在“蓝色经济促进孟加拉国可持续发展”国际会议上表示，孟加拉国蓝色经济潜力巨大，应充分开发利用海洋资源，推动可持续发展。与会专家呼吁开展全面调查研究，探索海底资源，尽快制定海洋政策。6 月，孟加拉国财政部的预算报告将蓝色经济视为新的发展机遇。报告指出，开发利用孟加拉国海洋资源可以使该国 GDP 提高 2%，建议尽快完成海洋资源多维调查，提升海洋船舶及现代化海港能力建设，加强深海捕捞，推动海洋生态旅游，整治海洋和海岸带污染。11 月 25 日，由孟加拉国总理主持的内阁会议批准了《海洋区域法案（2019）》（草案），强调妥善管理和合理利用海洋资源对国家未来经济发展的重要性，旨在释放蓝色经济潜力，遏制海盗、海上恐怖主义、海洋污染等海上犯罪，控制非法船只。

位于西印度洋的非洲国家也紧跟蓝色经济发展潮流。1 月，尼日利亚交通部的一份声明指出，尼日利亚将致力于发展蓝色经济，包括发展可再生能源、渔业、海洋运输、旅游业以及加强废弃物管理、应对气候变化等。7 月，在尼日利亚拉各斯举办的 2019 年非洲海洋日会议上，尼日利亚

海事管理局长称，政府和海洋产业的关键利益攸关方必须抓住蓝色经济带来的巨大机遇，促进海洋资源的可持续利用、保护和存续，并促进海洋经济的飞速发展。

塞舌尔站在推动蓝色经济倡议的最前沿。5月，塞舌尔举办了主题为“创造可持续的工作未来和向蓝色经济过渡”的非洲岛屿国家会议，塞舌尔副总统称，蓝色经济是可持续发展的未来，将带来新的就业机会和经济增长点。8月，塞舌尔总统在出席第七届东京非洲发展国际会议期间表示，塞舌尔是非洲蓝色经济的倡导者，正与非洲联盟委员会、联合国非洲经济委员会积极合作，为非洲大陆制定蓝色经济政策。

三、东南亚和南太国家积极倡导发展蓝色经济

越南、印度尼西亚、菲律宾等东南亚沿海国家普遍认识到蓝色经济具有巨大的发展潜能。5月，越南自然资源与环境部长陈红河指出，越南有必要在注重“蓝色增长”、海洋生物多样性和生态系统保护的基础上实现海洋经济可持续发展。越南海岛总局原副局长阮朱回认为，应规划国家海洋空间，重视海洋和沿海经济发展的联系，提高监测、处理自然灾害及环境事件的能力，减少碳排放，提高对“蓝色海洋经济”“蓝色增长”及海洋和岛屿可持续发展的认识。8月，印度尼西亚海事与渔业部负责人维嘉嘉称，印度尼西亚海事与渔业部正在“创新村”发展白蛋白产业，通过发展“创新村”从上游到下游产业来发展蓝色经济。10月，菲律宾举办了主题为“海洋菲律宾：充分利用蓝色经济发展机遇实现经济社会可持续增长和国家安全”的首届全国海洋峰会。

南太国家关注蓝色经济在可持续发展方面的重要作用。9月，斐济总理在可持续海洋经济高级别小组会议上呼吁，世界各国应在斐济的带动和领导下，在2030年前实现对各自专属经济区100%的可持续管理，并至少将专属经济区的30%划设为海洋保护区。同时，斐济还呼吁在2020—2030年期间暂停太平洋地区的深海采矿活动，全面评估深海采矿对人类生存发展的利弊。斐济和马绍尔群岛希望以“蓝色债券”的形式筹集数百万美元，以推动太平洋海运业的可持续发展转型，并谋求在2030年前将海运业化石燃料使用量减少40%，到2050年实现海运业零碳排放。澳大利亚外交部长在第三届环印度洋地区合作联盟蓝色经济部长会议上宣布建立一个保护

蓝碳生态系统健康的科学中心，帮助环印度洋地区合作联盟成员国提升保护和恢复蓝碳生态系统的能力。

四、国际组织成为推动蓝色经济发展的重要力量

国际组织为支持蓝色经济发展提供了必不可少的多边平台和资金支持，其桥梁和纽带作用正在日益显现。3月，政府间海洋学委员会非洲和邻近岛屿国家分委会第五届会议在内罗毕联合国办事处举行，会议讨论了非洲和邻近岛屿国家如何利用海洋科学和研究挖掘蓝色经济潜力，强调国际合作在海洋研究和蓝色经济中的重要性，并讨论未来如何开展一些活动。5月，亚洲开发银行宣布将推行一项价值50亿美元的亚太地区“健康海洋和可持续蓝色经济体行动计划”。亚洲开发银行总裁表示，作为行动计划的一部分，亚洲开发银行还将启动海洋融资计划，投资有利于改善海洋生态环境的项目。9月，联合国《生物多样性公约》秘书处转载报告称，海洋经济被誉为“非洲复兴的新前沿”，马达加斯加、索马里、肯尼亚、南非、尼日利亚5个非洲国家拥有巨大的增长潜力，有望从中受益。

北极理事会将可持续发展工作组（SDWG）蓝色生物经济项目作为2019—2021年的优先事项之一。该项目于2019年10月正式启动，将为增强和进一步发展北极蓝色生物经济创造重要机会，重点是平衡经济增长、社会包容性和环境保护之间的关系。

世界自然基金会（WWF）是全球最大的独立性环保非政府组织之一。1月，WWF在参加地中海蓝色投资活动期间，与来自海运、旅游和水产养殖领域的重要从业者协商合作事项，通过减少碳排放和污染源，改善废物回收和减少海洋垃圾来减少对环境的负面影响，同时增加对保护项目的投资。WWF还将提出一系列实用建议，旨在化解地中海海洋产业与海洋保护区之间日益增加的矛盾和冲突，并与主要金融机构合作，确保该地区未来的投资符合《可持续蓝色融资原则》。

五、社会力量积极为蓝色经济发展建言

各国智库、学者、媒体等社会力量在推动蓝色经济发展中发挥了独特优势。3月，美国智库“海洋生态系统管理”开辟专栏讨论了蓝色经济的概

念与内涵，不同组织和学者在四个方面达成共识：一是自然资产，蓝色经济应当维持海洋自然资源资产增长或不贬值；二是空间友好，蓝色经济应当在海洋空间规划指导下开展，解决空间冲突和影响可持续发展的问题；三是海洋安全，蓝色经济应严厉打击 IUU 捕捞和海盗行为，维护安全性和稳定性；四是创新驱动，包括海洋生物技术等新兴产业。6 月，美国明德学院蒙特雷国际研究院蓝色经济中心与杜克大学尼古拉斯环境政策研究所代表世界自然基金会，对肯尼亚和坦桑尼亚的海洋经济发展情况进行评估，此次评估为两国制定蓝色经济战略奠定基础。11 月，英国国际环境与发展研究所提出"包容性蓝色经济"计划，旨在通过合作研究和有意义的对话，支持具有恢复力的海洋和沿海生态系统的可持续发展。

有学者以谨慎态度对发展蓝色经济进行思考并提出建议。加拿大不列颠哥伦比亚大学海洋与渔业研究所研究员内森・本内特认为，全球发展蓝色经济的热潮可能会损害海洋环境和人类福祉，必须采取创新性的政策和行动。12 月，太平洋全球化网络组织的蓝色经济研究员丽思・科卡纳斯加表示，太平洋岛国应当谨慎对待蓝色经济议程，因为该议程将增进域外大国对太平洋资源的开发，并对太平洋岛国参与海洋治理构成挑战。

媒体在蓝色经济政策制定和执行过程中发挥了重要的监督作用。3 月，孟加拉国主流媒体达卡论坛和《每日星报》撰文称，孟加拉国政府早已明确通过发展 26 个海洋产业挖掘本国蓝色经济潜力，但由于缺乏有力措施，这些产业几乎都未得到开发，截至目前，只有电力、能源与矿产资源部于 2017 年 1 月成立了"蓝色经济办公室"，但由于人员不足，其活动仅限于举行临时性会议。7 月，《雅加达环球报》刊文指出，蓝色经济是印度尼西亚经济增长至关重要的催化剂，合理利用蓝色经济，可以促进印度尼西亚经济增长、帮助印度尼西亚摆脱中等收入陷阱，如果政府和私营部门能够共同发行蓝色债券，印度尼西亚将可能有足够的财政资源挖掘蓝色经济潜力。

六、跨地区双多边合作已成为国际趋势

围绕蓝色经济的跨地区双多边合作交流日渐频繁，以加强合作、增进共识、共享经验和成果。2 月，孟加拉国渔业和畜牧部、联合国粮食及农

业组织联合举办了“孟加拉国蓝色经济、渔业与海水养殖”对话会，就孟加拉国蓝色经济和渔业发展达成共识。3 月，利比里亚与瑞典大使馆和保护国际基金会合作，在蒙罗维亚举办蓝色海洋会议，这是西非地区召开的首次海洋会议。会议围绕蓝色经济、海洋污染、气候变化、可持续渔业等议题进行讨论，并提出相关问题的解决方案。10 月，印度、法国与西印度洋的科摩罗、马达加斯加、毛里求斯、塞舌尔的领导人首次在留尼汪群岛会晤，探讨经济发展和伙伴关系。印法结成伙伴关系，热衷于在西印度洋这个资源丰富的地区重点发展港口、蓝色经济、贸易、基础设施、旅游业等。同月，法属留尼汪与塞舌尔举办了双边商业论坛，旨在两岛间双边合作框架下实施环境可持续项目，蓝色经济是合作的重点领域之一。

第二节　海洋渔业平稳健康发展

渔业在解决粮食危机、创造就业、促进出口等方面具有独特的优势，许多沿海国家将其作为优先发展的行业。2019 年，海洋渔业仍然是各国海洋经济发展的重要内容。

一、沿海国家多措并举支持海洋渔业发展

在渔船渔港建设方面，1 月，马来西亚农业及农基工业部副部长表示，马来西亚渔业局将依据国际海事组织的规定，拟定 12 项标准指南，供本地造船业参考，并推动现代化深海渔船计划，鼓励渔民使用高科技深海渔船取代木制或铁制渔船，从而降低本国渔业对于外国人力资源的需求。爱尔兰农业、食品和海洋部长年初宣布，2019 年将为爱尔兰海洋渔业港口中心和渔港基础设施网络项目提供 3570 万欧元的资金，致力于 6 个海洋渔业港口中心和相关海洋基础设施的建设。2 月，斯里兰卡渔业和水生资源开发部长称，在蓝色经济计划以及韩国的援助下，汉班托塔地区的卡拉梅提亚渔港将成为斯里兰卡第一个智慧渔港。

在搭建发展平台方面，为期 5 天的第五届摩洛哥国际渔业展 2019 年 2 月在摩洛哥阿加迪尔召开，这是非洲远洋渔业最大的展览，共有来自 40 多个国家的 280 多家厂商参加，参展企业涵盖了整个渔业产业链，旨在为业

界人士和投资者搭建平台，增强交流，促进渔业发展。①

在资金支持方面，5 月，纳米比亚渔业和海洋资源部长宣布，在 2019—2020 财年，将投入 3800 万纳米比亚币(约合人民币 1780 万元)，推进海洋及内陆的水产养殖，旨在创造就业，增加收入，提高粮食安全，推动水产养殖发展和渔业资源的可持续利用。

二、科技创新成为海洋渔业发展的重要推动力

6 月，韩国海洋水产部推动海洋水产科学技术振兴院、水产科学院、海洋科学技术院、船舶与海洋工程研究所的技术转让和商业化，将价值 48.6 亿韩元的技术转让给中小企业。其中，在海洋水产部支持下开发的“超高速集装箱安检仪技术”是无需打开集装箱就可以利用 X 射线检查内部的三维安检技术，处于世界领先地位。7 月，英国环境部长宣布成立价值 1000 万英镑的研发基金，以推动渔业和海产行业的创新，为人工智能船只的使用铺平道路。

第三节　海洋油气业持续增长

2019 年，尽管国际贸易和世界经济增长放缓，但是年初和年末两轮欧佩克减产协议达成对油价形成支撑，为全球海洋油气开发创造了良好环境②，海洋油气勘探开发保持上升态势。

一、海洋油气勘探开发活跃

总体来看，全球常规石油和天然气的勘探发现量呈上升趋势，2019 年上半年全球新发现共计 67 亿桶石油当量，其中，在海洋发现的石油和天然气占总量的一半。

为支持特朗普的《美国优先海上能源战略》，2 月，美国内政部宣布，美国海洋能源管理局将于 3 月进行油气租赁销售，包括 5.2 万平方千米

---

① 《第五届摩洛哥国际渔业展搭建交流平台》，新华网，2019 年 2 月 26 日，http://www.xinhuanet.com/world/2019-02/25/c_1124159954.htm。

② 《2019 年全球海工市场回顾与展望》，国际船舶网，2020 年 1 月 20 日，http://wap.eworldship.com/index.php/eworldship/news/article?id=156329。

(7800万英亩)的墨西哥湾联邦水域所有可用的未批租区域，共14696个区块。

挪威国家石油公司在油气勘探方面取得突破性进展。5月，挪威国家石油公司宣布将以9.65亿美元从壳牌公司收购22.45%的股权，使其对墨西哥湾深水区凯撒汤加油田的股份增加到46%。8月，挪威国家石油公司与其合作伙伴在英国北海的Mariner油田首次发现石油，该油田预计每日平均产量为55 000~70 000桶石油，未来30年内可以生产超过3亿桶石油。9月，挪威国家石油公司及其合作伙伴开始在横跨北海的挪威-英国边界的乌特加德天然气和凝析气田生产石油。11月，挪威国家石油公司在北海挪威大陆架的Fram油田西南3.2千米处的Echino South勘探井(35/11-23)中发现了油气，估计可采资源量为600万~1600万立方米油当量，相当于3800万至1亿桶石油当量。

其他国际石油公司也加大了海洋油气布局和投资规模。1月，英国石油公司宣布对美国墨西哥湾的亚特兰蒂斯油田进行大规模扩建，以开发近期在该区域探明的4亿桶石油储量。2月，道达尔南非公司宣布在南非南部海域探明一个“世界级”油气区块，预估蕴藏的油气资源有望超过10亿桶油当量。7月，波兰国家石油天然气公司PGNiG收购King Lear油田22.2%股份，计划于2025年开始生产。

二、俄罗斯加大北极油气资源开发

作为环北极八国之一，俄罗斯高度重视北极油气勘探开发，特别是对北极液化天然气的开发已进入快车道。据俄罗斯海关总署统计，1月，萨哈林能源公司经营的“萨哈林-2号”和“亚马尔天然气”项目的液化天然气出口收入为7.508亿美元，是2018年同期的2.3倍。3月，俄罗斯亚马尔液化天然气公司在南塔姆别伊油气田资源基地建设了液化天然气工厂，年产量1740万吨，包括3条年产量550万吨和1条年产量为90万吨的生产线。同月，俄罗斯诺瓦泰克公司副总裁马克·盖特韦宣布，该公司计划“北极液化天然气-2”项目生产的液化天然气一半按长期合同出售，另一半将在零售市场出售。俄罗斯政府批准了一项“堪察加边疆区液化天然气海上运输综合体”的综合投资计划，综合体预计年液化天然气运输能力为2000万吨，计划于2022—2023年间投入运营。

除天然气外，俄罗斯还积极布局北极石油产业。4 月，俄罗斯石油公司考察了在北极建立产业集群的条件。产业集群将以北极地区现有及潜力项目为基础，如万科集群（包括万科、苏孙、塔古尔）、洛多奇诺耶油田和南泰梅尔、与 BP 公司合作的叶尔马克项目、西伊尔金斯基区块和哈坦加地区的油田等勘探项目。至 2024 年新集群产油量将达到 0.8 亿吨，至 2030 年可达 1 亿吨。

日本、印度加强了与俄罗斯的能源合作。6 月，日本三井和三菱公司将共同收购俄罗斯诺瓦泰克公司“北极液化天然气-2”项目 10%的股份，这将确保从北极流向太平洋的液化天然气供应稳定，同时以经济关系作为切入点，改善日俄两国关系。8 月，印度石油天然气联盟部长与俄罗斯能源部长举行会谈，讨论加强俄罗斯和印度之间能源合作，包括印度国有石油公司对北极和俄罗斯远东地区的投资。

第四节　海运业和船舶工业增速缓慢

2019 年，全球范围内关税增加与贸易争端加剧，制造业低迷，投资和资本需求不足，导致全球经济整体增速放缓①，也对全球海运业造成冲击。尽管部分国家加大了海洋船舶业的发展力度，但行业发展动力不足。区域间、国家间的海上互联互通和基础设施建设成为众多国家经济发展的重点。

一、全球海运业发展低迷

10 月，联合国贸易和发展委员会发布《全球海运报告 2019》指出，2018 年中美关系紧张加剧、对于全球贸易政策的担忧以及“英国无协议脱欧”等政治变动所导致的不确定性增加，引发全球海运市场震荡，全年海运贸易量增长仅 2.7%，低于 2017 年的 4.1%及历史平均水平 3%。造成 2018 年海运贸易量增长下降的主要因素还包括地缘政治关系紧张和 2020 年即将生效的国际海事组织新规。新规要求所有海运船只要将二氧化硫排

① 《2019 年全球船市评述与 2020 年展望》，国际船舶网，2019 年 12 月 2 日，http：//www.eworldship.com/html/2019/ship_market_observation_1202/154881.html。

放量降低85%，由此也带来对燃料费用上涨的预期。①

英国、巴西、哥斯达黎加等国海运量发展不容乐观。9月，伦敦海事贸易协会委托普华永道咨询公司编写的一份报告显示，由于全球航运贸易向亚洲转移、激烈的竞争、航运金融业的亏损等因素，英国作为海运服务业顶级枢纽的地位正遭受严重危机。10月，巴西国家水路运输管理局公布的一项调查数据显示，2019年上半年，巴西9个主要港口中有8个港口的货物吞吐量均出现下降，货物吞吐量共计5.13亿吨，与上一年同期数据5.305亿吨相比，下降了3.29%。11月，由于集装箱货量过少，哥斯达黎加外贸部和中国远洋运输集团公司共同决定，哥斯达黎加利蒙省莫因港和中国上海港之间的海运直达航线将暂时停止试运营。上述决定并不意味着该航线的取消，因为若2020年哥斯达黎加对华出口农产品的产量能够提高，该海运项目将被重新激活。

二、海上互联互通备受重视

加快推动海洋交通运输业基础设施建设、实现海上互联互通已成为全球众多国家经济发展的重点。联合国贸易和发展委员会制定的《2019年统计手册》介绍了世界海上联通性发展趋势和各国在世界海运网络中的地位。联合国贸易和发展委员会班轮运输联通性指数显示，中国已成世界海运联通最领先的国家，是世界最佳联通经济体，其次是新加坡、韩国、马来西亚和美国。在拉丁美洲，联通性排名前五的国家为巴拿马、墨西哥、哥伦比亚、秘鲁和多米尼加。小岛屿发展中国家在此方面几乎没有任何改善，意味着这些国家的货物贸易仍然存在问题，经济也因此受到影响。

在南亚，2月，斯里兰卡港口和航运部长表示，政府已拨款9.29亿卢比(约合人民币0.35亿元)用于提升科伦坡港，将其打造成具备自动化功能的“智慧港口”，提高航运效率。10月，印度航运部长表示，该部将对全国港口复兴进行研究，并在6个月内制定国家港口发展规划，通过实施基础设施发展项目扩大港口容量，通过实施流程数字化等项目来提高港口运营效率，以主要港口和次要港口之间的协作为基础，构建国家港口网格。

---

① Review of Maritime Transport 2019, United Nations Conference on Trade and Development, October 2019, https://unctad.org/en/PublicationsLibrary/rmt2019_en.pdf.

在东南亚，3 月，根据泰国的提议，越南、泰国和柬埔寨三国将建立一个联合协作小组，研究和登记开放连接三国港口的沿海运输通道。越南航运局长认为，沿海运输通道的开通将扩大三国之间的海上运输联系。

在南美洲，2 月，中国企业比亚迪巴西分公司与巴西巴伊亚州正式签署合同，将在巴西萨尔瓦多市修建全球首条跨海云轨，用于替换已经运营 100 多年的铁路，工程将分为两期建设，预计分别在 2020 年年中和 2020 年年底建成通车。

在北美洲，6 月，美国交通运输部宣布，将拨款 2.297 亿美元用于新的港口基础设施发展计划，以加强和改善美国海事系统以及推动港口现代化建设。新计划旨在支持沿海公共港口，提高货物进出港口或港内运输的安全性、效率和可靠性。

三、海洋船舶业高质量发展

液化天然气船一花独放。俄罗斯诺瓦泰克公司已于 2018 年 12 月与明星造船厂签署了液化天然气运输船建造的初步合同，达成按市场价格为“北极液化天然气-2”项目建造 14~15 艘“冰级 Arc7 型”液化天然气运输船的协议，目前俄罗斯工业贸易部正与相关联邦部门和机构研究一系列措施来支持该项目的建设。12 月，美国海事执行杂志分析指出，越来越多的液化天然气燃料船投入使用，2017 年初只有 1 艘，2018 年底有 9 艘投入使用，预计到 2020 年，这一数字将增加 1 倍以上。根据已公布的订单，预计液化天然气船将在未来 4~5 年内在亚洲、欧洲、中东和北美的关键燃料供应节点投入全球运营。南非和南美的液化天然气燃料计划最近已宣布，预计燃料船数量将进一步增加。

有关国家和地区从技术和管理层面推动海洋船舶工业高质量发展。7 月，欧洲“树脂船”项目在西班牙维哥进行推介，该项目旨在使用纤维增强聚合物复合材料或塑料和树脂制成的抗性纤维材料，建造长度超过 50 米的大型船舶。此类型船舶重量可减少超过 30%，商品的承载能力可提高 12%，燃油消耗将节省 10%~15%，维护成本也将下降 30%，还可避免船舶腐蚀。10 月，俄罗斯总理梅德韦杰夫签署了《2035 年前造船业发展战略》，旨在建立行业内有竞争力的生产体系，提高船舶制造和维修部门的管理效率，解决船舶和海事技术生产、服务和修理的进口替代问题。

第五节 海洋工程建筑业稳步发展

2019年，用于海洋生产、交通、防护、通信等用途的海洋工程建筑业，特别是海底隧道、海底电缆光缆、人工岛、跨海公路建设稳步发展，为全球社会经济发展、国家间互联互通提供了重要支撑。

一、海底工程项目有序开展

2月，尼日利亚国家第二大电信运营商Globacom开始对其GLO-1海底光缆系统进行100G容量升级。3月，欧洲投资银行董事会批准向几内亚—佛得角海底光缆系统提供2500万美元的融资资金，该海缆建成后，将大大改善几内亚的国际互联网连接质量。同月，由毛里求斯电信公司与中国华为海洋网络有限公司合作建设的MARS海底电缆系统完工。MARS海缆系统建成后，可解决罗德里格斯对外通信速度慢、费用高且信号不稳定的问题，支撑该地区旅游业的蓬勃发展并满足当地居民及企业未来25年内的带宽需求。7月，智利运输和通信部与拉美开发银行签署了技术合作协议，为海底光缆项目“亚洲—南美数字桥梁”投入300万美元的可行性研究融资。该项目旨在以数字化的方式将两个大洲连接起来，海底光缆预计长度为2.4万千米。同月，欧洲投资银行批准为佛得角电信公司CVT提供2500万美元贷款，用于支持佛得角与EllaLink跨大西洋海底电缆的连接以及4G移动网络扩展和光纤到户部署。该项目将改善佛得角与世界其他地区之间的联系，并改善全国各地的通信。同月，孟加拉国政府制定向私营部门开放海底电缆业务的政策，为实现“数字孟加拉国”做好准备。据悉，孟加拉国目前已有两条海底电缆，由国有的孟加拉国海底电缆有限公司负责运维，日益增多的互联网用户增加了该国对海底电缆的需求。10月，法国电信公司Orange为科特迪瓦在西非海岸新铺设一条海底电缆，帮助该国接入欧非Mainone海底通信电缆，确保科特迪瓦与世界宽带网络的可靠连接，有助于其更好地发展数字经济产业，使科特迪瓦成为宽带网络数字港。

二、海上工程建设方兴未艾

在人工岛和海洋城市建设方面，1月，丹麦商务部公布了总规模达310万平方米的商业用地扩建计划“Holms”，其中包括在首都哥本哈根以南海域填海兴建9个人工岛，面积为70万平方米，新海岸线长约17千米。首个人工岛将于2022年动工，最快于2028年落成。人工岛将主要发展制造业、绿色科技及创意产业。丹麦内政大臣阿默特兹布尔·比勒表示，项目有助增加丹麦的国际竞争力，带动哥本哈根以至整个国家的经济增长①。2月，马来西亚沙捞越州政府宣布将在仙本那建设水上浮城，让游客除了跳岛游和潜水之外能够体验不同的旅游乐趣。水上浮城的发展理念重视环保，与海洋生物保护计划相结合，采用浮柱等建筑工艺，且不涉及围填海。

第六节　海洋可再生能源发展势头强劲

海上风电、波浪、潮汐、洋流等海洋可再生能源对解决能源瓶颈、促进可持续发展具有重要意义，越来越受到沿海国家的青睐，并将其作为战略资源进行储备。截至2019年底，全球海上风电装机量达到27213兆瓦。2019年海上风电新增5194兆瓦，与2018年相比增长24%，创下年度全球新增海上风电装机量新纪录。海上风电发展前景广阔，据国际能源署预测，到2040年，海上风电可能增长15倍，成为价值1万亿美元的产业，每年减少50亿~70亿吨二氧化碳排放。

一、欧洲是海上风电发展的领头羊

贸易机构温得欧2019年2月发布的统计数据显示，2018年欧洲海上风电总装机量18.5吉瓦，增长了18%，共有105个海上风电场，新增海上装机量26亿瓦，有15个新的海上风力发电场投入使用。

① 《丹麦拟建9座人工岛　欲打造“欧洲硅谷”》，中新网，2019年1月8日，http://www.chinanews.com/m/gj/2019/01-08/8722715.shtml。

英国处于海上风能开发的领先地位。英国拥有世界上最大的海上风电市场，计划到2030年实现国内1/3的电力由海上风电供应。3月，英国称将实施一项新的海上风电行业部门协议，计划为海上风电行业投资2.5亿英镑，发展新的海上风电增长伙伴关系，完善能源供应链，在先进制造业、新材料研发、机器人使用等方面保持国际领先地位。

德国海上风能开发进度加快。7月，德国风力能源公司Wind Guard代表德国风能行业协会公布了2019年上半年德国海上风能的建设进度：2019年上半年，德国共新增42台风力发电机，这将为德国提供总计252兆瓦的新能源，符合计划规定，可再生能源在德国总能源中所占的比重为47.6%，而海上风能供电总量增长约达30%。

丹麦、葡萄牙、挪威的海上风电发展紧追英德。2月，丹麦政府宣布在北海建造800兆瓦的海上风电场，离海岸至少20千米，可为80万户家庭提供电力，是丹麦最大的海上风电场①。由葡萄牙电力新能源公司主导的25兆瓦 Wind Float Atlantic 浮式海上风电迎来了重要里程碑，首台风机组装工作于7月17日正式开始，2019年底在大西洋海域实现全面投产。9月，挪威国家石油公司及其合作伙伴南苏格兰电力公司获得了在北海多格滩地区开发大型海上风能项目的机会。这是全球最大的海上风电场开发项目，总装机量达到3.6吉瓦，产生的能源可以为英国450万户家庭供电。

二、亚太地区积极把握海上风电发展机遇

美国漫长的海岸线为利用海上风能提供了巨大机遇。据美国能源部数据，美国拥有开发超过2000亿千瓦海上风能的技术资源潜力，几乎是目前国家用电的2倍。根据特拉华大学的一项研究，未来10年，东海岸7个州预计将花费近700亿美元用于建设近20吉瓦的海上风力发电设施，以实现可再生能源目标。8月，美国能源部国家可再生能源实验室编制并发布了《海上风电技术市场报告（2018）》，旨在为海上风电的政策制定者等提供最新的美国及全球海上风电市场、技术和成本趋势信息。10月，美国能源部宣布为13个风电研究、开发和示范项目拨款2800万美元，以促进国家

① 《丹麦将在北海建造该国最大的海上风电场》，搜狐网，2019年3月8日，https://m.sohu.com/a/299852963_100122948。

风电发展，降低技术成本，尤其是海上风电、分布式风电和高塔风电。其中，利用和升级国家级海上风电与相关设施的研发项目 6 个，以利用现有的国家级测试设施进行测试，支持海上风电的创新性研究和开发；海上风电技术示范项目 2 个，以开展开发活动并创新技术方法，降低海上风电的风险和成本。美国纽约州长宣布，纽约州能源研究与开发局与 Equinor Wind US 公司签署 816 兆瓦“帝国风电”项目协议，与 Sunrise Wind 公司签署 880 兆瓦“日出风电”项目协议。

日本在发展海上风电产业的同时，还高度重视人才培养和基础设施建设。长崎县已经启动了海上风力发电商用化运行，并于 3 月宣布建立日本首个专业领域人才培育基地，解决人才紧缺的问题，最快 2020 年投入运行。该基地由长崎市的非营利组织与县内的大学合作运营，主要的运营方是长崎海洋产业集群形成推进协议会，在长崎大学的协助下，计划每年培养 150 名左右的企业员工。该基地未来还将接纳来自亚洲各国的人员学习交流。7 月，日本清水建设公司宣布将建造全球最大能级的海上风电设施作业船，计划投入约 500 亿日元(约合人民币 32 亿元)，于 2022 年建成，届时将可以高效建设大型海上风车。该船可用于水深 10~65 米的海域，起重机能吊起的最大重量达到 2500 吨，可以通过 4 根撑脚固定在海底，能将船体从海面托起，在不受海浪影响的条件下开展作业。

三、其他海洋可再生能源前景良好

除海上风电外，其他海洋可再生能源也得到了有益探索和规划发展。印度政府积极尝试开发利用海洋可再生能源。8 月，印度电力和新能源部批准了一项提案，宣布利用潮汐、波浪、温差等海洋能生产的能源均属于可再生能源。据初步估计，印度沿海地区的波浪能总潜力约为 4 万兆瓦，潮汐能总潜力约为 1.2 万兆瓦，海洋温差能理论潜力为 18 万兆瓦。尽管印度尚未安装任何海洋能源设备，但政府将努力实现 2022 年可再生能源和气候变化目标，探索利用海洋可再生能源。

在洋流能方面，7 月，日本 IHI 公司公开了利用黑潮进行“洋流发电”的演示机“Kairyu”，并将于秋季在鹿儿岛县口之岛近海启动长期实证测试。此项试验时间预计在一年以上，目标是 2021 年以后投入使用。

Kairyu 是被称为“水中浮游式”的洋流发电机类型，长宽均为 20 米，高约 6 米。在口之岛北部约 10 千米的海底下锚，漂浮在水深 30~50 米附近，靠洋流转动涡轮桨发电。输出功率为 100 千瓦，通过海底电缆向地面输电。

在潮汐能方面，10 月，加拿大两家潮汐能公司宣布将联合开发位于芬迪湾的潮汐能项目，该项目希望最终为新斯科舍省的电网输送 9 兆瓦的潮汐能。新斯科舍省海洋能源研究协会委托进行的一项研究表明，到 2040 年，潮汐能产业将为新斯科舍省的国内生产总值贡献高达 17 亿美元，并创造多达 2. 2 万个全职工作岗位。

在温差能方面，12 月，韩国和荷兰将利用海水温差发电技术，分别在太平洋和加勒比海地区建设两个世界上最大的海洋热能电力转换站。由韩国政府资助的韩国船舶与海洋工程研究所将为基里巴斯建造一个 1 兆瓦的海洋热能电力转换站，该项目首席研究员李浩生表示，未来将把该技术推广至全部南太岛国，以充分利用当地丰富的海洋资源。荷兰全海工程公司则计划在加勒比海建造一个 3 兆瓦的海洋热能电力转换站。

在波浪能方面，12 月，由爱尔兰可持续能源管理局资助海洋能源有限公司研发的波浪能装置已抵达夏威夷，进行为期一年的测试。该装置长度超过 35 米，利用波浪能转动涡轮机发电，产生的电力足够为 500 户家庭供电。

在海上核电站方面，6 月，在反应堆成功试运行后，俄罗斯联邦环境、工业和核监督局为“罗蒙诺索夫院士”号浮动核电站的两个反应堆颁发了有效期至 2029 年的运营许可证。12 月，俄罗斯国家原子能公司宣布，世界上第一座浮动核电站“罗蒙诺索夫院士”号已开始向俄罗斯偏远地区供电。“罗蒙诺索夫院士”号浮动核电站是俄罗斯第 11 座核电站，也是世界上第 3 座位于北极圈以北的核电站，将为佩韦克地区约 10 万人口提供能源。

第七节　深海采矿和海水淡化前景广阔

深海采矿是具有战略性、前瞻性的产业，是扩大资源储备的重要途径。海水淡化在缓解水资源短缺方面的潜力和优势日益受到重视。但是二者对海洋生物和环境的潜在影响也引发特殊关注。

一、多国积极部署深海采矿

越南在政策层面谋划深海采矿活动。10 月，越南海洋岛屿总局副局长武长山提出在浅海区域依据已有数据继续开展研究，为海洋资源规划、开发和可持续利用提供服务，以应对气候变化和海平面上升；在深海区域重点研究新的沉积盆地、非常规形式碳氢化合物，将油气资源勘探开发和深海矿产、资源调查评价相结合，预测深海矿产前景。

比利时、法国、挪威、加拿大等国在实践层面加紧部署深海采矿。4 月，比利时疏浚、环境和船舶工程集团旗下的全球海洋矿产资源公司(GSR)在太平洋克拉里昂-克利珀顿区域试开采多金属结核，试采期约为 8 天。GSR 计划在 2026 年前全面实施深海采矿。5 月，法属波利尼西亚政府正式聘请法国公司参与该国海底采矿战略的制定，该战略的制定将带动当地海洋产业的高效发展，增强法属波利尼西亚地区的竞争力。9 月，挪威石油管理局在挪威西北部的 Mohns 海脊进行数据采集时发现了新的硫化物矿床。此次海底勘探通过水下机器人作业，使用遥控潜水器采集岩石样本，拍摄了静态图片和高清视频。加拿大是零尾矿深海采矿的践行者。10 月，绿色和平组织称，加拿大深绿金属公司计划通过从海底回收多金属及贱金属结核，欲成为全球首家零尾矿采矿者。

在一些环保专家看来，深海采矿会引发一些特有物种的灭绝，破坏深海沉积物固碳作用使气候变化加剧，影响全球几十亿人的食物安全①。有环保组织认为，应达成一项保护海洋免受采矿毁灭的国际协议。

二、水资源短缺地区积极推动海水淡化

在中东，2 月，伊朗环境部官员表示，伊朗面临严重的水资源短缺问题，为满足农业、工业以及经济社会发展所需的淡水资源，伊朗将在符合环境标准、避免环境风险的前提下大力推动海水淡化，并致力于将淡化海水调运至中部干旱省份。9 月，阿联酋联邦水电公司与沙特 Aqua Power 公司签署协议，共同在阿布扎比以北 50 千米的塔维勒建设一座使用反渗透技术的海水淡化厂，该项目投资额高达 9 亿美元，是阿联酋第一个独立海水

① 《深海采矿的国际交锋》，中国新闻网，2019 年 9 月 9 日，http://www.chinanews.com/m/gn/2019/09-10/8952649.shtml。

淡化项目。该厂预计于 2022 年 10 月完工，建成后每天将生产约 9 亿立方米的脱盐水，为塔维勒及周边地区的发展和工业化提供支持。塔维勒海水淡化厂的建成将在很大程度上满足阿布扎比不断增长的用水需求。

其他亚洲、非洲、南美洲国家也积极开展海水淡化实践，应对水危机。10 月，印度南部东海岸城市金奈启动全国第一个海水淡化厂建设项目，该厂距离海岸线约 40 千米，便于从深海取冷水。该海水淡化厂采用印度自主研发的低温热脱盐技术，通过低成本的环保方法来获取饮用水，淡化能力为 1000 万升/日。11 月，肯尼亚建立了世界上第一座用于海水淡化的太阳能发电厂，该电厂位于肯尼亚与索马里边界附近的小镇，由非营利组织 Give Power 推进，目前该试点测试已经对小镇居民的生活发挥了积极作用。为保护地下水源，智利矿商正在建设大型海水淡化厂，预计到 2029 年，海水使用量将增加两倍以上。

然而，海水淡化面临成本高、污染海洋生态环境的现实困境。2 月，瑞典斯德哥尔摩国际水研究所指出，海水淡化成本高昂、消耗能量且产生大量温室气体，对环境造成重大损害，虽然海水淡化有助于解决沿海地区的临时缺水问题，但是全球很少有地区能够为海水淡化提供廉价非化石能源并对产生的盐水进行适当管理，因此依靠海水淡化无法解决全球水资源短缺问题，最好的办法是更好地利用目前可用的淡水资源。5 月，联合国环境规划署表示，海水淡化是高能耗和高污染行业，产生被氯和铜污染的盐水如果不加以处理会破坏沿海和海洋生态系统。联合国倡导推动海水淡化产业技术创新。提供金融和政策支持，妥善处理海水淡化废弃物，以减少对海洋环境的污染。

第八节　海洋旅游业平稳发展

随着生活水平的提高以及极地旅游、邮轮旅游、生态旅游等新模式的不断创新和发展，海洋旅游业成为海洋经济的重要增长点。2019 年，全球海洋旅游业平稳发展，沿海国家在挖掘本国海洋旅游资源潜力的同时，也更加注重生态保护和科学管理。

一、多国加强海洋旅游管理和评估

1 月，帕劳总统宣布发起一项“保护环境及文化”运动，以加强对该国滨海旅游业的监管。帕劳政府将要求每一位外地游客签署协议，尊重和保护岛上的自然资源。尽管这一要求将导致该国旅游人数下降，但政府认为有必要规范游客行为，以避免继续破坏海洋环境及岛上文化遗迹。9 月，爱尔兰海洋和沿海海外旅游活动调查报告显示，2018 年在爱尔兰沿海地区度假的海外游客共消费 19.4 亿欧元，海洋旅游收入达 6.5 亿欧元。沿海观光、沙滩和岛屿参观、步行、跑步和沿海岸骑行等活动深受海外游客喜爱。

二、海洋旅游潜力得到进一步释放

许多沿海国家深入挖掘本国海洋旅游资源潜力，积极发展邮轮游、海岛游、生态游、观光游，甚至打造海底博物馆来吸引更多游客。

7 月，约旦南部城市亚喀巴在沿岸海底建造了一座独特的军事博物馆，其中所有沉入海底军事设备上的有害物质都将事先清除，确保不会影响海洋生态环境，反而可以为珊瑚提供生长环境，帮助因地球变暖、海水升温而日益减少的珊瑚复原。①

12 月，基里巴斯旅游局宣布，将在 2020 年首次允许游客搭载邮轮前往菲尼克斯群岛的坎顿岛。基里巴斯旅游局长表示，该国具有独特的海洋生态系统，可成为发展海岛旅游业的重要推动力。未来将积极开展海岛旅游产品开发、导游培训和服务接待培训等工作，使外界更加了解南太岛国居民的传统文化和生活方式，并带动当地的经济发展。

三、北极旅游不断丰富和发展

极地旅游活动进一步丰富和发展，邮轮成为北极旅游的新模式。4 月，为保障旅游活动的可持续性和安全性，北极探险邮轮运营商协会发布了私人游艇北极航行指南，帮助游艇运营商计划安全和周到的航行行程，并提供其他有价值的信息。5 月，法国邮轮运营商 Le Commandant Charcot 表示，正在建造世界上第一艘破冰邮轮“Ponant”，计划于 2021 年开始定期提供前往北极的旅行服务。该邮轮由混合液化天然气和电池提供动力，以减少 85%的排放；按照极地 2 级标准建造，与新设计的美国海岸警卫队破冰船处于同一水平；但仍存在有关安全航行、搜索救援和环境影响等问题。

---

① 《约旦在红海海底打造军事博物馆　可助珊瑚复育》，中国新闻网，2019 年 7 月 26 日，http：//www.chinanews.com/m/gj/2019/07-26/8907813.shtml。

7月，俄罗斯最大的国有联合造船公司总裁表示，“包括北极在内的探险巡航将成为一种趋势，并且北极探险之旅对我们国家来说是很有前途和意义的。”摩尔曼斯克和巴伦支堡可能成为俄罗斯一系列中型豪华邮轮的重要港口，这些新型邮轮旨在抢占蓬勃发展的北极探险旅游市场的份额。9月，挪威召开“最佳平衡——朗伊尔城旅游管理”研讨会，各国代表围绕最佳旅游平衡、可持续社区发展、旅游环境中的搜救等主题开展讨论，以帮助斯瓦尔巴找到旅游发展的最佳平衡点。会议期间，北极探险邮轮运营商协会和斯瓦尔巴群岛访问协会联合发布了《斯瓦尔巴邮轮——斯瓦尔巴群岛邮轮旅游（探险和传统邮轮）的经济影响研究》报告，强调2018年北极邮轮旅游为斯瓦尔巴群岛创造了1.1亿挪威克朗收入，旅游业已成为斯瓦尔巴现在和未来几年的一个重要产业，旅游组织和相关部门正在采取措施对当地旅游业进行有效管理。

第三章　海洋科学技术

2019年，海洋科学技术受到海洋国家和国际组织的高度重视，取得长足进展。在海洋科学研究、海洋观(监)测、海水淡化技术、海洋新能源技术、珊瑚礁保护与修复、海洋污染治理、海洋变暖、海平面上升、海洋酸化、海洋生物多样性保护、海洋脱氧、深海及极地探测研究等方面均取得了突破性成果。海洋科学技术的发展增强了认识海洋、利用海洋的硬实力，更好地助力海洋资源可持续利用、海洋经济发展、海洋环境保护以及海洋威胁应对。

第一节　海洋科技受重视程度进一步提高

2019年，海洋科学领域取得突出成果，为科学管理决策、海洋资源可持续利用、蓝色经济发展和海洋公共服务完善提供了有力支撑。

一、联合国持续推动“海洋科学促进可持续发展十年”

2019年5月，第一届联合国海洋科学十年可持续发展全球规划会议在哥本哈根召开。来自科学界、政界和私营组织的200多名与会代表集思广益，探讨如何在2030年前实现可持续发展目标，即海洋清洁、海洋健康、海洋安全以及海洋预测等。

6月，联合国海洋和海洋法问题不限成员名额非正式协商进程第二十次会议在纽约举行，主题为“海洋科学与联合国海洋科学促进可持续发展十年”。会议讨论了海洋科学的范围、海洋科学在促进可持续发展方面的重要作用以及海洋科学知识的现状和差距，提出要推动数据和基础设施建设、海洋科学能力建设和技术转让，加强科学与政策衔接，促进国际协调与合作，进一步将土著人民和地方社区传统知识纳入海洋科学，并指出《联合国海洋法公约》及其执行协定在推动海洋科学方面发挥了重要作用。

二、美国机构发布四大新兴科技领域战略

美国国家海洋与大气管理局发布新战略，大力发展四大新兴科技领域：无人系统、人工智能、组学、云应用，改善整个机构对新兴科学技术的协调和利用。无人系统将为整个机构的服务收集高质量数据；人工智能能够降低数据处理成本，并提供更高质量、更及时的科学产品和服务，实现社会效益；组学利用美国国家海洋与大气管理局当前的组织结构，通过提高计算和分析能力、加强与各机构的合作伙伴关系等方式更为有效地实施组学技术；云应用使美国国家海洋与大气管理局能够重视基础设施和服务规模发展，以改善美国国家海洋与大气管理局数据管理条件。

三、多国加大海洋科研投入力度

印度尼西亚为了发展海洋大科学，海事统筹部、海洋与渔业部、印度尼西亚科学院等多个部门组成了海洋研究联盟。1月，英国政府为应对塑料污染、海平面上升、海洋酸化及过度捕捞等海洋问题，投资2000万英镑，开展了一项由斯特拉斯克莱德大学牵头的“海洋枢纽”项目。10月，美国国家海洋与大气管理局宣布资助多个海洋研究项目，包括：恢复科学项目对来自20个包括大学、联邦和州政府机构以及非政府组织机构组成的4个团队提供大约1560万美元的资助；珊瑚礁保护项目获得930多万美元的拨款，着重针对珊瑚礁面临的3种主要威胁——气候变化、陆地污染源和不可持续捕捞进行研究。

第二节　海洋调查与观测科学发展迅速

2019年，世界范围内的海洋科学研究投入水平不断提升，推动了海洋前沿领域研究的实力不断增强。为配合海洋科研需要，世界各海洋国家不断强化海洋调查观测能力，通过出台战略与计划、拓展研究范围、强化技术发展和硬件配套，增强了偏远海域的可及性，填补了海洋数据与资料空白，提高了对海洋的认识。

一、海洋调查观测科学战略计划出台

国际海洋考察理事会推出"国际海洋考察理事会战略计划"，其核心是承诺促进海洋的可持续发展。此外，还启动了新的科学计划——"2020年及以后的海洋生态系统和可持续性科学"，以促进海洋科学对社会重大、有益的影响。3月，联合国教科文组织在巴黎召开研讨会，介绍大西洋海域未来10年海洋观测计划和目标。研讨会重点讨论由"欧盟地平线2020"计划资助的"优化和加强大西洋综合观测系统"项目，该项工作由18个国家的62个合作伙伴共同开展，投资2000万欧元，旨在填补大西洋区域观测空白。美国国家海洋与大气管理局海岸测量办公室公布了2019年全国范围内的水文调查计划，为大西洋海岸、墨西哥湾、阿拉斯加、太平洋海岸和夏威夷群岛、五大湖重点区域的调查指明了发展方向。调查不仅更新海图，而且有助于维护海上商业、休闲游船、自然生态系统等的安全。《全球海洋观测系统2030战略》指出，需要建立一个一体化全球海洋观测系统，建设广泛的伙伴关系，加强对主要大气和海洋变化过程的监测，开发新技术以降低观测成本，推动数据共享和开放。

二、海洋调查观测区域范围拓展

一是美国对周边海域加强了调查与观测。美国国家海洋与大气管理局利用"奥基诺斯"探测船部署水下机器人，对美国东南沿海海域进行考察，探索深海珊瑚和海绵栖息地、潜在沉船、海底峡谷和冷渗口。本次调查的深水区是美国东海岸勘探最少的地区之一，在佛罗里达、佐治亚、南卡罗来纳和北卡罗来纳海域收集的数据将填补美国东南海岸海域的重大空白。另外，美国国家海洋与大气管理局渔业部门联合海峡群岛国家海洋保护区、美国地质调查局、全球海洋探索基金会沿西海岸进行为期一个月的科研调查，深入海底探索珊瑚、海绵和鱼类栖息地。美国海洋能源管理局宣布，批准希尔考普能源公司阿拉斯加分公司在库克湾联邦水域进行地球物理调查，为期60天，调查数据可用于探明潜在的海洋石油和天然气资源。

二是印度洋海底地形获得关注。3月，英国"奈克顿"研究项目的科学考察船“海洋之风”号抵达塞舌尔开启海洋观测任务。该任务旨在探索印度洋的海底地形，并记录全球变暖对印度洋的影响。

三是极地调查与观测区域得到拓宽。3 月，瑞典无人驾驶潜水艇 Ran 进入了 Thwaite 冰川进行考察，通过分析水样中的温度、电流、化学特性和 DNA，获得水下动植物的信息。韩国国立海洋调查院从 2017 年开始，对南极张保皋科学基地周围的海岸线、海底地形和表层沉积物进行调查，2019 年 7 月，发布了调查结果。同时，调查院利用该调查结果，推进南极张保皋科学基地附近国际海图的发行工作。另外，来自丹麦奥胡斯大学的北极综合观测系统的研究人员 8 月前往位于格陵兰东北部的 Young 峡湾，研究融化的冰盖对海岸生态系统动力学的影响。该研究团队将与丹麦海军合作，测试如何使用海军舰艇扩展和改进格陵兰岛的监测系统。

三、海洋调查观测方式和硬件配套改善

由于海洋面积广阔，传统的海洋观(监)测方式覆盖面窄、耗时并且费用高，使得认识和了解海洋受到限制，新型调查观测手段如无人机可以前往人类无法到达的地方，收集高质量的数据，简化数据收集过程并提高效率。目前全球海洋观测形成了“陆、海、空、天”一张网，通过多种方式、多种技术手段获取海洋综合信息。2019 年，以无人系列、卫星等为代表的新型观(监)测手段与研究方式不断开拓创新，对深入深海、极地等热点、难点海域进行调查观测获得了显著成效。

(一)观测系统与观测网络

世界气象组织和联合国教科文组织政府间海洋学委员会联合发布 2019 年海洋观测系统报告，简要介绍全球海洋观测系统的现状并强调全球海洋观测系统正在引进新技术和观测能力，将提供更多的实时观测信息和长期监测海洋变化所需的高质量数据。澳大利亚、美国、法国、智利、中国等国家海洋领域权威研究机构科学家联合发表论文回顾了热带太平洋观测系统的设计及管理方式，并对未来的发展进行了展望，共同建设和发展 TPOS。由德国基尔亥姆霍兹海洋研究中心牵头的“欧洲之海”(EuroSea)整合海洋项目启动，旨在显著提高欧洲及其他地区的海

洋监测水平。除了改进海洋监测技术之外，EuroSea 项目还聚焦建立一个基于数据收集的全面预测网络。加拿大宣布每年拨款 150 万加元，以推动加拿大综合海洋观测系统的发展，收集的数据将有利于沿海社区建设。

（二）实验室与研究站

挪威贸易和工业部长宣布，挪威政府将拨付 60 亿克朗用于建造新的海洋研究实验室，这一计划名为“海洋空间实验室”，包括在 Tyholt 海洋技术中心增加两个新的测试盆地和新建三个峡湾实验室。实验室最早将于 2025 年建成。

（三）调查船与研究船

5 月，美国国家科学基金会资助 1.25 亿美元建造区域级研究船，将由美国东海岸海洋协会运营管理。7 月，瑞典的新研究船 R/V “SVEA”已于 7 月 2 日交付瑞典农业科学大学。研究船将在北海、波罗的海和波斯尼亚湾进行定期考察，期间将采样测量盐、氧、营养物和浮游生物的数量等来描绘海洋环境状况。9 月，德国最新的勘探研究船 ATALIR 号在 Fassmer 造船厂举行了下水仪式。

（四）无人系统为代表的新型调查观测方式

多国积极研发无人驾驶船。美国海上无人驾驶帆船“Saildrone 1020”号在世界上首次实现无人驾驶船舶环绕南极洲。美国国家海洋与大气管理局“雷尼尔”号现场测试了一种新型无人驾驶艇水文测量平台。一艘水文勘测汽艇被改装成半自动测量艇，可以进行远程操作。Sea-Kit 国际公司对外宣布称，其建造的小型无人货船将首次完成无人船舶横跨大西洋的壮举。

英国和美国还利用无人系统，研发无人潜水器，在目前无法实现有人下潜的深海进行海底调查。英国政府计划在阿伯丁建造一个价值数百万英镑的水下工程研究中心，重点对水下机器人、遥控水下航行器以及海事后勤船等开展研究，支持阿伯丁成为英国海上和可再生能源产业中心。由英国国家海洋学中心研发的无人潜水器 ALR 带来一种全新深海观测方法。英国苏格兰海洋科学协会的科学家计划部署水下机器人 Ecosub 前往北极承担高风险北极作业，进行冰川融化程度的水下调查工作。英国国家海洋学中心宣布在苏格兰尼斯湖水域完成了其最新自主水下航行器的第一轮调试试验，该潜水器能够下潜至1500米深度，进一步增强英国先进的海洋观测能力，未来可能应用于完成北极冰下任务。英国国家海洋学中心举办2019年海洋自主技术展览会，向参会来宾展示其正在进行的创新工作成果，包括最新在伯利兹海洋酸化监测平台中部署的自主海洋传感器的最新进展，并首次公开展示了研发中的下一代海洋机器人——冰下 Autosub 2000。美国麻省理工学院和伍兹霍尔海洋研究所研究人员发明的自动机器人系统能有效地在广阔的、未经探索的水域中探测出科学上最有意义但又很难找到的采样点。

挪威和美国发展无人成像技术，用于海洋生物观测。挪威斯瓦尔巴大学学者利用海上无人机收集气象、海洋学和海洋生物学的高分辨率数据，收集的数据通过卫星直接传输给研究人员“实时”使用。阿拉斯加渔业科学中心海洋哺乳动物实验室研究团队利用新型无人机成像技术提升海洋哺乳动物监测水平。

此外，2019年，国外研究机构和科学家在开发新型水下观测设备、利用机器人和人工智能探索深海、利用深海潜水器探索深水珊瑚礁、利用机器人探测深海以完善飓风预报、利用新型太空传感器监测沿海生态系统、利用水下机器人检测海上风力发电电缆、研发软体机器人进行水下采样、开发高科技浅水浮标改进地震和海啸预报、开发测量海洋声学水下机器人滑翔机、无人机帮助揭示海底深渊中隐藏的地震危险等方面都取得了突出成果。

（五）新型海洋仪器

美国麻省理工学院研究人员研发出无需电池且能够通电的水下观测传感器及数据传输通信系统，可长期应用于监测海洋温度、研究气候变化、跟踪海洋生物。根据法国研发的新一代 Deep-Arvor 深层自动浮标监测，最大可下潜至海洋4000米深处。美国伍兹霍尔海洋研究所研究人员致力于实现水下机器人群的同步工作，其新型的声学导航系统以扬声器或者声学信标为基准，通过一系列名为“沙鲨”的微型水下机器人接收信标的信息并向水下工作的水下机器人群传输信号，实现对水下机器人群的定位、导航及同步工作。

（六）海洋观（监）测卫星

2 月，南非科技部确认政府将进一步推动实施海洋监测卫星计划，开发非洲最先进的“ZACube-2”号卫星，用于监视南非沿海水域的船只，以防止偷猎鲍鱼和非法倾倒垃圾。8 月，欧洲航天局的地球探测卫星 CryoSat 实现了对北极海冰厚度的精准监测。9 月，欧洲空中客车完成了“哥白尼哨兵-6A”海洋卫星建造工作，执行为期 7 年的海洋观测任务精确测量海面高度变化以记录和分析海平面变化，并观测海洋表面洋流和热量收支变化。10 月，俄罗斯北方海航道发展部长宣布，由俄罗斯航天局和联邦原子能机构联合开发的 12 颗小型卫星将对北方海航道的冰情进行监测。11 月，研究人员尝试利用欧洲航天局的 SMOS 卫星，测量南极冰盖的温度随深度的变化。

（七）人工智能在海洋观（监）测领域的应用

1 月，西班牙 Indra 公司进行一个人工智能技术性应用的研发项目——Soprene，旨在仿照人类脑部神经网络的运行机制，保证船只在完成每项任务时具有最大可操作性和最佳状态，从而达到改善海军舰船维护的作用。6 月，英国国家海洋学中心获得微软“地球人工智能”项目资助，计划研究帮助人工智能通过深度学习预测北大西洋的海浪状态。9 月，丹麦气象研究所、丹麦技术大学启动了人工智能“自动化海冰产品”项目，旨在开发一种自动化海冰服务，能够提供更及时、更详细的海冰信息，以提高北极海上作业的效率和安全性。10 月，美国国家海洋与大气管理局阿拉斯加渔业科学中心开发的人工智能模型在北极海冰航拍调查中发现海豹、北极熊和其他海洋哺乳动物。

第三节　助力海洋可持续利用的科技成果丰硕

2019 年，海水淡化技术、海洋新能源技术、珊瑚礁保护与修复以及海洋污染研究与治理等海洋科技领域取得丰硕成果，为海洋资源的可持续利用与海洋环境保护起到突出作用。

一、海水淡化相关技术蓬勃发展

随着世界淡水资源日渐稀缺，海水淡化成为重要的淡水来源，针对海水淡化技术及优化的研究日渐成熟。5月，阿曼卡布斯苏丹大学海洋生物技术卓越中心与南非西开普大学合作研发出一种纳米级表面保护新涂料，可为海水淡化生产提供一种新型、高效、环保的防污保护，从而解决生物污染反渗透膜对脱盐设备造成的影响，减少过滤过程，提高淡化水质量。同月，来自哥伦比亚大学的研究人员开发了一种海水淡化方法——“温度溶剂萃取”来处理超盐性盐水。7月，美国能源部劳伦斯伯克利国家实验室研究如何降低海水淡化的成本，偶然发现所谓的“热响应”离子液体能将水和盐分离。该方法避免了高成本的电力驱动，使用低成本的热能。同月，澳大利亚莫纳什大学开发出了一套太阳能蒸汽发生系统，只需使用光热材料和太阳能，便能从盐水中高效连续地生产洁净水，而且几乎100%地脱盐。8月，美国加州大学洛杉矶分校开发出一种名为薄膜剥离（T-FLO）的新型过滤膜生产技术，可用于海水过滤、废水处理等用途，未来还将可能用于工业排放物的二氧化碳处理，使碳转化为燃料。

针对海水淡化技术过程中产生的环境问题以及海水淡化产生的废水问题，国际上也开展了相应的研究并取得突破。1月，一篇发表在国际杂志《全域环境科学》的文章报道了全球海水淡化设施所排放的浓盐水副产物导致海洋环境污染与生态破坏的问题，称海水淡化产生的高污染浓盐水远多于所提炼的淡水，该观点得到联合国支持。2月，美国麻省理工学院开发的一种方法可以将海水淡化留下的浓盐水转化为有用的化学物质，提高海水淡化的效率，同时该方法可用于生产氢氧化钠、盐酸等产品。5月，以色列 Kinneret 实验室称已开发出一种在海水淡化过程中处理有害气体的方法，可以使海水淡化膜寿命延长1倍，从而节省数百万美元。

二、海洋新能源技术推动能源转型与清洁能源利用

以海上风能、潮汐能、潮流能、波浪能、海水温差盐差能为代表的海洋新能源作为可替代清洁能源，具备污染小、可再生、能量巨大等优势。在气候变暖加剧的背景下，海洋新能源的开发与利用获得了许多国家的青睐，并开展相应的研究与尝试。1月，英国爱丁堡大学发布研究称，英国

北海海床上的多孔岩石有望用于可再生能源发电产生的电力的长期储存，从而解决海上风电等的储存问题。2 月，美国能源部宣布了一项推动波浪能海水淡化系统创新的奖项竞赛。3 月，美国斯坦福大学的研究人员开发出一种直接从海水中生成氢燃料的新技术。4 月，美国能源部拨款 2610 万美元资金，提升海洋能及水力发电能力，包括波浪能装置设计、海洋能源中心研究基础设施升级等。同月，法国海洋开发研究院与能源开发公司开始测试联合研发的新型潮汐涡轮机。5 月，德国海德堡大学研究人员开展南极太阳能制氢的研究。6 月，美国启动利用太阳能或风能从海水中生产氢气和提取二氧化碳，并利用这些气体催化反应生成液态甲醇燃料的研究。印度马德拉斯理工学院和国家海洋技术研究所致力于开发更好的涡轮机，从而有效地从波浪中回收能量，稳定地利用波浪能发电。10 月，英国曼彻斯特大学的生物技术研究所利用生长在海水中的单胞菌，寻找更有效和更可持续的方法来制造生物喷射燃料。

目前，国际上利用新型能源取代传统能源成为船舶新动力的技术已经问世。在 2050 年之前实现国际航运业每年至少减排 50% 的温室气体的目标，必须开发新技术和新燃料。科学家称，到 2050 年，氢燃料和氨燃料将取代化石燃料，成为船舶发动机的燃料。零排放船舶技术协会官员称，氢能源已经成功地应用于许多小型船舶，而且有扩大应用的潜力。1 月，瑞典极地研究秘书处正在筹划一艘能够取代破冰船“奥登”号的新型研究船，该船将由甲醇驱动，不产生任何碳排放。7 月，挪威 Norled 公司建造首批由氢气驱动的渡轮。同月，中国首艘甲醇燃料动力船艇下水。

三、珊瑚礁保护与修复技术成为海洋科技领域重点工作

珊瑚礁是一种宝贵且敏感的生态系统。4 月，来自哈立德·本·苏丹海洋生物基金会和美国迈阿密大学罗森斯蒂尔海洋与大气科学学院的科学家利用卫星和野外观测数据，精确绘制了首个全球珊瑚礁地图集，展示了超过 6.5 万平方千米的珊瑚礁和周围栖息地。美国地质调查局开展了关于“严格评估珊瑚礁在减少沿海灾害风险方面的作用”研究，针对夏威夷、佛罗里达、美属萨摩亚、关岛、北马里亚纳群岛联邦、波多黎各和美属维尔京群岛等珊瑚礁密集的海岸，进行了珊瑚礁效益评估。研究结果表明，珊瑚礁每年可为美国 1.8 万多沿海居民提供防洪保护，并在沿海基础设施和

经济活动方面产生18亿美元的效益。

珊瑚礁的保护与修复已经成为海洋科技领域的重点工作。1月，墨西哥研究了一种新型珊瑚重造技术，可选择最健康的珊瑚并将其置于浮动系统中，保护珊瑚并使其生长。8月，美国国家海洋与大气管理局开发新型珊瑚培育苗圃，以帮助恢复受损的珊瑚礁，使其形成完整的珊瑚群落。11月，特拉华大学的研究人员通过3D打印技术建造人工珊瑚以帮助珊瑚礁恢复。

四、海洋数据与地图研究得到快速发展

美国国家海洋与大气管理局推出全球陆地-海洋表面温度融合分析数据集更新版本——美国国家海洋与大气管理局GlobalTemp版本5。该数据集融合了美国环境信息中心的GHCNm版本4和ERSST版本5两大数据集，扩大了数据覆盖范围。美国俄亥俄州立大学领衔的研究团队首次绘制了全球地下水与海洋交汇点的高分辨率地图，为社区和环保人士保护饮用水和海洋提供了重要数据。美国国家海洋信息中心利用世界海洋数据库和世界海洋地图集创建了西北大西洋更精确的海洋数据地图。

6月，英国北极办公室与南极考察局合作发布了包含全新信息资源的北极地图，对格陵兰和欧洲的北极地区地图进行了补充。英国皇家研究船“发现”号进行为期3周的东北大西洋考察，首次利用三维成像新系统BIO-CAM成功绘制海床地图。荷兰皇家海洋研究所和中国台湾地区几所大学的研究人员发表在《自然·科学数据》杂志上的研究建立了最大的可公开获取的海底沉积物群落耗氧量数据库，包含了3500多个来自文献和海上考察中测量获得的数据条目。该数据库还可用于规划未来的抽样活动，以填补地图上的空白，并提高对这些地区碳循环的了解。

第四节　极地深海研究探测能力提升

深海大洋与极地日渐成为世界各国进行海洋资源、空间以及话语权竞争的重要场所。海洋科技的发展提升了各国探测深海、极地的能力，同时也增加了认识、研究深海大洋与极地的热度。2019年，深海、极地领域的科技进展备受重视，取得的成就也尤为突出。

一、极地研究

（一）出台极地研究战略与计划

美国极地项目办公室主任在《开放获取》杂志上发表文章，总结了极地科学4个关键的基准，以确保美国南极和北极研究富有成效的未来。新西兰外交贸易部在商业、创新与就业部，初级产业部，保育部和南极局支持下正在启动制定“2020年后南极和南大洋科学方向和优先事项”。极地早期职业科学家协会、国际北极陆地研究和监测网络站点经理论坛和斯瓦尔巴大学中心联合发布为科学家实地考察制作的《国际北极陆地研究和监测网络实地考察规划手册》。该手册涵盖了实地工作的各个方面，从最初的想法到实地调查以及安全地带回样品和数据。第八届北极理事会成员国、北极理事会观察员国和外国科学界代表国际会议期间，俄罗斯介绍了由自然资源与生态部筹备的北极高纬度远流研究站的“北极2020”考察计划，涉及8个领域的40个科学项目：大气研究、生物研究、地球物理学、水声、水文和冰研究、生态与污染、生物医学研究、造船和材料科学等。

（二）开展多项极地观测与调查

在新西兰国家水和大气研究所的带领下，由多国科学家组成的南极研究团队前往南大洋，为罗斯海海洋保护区建立一套完整的监测计划。英国南极考察队在鲁特福德冰流上进行了连续63个小时的钻探，最终钻出深达2152米的深井，直达冰层深处的沉积物。秘鲁国家山地生态系统研究所科研小组赴南极，对冰川消融对海洋生物多样性和社会发展的影响进行研究。5月，西班牙“赫斯珀里德斯”号考察船在其最近一次的南极洲航行中，到达了10年前“不可能”到达的地方。6月，加拿大发射观测卫星以监视北极；俄罗斯发射首枚北极气象卫星；挪威部署2颗新卫星以增强北极地区通信能力。9月，澳大利亚和美国科学家在“冰桥行动”组织下，首次完成对东南极沿岸海冰的测绘工作。9月20日，北极气候研究多学科漂移观测站项目启动，600多名科学家乘坐德国破冰船“北极星”号从特罗姆瑟出发前往北极深处，开始为期一年的科学考察。

(三)多项极地研究取得进展

5月，澳大利亚海洋和南极研究所的科学家利用Argo浮标揭示南极浮冰融化原理，研究人员发现受暖流影响，冬季冰川融化速度更快，因此，仅开展夏季测量不能作为海冰融化速度的可靠测量依据。7月，科学家利用最近40年(1979—2018年)的卫星观测记录来量化南极海冰覆盖范围的变化，发现2014—2017年南极海冰从历史最高值暴跌至历史最低值。

7月，在韩国仁川举行的第十三届南极地球科学国际研讨会上，南极地质数字数据库GeoMAP的第一个(beta测试)版本发布。GeoMAP项目是世界上首个南极洲地质数字数据库。美国加州大学尔湾分校和美国国家航空航天局喷气推进实验室的研究人员利用从1994年至2019年间6种卫星数据绘制了南极冰速的新地图，这幅地图比以前的地图精确10倍，是迄今为止最精确的南极冰速地图，包含了南极大陆80%以上的地区(以前的地图仅20%左右)，而且显示出大陆内部缓慢移动的冰的速度比以往要快得多。另外，由澳大利亚、美国、英国、法国等国冰川学家组成的国际科研团队公布最新成果称，他们绘制出人类迄今为止最精确的南极冰盖下陆地地形图——“地层机”。此外，美国国家地理空间情报局向伊利诺伊大学国家超级计算应用中心、明尼苏达大学和俄亥俄州立大学的一个联合研究团队资助1110万美元，用于绘制涵盖南北极的高分辨率的地球地形图，这也是首次利用伊利诺伊大学“蓝水”超级计算机为北极和南极建立高分辨率的高程模型。

二、深海海底研究

来自可持续发展高等研究所的国际研究小组警告不要急于开发深海海底资源，并呼吁协调努力开发替代方法。深海地区的未来治理应以其“人类共同遗产”的地位为指导，必须特别考虑到生态系统的保护以及可持续利用深海资源的问题。11月，国际海底管理局秘书长发表声明提出，如果海洋科学在推动《2030年可持续发展议程》中的作用得到广泛认可的话，那么深海海洋科学研究对实现可持续发展目标的贡献也应得到充分认可。

（一）深海战略与计划的发布

6 月，国际深海观测战略委员会（DOOS）发布《深海观测战略科学与实施指南》。指南介绍了深海观测战略项目的愿景、目标和科学挑战以及深海观测平台、传感器等基础设施建设。12 月，国际深海观测战略委员会发布《海洋科学促进可持续发展十年 DOOS 科学行动计划》，计划提出 4 个目标，即扩大深海观测范围，推动海洋建模研究，提高观测数据及样本等的标准化和可用性，促进深海观测国际合作和能力建设。

印度计划在 2021 年或 2022 年进行印度洋海底 6000 米载人勘探；意大利普睿司曼公司在建的“莱昂纳多·达·芬奇”号有望于 2021 年下海航行，它将成为世界上最大的电缆铺设船；加拿大卡拉肯机器人公司计划在未来 3 年中绘制加拿大大西洋海域海底详细海图，纽芬兰大浅滩是其要测绘完成的第一个区域，这一海底海图计划将包括总面积 5000 平方千米的海域。

（二）深海海底研究的加强

在澳大利亚联邦工业与科学研究组织海洋基金的资助下，澳大利亚科学家成功完成了珊瑚海水域的深海科考航次任务，获得了来自海底的大量珍贵数据。美国国家海洋与大气管理局利用新型拖曳式仪器进行深海巡航、对美属萨摩亚国家海洋保护区海底实时探测，并且与加拿大的科学家开展深海合作探索大西洋深海底。

4 月 25 日，英国国家海洋学中心首次对海底储存的二氧化碳泄漏情况进行探测与监测；伍兹霍尔海洋研究所领导的研究团队在美国东北峡谷和海山海洋国家纪念公园发现了新的深海珊瑚物种。5 月，来自芬兰和德国的科学家利用海底多波束和侧扫声呐等技术开展了芬兰近岸地下水地质结构研究，确认了 2 个海底地下水点位结构，对全面深入开展海底地下水水文地质建模和通量研究至关重要。8 月，美国伍兹霍尔海洋研究所为深海非生物甲烷（不含有机物化学反应生成的甲烷）的形成与丰富探明了原因；挪威地质调查局科学家在挪威海海底发现淡水含水层。9 月 26—29 日，韩国海洋科学技术院研究团队对东海北部海域进行探测，成功钻取 100 米长的海底沉积物岩芯。12 月，美国蒙特雷湾水族馆研究所研究小组在加州大苏尔海域海底发现数千个神秘“微洼地”。

5 月，科学家完成迄今为止最完整的海底沉积物调查报告。报告中称，全球海洋中含有约 3. 37 亿立方千米的沉积物，足以覆盖全球大陆 2 千米厚。6—7 月，欧洲多学科海底和水体观测站将利用科研船舶在 Lucky Strike 热液喷口区开展年度维护巡航，旨在深入了解大洋中脊热液系统、提供热量的岩浆室、承载热液生物群的微生境以及水体的热液羽流。9 月，新西兰国家水和大气研究所海洋地质学家在吉斯伯恩海岸附近发现了一个超过 630 个甲烷渗漏点的区域。经研究发现，海底甲烷渗漏与海底滑坡之间存在紧密联系。

第四章 海洋防灾减灾与应对气候变化

2019 年的全球平均温度比工业化前升高约 1.1℃，较 2018 年升高 0.1℃。全球温室气体二氧化碳浓度在 2018 年达到有记录以来的最高值——407.8 ppm，且 2019 年仍继续上升①。世界气象组织官方数据显示，2019 年是有记录以来全球第二热的年份，仅次于 2016 年②。全球受到天气和气候相关灾害的沉重打击，百年一遇的热浪和洪水正变得愈发频繁，从巴哈马群岛到日本，再到莫桑比克，许多国家均遭受了毁灭性的热带气旋袭击③，经济损失较为严重。全球气候变化对人类的生存环境造成严重威胁，多项研究成果表明，全球气候变化将长期威胁海洋生态系统、南北极冰川储量以及沿海居民的生存，并造成诸如厄尔尼诺、台风、海平面上升等连锁海洋灾害。碳封存和碳减排依然是海洋领域应对气候变化的重要抓手。多个沿海国家积极制定和实施防灾减灾政策，大力发展观(监)测技术和海洋低碳技术，完善沿海地区防护性基础设施建设，并在国际组织支持下实施了多项海洋管理措施以提升防灾减灾能力。

第一节 世界各国高度关注全球变暖的潜在影响

近年来，国际社会高度关注全球变暖的影响，基于实地考察和翔实的科学观测数据得出了相关研究绪论。随着各方对气候变化的认识逐步深入，制定海洋领域的行动方案已刻不容缓。

---

① 《WMO 发布〈2019 年全球气候状况临时声明〉》，中国气象局官网，2019 年 12 月 5 日，http：// www.cma.gov.cn/2011xzt/2019zt/qmt/20191202/2019102501/201912/t20191205_541820.html。

② WMO confirms 2019 as second hottest year on record, World Meteorological Organization, 15 January 2020, https://public.wmo.int/en/media/press-release/wmo-confirms-2019-second-hottest-year-record.

③ 《世界气象组织发布声明：2019 年全球再次受到气候灾害沉重打击》，经济日报，2019 年 12 月 3 日，http：// www.sohu.com/a/358000868_118392。

一、全球变暖造成的冰川融化将带来巨大灾难

多国政府部门和研究机构的观测结果表明，全球气候变化对冰川的影响极为显著。2019 年 1 月，美国国家海洋与大气管理局国家环境信息中心发布全球气候评估报告，指出当月全球陆地和海洋表面温度比 20 世纪平均温度 12℃高 0.88℃。美国国家冰雪数据中心利用美国国家海洋与大气管理局及美国国家航空航天局的数据进行分析，结果显示，2019 年 1 月北极海冰面积比 1981—2010 年的平均值少 86 万平方千米，为 41 年来的最低水平。7 月，美国国家海洋与大气管理局数据显示，南极和北极海冰面积在 7 月末都处于有记录以来的最低水平。

各国科学家进一步分析了冰川融化对地球的潜在影响，包括海平面上升加快、碳排放加速、极地生物多样性丧失等。1 月，英国南极考察局研究人员根据气候变化带来的风险，评估和预测了 27 种海洋生物的未来生存状况，结果显示与海冰密切相关的生物，如座头鲸和一些种类的企鹅最易受气候变化的影响，海胆、海星等海底肉食动物则将受益于海冰融化获得更多新的栖息地和食物来源。同月，美国加州大学欧文分校研究表明，南极洲冰川融化正在加快，融化速度大约是 40 年前的 6 倍。5 月，英国《自然》杂志刊文指出，全球变暖导致北极永久冻土大量崩塌，将引发山体滑坡和洪水侵蚀，并在短时间内向大气释放大量二氧化碳，到 2030 年全球冻土崩塌所释放的碳总量为 600 亿~1000 亿吨。

此外，冰川融化还将直接对极地、亚极地地区的经济和安全造成威胁。最新研究发现，北极永久冻土的融化速度比先前预测快得多，其造成的土地下沉将威胁北极地区安全。预计到 21 世纪中叶，将有超过一半的住宅因此受到严重损坏，损失将超过 800 亿美元，其中俄罗斯北极城市的损失将达 550 亿美元。

二、气候变化导致全球海洋灾害频发

日益加剧的气候变化对海洋产生持久而深远的影响，气候变暖导致海洋生态系统不断退化、全球海洋酸化加重、海平面上升速度加快、热带飓风频次及强度增加，海洋灾害在全球范围内频发。2 月，美国麻省理工学院的研究报告指出，随着全球气温的飙升，海洋中藻类浮游植物的生长状

况将发生改变，从而导致海洋颜色变得更偏蓝绿。同月，英国公共政策研究所研究表明，自 2005 年以来，全球洪水发生次数增加了 15 倍，极端气候事件增加了 20 倍，野外大火增加了 7 倍，地表水土流失速度比自然恢复速度快 10~40 倍。3 月，菲律宾大气地球物理和天文服务管理局表示，由于太平洋地区出现厄尔尼诺现象，菲律宾旱灾加剧。澳大利亚创下 130 多年以来的高温纪录和美国创下的极低气温纪录也与厄尔尼诺现象密切相关。9 月，联合国政府间气候变化专门委员会发布的《气候变化中的海洋和冰冻圈特别报告》①指出，全球升温正在给包括海洋和冰冻圈在内的生态系统和人类生活造成严重威胁，目前海平面上升的年均速度是 3.6 毫米，比 20 世纪快了 2 倍多。12 月，世界气象组织发布《2019 年全球气候状况临时声明》，指出海洋温度创下了历史最高纪录，全球出现了大范围的海洋热浪，海水酸度比前工业化时代增长了 26%，海洋生态系统正在严重退化。

三、国际会议将应对气候变化设为重要议题

12 月，《联合国气候变化框架公约》第 25 次缔约方大会（COP 25）在西班牙马德里召开，此次会议也被称为“蓝色 COP”，以提高人们对气候变化对海洋影响的认识，并利用海洋科学来支持气候行动。大会主席、智利环境部长和摩纳哥亲王还发起了基于科学的海洋解决方案平台，强调协同解决海洋和气候问题，并考虑潜在的海洋自然因素、基于国家气候承诺的解决方案和实施《巴黎协定》的策略。参会代表也强调必须将对海洋的研究、保护和可持续管理纳入联合国气候变化会议的主流议题。世界气象组织秘书长和联合国气候变化执行秘书再次强调气候行动的紧迫性并支持使 COP 25 成为“蓝色 COP”，在海洋领域取得应对气候变化的显著成果②。此外，第 74 届联合国大会、第 18 届世界气象大会、第 50 届太平洋岛国论坛领导人会议、第 14 届《伦敦议定书》缔约国会议、国际海事组织圆桌会议、国际海事组织污染预防与应对小组委员会会议、巴拿马第 14 届海事活动世界大会暨展览会等多场会议，也将应对气候变

① Choices made now are critical for the future of our ocean and cryosphere, Intergovernmental Panel on Climate Change, 25 September 2019, https://www.ipcc.ch/2019/09/25/srocc-press-release/.

② WMO addresses high-level segment of COP25, World Meteorological Organization, 10 December 2019, https://public.wmo.int/en/media/news/wmo-addresses-high-level-segment-of-cop25.

化列为了重要议题。库克群岛副总理更是在第74届联合国大会高级别会议上呼吁，联合国应当改善小岛屿国家气候融资模式，以便使这些国家更容易获得气候基金，并将有针对性的解决方案及时用于易遭受气候影响的社区。

四、世界各地爆发大规模气候变化游行活动

以瑞典气候活动家格蕾塔·桑伯格为代表的环保人士发起了一场气候变化游行活动。支持者认为此次以青年为主的气候变化游行活动体现了青年一代的朝气和对社会的责任感，全社会应当予以鼓励并增强重视度；反对者则认为此次活动完全是一场作秀和噱头，是少数人别有用心的政治阴谋，或掺杂着某些不可告人的私利。这场气候变化游行活动演变成了一场全球性的活动。9月20日，许多国家爆发了大规模的气候变化游行活动，包括几十万学生在内的数百万人走上150个国家的街头，参加历史上规模最大的气候抗议活动。这些国家包括美国、英国、法国、波兰、德国、澳大利亚等西方发达国家以及印度尼西亚、菲律宾、印度、孟加拉国、乌干达、肯尼亚、所罗门群岛等发展中国家或不发达国家①。不少知名人士和权威学者也对相关游行活动表示支持。比利时国际极地基金会主席阿兰·霍博特发表文章称，国际极地基金会将会全力支持全球范围内的学生抗议活动，相信他们完全有权要求政治领导人采取行动应对气候变化的全球威胁，鼓励更多年轻人就气候变化问题发表意见。

五、部分国家在气候变化问题的认知上出现分歧

在7月举行的太平洋岛国论坛外交部长会议期间，澳大利亚与其他南太平洋岛国在气候变化合作上的裂痕进一步加剧。图瓦卢总理等代表提出澳大利亚作为南太平洋地区最大碳排放者，应当为应对气候变化做出更多贡献；澳大利亚外交部长回应称，澳大利亚仍执行《巴黎协定》，本国已无须就应对气候变化承担更多责任。对此，绿色和平组织批评称，澳大利亚一方面提出“太平洋升级”战略以增强地区影响力，但另一方面却积极推行化石燃料政策，不顾南太平洋岛国的利益诉求，这是极其虚伪的行为。

---

① 《舆论漩涡中的“气候女孩”格蕾塔》，凤凰周刊，2019年11月5日，http：//www. ifengweekly. com/detil. php？ id=8691。

9月，斐济总理在第50届太平洋岛国论坛领导人会议上表示，澳大利亚依赖煤炭对低海拔岛屿构成“生存威胁”。法新社称，澳大利亚近日批准的昆士兰州煤炭开发计划让南太平洋岛国极为不安①。为了缓解外界批评并意图继续拉拢南太平洋岛国，澳大利亚总理随后宣布，将提供3.4亿美元用于南太平洋地区的可再生能源和灾害重建等项目。

第二节　沿海国家全力推进海洋防灾减灾能力建设

沿海国家从健全协调机制、制定政策战略、发展前沿科技和推广适应性项目等方面持续推进海洋灾害的预防和应对工作。美国、澳大利亚等国家适时出台预防和应对海洋灾害的政策措施。斐济、萨摩亚、新加坡等岛屿国家通过建设科研中心，强化对海洋防灾减灾工作的科技支撑。美国、日本、新西兰、挪威和越南等国加快海洋观测设备升级工作，以强化海洋观测及监测对缓减海洋灾害的基础性作用。马绍尔群岛、印度尼西亚、新加坡、图瓦卢、加拿大、巴西等国拟通过沿海地区防护性基础设施建设和生态修复等措施，减少海洋灾害的影响。

一、加快推进海洋防灾减灾政策制定

2019年，拉丁美洲、南太平洋地区组织与国家聚焦海洋防灾减灾议题，呼吁全球提升应对气候变化能力，并在区域范围内制定预防和应对海洋灾害的政策措施。2月，《拉丁美洲和加勒比区域海洋酸化行动计划》中提出该地区应对海洋酸化的3个优先事项：一是调集资源建立和支持必要的科学技术能力；二是扩大讨论和审议海洋酸化问题的范围；三是充分利用区域海洋酸化网络科学家的专业知识。8月，太平洋岛国领导人公开发表声明强调气候变化和相关海洋问题已成为太平洋岛国面临的“危机”，应当为此采取紧急行动。太平洋岛国论坛秘书长表示，该声明已引起美国、加拿大、日本等大国的关注。

此外，美国、英国和澳大利亚等国虽在应对气候变化的表态上饱受诟病，但也出台相关政策和法案。澳大利亚公布了气候变化政策，以指导未

① 《太平洋岛国论坛举行，澳大利亚气候政策挨批》，环球网，2019年8月14日，https://world.huanqiu.com/article/9CaKrnKmbiI。

来应对气候变化、参与全球气候治理的行动。4 月，美国国会发布 4 项海洋酸化应对法案，《沿海和海洋酸化的压力与威胁研究法案(2019)》旨在通过海洋酸化咨询委员会让利益攸关者参与其中，从而扩大和改进海洋酸化和沿海酸化研究，建立和维护海洋酸化数据和沿海酸化数据的存档系统；《沿海社区海洋酸化法案(2019)》旨在对海洋酸化有关的美国沿海社区进行脆弱性评估；《海洋酸化创新法案(2019)》旨在授权联邦机构为与海洋酸化相关的创新或管理建立竞赛奖项，并授权 2020 年至 2024 财年拨款；《国家河口和酸化研究法案(2019)》旨在推动国家科学院海洋研究委员会研究海洋酸化和其他压力因素对河口环境的影响。8 月，英国政府发布《至 2300 年英国海平面预测探索性报告》，对英国在 2300 年的平均海平面和极值海平面(平均海平面、潮汐和潮涌的组合高度，但不包括波浪)进行了新的预测，为应对海平面上升和海岸带长期规划管理提供了支持。11 月，澳大利亚外交部发布《气候变化行动战略》，承诺在 2020 年至 2025 年间向南太平洋国家提供 5 亿美元的援助资金，以帮助其建立应对气候变化和海洋防灾减灾的能力。《气候变化行动战略》还设定了 3 个未来工作方向，即支持伙伴国家尽早做好应对气候变化的准备；促进印太国家向低碳排放经济发展模式转变；鼓励私营部门参与应对气候变化的合作项目。

二、建立科研中心以强化国家海洋防灾减灾能力

海洋防灾减灾是沿海国家海洋事业发展的重要基础性工作，也是各国综合减灾体系的重要组成部分。当前，部分国家的海洋防灾减灾科研能力严重不足，阻碍了国家防灾减灾的整体效果。为此，部分国家通过建立或规划设立科研中心，以增强对相关领域的科技支撑。7 月，新加坡政府为加强灾害应对能力，宣布将设立气候科学研究计划办公室，专门研究气候变化对本地的影响。办公室隶属于气候研究中心和气象署，重点关注海平面上升、气候变化对水资源和洪水管理的影响、气候变暖对人体健康和能源领域的影响、生物多样性及食品安全、跨部门研究 5 大领域，制定全国气候科学研究总蓝图。9 月，由萨摩亚、日本和新西兰政府共同出资建设和维护的太平洋气候变化中心正式开放。该中心设于萨摩亚的阿皮亚，将承担气候变化及环境变化监控、海洋水文气象监测、气候项目实施监督、气候政策制定等多项职能。同月，斐济、澳大利亚宣布将共同致力于建设

斐济海事服务中心，将其作为集斐济海军总部、斐济海上监视和救援协调中心、海岸电台为一体的综合性机构，并承担太平洋水文气象监测的重要职能。

三、大力发展海洋灾害观(监)测网络

海洋灾害的观(监)测是海洋防灾减灾的重要内容，而卫星遥感、海洋Argo浮标、监测船舶、海洋监测站以其各自的优势特点，在全球海洋灾害观(监)测中发挥重要作用。1月，全球海洋观测伙伴关系发布了《佛得角海洋观测宣言》，呼吁在全球范围内建立一个全面运作的全球海洋观测系统，为海洋观测提供持续支持。2月，世界气象组织和政府间海洋学委员会签署了一份新协议，以加强两个组织在海洋观测、科研和相关服务领域的合作，更好地观测全球海洋，支持地球系统预测和水文气候服务。3月，加拿大宣布每年拨款150万加元(约合人民币796万元)，以推动综合海洋观测系统的发展，为决策层提供准确的海洋科学数据。10月，新西兰国家水资源与大气研究所规划建立具有世界领先水平的全国海洋观测网，将密切关注来自科学监测浮标的信息，旨在实现海洋观测数据一次收集、多次使用、公开获取。

四、积极推广沿海地区防护性基础设施建设和生态修复等措施

大多数小岛屿国家分布于近赤道及低纬度海域，该区域是热带气旋的形成和爆发区，易受极端灾害影响，海平面上升、风暴潮、海岸侵蚀、洪涝、海水入侵是这些国家面临的主要灾害风险。2019年，小岛屿国家开展了沿海地区防护性基础设施建设工作，以期减少海洋灾害对其生存和发展的影响。6月，新加坡宣布将填海土地的最低标准提高到海平面4米以上。7月，印度尼西亚总统宣布将通过修建海堤的方式来防止海水倒灌，缓解雅加达地面沉降问题。10月，图瓦卢总理宣布将建设“人工岛”，吹填海拔在5~10米的岛屿，预计吹填面积约16平方千米。

此外，还有部分国家通过在沿海地区推行生态修复措施，以减少海洋灾害对生态环境保护和经济发展的阻碍。5月，印度尼西亚表示，爪哇岛部分村庄尝试以“天然”方式而非建造混凝土防波堤来建设“生态海堤”，经

过近 1 年的红树林修复试验，海岸侵蚀得到初步遏制。同月，巴西生物学家表示，巴西沿海红树林是抵御气候变化的重要屏障，红树林甚至比相同面积的亚马孙雨林吸收的二氧化碳更多，并可以保护当地海岸不受侵蚀。7 月，图瓦卢政府拟制定滨海旅游政策，鼓励游客在当地岸边种植红树林等植物。9 月，加拿大《纪事先驱报》表示，湿地是天然的缓冲地带，可以抵御涨潮和暴风雨的袭击，在保护加拿大海岸免受侵蚀和洪水侵袭方面非常有效。10 月，斯里兰卡发起“红树林生态系统和生计行动小组”计划，与各国共同探讨开发红树林生态系统数据库，共享红树林修复技术和最佳实践，成功吸引澳大利亚、孟加拉国、瓦努阿图、巴哈马、尼日利亚、牙买加、英国、特立尼达和多巴哥共和国、肯尼亚等国加入该计划。

第三节　海洋领域的碳封存和碳减排获得空前支持

“碳封存”和“碳减排”是海洋领域应对气候变化的两条主线。自美国退出《巴黎协定》后，澳大利亚、日本等国在气候问题上的立场也出现松动，开始支持国内煤炭行业的发展，全球气候治理增加了更多不确定性。2019 年，英国、德国、澳大利亚等国加强了海洋碳封存技术研究，以切实履行《巴黎协定》。与此同时，国际组织、欧盟国家、太平洋岛国也从各自实际需求出发，制定合理的“减排”措施。

一、全球主要大国加强海洋碳封存技术研究和试验

海洋碳封存是利用海洋活动及海洋生物吸收大气中的二氧化碳，并将其固定在海洋中的过程、活动和机制，广泛用于应对气候变化、生物多样性保护和可持续发展等全球治理热点领域。10 月，欧洲航天局研究表明，海洋所吸收的二氧化碳比以前认为的更多，每年有 30 亿吨的碳被吸入海洋，大约是人类活动造成碳排放的 1/3，之前约 1/4 的数字低估了海洋的固碳能力。11 月，日本 CCS 调查公司宣布在北海道苫小牧市附近海底成功进行了 30 万吨二氧化碳海底封存试验，是日本国内首次进行大规模碳捕集与封存技术试验。同月，瑞典斯德哥尔摩大学的研究项目显示，海洋中存储的碳量与海洋环流的净强度之间存在明确联系，其中较弱的环流意味着碳的存储量增加，碳在海洋中的存储和运输对气候系统至关重要。

同时，在2019年召开的多场国际海洋会议中，海洋碳封存均成为重要议题。9月，在联合国气候行动峰会上，可持续海洋经济高级别小组发布“基于海洋的气候变化解决方案：5个行动机会”报告，将饮食转变、海底碳封存作为5个基于海洋的解决方案之一，并拟对致力于实现可持续发展目标的国家发挥协同效应。10月，第14届《伦敦议定书》缔约国协商会议讨论了二氧化碳的海底封存问题，决定尽早推动实施相关修正案，允许各国共享海底地质构造封存项目，并敦促相关国家尽早批准《伦敦议定书》2013年修正案。

二、社会各界一致支持海洋领域碳减排工作

(一)国际组织积极开展碳减排科学研究

国际海事组织、国际航运公会、国际海事战略公司、全球产业联盟等国际组织和机构在各自职能范围内，积极制定了行之有效的碳减排战略及发布相关报告。2月，国际海事组织污染预防与应对小组委员会在伦敦召开题为“减少北极水域船舶使用和运输重油导致的污染”的会议，重点讨论关于实施船舶燃料0.50%硫限制的指南草案，以协助这一标准顺利生效与实施。此外，该委员会还制定了措施，以减少船舶在北极水域使用和运输重油的风险以及减少国际航运黑碳排放对北极的影响。5月，全球产业联盟在伦敦召开圆桌会议，讨论在采用“准时制”生产方式时存在的操作、合同和监管障碍，并探讨相关解决方案，以减少船舶在港口外等待的时间，节省燃料并大幅减少船舶的温室气体排放。7月，国际航运公会发布了最新版的《船舶燃油指南》，纳入了国际海事组织关于船舶燃油标准的最新规定，解决了燃油不可用报告、燃油安全和燃油质量等问题，将帮助船舶避免在港口国控制过程中可能出现的问题。同月，国际海事战略公司表示，随着能源消费从化石燃料转向可再生能源和生物燃料，航运业将经历一场“积极而漫长的转型”，到2050年，煤炭、石油、天然气的消费量将分别减少80%、50%、25%，能源消费结构变化给航运业造成复杂影响，到2030年干散货航运的市值将下降一半，到2045年油轮运输市值将减少20%。

（二）欧盟及成员国采取减排措施以增强领导力

为巩固在应对气候变化行动中的国际领导地位，欧盟及其成员国采取措施减少碳排放，应对气候变化。1 月，丹麦分别同印度和韩国签署协议，共同加强绿色航运合作。2 月，瑞典船运业宣布，按照国家气候目标，在 2045 年前使国内航线全面淘汰化石燃料。4 月，芬兰瓦锡莱公司和韩国船企三星重工签署长期项目合作协议，设计和建造比现有液化天然气船运营成本更低的新型船舶，同时建造更高效的液化天然气船。9 月，法国南部地区宣布实施“停靠零排放”计划，在马赛、土伦和尼斯 3 个泊船最多的港口拟投资 3000 万欧元，以推动 2023 年全面实现尼斯和土伦港口电气化，2025 年建成马赛至科西嘉岛和马格里布的特色航线。

（三）小岛屿国家坚决捍卫《巴黎协定》

小岛屿国家积极呼吁全球共同应对气候变化。8 月，斐济气候部长公开表示，本国已认识到气候变化对沿海国家的严重威胁，将采取多种措施应对气候变化。首先，呼吁南太平洋国家在 2020—2030 年全面暂停海底采矿，在各国领海和专属经济区开展适当的海洋科学研究；其次，计划到 2030 年将本国专属经济区的 30% 划为海洋保护区，实行严格的可持续管理；再次，制定一项全面的应对气候变化法律，限制一次性塑料制品的使用，并有计划地安置沿海地区居民；最后，推出“碳信用额”计划，鼓励气候友好型基础设施项目建设，力求在 2050 年前实现零碳排放。10 月，太平洋联盟会议在斐济举行，各方共同探讨了区域海洋政策的制定，联合国海洋特使出席会议并发言称，南太平洋国家应当承担起领导全球共同应对海洋和气候变化的责任。11 月，太平洋岛国论坛秘书处发布《博埃宣言行动计划》，指出南太平洋国家面临海洋物种入侵、海水酸化、海平面上升、海洋塑料垃圾污染等问题，当地居民赖以生存的海洋环境受到严重危害，确定了包括应对气候变化在内的 6 大行动领域。

第五章　海洋生态环境保护

2019 年，全球海洋生态环境保护工作成效显著。海洋保护区选划及管理工作全面展开，海洋生物多样性保护力度加大，海洋环境综合整治全面展开。海底矿产资源开采的环境影响引起国际担忧，海洋塑料污染问题持续引发国际社会广泛关注，海洋酸化、核污染、人为水下噪声、光污染、海洋热浪等海洋新兴问题层出不穷，研究和治理的深度和广度进一步拓展。

第一节　海洋保护区建设工作持续推进

海洋保护区是保护海洋生物多样性和遏制海洋生态环境恶化的最有效手段之一。2019 年，全球海洋保护区科学计划加强，数量和面积持续增加，管理机制逐步健全，监测评价、规划、融资等管理手段日益丰富。

一、加大建设海洋保护区力度的呼声持续高涨

多国科学家开展联合研究，进一步强调 2030 年前将全球 30% 的陆地和海洋纳入保护区的重要性。海洋生物学家开展开创性研究，提出在 2030 年前保护世界1/3 以上海域，并绘制出 458 份涉及野生动植物、栖息地以及关键海洋学特征的保护区分布图，为全球范围的海洋保护区网络构建提供了数百种方案。美国进步中心敦促美国建立海洋保护区，保护墨西哥湾、大西洋中部和北太平洋等主要海洋区域，以保护渔业和栖息地，改善生态系统状况。

二、海洋保护区建设制度逐步健全

世界自然保护联盟(IUCN)发布《将 IUCN 保护区管理类别用于海洋保护区的指南》，将有效推动海洋保护区建设。越南农业和农村发展部制定了建立省级海洋保护区的规定。根据规定，省级国家渔业管理机构按以下

步骤建立省级海洋保护区：一是组织生物多样性调查和评估，并编制省级海洋保护区项目草案；二是对建立海洋保护区项目草案进行投票并征求厅局、相关县乡人民委员会以及该地区居民的意见；三是提交省级人民委员会进行评估。英国宣布成立新的全球联盟——全球海洋联盟，将促使未来10年至少有1/3的海域划为海洋保护区。

三、全球海洋保护区面积稳步增加

新西兰保育部长宣布，将韦斯特波特港以北 Mokihinui 河流域 64 400 公顷保护用地纳入卡胡朗吉国家公园。这是新西兰历史上国家公园面积增幅最大的一次调整，相比原面积增加了 14%。英国环境部长宣布新建 41 个海洋保护区，保护 12 000 平方千米的海洋栖息地，面积几乎是伦敦的 8 倍，这是英国“蓝带”保护计划中海洋保护区面积迄今为止的最大规模扩张。8 月，英国海外领地阿森松岛政府宣布，将其周围近 44 万平方千米（17 万平方英里）的水域设立为海洋保护区。

斯里兰卡将位于东部海岸的卡耶科尔尼珊瑚礁及其毗邻海洋栖息地划设为该国第 18 个海洋保护区，其中 200 多种海洋鱼类和 50 多种珊瑚礁被记录。南非环境事务部宣布新设立 20 个海洋保护区，组成海洋保护区网络，以更好地保护海洋生物，使南非专属经济区内受保护的海洋生态系统面积比例由目前的 0.4%增加到 5.4%。巴拿马政府宣布将临近巴拿马运河太平洋一侧的波纳岛设立为自然保护区，鼓励岛上开展科研活动，促进对附近社区有益的生态旅游业发展。塞舌尔阿尔达布拉环礁被海洋保护协会确定为最高等级的“蓝色公园”，“蓝色公园”项目的目标是在 2030 年前使全球 30%的海洋得到保护。

四、海洋保护区监测评价、规划、融资等管理工作全面展开

（一）监测与评价

美国国家海洋与大气管理局及其合作科学家完成了历时 22 天的西北夏威夷群岛帕帕哈瑙莫夸基亚国家海洋保护区的调查任务，目的是调查和监测珊瑚礁和相关的礁鱼群落。8 月 14 日至 9 月 1 日，美国国家海洋与大气管理局国家海洋保护区办公室与全球海洋探测基金会合作，对花园浅滩国

家海洋保护区进行观测，观察珊瑚繁殖状况，采集中光层珊瑚样本，考察栖息地状况。8 月，澳大利亚大堡礁海洋公园管理局发布《2019 年展望报告》，指出大堡礁的环境脆弱性评级已由 5 年前的“恶劣”上升为“极度恶劣”。

（二）规划管理

世界自然保护联盟资助塞舌尔环境保护项目，旨在增强西印度洋及其沿岸的生态恢复能力，包括制定海洋保护区的空间规划方案和渔业管理计划，以便逐步从开放性渔业过渡到相对受控制的渔业。

（三）融资项目

塞舌尔政府 2016 年启动的保护区融资项目制定了第一个国家保护区财政计划，系统地计算了所有保护区的收入、支出和资金需求。经过 4 年发展，塞舌尔海洋保护区面积从 557 平方千米增加到 40 万平方千米。项目估算了保护所需成本，并根据成本编制可行的融资方案。通过国家保护区财务自治，拓展资金来源，有助于实现保护区有效管理，以负责任、可持续和综合的方式利用海洋、海岸和陆地资源，更好地管理海洋空间。

第二节 海洋生态系统和生物多样性保护力度加大

海洋生物多样性是人类赖以生存及发展的基础和保障，海洋生物多样性保护已经成为国际社会的共识。2019 年，珊瑚礁、红树林等典型生态系统修护保护工作全面展开，小头鼠海豚、鳞角腹足海螺、北大西洋露脊鲸等濒危和重要物种保护力度持续加大，海洋生物多样性保护工作体制机制逐步完善。

一、珊瑚礁生态系统修复工作广泛展开

（一）珊瑚礁治理的政策机制更加健全

美国佛罗里达州基韦斯特市决定禁止销售含有与珊瑚白化有关的某些化学物质（氧苯酮或奥西诺脂）的防晒霜。联合国环境规划署发布《塑料与

浅水珊瑚礁》报告，提出要加强研究和监测，弥补知识差距，以增加对影响珊瑚礁的海洋塑料采取行动的科学证据基础；推动与国家、国际组织、民间社会等建立伙伴关系，通过国家规划减少陆源垃圾，加强对监测和科学研究的投资。中美洲珊瑚礁基金正在制定珊瑚礁恢复应急响应行动和长期融资机制，包括珊瑚礁保险，以支付气候事件后应急响应和恢复的费用。

(二)印度尼西亚、印度、美国等国开展珊瑚礁修复项目

印度尼西亚科学院与6所大学签署了关于珊瑚礁恢复和管理的合法计划，即2019年珊瑚三角区倡议的谅解备忘录。印度马纳尔湾国家海洋公园计划开展珊瑚礁修复项目，在Kariyachalli岛和瓦恩岛周围放置200个混凝土框架用于固定活珊瑚，修复因气候变化和海水升温而遭受白化和退化的珊瑚礁。美国国家海洋与大气管理局及其合作伙伴共同制定了一项珊瑚礁修复策略，着手修复佛罗里达群岛国家海洋保护区7个标志性珊瑚礁热点区域、近28万平方米(300万平方英尺)的珊瑚礁。

(三)珊瑚礁影响要素研究成为焦点

澳大利亚国立大学最新研究表明，磷矿开采正在威胁珊瑚礁。以色列特拉维夫大学研究团队发表在《科学》杂志的研究成果发现，珊瑚同步产卵方式瓦解威胁其群体存活。美国康奈尔大学主导的一项发表在《生态应用》杂志上的研究成果，提出了金属污染对软珊瑚海扇造成威胁的证据，即农业径流和船只壳体浸出的油漆中的金属铜对波多黎各附近水域的软珊瑚海扇构成新威胁。

一项有史以来规模最大的珊瑚群落研究，调查了印度洋和太平洋44个国家的2500多处珊瑚礁，数据集包含100万余个珊瑚个体的详细信息，并提出了拯救珊瑚礁的全球方案。

二、红树林生态系统保护力度加大

印度尼西亚与联合国粮食及农业组织合作加强了712、713、714和573渔业管理区大型海洋生态系统的管理，覆盖万丹、西努沙登加拉、东努沙登加拉、西爪哇、中爪哇、东爪哇和东加里曼丹，以保护红树林、海

藻、礁石在内的海洋和沿岸生态系统。印度尼西亚海事统筹部自然资源和服务协调处官员要求将红树林恢复纳入国家统一规划，目标是在未来 5 年恢复 180 万公顷的红树林。美国国家海洋与大气管理局联合国家鱼类及野生动植物基金会以及相关公司共同宣布了 3000 万美元的新拨款计划，支持 23 个州的沿海恢复项目，主要用于恢复或扩大诸如沿海沼泽和湿地、沙丘和海滩、牡蛎和珊瑚礁、红树林、沿海河流和堰洲岛等自然系统，以尽量减轻风暴、海平面上升和其他极端事件对附近社区和栖息地的影响。

三、对重要、濒危物种的保护加强

（一）多个海洋物种的保护区逐步设立

美国国家海洋与大气管理局对在楠塔基特以南的一个北大西洋露脊鲸群进行保护，要求航船低速通过该地区，避免对鲸群造成伤害。墨西哥政府表示，将使用浮标标记范围来保护世界上最濒危的海洋哺乳动物，即小头鼠海豚。世界自然保护联盟海洋哺乳动物保护区工作组在阿曼举办了第五次重要海洋哺乳动物区研讨会，确定了西印度洋和阿拉伯海中对保护海洋哺乳动物物种具有重要意义的 55 个海洋区域。

（二）濒危物种名录中的海洋物种增多

多米尼加自然资源环境部就将鲨鱼和鳐鱼列入《拉丁美洲及加勒比地区濒危物种公约》的提案进行讨论，建议将鲨鱼和鳐鱼纳入该公约附录二，加强对其商业用途的管理，保护其种群的生存。世界自然保护联盟更新《濒危物种红色名录》，评估了 105 732 个物种，突破了 10 万个物种的界限，新列入约 500 种深海硬骨鱼类。

（三）美国、加拿大、越南、所罗门群岛等国严格保护海洋物种

美国一家大型海上风电场和自然资源保护协会、国家野生动物联合会、保护法基金会签署协议，共同保护濒临灭绝的北大西洋露脊鲸。加拿大推出为期 3 年的野生大西洋鲑鱼保护计划，以保护和恢复野生的大西洋鲑鱼种群，并采取关闭部分鲑鱼捕捞区、建立两个临时保护区等多项举措保护“南部居民虎鲸”，还通过第 S-203 号法案，禁止圈养鲸类和海豚以供娱乐的行为。越南总理批准颁布《到 2025 年越南濒危海龟保护计划，展望

2030》，加强对濒危海龟物种的保护。所罗门群岛主要政府部门和非政府组织的代表在霍尼亚拉举行会议，支持政府和沿海社区确定的保护濒危海洋物种优先事项，主要包括减少近海渔业中海龟和鲨鱼等濒危海洋物种的捕捞、加强沿海地区监测、大力支持濒危物种保护以及提高所罗门群岛政府工作人员能力。

四、海洋生物多样性保护加强

越南提出了保护海洋生物多样性的解决方案，包括重点关注国际条约和论坛所制定的全球和区域机制；继续扩大国家管辖权，在国家海洋空间规划基础上建立新的海洋保护区；推进海洋资源和环境的科学研究和基础调查，特别是在深海、偏远海域和邻近的国际水域；实施国家海洋生物多样性监测方案，及时采取措施，防止海洋生物多样性减少；引导沿海居民将对海洋有害的活动转变为保护海洋的活动；加强与生物多样性领域国际组织的合作。柬埔寨渔业部门和野生动植物保护国际发布了保护海洋生态系统的 10 条指导方针。巴西成立生物污损问题国家工作组，制定一项关于生物污损和入侵物种的国家政策，并起草国家战略和行动计划。

全球环境基金、联合国开发计划署和国际海事组织共同启动“GLOFOULING”项目，着力解决可能在船体和其他海洋构造上积聚的生物污损问题，这不仅可确保海洋生态系统健康和完整，还关乎维护全球沿海社区生计的生态系统服务。南太平洋渔业管理组织和南极海洋生物资源养护委员会签署合作协议，共同开展南大洋生物研究和南大洋生物资源保护行动。

第三节　海洋环境综合整治全面展开

2019 年，海洋垃圾已成为严重威胁全球海洋生态系统的紧迫问题，许多国家在区域与全球层面进行合作，广泛开展海洋清洁行动。同时，国际社会广泛担忧海底矿产资源开采带来的负面环境影响，部分国家纷纷禁止海底矿产资源开采活动。

一、瑞典、韩国等完善海洋环境治理机制

瑞典发布的《2019 年政府政策声明》中提出必须改善海洋环境，包括尽量减少富营养化、环境毒素的使用和药物废物的排放，实施可持续的渔业管理，加强控制措施以阻止非法捕鱼，并禁止在保护区内进行底拖网捕捞等。德国利奥波第那科学院发布题为《对沿海和海洋生态系统的威胁以及海洋环境保护——特别要关注气候变化和海洋塑料废物》的海洋环境保护声明报告呼吁：在进一步开发海洋资源的同时，利用基于生态系统的方法提供专业征询建议和评估；加速行动以减小气候变化、过度捕捞和污染等对沿海和海洋生态系统造成的压力。韩国《海洋废弃物及海洋污染沉积物管理法》修正案在国会全体会议上通过。

二、区域性海洋清洁合作计划进一步展开

6 月，27 个小岛屿发展中国家在华盛顿共同发起“ISLANDS”计划，通过创造有利的政策和立法环境，消除 2. 3 万吨有毒化学品和 18. 5 万吨废弃物，以保护当地独特的海洋环境和脆弱的生态系统。美国国际开发署在斯里兰卡和马尔代夫启动了“清洁城市、蓝色海洋”计划，帮助相关国家在河口、海湾和沿海等塑料污染严重的核心地区改善固体废弃物管理。

三、各国广泛开展海洋污染治理重点项目

柬埔寨国家海岸管理与发展委员会在西哈努克省举行研讨会，开展“2019 第二次争创美丽海滩活动”。新西兰国防部队宣布，将派遣人员、车辆和飞机，与新西兰保育部工作人员和志愿者合作，清理 3 月洪水期间从西海岸垃圾填埋场泄漏的数千吨、散落在 1620 公顷海岸线和河床上的垃圾。美国与智利及亚太经合组织紧密合作，资助亚太经合组织海洋垃圾管理与创新子基金，制定亚太经合组织部长级海洋垃圾路线图，寻求解决海洋垃圾污染及其对经济和生态系统的影响。泰国海洋和沿海资源部宣布启动“海洋废弃物综合管理”项目，并邀请国内外合作伙伴共同参与示范区的建设。

四、海底矿产资源开采的环境影响受到国际社会高度重视

（一）深海采矿对海洋生态环境的影响引发国际担忧

世界自然保护联盟公海政策专家吉拉德对国际海底管理局“区域”内矿产资源开发规章草案中缺乏环境保护相关条文深表关切，认为贸然进入深海是盲目躁进的行为。加拿大达尔豪斯大学海洋系教授安娜·梅塔萨斯和维多利亚大学地球和海洋科学学院教授维丽娜·通尼利夫联合撰文称，最新研究发现深海采矿活动对太平洋海底的生态系统造成了严重危害。

（二）部分国家停止海底资源开采以减小海洋生态环境影响

挪威工党决定停止对罗弗敦群岛石油开发活动的支持。罗弗敦群岛附近的海底蕴藏着10亿~30亿桶石油，多年来挪威联合政府通过各种政治协议禁止该地区的石油开发。加拿大鹦鹉螺矿产公司尝试在巴布亚新几内亚海岸附近进行金、铜和银开采，因环境影响等问题投资者减小对该公司支持力度，迫使其停止在巴布亚新几内亚水域的作业。

五、海洋垃圾数据库建设逐步兴起

瑞典研发全新数字工具支持海岸清洁行动，VGRfokus是一个交互式清洁海岸地图系统，可以映射与标记垃圾分布和需要清洁的海滩，并为使用者寻找垃圾桶提供指示等。日本海洋地球科学技术厅的研究人员建立“深海碎片”数据库供公众访问。印度尼西亚海事与投资统筹部更新了海洋垃圾数据，此数据有助于推动海洋垃圾研究。

第六章　极地事务

第一节　南极形势稳中有变，各国治理能力显著提升

2019年，南极地区整体形势稳中有变。《南极条约》虽仍对各国起着制约作用，但已有不少学者发起了条约到期后应对方案的讨论。传统南极强国以保持自身优势和应对"后来者"挑战为重点，新兴国家则稳步提升南极治理影响力，谋求"弯道超车"。美国作为南极实力最强的国家，继续在科研与治理等方面保持绝对优势，并对其盟友进行话语权的引导。澳大利亚、新西兰、英国、挪威等南极领土主权声索国以基础设施建设、战略框架制定、制度话语权提升等方式，不断增强南极存在。俄罗斯虽更为重视北极事务，但依旧同步提升南极治理能力，通过国内法律、政策等规则的制定，提高本国南极活动管理水平。印度、土耳其等新兴南极国家加强基础设施建设和科学考察，并积极在国际舞台贡献南极治理智慧。南极研究科学委员会、国际南极旅游组织等非政府组织参与南极事务能力不断提升。

一、多国学者发起《南极条约》到期应对方案的讨论

7月，在第42届《南极条约》协商会议上，各国政府重申对《南极条约》的支持，并在共同宣言中强调"南极洲仅可用于和平目的，不应开展军事活动和采矿活动"。这一集体表态体现了当前大多数国家仍然坚定维护《南极条约》，并严格遵守相关活动禁令。但从国家部分官员与学者的近期言论看，美国、俄罗斯、澳大利亚等似乎已着手研究《南极条约》到期后的应对方案。3月，美国海军上校图恩·帕姆呼吁，政府应尽快

采取包括制定《南极条约》应急计划在内的措施。8月，澳大利亚国立大学研究员伊丽莎白·布查楠称，俄罗斯已准备寻求有效机制取代《南极条约》，澳大利亚也应尽早制定南极条约体系解体后的应对方案。12月，俄罗斯莫斯科国立大学副教授阿列克谢·费年科称，如果《南极条约》最终破裂，俄罗斯将会对亚历山大岛和彼得一世岛提出领土要求。

二、基础设施升级成为增强南极存在的首要举措

1月，英国对罗瑟拉极地研究站原有码头进行翻新，以支持新极地研究船“大卫·阿滕伯勒爵士”号停泊。2月，澳大利亚宣布将在未来10年投入超过4.5亿美元升级南极地区的基础设施。同月，土耳其在南极洲建立了第一个临时的科研基地。6月，新西兰称将在未来2年投资1850万美元，以支持南极斯科特基地的重建工作。8月，澳大利亚将戴维斯站的储水箱容量增加至180万升。12月，澳大利亚为戴维斯机场项目追加5880万澳元拨款，以支持该项目的工程设计和环境影响评估工作。

三、法律和政策成为强化南极活动管理的有力保障

10月，俄罗斯发布联邦政府令，决定对俄罗斯公民和法人在南极的活动实行国家检查制度，并规定了由水文气象与环境监测局任命的观察员在检查期间的权利和义务。12月，新西兰发布《南极意向声明2019—2023》，强调未来将在南极条约体系下继续实现对南极的有效治理，并确立在南极保护区管理中的全球领导地位。

四、南极生物资源管理成为参与治理的关键抓手

1月，澳大利亚与法国在获得南极海洋生物资源养护委员会授权后，对南大洋公海地区的捕捞船只进行了登船检查。同月，挪威在南大洋开展磷虾等南极生物的地理分布调查。3月，南太平洋渔业管理组织和南极海洋生物资源养护委员会签署合作协议，以共同开展南大洋生物研究和南大洋生物资源保护，这是南太平洋国际组织首次将合作区域扩展至南大洋地区。

五、气候变化与海冰研究成为南极科研的重点方向

1月，美国的一项研究称南极冰川加速融化，海平面上升风险升高。2月，美国国家海洋与大气管理局国家环境信息中心报告显示，南极海冰面积处于历史低位。5月，英国的一项研究发现，南极西部24%的冰盖出现冰层变薄现象，部分区域甚至已经变薄122米。

六、非政府组织日益成为南极治理的必要补充

5月，国际南极旅游组织协会重新制定了船舶调度程序。6月，国际南极旅游组织协会表决通过一项决议，将对在船舶上使用遥控飞机系统进行商业用途的行为实施新的限制。8月，南极研究科学委员会和国际南极旅游组织协会开展合作项目，为南极半岛制订系统性保护规划。

第二节 各国在北极的竞争随气候变化持续“升温”

2019年，气候变化给北极地区带来深刻影响，国际社会对北极是受气候变化影响最大的地区已达成共识。随着气候变化导致冰层融化，北极地区的活动日趋增多，各国对北极的关注度也随之提高。域内外各国纷纷发布北极政策或战略，为本国谋取更多北极利益。同时美俄两国在北极地区的军事活动增加，各国频频开展军事演习，地区军事竞争愈加激烈，与北极地区和平与合作的大趋势背道而驰。①

一、各国纷纷出台战略政策加强在北极的存在

4月，美国海岸警卫队发布《北极战略展望》，以扩大其在北极地区的行动能力。5月，挪威发布《新奥尔松科考站研究战略》。6月，美国国防部发布《北极战略（2019）》，更新了国防部在北极地区的战略目

① 赵振宇，《美调整北极战略有何企图》[N]，《解放军报》，2019年10月10日。

标。8 月，欧盟委员会下属智库欧洲政治战略中心发表题为《如履薄冰：欧盟的北极平衡战略》的战略说明。9 月，苏格兰发布首个北极政策框架——《北极联系：苏格兰的北极政策框架》，将苏格兰定位为“近北极重要的海上运输和物流合作伙伴”“欧洲通往北极的门户”。10 月，挪威政府发布斯瓦尔巴群岛的新发展战略，发展可持续的交通、商业和旅游。12 月，美国参议院提出《2019 年北极战略海军重点法案》，强调北极对美国的战略重要性，旨在提高美国海军在北极的能力。同月，俄罗斯通过了《俄罗斯北极国家政策基础草案》，界定了俄在北极的国家利益及其实施的主要方向。

二、俄美等国北极航道竞争日趋激烈

俄罗斯开展多项行动，加强对北极航道的控制。2 月，俄罗斯宣布为北方海航道项目增加 1 470 亿卢布投资。俄罗斯总统普京提出一项计划，以确保俄罗斯在北极的主导地位，计划包括升级和扩建北方海航道沿线港口及基础设施；扩大破冰船队规模，2035 年将拥有 13 艘重型破冰船，其中包括 9 艘核动力破冰船；大幅增加通过北冰洋航线运输的货物量，以期到 2025 年增至 8 000 万吨。7 月，俄韩讨论北方海航道合作问题。同月，俄罗斯宣布将建设空中战队并开发新型导弹“保护”北方海航道。10 月，普京总统表示，俄罗斯将推动北方海航道和太平洋、印度洋的新连接。12 月，俄罗斯联邦政府批准了《2035 年前北方海航道基础设施发展计划》。

针对俄罗斯在北极的种种行动，美国果断调整北极思路，积极应对，重新布局巩固北极大国地位。2 月，美国欧洲及非洲海军司令部司令詹姆斯·福戈上将称，美国不会允许俄罗斯和中国主宰北极并控制北方海航道。5 月，美国国务卿蓬佩奥在第 11 届北极理事会部长级会议期间称，加拿大对西北航道的主权主张是“非法的”，美国应加强在北极地区的存在。12 月，美参议院审议《北极运输联邦咨询委员会法案》，法案提出强化海军舰艇在北极巡逻的能力，增加破冰活动，特别是保持西北航道畅通。

除了俄美两国，其他国家也密切关注北极航道。2 月，韩国计划打造一支可以及时部署到鄂霍次克海和白令海、西伯利亚东部和堪察加半岛附近的船队。6 月，丹麦航运公司马士基重新考虑北方海航道的商业价值。10 月，挪威政府称拟在特罗姆瑟设立新搜救基地，以应对北极航运需求“暴涨”。同月，日本政府为了保障未来北方海航道的货物运输安全，计划建立本国的北极航行系统。12 月，挪威南瓦朗厄尔市鲁内·拉斐尔森市长称希望希尔克内斯港成为连接亚欧的北极航线的一部分。

三、北极资源开发仍是各国角逐的主要领域

2 月，挪威批准了一项在北极地区开采铜矿资源的计划，环保人士担忧开采活动破坏驯鹿牧场并污染附近峡湾。俄罗斯石油公司 Neftegazholding 正在开发叶尼塞河附近的帕亚哈油气田项目，该项目可能成为北极地区最大的油田，预计储量 12 亿吨。8 月，美国总统特朗普欲购买格陵兰岛，遭到各方批评，美国国会研究服务局发布《格陵兰岛、丹麦和美国的关系》称，购买格陵兰岛，缘于该岛重要的战略位置和丰富的自然资源；韩国地质资源研究院专家称韩国应着重开发北极资源；俄罗斯自然资源和生态部制定了北极地区地质勘探规划草案，计划为北极资源勘探预算拨款并招募私人投资；俄罗斯总理提议外企与俄企联合进行北极大陆架油气资源开发；俄罗斯和印度部长级会议讨论北极和远东等地区的能源开发合作。10 月，美国和格陵兰合作绘制格陵兰资源地图，以评估其矿产资源潜力。11 月，美国政府开放阿拉斯加州北极地区近 160 万公顷土地的开采权拍卖，这些土地将用于石油开发。

四、北极保护区建设喜忧参半

北极保护区建设取得一定的成效。3 月，瑞典开展北极湿地的恢复与管理项目，旨在加强湿地支持北极可持续发展和恢复的作用。8 月，加拿大政府宣布在努纳武特埃尔斯米尔岛西北海岸附近建立 Tuvaijuittuq 海洋保护区，面积超过 42.7 万平方千米，同时宣布 Tallurutiup Imanga 国家海洋保育区已经建成。11 月，芬兰政府宣布将在北

极圈附近建立包括 Pulmanki 湖在内的 17 个新的自然保护区。

美国政府谋求拍卖北极动物保护区的开采权，遭国内外一致反对。1 月，特朗普政府推动阿拉斯加北极国家野生动物保护区内的石油钻探活动。9 月，美国土地管理局宣布计划发出许可证，允许企业在北极国家野生动物保护区部分地区，开采石油及天然气等资源；美国政府称在该地区钻探原油的影响很小，但遭到环保组织的质疑。

五、北极受气候变化威胁的形势日益严峻

1 月，韩国国土地质研究本部预测，北极海冰融化导致亚洲降温、北美升温。2 月，俄罗斯发现北极群岛附近的 Perlamutrovy 岛已消失，研究人员表示这与地球气候变化有关。3 月，研究发现气候变化迫使北极海洋动物改变摄食习惯。5 月，国际海洋考察理事会工作组研究发现，气候变化为外来物种入侵北冰洋创造机会。6 月，爱丁堡大学主导的研究团队发现加拿大北极地区海岸线受到严重侵蚀。8 月，德国汉堡大学开展的一项新研究称，北极夏季海冰可能在接下来的 50 年甚至 30 年内完全消失。9 月，美国环境科学合作研究所研究发现，格陵兰岛冰原增长加剧海平面上升危机。10 月，挪威极地研究所、挪威北极大学、斯瓦尔巴大学和挪威自然科学研究所联合研究发现，气候变暖正在迅速改变斯瓦尔巴群岛西海岸孔斯峡湾的海洋环境，使其趋向温带状态；俄罗斯国防部称，由于全球变暖，北极 5 座新岛屿被发现。11 月，各国在柏林举行的第六次世界海洋论坛上达成共识，北极是受气候变化影响最大的地区。

第七章 深海大洋

2019年，国际社会逐步加强对国际海底和国家管辖范围以外区域的治理，各国也加大了对深海大洋勘探开发的技术研发力度，深海大洋治理围绕“区域”内矿产资源开发规章的制定、区域环境管理计划的审查和制订、数据管理战略的执行、勘探计划的定期审查、国家管辖范围以外区域海洋生物多样性养护和可持续利用(BBNJ)协定案文草案谈判以及海底勘探开发等主要议题开展。

第一节 国际海底管理局加强“区域”监管工作

作为负责管理全人类深海海底财富的机构，国际海底管理局(ISA)组织成员国讨论制定“区域”内矿产资源开发规章，审查和制订区域环境管理计划，推进深海研究以实现可持续发展目标。

一、国际海底管理局加紧审议“区域”内矿产资源开发规章草案

2019年，ISA继续组织各国就如何管理“区域”内矿产资源展开激烈讨论，探讨制定正式“规范”，解决由谁开采“区域”内矿产、确保海底采矿活动不会损害海洋环境、对行业进行监管、公平分配利润以及改善问责制和透明度等问题。

根据ISA第25届会议决议第7段和第8段，成员国最晚可于2019年10月15日向秘书处提交关于《“区域”内矿产资源开发规章草案》(以下简称“规章草案”)的书面意见，包括具体的起草建议，供2020年召开的第26届会议审议。截至12月30日，ISA秘书处收到了理事会成员、ISA其他成

员国、观察员和其他利益攸关方提交的39份意见①。

各利益攸关方提出的共同问题包括：不断修改规章草案的结构和案文，在制定规章案文的同时制定标准和准则，在规章案文中承认人类共同继承财产，进行有效的合规监管和执法，申请者、承包者、ISA和担保国如何将预防性办法适用于“区域”内的活动，加强透明的决策程序，以及确定ISA、担保国、船旗国和相关国际组织等监管方职责的相互关系。各利益攸关方还要求随时审查规章的结构。

此外，在ISA第25届会议上，代表团就规章草案的制定也提出了一些意见。② 例如，包括非洲国家组在内的许多代表团强调了在监管框架内落实人类共同遗产这一原则的必要性，并强调必须在“区域”内矿产资源的合理商业开发与保护海洋环境及海洋的可持续性和健康这两者之间取得平衡，包括采取预防性办法以及提供详细信息进行环境影响评估。一些代表团强调需要“合理顾及”海洋环境中的其他活动，包括渔业和铺设海底电缆。有些代表团呼吁建立公平实用的支付机制和公正的惠益分享制度。还有一些代表团强调需要考虑对经济的不利影响。对于ISA而言，如何根据规章草案制订区域环境管理计划仍然存在不确定性。有的代表团建议将海洋环境保护科学方面的专家组、政府间气候变化专门委员会以及生物多样性和生态系统服务政府间科学政策平台的专家也包括进来。

二、审查和制订区域环境管理计划

制订区域环境管理计划是ISA 2019—2023年战略计划的重要内容。

2019年10月1—4日，秘书处和克拉里昂-克利珀顿区项目召开了关于克拉里昂-克利珀顿区生物多样性综合评定的专家研讨会。研讨会是审查克拉里昂-克利珀顿区环境管理计划的重要环节，探讨了是否可能需要划定更多的特别环境利益区。

11月25—29日，ISA与欧盟资助的大西洋区域环境管理计划项目合作举办了“区域”内大西洋中脊北部区域管理计划研讨会，审查和分析关于大

① Implementation of the decision of the Council in 2019 relating to the reports of the Chair of the Legal and Technical Commission, International Seabed Authority, February 2020, https://www.isa.org.jm.

② Statement by the President on the work of the Assembly of the International Seabed Authority, International Seabed Authority, July 2019, https://www.isa.org.jm.

西洋中脊北部生态系统和栖息地的科学数据和信息，探讨可能受到“区域”内矿产资源开发影响并需要加强管理的潜在区域，讨论指定特别环境利益区。

三、数据管理战略执行工作取得进展

根据《联合国海洋法公约》的规定，ISA 应促进和鼓励在“区域”内进行海洋科学研究，并应协调和传播所得到的这种研究和分析的结果。一直以来，ISA 都在努力寻求充足资源，以公开、透明的方式获取、评估和传播定量和定性数据和信息。为庆祝 ISA 成立 25 周年，ISA 推出了国际海底管理局数据库（DeepData），并在 DeepData 网站上公布并每季度更新所有可用文档清单和结构化数据集。① 随着该数据库的推出，环境数据已向公众开放，这将进一步增强人类保护“区域”内海洋环境的集体能力。

四、加强对已核准勘探计划的定期审查

截至 2019 年 12 月 31 日，与 ISA 颁发的 30 份勘探许可已经生效。② 合同涉及多金属结核、多金属硫化物和富钴铁锰结壳三种资源。其中，2019 年 10 月 18 日，北京先驱高技术开发公司提交的西太平洋多金属结核勘探申请获 ISA 第 25 届会议核准通过，申请区块总面积为 148 250 平方千米，商业价值巨大。

ISA 为加强对海底矿产勘探承包方执行已核准的勘探工作计划的定期审查，规定至迟于合同生效之日起每一个 5 年期满前 90 天，承包方和秘书长应共同审查合同所定勘探工作计划的执行情况。2019 年 3 月 31 日，ISA 对全球海洋矿产资源公司执行已核准多金属结核勘探工作计划情况进行定期审查。6 月 28 日，ISA 对韩国政府执行已核准多金属硫化物勘探工作计划情况进行定期审查。7 月，ISA 秘书长和承包方在金斯敦举行会议，对英国海底资源公司执行已核准多金属结核勘探工作计划情况进行定期审查。8 月 5 日，ISA 对法国海洋开发研究所执行已核准多金属硫化物勘探工

① Implementation of the decision of the Council in 2019 relating to the reports of the Chair of the Legal and Technical Commission, International Seabed Authority, February 2020, https://www.isa.org.jm.

② Status of contracts for exploration and related matters, International Seabed Authority, February. 2020, https://www.isa.org.jm.

作计划情况进行定期审查。8 月 13 日，ISA 对马拉瓦研究与勘探有限公司执行已核准多金属结核勘探工作计划情况进行定期审查。10 月 17 日，ISA 秘书长与中国大洋矿产资源研究开发协会在北京举行会议，对中国大洋矿产资源研究开发协会执行已核准富钴铁锰结壳勘探工作计划情况进行定期审查。随着 ISA 签署合同数量的增加，ISA 的定期审查工作量也呈指数级增长，ISA 需要对每一份合同在合同期限内进行两次定期审查，加之定期报告提交可能出现延误情况，审查工作面临巨大挑战。因而，ISA 秘书处正在采取措施简化定期报告程序，并改进现有内部标准作业程序，确定关键任务的时间表。

五、加强全球和区域合作，促进联合国可持续发展目标的实现

为支持落实可持续发展目标，ISA 努力执行在“联合国支持落实可持续发展目标 14”会议上的自愿承诺，加强与联合国及其他相关国际组织和机构的联系，并积极参加全球和区域会议。

此外，2019 年 1 月，世界海事大学与 ISA 签署谅解备忘录，加强海洋治理、相关法律政策制定和海洋可持续发展目标的实施，开展国际深海海底区域海洋科学研究，特别是促进发展中国家有效参与深海勘探和研究计划等领域的合作。5 月 16—18 日，ISA 与南非政府合作举办研讨会，提高非洲决策者对非洲大陆架和邻近国际海底区域可持续发展活动重要性的认识，推动非洲国家参与深海海底勘探的国际和区域合作，加强非洲深海海底资源的可持续开发。8 月，ISA 与库克群岛、基里巴斯、瑙鲁和汤加 4 个太平洋小岛屿发展中国家举办区域研讨会，旨在提高小岛屿发展中国家的海洋科学研究能力。

第二节　各国竞相发展深海勘探开发技术

近年来，各国大力发展高分辨率海洋勘探技术，绘制更高清的海底地图，加大海底资源开发力度，彰显深海开发实力，深入参与国际海底区域治理。

一、国际社会积极开展海底测绘工作

随着海洋环境面临的威胁日益增加以及海底矿产开采需求逐渐加大，各国迫切需要了解更多的海底信息，为保护海洋生物多样性以及海底开发提供支持。2019 年 2 月，澳大利亚地球科学研究学院提供要联合詹姆斯库克大学、澳大利亚水文局、澳大利亚联邦科学与工业研究组织，在 2030 年前完成本国专属经济区内海底地形的高分辨率地图绘制。4 月，由英国领导的尼克顿科学考察团在印度洋完成了为期 7 周的考察。考察团在塞舌尔群岛附近使用载人和无人潜水器潜到 450 米深处，使用高分辨率多波束声呐设备探测了 30 平方千米海底，收集了约 1 300 个样本和 20 太字节的数据。10 月，“海床 2030”项目发起 3 个新的全球倡议：一是为世界各地的船舶提供数据收集设备，包括安装数据记录器来记录水深信息，增强测绘能力，为海底地图绘制提供帮助；二是为偏远和缺乏绘图信息的海区提供考察活动资助，并帮助其创建新的多波束测深探测仪操作方法，确保能及时收集到重要数据；三是该项目将倡导开发创新的、可推广的解决方案，以提高深海测绘的效率、安全性和成本效益，为促进公众尽可能广泛参与并实现项目目标铺平道路。11 月，新西兰土地信息局和马尔伯勒地方议会在马尔伯勒海峡开展联合调查，绘制该海峡西部海床的详细 3 维图像。调查收集的海洋数据将为环境管理提供信息，并支持资源管理和海洋生物多样性保护工作。

二、海底矿产勘探和开采技术开发取得进展

3 月，比利时一家名为“全球海洋矿产资源开发”的公司发明深海真空采矿机，并在位于墨西哥和夏威夷之间的深海金属结核区域进行了试采矿。为监测该采矿机的环境影响，第三方独立科学家团队还在采矿区部署 60 多个传感器，获得的环境监测信息将为 ISA 制定深海采矿规章提供重要依据。

4 月，俄罗斯联邦工业和贸易部提交一份世界海洋矿床技术开发路线图，以确保俄罗斯完成海底矿床开发的技术准备。同月，美国能源部宣布拨款 3 900 万美元，用于支持可提高海上油井采收率的海底系统技术项目以及减少甲烷排放和提高天然气运输基础设施效率的天然气基础设施技术

开发项目。5 月，美国海洋科学家和机器人专家测试了自动水下航行器安装的新型计算机视觉系统在深海数据采集方面的有效性，发现新系统可为生物多样性研究和深海资源勘探开发提供更高效的数据。11 月，日本政府计划利用自主水下探测器，调查位于小笠原群岛南鸟岛周边深海的稀土含量，确认海底的高浓度稀土层，掌握稀土的准确储量。

第三节　BBNJ 政府间会议进入文本谈判阶段

作为 BBNJ 协定文本编写进程的一部分，2019 年召开了“根据《联合国海洋法公约》的规定就 BBNJ 问题拟订一份具有法律约束力的国际文书政府间会议”的第二次和第三次会议，并发布“根据《联合国海洋法公约》的规定就 BBNJ 问题拟订的协定案文草案”（以下简称“协定案文草案”）以供与会人员协商讨论，极大地推动了 BBNJ 协定的谈判进程。

一、2019 年 BBNJ 协定政府间会议进程

在 2019 年 3 月 25 日至 4 月 5 日举行的 BBNJ 谈判政府间会议第二次会议上，各代表团在主席协助谈判文件所载想法和建议的基础上进行了讨论，包括条约用语以及关于一揽子事项中要素和一些贯穿各领域问题的备选方案。① 在第二次会议结束时，代表们要求主席拟定一份文件，使各代表团能够就拟定的协定案文进行谈判。6 月，根据代表们的要求，主席发布协定案文草案。

8 月 19—30 日，BBNJ 谈判政府间会议第三次会议召开，以 6 月份发布的 BBNJ 协定案文草案为基础进行谈判，并在会后提交建议对案文进行修订。本次修订主要集中在简化案文，各国提交建议的时间为 2020 年 1 月 2 日至 2 月 3 日。

二、协定案文草案的基本内容

协定案文草案的结构类似于条约，并载有条约用语，涉及 BBNJ 谈判

① Draft text of an agreement under the United Nations Convention on the Law of the Sea on the conservation and sustainable use of marine biological diversity of areas beyond national jurisdiction, United Nations, August 2019, https: //www. un. org/bbnj.

会议所商定的一揽子事项。①

协定案文草案的宗旨是通过有效执行《联合国海洋法公约》的相关条款以及进一步的国际合作和协调，确保国家管辖范围以外区域海洋生物多样性的长期养护和可持续利用。协定案文草案第二部分至第九部分内容为BBNJ的8个主要议题：①海洋遗传资源，包括惠益分享问题（国家管辖范围以外区域海洋遗传资源方面的活动、获取国家管辖范围以外区域海洋遗传资源、公正和公平分享惠益、知识产权、监测等）；②包括海洋保护区在内的划区管理工具等措施（国际合作与协调、确定需要保护的区域、就提案进行协商和评估、决策、执行、监测和审查等）；③环境影响评估（环境影响评估的门槛和标准，被确定为具有重要生态或生物意义的区域或脆弱区域，战略环境评估，减轻、预防和管理可能的不利影响，公告和协商，发表评估报告，决策，监测，报告，审查等）；④能力建设和海洋技术转让（能力建设和海洋技术转让方面的合作、能力建设和海洋技术转让的模式、能力建设和海洋技术转让的类型、监测和审查等）；⑤体制安排（设立缔约方会议、设立一个科学和技术机构、设立一个秘书处、信息交换机制）；⑥财政资源和财务机制；⑦执行和遵守；⑧争端的解决（用和平方法解决争端的义务、解决争端的程序等）。

协定案文草案中关于与其他协定关系的规定包括："本协定两个或两个以上缔约国可订立仅在它们的相互关系上适用的、修改或暂停适用本协定规定的协定，但须这种协定不涉及本协定中某项规定，如对该规定予以减损就与协定目的及宗旨的有效执行不相符合，而且这种协定不应影响本协定所载各项基本原则的适用，同时这种协定的规定不影响其他缔约国根据本协定享有其权利或履行其义务。有意订立第1款所指协定的缔约国，应通过秘书处将其订立协定的意图及该协定所规定对本协定的修改或暂停适用通知其他缔约国。"②

---

① Draft text of an agreement under the United Nations Convention on the Law of the Sea on the conservation and sustainable use of marine biological diversity of areas beyond national jurisdiction, United Nations, August 2019, https://www.un.org/bbnj.

② Draft text of an agreement under the United Nations Convention on the Law of the Sea on the conservation and sustainable use of marine biological diversity of areas beyond national jurisdiction, United Nations, August 2019, https://www.un.org/bbnj.

三、协定案文草案内容仍存在诸多争议

自协定案文草案发布后，各国、政府间组织和非政府组织都给予了高度关注。2019 年 8 月 19 日，各国、政府间组织和非政府组织在第三次会议的一般性发言中赞赏协定案文草案发布十分及时，协定案文草案将成为处理 BBNJ 各实质性事项的宝贵工具，并将为后期谈判提供坚实的基础。

多个代表团呼吁通过该协定增进跨部门合作与协调，但强调这不应给相关法律文书和框架以及相关全球、区域和部门机构带来损害，并且参加谈判及谈判结果都不会影响《联合国海洋法公约》或任何其他有关协定非缔约方的法律地位。有些代表团着重提到必须尊重对大陆架的主权权利，无论其是否已经划定或界定，都必须尊重对专属经济区的主权权利，即使其尚未宣布。代表们强调需要确保协定的普遍性，还强调人类共同遗产原则是实现国家管辖范围以外区域海洋生物多样性养护和可持续利用目标的基石。①

此外，77 国集团代表提出协定案文草案中没有体现人类共同继承财产的原则，这个意见得到了许多国家代表的赞同。土耳其代表提出，应明确将“国家管辖范围以外区域”一词定义为“距领海基线 200 海里以外区域”，以避免各国在执行方面出现差异。部分代表强调应在谈判过程中制定一份海洋技术转让类型的清单。与会代表还讨论了是否应该设立一个新的附属机构，以审查能力建设和技术转让问题，但遭到美国、欧盟、韩国、澳大利亚等国的反对。太平洋岛国论坛公开呼吁，各国在参与 BBNJ 新协议制定时，不应当只局限于自身利益，而要以全球视角来审视问题，着眼于更为宏伟的海洋管理蓝图。图瓦卢自然资源部副部长在政府间会议上表示，南太平洋国家已与新加坡等小岛屿国家在 BBNJ 众多事项上达成一致。帕劳和新西兰代表分别就技术转让和海洋保护区管理问题发言，这体现出南太平洋国家对上述领域的重视。基里巴斯总统在会上公开呼吁，制定 BBNJ 协定时应充分考虑小岛屿国家的意见，不应当因为地缘政治因素而损害“蓝色太平洋”地区的经济利益。随着海平面上升，小岛屿国家将面临更为严重的损失。因此，各国应当尊重太平洋岛国论坛领导人会议的决议，即

① Statement by the President of the Conference at the closing of the organizational meeting, United Nations, August 2019, https://www.un.org/bbnj.

"当陆上领土因海平面上升而减少时，各国仍应承认其签署《联合国海洋法公约》时的海洋领土面积，并保障其依法享有原先的经济利益"。代表们还就谈判的公开透明和包容性、小岛屿国家和内陆国家的特殊性、知识技术转让的公平性、BBNJ 协定不应破坏现有国际秩序、将现代海洋生物保护技术与土著传统知识相结合等多方面议题表达了不同的观点。

美国斯蒂芬森海洋安全项目主任惠特利・索姆韦伯发文强调，谈判代表应当以环境安全为纽带，平衡基于科学的合理养护与地缘政治现实之间的关系。公海保护区是可持续海洋治理的重要组成部分，要充分认识其可能面临的各类挑战。媒体则担忧谈判时间越长，全球海洋矿产资源勘探和开采行业的商业巨头以及德国、日本等海洋国家越容易在这期间抢先一步勘探和开采。

第二篇

全球海洋热点问题

第八章　从 USCG 到 DOD：美国北极战略调适

北极地缘政治博弈升温，促使美国在北极地区的利益需求和行动能力发生重大变化，美国面临着重新评估北极安全问题的迫切需求。2019 年，美国海岸警卫队(USCG)和国防部(DOD)相继更新北极战略，分别对当前及未来一段时期北极地缘政治演变和地区发展态势进行重新评估，并从大国竞争的视角出发，对美国北极战略利益、目标、手段和任务作出调适。美国海岸警卫队和国防部的新版北极战略均折射出美国 2017 年国家安全战略和 2018 年国防战略转变中国战略定位的基调，反映出特朗普政府北极战略的优先事项和未来趋向。

第一节　USCG 北极战略调适，着力提升其在北极地区的三大能力

2019 年 4 月，美国海岸警卫队发布新版《北极战略展望》[①]，在评估和判断北极地区国际形势与地缘环境发生变化的基础上，提出美国海岸警卫队北极地区战略调适和能力建设的主要目标和重点领域，意在维护美国在北极地区的领导地位和国家利益，以支持美国国家安全战略和国家军事战略的实施。与美国海岸警卫队 2013 年发布的北极战略相比，新版北极战略强调，北极已经成为地缘战略竞争日益激烈的地区，并对中国和俄罗斯在北极地区的行动与能力倍感担忧。新版北极战略是美国海岸警卫队北极战略调适的集中体现，也是特朗普政府在北极问题上对华态度转变的明显反映。

新版北极战略强调，“冷战”结束以来，北极再次成为极具战略竞争性

① Arctic Strategic Outlook, The United States Coast Guard, Apr. 22, 2019, https://content. govdelivery. com/accounts/USDHSCG/bulletins/240150c.

的地区，中国和俄罗斯等大国持续提升参与度，寻求地区战略优势，促使北极地缘环境竞争日渐激烈；加之，全球气候变暖，北极海冰融化，为北极航运、资源开发、商业捕捞和旅游业带来新的机遇。面对日趋激烈的大国竞争和急剧变化的北极地缘环境，美国海岸警卫队进一步提高对北极地区的重视程度，持续提升在北极事务中的领导力和参与度。基于此，新版北极战略更新了美国海岸警卫队 2013 年版北极战略，更加务实且有针对性地提出旨在确保美国北极活动安全、稳定和环境友好的三大具体举措。

（一）提升美国海岸警卫队的北极有效行动能力

新版北极战略强调，美国海岸警卫队致力于维护主权、执行任务、促进航行自由和履行义务，但面临着北极地区行动能力和关键通信设施不足等问题，为弥补差距，美国海岸警卫队将升级部署在北极地区的破冰船、航空设施和无人/自主系统，持续提高其在北极地区的海域感知能力，继续支持科学考察、监测和研究活动，确保在北极地区自由开展行动。

（二）强化基于规则的北极地区秩序

新版北极战略强调，随着北极海冰融化和活动增多，战略竞争对手的行为将挑战确保北极地区和平稳定的秩序。为此，美国海岸警卫队承诺致力于促进北极地区法治完善、尊重主权以及维护国际秩序，并与伙伴开展有效的海上联合行动，在国际论坛组织中进一步发挥领导作用，避免战略竞争对手对北极秩序和美国利益造成威胁。

（三）加强北极地区风险管控，促进经济繁荣

新版北极战略强调，美国海岸警卫队致力于提升其北极地区溢油、污染、灾害、IUU 捕捞等风险管控能力和危机应对能力，满足海洋执法任务需求，推动并实现北极海运系统现代化，促进北极地区商业航运和资源开发等经济繁荣发展。

第二节　DOD 北极战略调适，重新评估北极安全环境并重设其北极战略优先事项

2019 年 6 月，美国国防部发布《北极战略》①，对 2016 年版美国国防部北极战略进行更新。新版北极战略重新设定美国国防部在北极地区的战略目标，概述了国防部在战略竞争时代维护美国在北极地区的国家安全利益的战略方式，要求国防部快速识别北极地区威胁，迅速有效应对，并塑造安全环境以减轻威胁的影响。

（一）北极安全环境评估

DOD 新版北极战略强调，北极安全环境错综复杂，合作与竞争并存，直接关系到美国国家安全利益：包括海冰减少和冰盖融化等在内的北极环境不断变化，为开辟新航道提供机遇，但也对基础设施造成不利影响；北极国家之间存在共同利益，并为应对挑战开展多边合作；俄罗斯和加拿大声称有权在国际法允许的权限之外管理北极海域；俄罗斯等在北极地区的军事活动增多。

（二）美国在北极的国家安全利益及其面临的风险

DOD 新版北极战略强调，美国在北极地区拥有三大安全利益：一是美国拥有领土主权和海洋主张，利益涉及捍卫美国主权和领土、保护关键基础设施和实现海域感知等；二是北极是共享地区，建立在国际公认原则基础上的地区合作符合美国利益，保持北极地区活动符合国际规则；三是北极是战略竞争的潜在通道。相应地，美国国家安全利益面临着三大风险：一是俄罗斯等北极活动和能力带来的挑战，海岸侵蚀和永久冻土融化对北极设施构成的威胁，北极地区经济活动增加以及自然灾害和其他突发事件造成的损害；二是俄罗斯等以不同方式挑战基于规则的北极秩序；三是限

---

① Arctic Strategy, Department of Defense, June 2019, https://media.defense.gov/2019/Jun/06/2002141657/-1/-1/1/2019-DOD-ARCTIC-STRATEGY.PDF.

制美国国防部的全球军事力量部署能力，影响美国在印太地区和欧洲与俄罗斯竞争的战略目标。

（三）美国国防部的北极目标和战略方针

DOD 新版北极战略强调，保卫国土是美国国防部的第一要务；除此之外，为维持有利的地区局势，美国国防部应为在必要时开展竞争作好准备，并确保北极地区的自由开放。为实现上述目标，美国国防部应维护美国国家安全利益，坚持基于规则的北极地区秩序，对北极发展态势保持警惕，避免竞争加剧。美国国防部还将强化与盟友和伙伴的关系网络，加强联合部队的北极威慑力，进一步发挥美国其他部门、机构和社区的作用。

（四）实施北极战略的路径和手段

DOD 新版北极战略建议从以下三方面入手：一是强化对北极的认知，包括提升海域感知能力，改进通信和情报、监视和侦察，增加现场观测和加强环境建模，支持海岸警卫队的国土安全任务；二是加强北极行动，包括定期在北极地区进行演习和部署，开展寒冷天气条件下的训练，支持富有弹性的基础设施建设，合作应对民事突发事件；三是维护基于规则的北极秩序，包括与盟友和伙伴合作遏制侵略，维护海洋自由。

第三节　USCG 和 DOD 调适北极战略的思维逻辑

一、NSS 和 NDS 已为 USCG 和 DOD 北极战略调适定调

2017 年 12 月和 2018 年 1 月，特朗普政府相继发布《国家安全战略》（National Security Strategy，NSS）和《国防战略》（National Defense Strategy，NDS）报告，在分析美国当前面临的国际形势、地缘竞争和安全挑战的基础上，确定美国国家安全战略的核心利益和优先事项。这两大战略充分表明，美国已将“大国竞争”列为其国家安全战略的优先事项之一，并将中国和俄罗斯列为美国面临的重大挑战。此后，还有美国政府和智库相关人员公开发声建议更新美国 2009 年《北极地区政策》和 2013 年《北

极地区国家战略》，以配合美国 2017 年国家安全战略和 2018 年国防战略。

美国海岸警卫队和国防部的新版北极战略文本充分体现了 2017 年国家安全战略和 2018 年国防战略对美国安全战略和中国战略定位的重大调整。美国海岸警卫队在制定新版北极战略目标时明确指出，其将根据《国家安全战略》、国土安全部的目标和重点、《国防战略》以及《北极地区国家战略》，通过维护海洋领域的规则秩序以维护美国国家重大利益，同时，寻求合作以减少冲突并降低风险。① 无独有偶，美国国防部在制定新版北极战略目标和方针时也明确指出，2018 年国防战略为美国国防部确定了战略目标和优先事项，即通过重新获得联合部队对俄罗斯的军事竞争优势，保卫美国本土，维护美国和盟友的全球利益，并强调，美国国防部是根据 2018 年国防战略的优先事项和原则及其对美国国家安全利益的风险评估，结合国防部的作用和任务，制定出新版北极战略的优先目标。② 可以说，美国 2017 年国家安全战略和 2018 年国防战略为美国海岸警卫队和美国国防部制定新版北极战略提供了总体战略指引。

二、美国对其北极战略、基础设施和破冰船建造予以反思

美国不断反思近十几年来其北极战略制定和实施的现实状况，并与中国相比较，认为中国在北极地区的活动日益增多，因此倍感担忧。2019 年 5 月，美国战略与国际问题研究中心负责欧洲、欧亚和北极事务的高级副总裁，美国国务院欧洲和欧亚事务局负责美国与北欧和中欧国家事务的前副助理国务卿希瑟·康利接连发文：一方面，认为美国北极战略受到地缘政治、环境和经济等诸多因素的驱动，但过去十年，美国北极战略基本停滞，并长期聚焦于科学研究和国际合作；另一方面，强调美国强化在北极的科学、外交、基础设施和安全存在，建造破冰船并制定北极战略，以确保美国在北极的利益。随着俄罗斯等国在北极寻求战略利益，美国如果不进一步强化在北极的存在并维护利益，其影响力将降低，其盟

① Arctic Strategic Outlook, The United States Coast Guard, Apr. 22, 2019, https://content. govdelivery. com/accounts/USDHSCG/bulletins/240150c.

② Arctic Strategy, Department of Defense, June 2019, https://media. defense. gov/2019/Jun/06/2002141657/-1/-1/1/2019-DOD-ARCTIC-STRATEGY. PDF.

友和伙伴可能将中俄作为优先合作选项。①

美国意识到，其还没有足够的海军和海岸警卫队能力在北极地区开展行动，也没有足够的设备或基础设施可以应对紧急情况或实现其他目标。随着北极地区的海冰融化和通航增多，美国海岸警卫队强调北极深水港建设的重要性，且亟须重型破冰船的大力支持；② 此外，预计北极地区的商业航运和旅游业将大幅增长，令美国海岸警卫队建造破冰船的紧迫感倍增。③ 考虑到北极地区资源开发、交通运输增加以及新的规则和国际协议等诸多因素，美国将破冰船建造视为大国竞争背景下强化北极地区存在的关键要素之一，以满足其国家战略、海上安全和经济发展的要求。④

2019 年，美国国会研究局多次更新《美国海岸警卫队极地安全防卫舰项目》报告，分析破冰船建造计划供美国国会审议。2 月，美国国会为海岸警卫队“极地安全防卫艇”提供 6.55 亿美元，并为购买第二艘重型破冰船提供 2000 万美元，以维护美国国家安全和经济利益。⑤ 4 月，VT 霍尔特海事公司获得价值 7.5 亿美元的合同，为美国海岸警卫队设计和建造新一代重型破冰船，并计划于 2024 年交付使用。⑥ 然而，建造新一代破冰船只能满足美国执行北极任务的最低需求。美国海岸警卫队和国防部的新版北极战略均要求其北极地区基础设施建设和破冰船建造的能力发展与不断变化的国际和地区形势相匹配。⑦

---

① The Cost of Doing Nothing: Maritime Infrastructure Vulnerabilities in an Emerging Arctic, May 8, 2019, https://www.csis.org/analysis/cost-doing-nothing-maritime-infrastructure-vulnerabilities-emerging-arctic.

② Coast Guard Focused On Being Sea-Based In Arctic As Merits Of Deep-Water Port Debated, U. S. Naval Institute, October 16, 2019, https://news.usni.org/2019/10/16/coast-guard-focused-on-being-sea-based-in-arctic-as-merits-of-deep-water-port-debated.

③ Navy May Deploy Surface Ships to Arctic This Summer as Shipping Lanes Open Up, U. S. Naval Institute, January 8, 2019, https://news.usni.org/2019/01/08/navy-may-deploy-surface-ships-arctic-summer-shipping-lanes-open.

④ Thawing Arctic Presents Challenges for the Coast Guard, July 2019, https://www.usni.org/magazines/proceedings/2019/july/thawing-arctic-presents-challenges-coast-guard.

⑤ Coast Guard Secures $655 Million for Polar Security Cutters in New Budget Deal, February 15, 2019, https://news.usni.org/2019/02/15/polar_security_cutter_coast_guard.

⑥ Contracts For April 23, 2019, https://www.defense.gov/Newsroom/Contracts/Contract/Article/1822016/.

⑦ Could the U.S. Win in the Arctic?, July 2019, https://www.usni.org/magazines/proceedings/2019/july/could-us-win-arctic.

第四节　美国对部分北极地区伙伴的关系构建逐步调整

一、格陵兰岛

美国将格陵兰岛视为其国家安全框架的重要组成部分，认识到北极地区出现新的安全、能源、经济挑战和机遇，美国更加重视格陵兰岛的战略重要性，并寻求与其建立更加牢固的关系。① 8 月，特朗普表示有兴趣购买格陵兰岛；随后，他在推特上表示，鉴于丹麦首相拒绝讨论购岛交易，他将推迟对丹麦的国事访问。随后，特朗普政府宣布在格陵兰岛重新开设美国领事馆，目的是强化美国在北极地区的存在，扩大美国在格陵兰岛的利益，对其加强北极地区的政治、经济和商业关系具有战略利益。②

二、冰岛

美国将冰岛视为其重要的盟友之一，冰岛在北极地区的战略位置为美国在该地区的战略部署提供机会。2019 年 9 月，美国副总统彭斯访问冰岛期间，双方强调北极地区的战略重要性日益增长，认为中国在该地区的经济投资活动增加。③ 这是继 2019 年初美国国务卿蓬佩奥访问冰岛后，美国再次访问并提及应对中国对北极地区影响日益增长的问题。此外，美国海军组建的水面行动小组在冰岛周边北极海域开展军事演习，以强化美国在北极的军事存在。美国第二舰队还在冰岛凯夫拉维克设立临时的远征海上行动中心，支持水面行动小组进入北大西洋，以增强美国在北极地区的作战能力。④

① The Importance of Greenland to U. S. National Security, May 3, 2019, https://www.heritage.org/defense/report/the-importance-greenland-us-national-security.

② Engaging with Greenland, September 23, 2019, https://www.rand.org/blog/2019/09/engaging-with-greenland.html.

③ Remarks by Vice President Pence and Prime Minister Jakobsdóttir of Iceland Before Bilateral Meeting, September 4, 2019, https://www.whitehouse.gov/briefings-statements/remarks-vice-president-pence-prime-minister-jakobsdottir-iceland-bilateral-meeting-keflavik-iceland/.

④ U. S. 2nd Fleet Flexes Arctic Operational Muscle, September 25, 2019, https://news.usni.org/2019/09/25/u-s-2nd-fleet-flexes-arctic-operational-muscle.

三、芬兰

2019年10月，特朗普与芬兰总统会晤期间，除了探讨两国关系与贸易等议题外，还针对如何促进北极地区的安全与稳定以及共同应对当前面临的安全威胁等问题交换意见。① 双方承诺合作解决北极地区新威胁，以维护其在北极地区的共同利益。

① President Donald J. Trump is Celebrating 100 Years of Successful Diplomatic Relations with Finland, October 2, 2019, https://www.whitehouse.gov/briefings-statements/president-donald-j-trump-celebrating-100-years-successful-diplomatic-relations-finland/.

第九章　印度对“印太”概念的理解与行动

随着美国、中国、日本、澳大利亚以及东盟对“印太”地区的关注度日益提升，作为印度洋大国，印度也意欲在“印太”地区强化实际存在，提升影响力。2019 年，印度对“印太”的理解、认知、行动及反应都较之前更为积极主动。

第一节　印度版“印太”概念

印度尚未出台具体的“印太”战略或政策，但从莫迪总理以及高级官员的相关表述中可以看出，印度对“印太”概念有自己的理解和认知，而且与美国存在一定分歧。

2017 年 11 月，美印日澳四国印太协商会后发表的新闻稿中，印度强调“印度的‘东向行动’政策是其介入印太地区的基石”①。2018 年 6 月 1 日，印度总理莫迪在香格里拉安全对话会上强调，“印太是一个自然区域”“印度不希望印太成为个别国家的同盟，也不希望被小集团掌控，印太地区应该是积极多元、开放和自由的”“我们都应该根据国际法平等地享有在海上和空中使用共同空间的权利，这需要依赖国际法保障的航行自由、不受阻碍的贸易以及争端的和平解决”②。

2019 年 8 月 1 日，在东盟-印度部长级会议上，印度外交部长苏杰生强调，东盟是世界上政治经济最具活力的地区之一，“东向政策”仍然是印度实现印太愿景的重要途径。9 月 9 日，印度外长在“印度-新加坡：战略伙伴关系的新阶段”大会上表示，新加坡是印度“东向行动”政策的支点，印度着眼于一个开放、包容和平衡的印太地区，以海洋安全为纽带，以法

---

① Question No. 654Meeting with Officials on the Sidelines of ASEAN, http: //www. mea. gov. in/rajya-sabha. htm? dtl/29212/question+no653+meeting+with+officials+on+the+sidelines+of+asean.

② Ministry of External Affairs, Prime Minister's Keynote Address at Shangri La Dialogue, June 1, 2018, https: //mea. gov. in/Speeches-Statements. htm? dtl/29943/Prime_Ministers_Keynote_Address_at_Shangri_La_Dialogue_June_01_2018.

治为支撑，以东盟统一及其中心地位为基础，以东亚峰会为主要平台，通过贸易和投资融为一体。

2019 年 11 月 4 日，在第 14 届东亚峰会上，印度总理莫迪提出了“印太海洋倡议”，呼吁维护印太地区的安全、稳定，重点领域包括在具有相同海上安全利益的国家间建立伙伴关系，可持续开发利用海洋资源以及防灾减灾与管理。11 月 19 日，印度国防部长辛格在访问新加坡期间表示，印太地区通过安全的海洋相连，以贸易为载体，以团结为基础，是一个开放、包容和稳定的地区，印度关于维护国际法和国际规则、航行自由、不受阻碍的合法贸易、和平解决争端方面的立场是确保印太地区基于规则的秩序的唯一途径，印度致力于维护开放和自由的南海。印度还希望通过“萨迦计划”加强印度对该地区海洋事务的参与。

2019 年 12 月，印度外长在外交部举行的两场重要对话会上指出，“东向行动”政策和印太概念是印度外交政策的两大关键，印度的印太地理范围和战略区域不仅包括向东延伸、以东盟为中心的区域，还包括西印度洋、阿拉伯海和非洲。12 月 21 日，印度外交部发布一份办公室备忘录，首次将西印度洋和南印度洋主要岛屿国家，包括马达加斯加、科摩罗和法国留尼汪群岛领土作为印太地区的一部分。

综上所述，印度“印太”概念的内涵是：地理范围包括向东延伸、以东盟为中心的太平洋区域以及西印度洋、南印度洋、阿拉伯海和非洲，马达加斯加、科摩罗和法国留尼汪群岛也属于其“印太”战略的一部分；总体目标是致力于维护和促进印太地区基于规则的秩序，构建一个开放、包容、平衡、稳定的印太地区，尤其强调“包容”；发展思路是以海洋安全为纽带，以法治为支撑，以东盟统一及其中心地位为基础，以东亚峰会为主要平台，通过贸易和投资融为一体。实现途径包括印度的“东向行动”政策、“萨迦计划”；重点领域包括在具有相同海上安全利益的国家间建立伙伴关系，可持续开发利用海洋资源以及防灾减灾与管理。

第二节　外交上打造“印太”联系网

2019 年 4 月，印度外交部成立了印太部门，以反映对该地区的优先考虑，并确保域内事务的一致性。此外，印度还积极打造“印太”联系网。

一、以东南亚国家为核心，将东盟纳入“印太”合作框架

在区域层面，莫迪就任总理后提出的“东向行动”政策旨在加强与东南亚国家的关系，印度与东南亚国家的合作由此取得了显著进展，政治互信不断增强。特别是2019年6月底，《东盟印太展望》发布后，印度与东盟的合作进一步加强。印度对此积极回应，8月1日，在东盟-印度部长级会议上，印度外长表示，对印度而言，东盟不仅是通往印度洋的门户，也是世界上政治经济最具活力的地区之一，“东向行动”政策仍然是印度实现印太愿景的重要途径，加强与东盟国家的接触，特别是在海洋领域、实现互联互通和可持续发展目标方面，从而推动东盟-印度在印太地区构建战略伙伴关系。

在双边层面，2018年6月，莫迪总理在香格里拉对话会上指出，新加坡是印度发展与东盟关系的跳板以及印度东进东南亚的门户。2019年5月，印度和越南重申了在尊重国家主权和国际法的基础上建立一个和平繁荣的印度-太平洋地区的重要性。印度副总统奈杜表示，印越两国都致力于建立一个开放、透明、包容和基于规则的区域架构，这一架构应以航行和飞越自由、不受阻碍的经济活动以及根据国际法和平解决争端为基础，印度希望有关国家能够就“南海行为准则”达成共识。2019年10月，印度与菲律宾在海洋、安全、旅游、科技和文化领域签署了4项重要协议，进一步加强伙伴关系，双方强调基于规则的国际秩序、尊重国际法和各国主权平等。莫迪于2018年5月首次访问印度尼西亚，达成了双边“印太海上合作共同愿景”，印度与印度尼西亚关系提升至“全面战略伙伴”。两国同意探讨印度的“东向行动”政策、“萨迦计划”与印度尼西亚“全球海洋支点战略”的融合和互补，重申东盟的中心地位①。

二、坚持“邻国优先”，巩固与南亚大陆和印度洋岛国关系

莫迪政府通过军事援助、联合巡逻、修建军事设施、防务安全合作机制建设等，进一步强化对南亚邻国和印度洋岛国的战略影响力②。2018年

① 骆永昆，《印度东进东南亚：新进展、动因及影响》[J]，《和平与发展》，2019年第4期，第68-83页。

② 娄春豪，《战略认知转变与莫迪政府的海洋安全战略》[J]，《外交评论》，2018年第5期，第98-131页。

12 月，莫迪总理首次访问安达曼群岛，凸显出该群岛的战略重要性。2019 年 10 月，印度与孟加拉国签署协议，印度将在孟加拉国海岸线上建立雷达系统，旨在加强对孟加拉国海域的监视，密切关注两国的共同海岸。2019 年 12 月，为了巩固在西印度洋的存在，印度政府以地缘政治和国防为由作出重要举措，任命了一名防务专员，负责执行东非沿岸岛国马达加斯加的任务。

三、加强与法国在印度洋的海洋合作

印法设有海洋安全对话、签署了旨在交换印度洋海上通道和海域感知信息的《白色航运协定》。2018 年 3 月，法国总统马克龙到访印度，双方签署了《关于两国武装部队之间提供互惠后勤支持的协定》，发表了《印法加强印度洋地区合作的战略愿景》，就印法联手确保印度洋的安全和稳定达成合作共识①。2019 年 8 月，在巴黎访问的印度总理莫迪向法国总统马克龙表示，将致力于印太地区的航行自由和多边主义。印法两国已联合发射了 10 颗近地轨道卫星，基于卫星的自动识别系统，将持续提供海上监视和安全保障，监测、识别和跟踪在印度洋活动的船只，防止恐怖主义、海盗、走私和漏油，并可用于救援。2019 年 12 月，法国海军中将迪迪埃·马勒泰尔表示，印法两国海军将在南印度洋开展联合巡逻，以应对非法活动，保护两国利益。两国海军将于 2020 年初签署一项保密通信协议，目的是在阿联酋阿布扎比的法国海军基地与印度海军总部之间建立一个秘密连接点，以共享信息。印度智库观察家基金会认为，尽管谈论印法联盟为时尚早，但两国的利益越来越趋同，尤其关注印度洋海上安全。两国重申了维护航行自由和飞越自由、打击非法、不报告、无管制捕捞的重要性。印法制定了印度洋联合行动计划，承诺加强有关印度洋海洋信息的共享，更好利用空间资源，提升海域感知能力。

第三节 经济上推进海上互联互通

印度在经济上坚持开放进取，结合国内“萨迦计划”，着力提升与印太

① 娄春豪，《战略认知转变与莫迪政府的海洋安全战略》[J]，《外交评论》，2018 年第 5 期，第 98-131 页。

国家海上互联互通水平。“萨迦计划”由莫迪总理于2015年提出，地区互联互通是其重要内容。2018年8月，印度外长在第三届“印度洋会议”，提出落实“萨迦计划”的三项举措，即促进内陆联通、加强地区互联互通；连接南亚、东南亚和海湾地区；在加强地区海上安全方面发挥积极和建设性作用。为加强与东盟海上互联互通，印度提议与缅甸、泰国、柬埔寨和越南成立海上运输工作组，建立海上直航线路。目前，印度和印度尼西亚已经成立工作组，促进苏门答腊和安达曼岛之间的互联互通以及联合开发印度尼西亚西部港口城市沙璜①。印度与伊朗正在合作开发伊朗恰巴哈尔港，已经有5批货物由印度运往恰巴哈尔。2019年9月，印俄两国同意在钦奈与符拉迪沃斯托克(海参崴)之间建立海上航线。

第四节　安全上注重能力提升

一、积极参与地区安全机制

印度是环印度洋联盟的重要创始国。2019年8月，环印度洋联盟在斯里兰卡科伦坡召开了印度洋海上安全与保障工作组第一次会议，确定了工作计划及三个主要目标：一是为16个成员国搭建海上安全合作框架；二是制定海上安全政策方针；三是制定协调一致的海上安全区域愿景，以便解决现有问题，应对新形势。此外，莫迪政府给环孟加拉湾多领域经济技术合作倡议(BIMSTEC)注入更多安全元素，除牵头该机制的反恐和跨国犯罪合作小组外，通过举办BIMSTEC安全对话论坛、加强数据和信息共享、加强海洋安全合作等，应对共同安全威胁②。

二、提升海上监测和海域感知能力

自2015年以来，印度一直在实施项目，以加强其在印度洋的海上安全系统，建立信息网络，提升印度洋地区的海域感知能力。目前印度已在毛

---

① 李折周，刘存京，《美俄印欧的欧亚地缘战略对“一带一路”建设的影响》[J]，《俄罗斯东欧中亚研究》，2020年第1期，第32-51页。

② 李恪坤，娄春豪，《印度洋安全治理：现状、挑战与发展路径》[J]，《国际问题研究》，2019年第1期，第85-138页。

里求斯、塞舌尔、斯里兰卡、马尔代夫、孟加拉国建立了海岸监视雷达系统。2018 年建立的印度洋地区信息融合中心已开始发挥海事数据信息共享中心的功能，并通过协作方式对海上安全状况作出反应。截至 2019 年 10 月，该中心已经与 18 个国家和 15 个海事中心建立了联系，连接印度洋沿岸国家的所有沿海雷达站，生成近 7500 千米海岸线的无缝实时照片，发布每日信息和月度《海上安全》，重点分析印度洋地区事件和建议。2019 年 1 月，印度海军在安达曼-尼科巴群岛设立了名为“科哈萨”的第三个航空基地，以加强对通过马六甲海峡进入印度洋的中国船只和潜艇的监视。该基地位于安达曼-尼科巴群岛首府以北约 300 千米处，距离印度尼西亚 90 千米、缅甸 45 千米、泰国 550 千米。

三、提升军备实力

2019 年 3 月，印度与俄罗斯签署了一项价值 33 亿美元的政府间协议，印方将从俄方租借第二艘“阿库拉”级攻击核潜艇。这艘核潜艇预计于 2025 年交付，租期 10 年，俄罗斯将对这艘核潜艇进行全面升级改造，安装印度本土研发的通信和探测系统。2019 年 6 月，印度向美国购买的军火订单总额已超过 85 亿美元，包括 MH-60R 海鹰直升机、阿帕奇直升机、P-8I 海上巡逻机和 M777 榴弹炮等。印度还计划在未来 2～3 年内购买超过 100 亿美元的美国军火。

第五节　与美日澳的互动与合作

印度是美日印澳四方安全对话机制的重要国家之一。2019 年，印度与四方安全对话机制的其他成员国不断加强对话与合作。

2019 年 12 月，印度和美国举行了 2+2 对话，两国重申将共同致力于支持自由、开放和包容的印太地区。美国国务院称，展望未来，双方承诺在水资源管理、海洋和太空领域开展新的合作。

2019 年 9 月，印度国防部长辛格对东京进行为期两天的访问，与日本防卫大臣岩屋毅讨论了印太地区的安全局势，包括朝鲜半岛和南海问题。11 月 30 日，印度与日本在新德里举行了有史以来首次 2+2 部长级对话，会谈的重点是加强印太地区海上安全合作、深化双边经济合作。

双方会后发表的联合声明呼吁早日达成“收购和交叉服务协议”，在两国的海陆空军之间建立一个基于互惠原则相互提供补给和服务的框架。12月 24 日，第五次印日海洋事务对话在东京举行，双方重申将对话作为两国就共同关心的海洋问题进行磋商的重要机制的必要性，双方就共同关心的海洋领域的各种议题交换了意见，并确定了进一步加强海洋合作的途径。

印澳两国正努力共同促进和平与繁荣，致力于构建基于规则和包容性的印太地区。自 2015 年起，两国每两年举行一次名为 AUSINDEX 的联合海军演习。2019 年 12 月 9 日，印澳防长在新德里举行第三次 2+2 对话，讨论了“普遍存在的地区安全问题”以及签署共享军事后勤服务双边协议的可能性。

印美日三边合作进一步加强。自 2007 年印美日首次举行联合军演以来，该项军演已逐步走向正式化、常态化。三方于 2019 年 9 月 26 日至 10月 4 日在日本近海举行“马拉巴尔—2019”海上联合演习。印媒称，“马拉巴尔”演习将加强印日美海军合作，并确保在共同价值观和原则的基础上加强三国海上力量之间的互操作性，有助于地区安全与稳定。

美日印澳四方安全对话机制进一步深化。2019 年 5 月 31 日，美日印澳四国高级官员在曼谷举行会议，就推进自由、开放、包容的印太地区进行磋商，重申四国共同致力于维护和促进印太地区基于规则的秩序，并表示坚决支持东盟在印太地区的中心地位。11 月 4 日，在第 14 届东亚峰会期间，美日印澳四国高级官员就共同关心的印太局势进行了磋商，并支持由东盟牵头的区域架构机制。

第六节　智库、学界和媒体反应

一、对印太地区形势进行评估

印度维维卡南达国际基金会刊文回顾了 2019 年印太地区的发展。文章称，印度的印太地理范围从印度西海岸延伸到阿拉伯海和西亚、印度洋、非洲东海岸、孟加拉湾，横跨马六甲，再延伸到太平洋岛国，此外，印太愿景还向北延伸，包括俄罗斯。因此，印度为东西方的地缘政治空间增添了南北维度。莫迪总理在东亚峰会上提出了印太安全稳定和安全海洋环境倡议，但尚未提出将这一倡议制度化的建议。

二、阐述对印度“印太战略”的理解

2019 年 8 月 13 日，印度观察家基金会撰文称，对印度而言，“印太”的地理位置从非洲东海岸延伸至大洋洲，包括太平洋岛国。包容、开放、联合东盟是印度“印太”概念的核心，在“包容性”框架下也欢迎中俄加入。“印太”不是有限成员的俱乐部，必须通过对话、基于共同规则的秩序、航行自由、贸易畅通以及通过国际法解决争端来维护地区安全。印度一直从海上基础设施、贸易、海域感知能力、海军能力建设等方面推进“印太”愿景。文章指出，保持所有利益相关者之间的平衡是关键挑战，未来印度在设计“印太”政策时应考虑长期战略和经济利益。

2019 年 9 月 16 日，印度国家海洋基金会研究员撰文称，莫迪正在推行外交政策的两大主线，即“邻国优先”和“东向行动”政策，寻求促进印度本国利益，特别是海洋利益，是有效应对中国影响力的最佳方式。

三、评价其他国家的“印太战略”

2019 年 8 月 7 日，印度南亚观察网认为，美国印太战略导致地区混乱，亚太国家有权利和能力拒绝美国专横的印太战略，交流与合作是该地区的主题，中国是重要的崛起大国，为该地区的发展作出了巨大贡献。亚太地区军事上依赖美国、经济上依赖中国的格局是不稳定的，亚太国家盲目跟从美国不仅导致地区混乱，还会损害国家利益。

四、将美国的“印太战略”与印度版“印太”概念进行对比

2019 年 12 月 31 日，印度南亚观察网称，印度版“印太”概念对美国“印太战略”构成打击，美国主张的“印太战略”并非需要整个印度洋及其沿海地区，“印太战略”符合美国的利益，而不符合包括印度在内的印太国家的利益。因此，基于本国利益和诉求，印度对印太有自己的叙述，尽管印度版的“印太”仍是一个概念，但对美国的“印太战略”构成打击。

五、关注中国在印太地区的行动

2019 年 10 月 17 日，《印度教徒报》称，在大多数情况下，印中两国在亚洲海域拥有共同的利益，双方都致力于维护海上通道的航行自由，印中两国必须致力于避免亚洲海域成为竞争的舞台，在不损害对方利益的前提下尊重彼此与第三方的海上合作。从长远来看，印度、中国及其亚洲伙伴应致力于制定软法，加强国际海洋法的持续发展。

六、对印度的“印太”行动提出政策建议

2019 年 6 月 18 日，《印度快报》就强化印太关注度向印度新政府提出五项建议：一是加强印太地区双多边合作，加快基础设施、制造业、贸易和旅游业的发展；二是在促进航行自由达成共识方面发挥领导作用；三是强化在印太地区的实际存在；四是通过“萨迦计划”加强互联互通和港口建设，促进印度商船队发展；五是在安达曼-尼科巴群岛的布莱尔港推动建立印太研究中心。

2019 年 6 月 25 日，《印度电讯报》称，莫迪政府面临的战略挑战将来自海上，而不是陆上。加强海洋意识、改善海上基础设施、提高海上通道运营能力和安全性是新政府面临的最大挑战之一。对此，新政府必须提升海军的战略重要性，根据不断变化的亚洲海洋地缘政治形势提出印度的海军理论；增强印度的反介入/区域拒止能力；将印度的海洋利益与美国相融合，学习借鉴美国海军的先进技术。

2019 年 11 月 1 日，印度尼赫鲁大学东南亚研究专家撰文称，印度在南海问题上持谨慎态度，但考虑到地缘经济的现实，印度必须在外交政策中给予南海更高的优先权和更大的严肃性。南海是一条重要的海上通道，印太地区是印度的新邻居，与中国、美国、日本等其他地区大国一样，印度在维护南海的和平安宁中同样占有重要地位。

2019 年 11 月 26 日，印度知名战略家拉贾·莫汉认为，印度须考虑俄罗斯重返印度洋对印度区域战略的影响，应尽早与俄罗斯就印度洋合作进行深入对话。2019 年 11 月，俄海军训练舰抵达斯里兰卡汉班托特港；10 月底，俄远程核轰炸机飞往南非，为该型飞机首次部署到非洲；11 月底，中俄与南非在好望角附近的战略海域开展三边海军演习，这是三国首次进

行此类联合演习；同时，伊朗计划与中俄在动荡的波斯湾海域举行联合海军演习。最近发生的这些事件凸显俄罗斯对印度洋日益增长的战略兴趣。但其重返印度洋受到其经济资源的制约，也受制于其有限的出海通道，因此俄罗斯不会主宰印度洋，但肯定有能力塑造印度洋地区的战略格局。

七、围绕四方安全对话机制展开讨论

2019 年 3 月 19 日，印度观察家基金会刊文指出，印度已降低了对美日印澳四方安全对话机制的热情，试图将四方安全对话机制作为印太地区若干个多边框架之一，而非地区性机制，避免四方安全对话机制掌控印太地区。莫迪总理在 2018 年香格里拉对话上表示，印太地区是不针对任何特定国家的包容性区域，淡化了四方安全对话机制的反华意图。

2019 年 12 月 26 日，印度少将阿萨纳在《印度国防评论》撰文指出，四方安全对话机制目前缺少必要的威力，只能在航行和飞越自由及基于规则的秩序方面有所作为。为确保印太地区的航行自由，美日印澳应将自由开放的印太构想落实到以规则为基础的法律框架上，美国需批准《联合国海洋法公约》，以便美日印澳贯彻执行同样的标准。美日印澳应继续在印太地区开展航行自由演习，如果战略形势恶化，未来应设立“联合国海洋军事观察员小组”，在高密度执行航行自由任务的地区防止触发意外冲突。

第十章　霍尔木兹海峡争端激烈

霍尔木兹海峡是波斯湾到印度洋的唯一海上航运出口，地处全世界油气资源最为丰富的地区，被称为“世界石油瓶颈”。在美伊冲突全面升级的背景下，2019 年 5 月起，霍尔木兹海峡发生多起油轮或油田遭袭事件，使这一具有重要战略地位的区域再一次成为全世界关注的焦点。7 月，美国提出组建中东“护航联盟”并不断吸纳盟友；法国也带头组建了“欧洲海湾护航联盟”，并初步形成规模；伊朗方面则提出“霍尔木兹海峡和平倡议”，反对外国军事力量介入霍尔木兹海峡安全事务。三方势力角力霍尔木兹海峡，必将给中东局势及国际能源安全带来负面影响。

第一节　霍尔木兹海峡争端升级的背景

一、霍尔木兹海峡具有极为重要的战略地位

“海上战略通道的战略价值取决于其地理位置和对人类活动的支持能力。”①霍尔木兹海峡地处亚、欧、非三大洲的交会处附近，位于阿拉伯半岛东北端与伊朗南部海岸之间。其西南口连通波斯湾，东南口与阿曼湾为界，经阿曼湾连阿拉伯海，通向印度洋。霍尔木兹海峡东西全长约为 150 千米，南北宽度为 64～97 千米，最窄处仅有 48 千米，其可用于航行的水道狭窄且十分容易被封锁。霍尔木兹海峡重要的地理位置使其自古就成为了亚欧各国的贸易中心，目前海湾沿岸各国的大部分物资仍需往来于这一通道。

霍尔木兹海峡是石油运输最繁忙的海峡，目前每年通过海峡的船舶中油轮占到 50%～55%，货船占 35%～40%，其余为军舰。从海上石油运输来看，波斯湾是世界上石油输出最多的地区，目前国际能源市场上 40%的石

---

① 梁芳，《海上战略通道论》[M]，北京：时事出版社，2011 年，第 126 页。

油贸易量都要途经霍尔木兹海峡。据国际能源署预测，到2030年中东地区将成为世界53%的石油产出地，那时经霍尔木兹海峡向外输出的石油量还会增加。为了控制这一地区的油气资源，各国之间关于领土的纷争不断，甚至爆发过几次重大冲突和战争，包括20世纪80年代的两伊战争，90年代初的海湾战争以及21世纪初的伊拉克战争。

由于霍尔木兹海峡的唯一性，其安全对世界上主要从波斯湾进口石油的国家的安全和经济都会产生巨大的牵制性影响。如受2019年6月油轮接连被袭击和美军无人机被击落的影响，截至6月13日下午14:00，布伦特原油涨逾4%，美国著名投资银行高盛预测，如果霍尔木兹海峡海域被封锁，国际油价甚至可能飙升至每桶1000美元，进而导致世界经济的崩溃。

二、美伊紧张局势不断升级

美伊之间的矛盾和冲突由来已久，自1979年伊斯兰革命期间伊朗扣押美国人质事件开始，经过两伊战争、海湾战争与伊拉克战争等多个局部战争，伊朗与美国在中东地区战略利益的矛盾愈发激化。

伊朗强硬派总统内贾德上台以后，伊朗核问题逐渐成为美伊双方、中东地区乃至全球最为棘手的不稳定因素。经过漫长的谈判，伊朗于2015年7月与六国达成《伊朗核问题全面协议》，伊朗核问题暂时得以平息，但在特朗普上台以后，美国政府对伊朗的政策突然转变为强硬敌对政策。在提出全面修改协议无果后，2018年5月特朗普单方面宣布废除伊核协议，并将对伊朗极限施压，美伊冲突正式升级。2019年以来，中东地区接连发生与美伊相关的危险事件，包括美国将伊朗伊斯兰革命卫队认定为恐怖组织，全方位制裁伊朗；伊朗分阶段陆续中止履行伊核协议部分条款，击落美国无人机，扣押油轮等。2019年12月27日，美国在伊拉克的一处军事基地遇袭，导致1名美国商人死亡、4名美国军人受伤，美国将矛头直指伊朗，随后执行“定点清除行动”刺杀了伊朗灵魂人物——伊朗伊斯兰革命卫队圣城旅指挥官苏莱曼尼。2020年1月8日，伊朗采取报复行动，向美军驻扎在伊拉克的军事基地发射导弹。6月，伊朗伊斯兰革命卫队在霍尔木兹海峡附近击落了一架美国的“间谍无人机”，对美国侵犯其领空的行为作出强烈回应。美国与伊朗关系持续恶化，冲突不断升级，也正是这一重要背景导致包括美伊在内的各方势力在霍尔木兹海峡展开激烈角逐。

第二节　霍尔木兹海峡争端的三方力量

一、美国组建护航联盟

2019 年 7 月，美国正式提出组建“国际海上安全架构”（IMSC），即中东“护航联盟”，目的是与其盟友联手打造针对伊朗的海上威慑共同体，以确保霍尔木兹海峡海上通行的安全。“护航联盟”主要包含以下三个方面的内容：第一，“护航联盟”的护航范围覆盖霍尔木兹海峡、曼德海峡、阿曼湾和波斯湾等重要的能源运输航道和要地；第二，“护航联盟”的护航对象是经由这些运输航线且航行安全受到威胁的商用船只，相比第五舰队更偏向于凸显其“非政治”的属性；第三，在护航任务方面，美方主要负责海上监控和情报支持，各盟国则在美方指挥舰的引导下，对悬挂有本国旗帜的商船进行巡护。

“护航联盟”目前仍处于吸纳盟友、积极扩容阶段，还没有采取实质的护航行动。由于美伊博弈背景下产生的“护航联盟”是基于美国对其国家利益判断和对美伊关系认知而存在的，因此并未获得国际社会以及大多数美国的北约盟友的响应。自 2019 年 7 月美国提出组建“护航联盟”倡议至 12 月，除美国外，宣布加入该联盟的国家共有 9 个，分别是英国、阿尔巴尼亚、澳大利亚、以色列、沙特阿拉伯、阿联酋、卡塔尔、科威特和巴林，实际规模远未达到美国所期盼的于 11 月前集成 55 艘军舰。① 在这 9 个国家中，仅有英国和澳大利亚明确了投入力量，如英国陆续向海湾地区派出了“蒙特罗斯”号、“邓肯”号和“肯特”号 3 艘军舰，澳大利亚于 2019 年 10 月 15 日向其在中东地区的主要作战基地派遣了 P-8A“波塞冬”海上侦察机，并曾承诺于 2020 年 1 月部署 1 艘澳大利亚护卫舰，其余国家则并未透露在护航联盟中的具体参与方式。

还有一些国家则陷入了既想维护与美国的关系，又不想影响到与伊朗

① 南博一，《美国领导的霍尔木兹海峡护航联盟成立指挥中心，已有七国加入》，环球网，2019 年 11 月 8 日，https：//world. huanqiu. com/article/9CaKrnKnG4F。

的长期石油贸易的两难境地，如日本和韩国。日本并未参加以美国为主导的“护航联盟”，而是以搜集情报为名向中东派出了海上自卫队，并且没有靠近霍尔木兹海峡，而是在阿拉伯海北部、阿曼湾和曼德海峡东侧的公海执行信息搜集及护航等任务，韩国方面也宣称将单独在霍尔木兹海峡执行海上护航任务。

在特朗普政府推行的“美国优先”战略原则下，将过多的军事和经济资源投入中东事务显然不符合美国当前的国家利益，因此美国组建“护航联盟”，表面上是联合地区利益攸关方共同维护霍尔木兹海峡的海上航行安全，实际上则意在借助“1+N”联盟的形式为自身创造战略优势，持续对伊朗极限施压，同时弥补其制裁伊朗缺乏正当性的问题。

二、伊朗霍尔木兹海峡和平倡议

在欧洲和美国的两股护航力量初现规模时，9 月 25 日，伊朗总统哈桑·鲁哈尼在联合国大会会议上提出“霍尔木兹海峡和平倡议”，并称，由于伊朗担负着波斯湾和霍尔木兹海峡安全、和平、稳定与进步的历史责任，故邀请所有受波斯湾和霍尔木兹海峡事态发展影响的国家加入“霍尔木兹海峡和平倡议”，抗议美国和犹太复国主义等外部势力对海湾地区安全的干涉。鲁哈尼还表示，“霍尔木兹海峡和平倡议”旨在促进霍尔木兹海峡地区国家的和平、稳定、发展与繁荣以及增进彼此之间了解，加强和平与友好关系，以确保能源供给和航海运输。该倡议涵盖了诸多合作领域，如公共能源安全、航行自由，尤其是石油和其他资源往返霍尔木兹海峡的自由流动。鲁哈尼还指出，“霍尔木兹海峡和平倡议”建立在相互尊重、利益互惠、地位平等、对话与谅解、尊重主权和领土完整等重要原则的基础上，其中最重要的原则是“不侵略”和“不干涉内政”。他还强调，外国士兵在该地区是“威胁和平、安全与稳定”的存在，美国所提倡组建的护航编队没有存在的必要，要求美国撤销该机构，而伊朗为了实现霍尔木兹海峡的和平与稳定，也愿意同邻国进行合作，共同管理这个敏感且十分重要的地区。

11 月 2 日，伊朗外交部发言人阿巴斯·穆萨维在一份声明中表示，总统鲁哈尼已向海湾合作委员会的 6 个成员国及伊拉克发送了其在联合国提交的、关于区域安全的议案，“要求他们进行合作以实现和执行该倡议”。[1] 穆萨维随后在25日的新闻发布会上宣布，这一邀请受到了多国的积极回应，并且有三个国家已接受加入该倡议，但是他并未透露这三个国家的名字。随后伊朗外交部宣布将于2020年1月6—7日在德黑兰举行一次关于“霍尔木兹海峡和平倡议”的论坛，论坛还将讨论有关波斯湾地区安全与和平的最新情况。

除了在外交上展示和平的形象，伊朗同时也在霍尔木兹海峡“大秀肌肉”。此前伊朗伊斯兰革命卫队曾以“控制和保障海湾和霍尔木兹海峡的安全，应对敌人的威胁和潜在风险”为目的在霍尔木兹海峡进行了海上军事演习，演习在革命卫队年度军事演习的框架中进行。10月初，伊朗总统鲁哈尼与俄罗斯总统普京讨论了“霍尔木兹海峡和平倡议”，而俄罗斯此前已表态，计划与伊朗在霍尔木兹海峡举行联合军事演习。

三、欧洲海湾护航联盟

尽管美国积极组建护航联盟，然而其希望扩大自身联盟实力的想法却并未获得其盟友的支持。由于在伊朗核协议问题上与美国的立场存在分歧，美国的大多数北约盟友都无意加入其主导的联盟，担心一旦参与其中，将会使海湾局势更趋紧张。德国外长马斯曾表示，德国希望避免中东地区紧张局势进一步升级，因此德国不会参加美国主导的“护航联盟”。法国牵头组建的欧洲版“护航联盟”却受到了欧洲多国的积极响应。法国国防部长弗洛朗丝·帕利曾表示，“欧洲海湾护航联盟”定于2020年初启动，届时10个欧洲和非欧洲国家将会加入。其中法国已将“戴高乐”号航母派往中东；意大利和西班牙已经表示了加入的意愿；荷兰政府则明确表示将从2020年开始派出舰只，加入由法国主导的护航联盟，到霍尔木兹海峡执行为期6个月的海上安全航行任务；丹麦外长和防长发表声明称将派遣军舰、直升机和士兵前往霍尔木兹海峡；比利时、德国、希腊、意大利和葡萄牙等国也将会派出各自战舰前往海湾地区执行监视任务。帕利在访问阿联酋时宣布，阿联酋首都阿布扎比将成为“欧洲海湾护航联盟”总部，设立这一总部的目的是维护海湾地区水域的航行安全。她同时指出，该总部将与美国领导的“护航联盟”进行协调。对此，美国“护航联盟”司令康克林

---

① 《伊朗说已将霍尔木兹海峡和平倡议传递给海合会》，新华网，2019年11月3日，http://www.xinhuanet.com/world/2019-11/03/c_1125186503.htm。

称：“没有人对法国的联盟感兴趣，他们已经尝试了一段时间，但效果非常一般。”而帕利则批评美国对海湾地区一系列袭击坐视不管，还提醒美国正在海湾地区失去威慑力。英国的立场问题曾引发欧洲一系列批评。起初英国呼吁护航行动应由欧盟主导，随后却突然改变立场，在8月初时决定跟随美国在霍尔木兹海峡“护航”。

法国牵头的“欧洲海湾护航联盟”，一方面是为在波斯湾航行的欧洲航船、油轮提供护航，保障其航行安全，不至于被一些极端组织或其他国家所劫持。同时，由于欧洲是中东近邻，一旦美伊爆发战争，大量难民会首先涌入欧洲，所以中东发生战争是欧洲最不愿意看到的局面。在美伊两国剑拔弩张的形势下，美国军舰出现在霍尔木兹海峡更是有可能导致美伊之间发生擦枪走火的事件，“欧洲海湾护航联盟”在于防范美伊之间发生直接军事冲突。

第三节　霍尔木兹海峡争端对未来国际形势的影响

一、霍尔木兹海峡争端可能进一步加剧中东乱局

美国是造成中东地区动荡局势的主要外部原因，其组建的中东“护航联盟”从表面上看是一个防御型联盟，实际则是在对伊朗极限施压背景下的新制裁手段，具有一定进攻性。虽然该联盟对未来中东地区总体格局的影响有限，未能造成颠覆性变化，但在很大程度上可能会导致其与伊朗在霍尔木兹海峡的对抗升级，从而进一步恶化中东局势。美国集结其盟友在海湾地区组建护航联盟，企图抑制伊朗的石油出口，甚至将其出口量降为零。因此“护航联盟”一旦达到美国预想的规模和效果，将给伊朗能源出口的运输线带来直接威胁。为了防止遭美国海军及其盟友围困、无法利用霍尔木兹海峡出口石油的局面出现，伊朗方面极有可能采取较为激进的反制措施，或利用第三方力量在中东地区制造低强度的动荡局面，从而对美国及其盟友形成牵制。

二、霍尔木兹海峡争端恐引发新一轮大国博弈

当前，围绕霍尔木兹海峡航行安全展开的博弈表现为两个主要国家、

多国参与的局面，美伊争端的再升级牵动着域外大国的利益，“护航联盟”的推行可能会引发新一轮的大国博弈。作为美国在中东的重要地缘竞争对手，俄罗斯与伊朗保持着重要的战略伙伴关系，高度关注伊朗的国内稳定，同时也十分注重加强与阿拉伯国家的外交及经济合作。欧洲方面，近来难民危机、恐怖主义扩张等对欧洲安全形成了巨大威胁，为维护自身的安全利益和经济能源利益，欧洲不得不坚定维护中东地区的和平与稳定。因此，虽然欧盟与美国在中东政策上既有合作又有竞争，但美伊激烈对抗之下，美欧对伊政策的竞争会日趋激烈。① “护航联盟”面临美伊冲突以及海上冲突与地区热点问题相互交织的双重风险，随着霍尔木兹海峡争端升级，越来越多的域内外大国将会卷入其中。

三、霍尔木兹海峡争端将给国际能源安全带来复杂影响

霍尔木兹海峡的安危直接关系到全球油价乃至世界经济的形势。虽然伊朗一直向外传递可能封锁霍尔木兹海峡的信息，但其很难承受封锁可能引发的政治、经济后果。因此，当伊朗的石油出口受阻时，阿联酋、沙特、巴林等美国的中东盟友的油气设施面临伊朗报复威胁的可能性就会增加。同样，伊朗的油气设施也有可能遭到来自美国及其盟友的打击。“护航联盟”在霍尔木兹海峡这一世界能源运输战略要道开展活动，极易影响世界能源供应的稳定性，一旦发生更大规模的袭击事件，无论是哪一方受到打击，原油产能的缩减与价格的持续上涨都会造成市场紊乱，从而进一步迟滞全球经济的复苏。

① 汪波，《欧盟中东政策研究》[M]. 北京：时事出版社，2010 年，第 357-362 页。

第十一章　福岛核污水排放入海引发国际社会关注

2019年9月，日本东京电力公司(以下简称“东电公司”)称，由于福岛第一核电站放射性污水储藏量持续增加，此前建造的污水储存罐将于2022年前后装满，而再建设扩容性储存罐难度较大，也难以寻找储存更多污水罐的场地，因此需要采取必要措施处理聚积和不断产生的核污水。日本前环境大臣原田义昭表示：“如果福岛一核的储存罐全部装满，只好将多余的核污水排放到太平洋，由大海吸收和淡化。”①他还表示，虽然还有其他处理方案，但将放射性污水排入海洋是所有方案中最省时、最有效的，也是最具可行性的。向海洋排放核污水，不但会对相邻海域及沿岸的环境造成影响，还会随着洋流逐步扩散影响周边海上邻国，最终影响全球海洋环境。包括美国、韩国、加拿大等在内的主要海洋国家和相关国际组织均对此事予以密切关注。

第一节　福岛核污水持续产生需要新的处置方案

一、福岛核电站核物质仍未得到有效处置

东电公司福岛第一核电站位于日本福岛县，在2011年3月11日日本大地震中因遭受海啸冲击，发生设备破坏、反应堆损毁导致核泄漏，放射性物质外泄。

当海啸引发核泄漏发生时，东电公司向核反应堆中注入了大量冷却水并径直排入大海，未经处理的高浓度核污水随海流扩散到全球海洋系统。根据当时的监测和信息显示，核泄漏发生不到1个月，核污染就从距核电站仅两千米的高崎市到达俄罗斯东部海域和美国西海岸；当时整个北半球

① 《原田大臣記者会見録》，日本環境省，令和元年9月12日，http：//www.env.go.jp/annai/kaiken/r1/0910.html。

的海洋已经遍布放射性物质；随后1周南半球多地也相继发现来自福岛的核污染物质。

日本随后选择使用储存罐封存放射性污水的方法，但由于未能解决污染源头的问题，核污水持续增加。为此，日本经济产业省组织专家成立核放射物质处理的专家委员会(以下简称“专家委员会”)，在经过初步研究后，提出了包括向海洋排放等5种处理方案，但是如何选择，除了技术论证外，还需要进行更进一步的社会经济影响评估。

二、处理核污水引发新的问题

据日本经济产业省官员介绍，截至2019年1月，福岛核电站内共存放约112万吨放射性污水，同时含放射性元素的污水还在以5万~8万吨/年的速度持续增长。由于此前污水存储罐的建设目标制定的最大容量为137万吨，今后需要解决污水存储罐存放空间的难题。①

在核污水持续增加的背景下，东电公司声称已经不能继续依靠建造储存罐处理污水，必须要通过其他途径应对越来越多的污水问题。目前福岛核电站内摆放有超过1000个污水储存罐，总容量约为140万吨。但是现阶段，污水储存量已经达到100万吨左右。对此，东电公司还在强调，没有更多的土地来增建储存罐，如果污水处理不能顺利进行，处置福岛核污染的工作将被迫停止。

三、核污水入海的处理方案获得日本政府和企业的支持

为了应对核污水处理问题，日本经济产业省从2013年12月就开始研究解决方案，并于2016年提出了5种处理意见，包括注入地层、向海洋排放、水蒸气排放、氢气排放以及地下埋藏。之后福岛污水处理对策委员会下设的“多核去除设备处理水工作委员会”，专门讨论上述方法的技术可行性和社会经济影响。

(一)5种方案中排放入海的成本最低

根据此前专家委员会对5种方法的技术路线给出的时间和经济成本，

① 《日本计划下月起移出福岛核电站3号机组燃料棒》，人民网，2019年2月25日，http://sn.people.com.cn/n2/2019/0226/c378286-32683028.html。

在现有核污水和今后核污水增长不变的前提下，处理花费时间最长的为注入地层，长达124个月甚至更久；而排放入海则耗时最短。这两种方案同时占地面积最少，并且不会因处理废物而产生二次污染物。通过横向比较，可以看出排放入海是成本最低、耗时最短的解决方案。

（二）5种方案中氢气和海洋排放具有较高的技术可行性

各方案还有需要解决的技术问题。注入地层方案，需要通过实际考察选取合适的土地，但相关技术标准尚未建立。氢气排放方案，除了前期处理和扩大规模外，还需要考虑氢气爆炸等安全因素。地下埋藏方案，由于固化海水产生的热量导致水分蒸发并伴有放射性气体，需要建立新的管理体制，在这方面还要花费很多的时间和精力。总体来看，注入地层、氢气排放和地下埋藏3种方案，需要考虑的制度、技术和时间问题较多。所以，专家委员会认为水蒸气排放和向海洋排放是比较现实的技术方案。

（三）5种方案中水蒸气排放和排放入海的社会影响相对较大

在考虑时间成本和技术可行性后，水蒸气排放和排放入海成为比较合适的方案。通过进一步比对，专家委员会认为，在技术上，相较于排放入海，水蒸气排放会产生其他污染物，并且太受天气和环境条件制约。从社会经济影响看，水蒸气排放所影响的产业范围要比排放入海更加广泛，对于福岛及周边地区的所有产业都会造成损害。而经过稀释排放入海是成本最低、见效最快的可行方案。但是，这对渔业和观光产业的打击将是重大的，特别是在福岛周边的渔业捕捞量至今尚未恢复到“3·11”大地震前两成的情况下要采取这种方案，还需要进一步研究政策和措施。不仅如此，排放入海除了影响当地生态环境和经济产业外，还会面临来自周边国家和国际社会的压力和抗议。

第二节　排放入海方案的环境社会影响

由于2011年福岛核电站事故发生时，已经有大量的核污水进入海洋，给当地海洋生态环境造成严重影响；大量核污水携带放射性元素进入太平洋，最终扩展到世界许多地方，而放射性元素始终停留在海洋中，并会随着食物链最终进入人体。因此，无论日本政府如何强调稀释处理过的核污水浓度符合标准，最终都会造成海洋环境的永久损害。

一、核污水进一步造成当地海洋生态和社会经济恶化

福岛核电站若选择将核污水排放入海，首先会对当地水产养殖业和观光旅游业造成毁灭性影响，使得本就恢复缓慢的相关行业再次陷入危机。自“3·11”大地震以来，福岛生产的农牧业产品遭受严重损害，经过近8年的恢复，部分产品销售价格逐步恢复到日本全国同类产品的平均水平。同时，在日本政府和外事部门的努力下，全球近20多个国家和地区渐渐取消和解除对福岛地区鱼类产品的进口限制。此次东电公司声称将考虑污水排放入海，可能使之前重振当地社会经济的努力付诸东流，所以遭到当地政府、渔业协会等团体和从业者的强烈抗议，这也是目前污水排放入海方案所面临的最大障碍。

二、排放入海的核污水最终会流入全球海洋

受福岛周边海洋环境的作用和影响，特别是在“亲潮”和“黑潮”两股主要海流的作用下，由日本排放的这些携带有放射性物质的污水将会进入全球海洋系统当中，并在无法彻底清除的情况下，对全球海洋生态产生持久影响。日本国内科研机构曾经对放射性元素随世界洋流的移动进行评估，认为放射物进入大海后，在海流与洋流的作用下，5年之内到达美国和加拿大西部海岸，10年后再次回到东亚海域。同时，这些放射性元素还会聚集在鱼类等海洋生物的体内，进入食物链，造成全球海洋生态系统的进一步损害。相关机构在福岛核电站附近海域采集了19种鱼类，结果发现放射物严重超标，一些物种还因此出现了大面积消亡的情况。

三、多个沿海国家均会受到不同程度的污染影响

日本处理核污水的方法引发了海上邻国、世界主要海洋国家以及国际组织的关注。2019年绿色和平组织曾警告称，核污水首先影响的国家将是韩国。对此，韩国方面要求日本提供详细方案，包括管理体系和污水处理

细节。早在2018年下半年，韩国就注意到日本向太平洋排放污水的计划，并致函日方表达担忧。韩国外事部门称，如有必要，韩国将与太平洋邻近国家紧密合作，共同应对核污水排放问题。另一名韩国官员表示，其他国家虽然没有就此议题公开发声，但许多太平洋国家的环保机构都在关注日本对核污水的处理动向。①

同样，地处南大洋的澳大利亚在福岛核泄漏之后，就发现食物中含有核放射物质，而远在北美地区的美国和加拿大也遭遇相同状况。美国伍兹霍尔海洋研究所的研究团队从美国西海岸收集的海水样本中，测量到了铯-134。

第三节　国际社会的反应与日本的应对

2019年，国际社会对福岛核污水问题的关注达到一个高峰。在获悉日本的核污水排海计划后，韩国方面最先采取行动，通过双边和多边途径，将该问题付诸国际舆论，得到了国际社会的积极响应。

一、国际社会的反应

在韩日两国关系恶化的背景下，针对福岛核污水问题，韩国方面除紧急召见日本驻韩官员表达关切外，还通过外交渠道向日本政府表示忧虑，要求不要采取排放入海的方案。同时，韩国在国际原子能机构年会、《伦敦公约》缔约国大会等多边国际场合要求日本作出解释和承诺。此举引发了两国在国际舞台上的交锋和对立。例如，韩国官员指责日本称，“在引发世界担忧的情况下，一旦日本决定将核污水排放入海，将会严重影响全球海洋生态环境，这是重大的国际问题，并非一国问题”。对此，日本官员仅以“希望大家可以根据日本透明公开的信息，理性讨论”予以搪塞和回避。② 此外，智利、美国、加拿大、中国等20个国家也对此事表达了关注和担忧。

① 《日本拟排福岛核污水入太平洋 韩国首当其冲》，中国环境监察网，2019年8月16日，http://www.hjjczz.com.cn/html/news/internationalNews/8194.html。

② 《日韩在IAEA年会就福岛核电站处理水交锋》，中评网，2019年9月16日，http://www.crntt.com/doc/1055/4/1/9/105541911.html? coluid=169&kindid=12099&docid=105541911&mdate=0917185649。

二、日本排放入海违反多项国际公约

关于福岛核污水排放入海是否适用包括《联合国海洋法公约》在内的国际法问题，有学者指出，福岛一核的所有者虽然是日本的企业，但是其将核污水排放入海的前提是需要得到政府同意，所以事情发生后，污水排放的行为已经属于国家行为。① 据此认定，日本将核污水排放入海的行为违反了《联合国海洋法公约》第一九二条中有关各国负有保护和保全海洋环境的一般义务，② 以及第一九五条各国在采取措施防止、减少和控制海洋环境的污染时采取的行动不应直接或间接将损害或危险从一个区域转移到另一个区域，或将一种污染转变成另一种污染的义务。依据《联合国海洋法公约》规定，日本需要承担相应的责任，当私人或企业行为构成跨境污染，导致国家违反国际义务，致使其他国家领土环境遭受污染时，便引发国家承担国家责任。③

对于日本是否违反了 1972 年《伦敦公约》中有关禁止向海洋倾倒放射性物质的规定，学界对于日本放任污水流入海洋的行为性质尚存在争议，即放任污水外流是被《伦敦公约》禁止的“倾卸”行为，还是“排出”行为，但是经过处理降低浓度后，仍然排放入海则肯定属于被禁止的“倾卸”行为，需要追究责任。此外，韩国在《伦敦公约》缔约国大会上提出应将此作为正式议题，且得到了中国、智利等国家的支持，但该条约仅将海上倾倒废弃物视为管制对象，并不包括陆源废弃物，也从未将排污问题作为正式议题。《伦敦公约》缔约国大会就日本福岛核电站污水问题作出了两项决定：第一，将该问题作为大会的议题，持续进行讨论；第二，要求日本透明公开有关信息。今后若日本向海洋排污，国际社会或将对其采取严厉措施。④

---

① 权五成，《福岛核电站放射性污水排放到海洋的国家责任》[J]，《益法学弘》，2013 年第 2 号，第 662-663 页。

② 罗暻朝，《基于国际环境法角度对日本福岛核电站事故造成的海洋污染的思考》[J]，《新丝路》，2019 年第 22 期，第 148 页。

③ 衣淑玲，《论跨国界污染的国家责任》[J]，《天津市政法管理干部学院学报》，2004 年第 4 期，第 42-46 页。

④ 《韩国在〈伦敦倾废公约〉缔约国大会上提出日本排放核电站污水问题》，中韩海洋科学共同研究中心，2019 年 10 月 11 日，http：//www. ckjorc. org/cn/cnindex_newshow. do? id=3069。

三、日本政府采取的应对举措

为了应对来自国内外的压力，日本经济产业省下设的专家委员会在“将福岛地区振兴与福岛核电站问题处理脱钩”的指导方针下，提出将核污水排放入海的方案，并提供了解决核污染物质的对策和措施，其核心内容是在选择将核污水排放入海时，降低污水中的放射性元素量，令其达到排放标准。同时，因此举蒙受损失的周边城市和地区渔业、观光业从业者，由东电公司出面予以赔偿和补贴。

由于此前东电公司未经披露就向海洋排放了大量高浓度核污水，后经披露才出面解释，引起国际社会强烈反应。在遭到各国以及国际组织警告之后，日本首先由相关机构编制和发布数据监测结果，反复强调排放入海的污水中各类放射性元素含量远低于安全标准。同时还将过去案例及世界其他国家沿海核电站放射性元素排放量进行比对，以此为借口强调其排放污水的所谓“安全”。

同样，在对其他国家和国际组织进行解释说明、甚至举行闭门会议时，日本当局也反复强调其进行了完整的监测和检测，说明污水处理的安全性。在与韩国等国家在国际会议上正面交锋时，日本方面也在不断强调其他国家并不掌握“真实情况”“确切数字”。尽管如此，日本所公布的信息和细节远不能让周边国家和国际社会打消顾虑。此前，韩国曾经质疑过日本的监测数据虽然表面看起来没有异常，但是其中规避了“氚”等放射性元素的部分，而这些足以引发生态问题。美国专家和研究人员也提到日本的核污水处理设备在现有情况下能否正常工作、发挥作用，这一问题仍然是值得探讨和商榷的。总之，以当前日本方面公布的资料和信息不足以令国际社会、周边国家放心，同时不可否认的是，日本政府和东电公司在承担国际责任、履行国际义务方面尚未尽职，而规避敏感问题、模糊和淡化关键因素等做法则不断增加外界的忧虑程度。

第十二章　日本加快推动深海矿产资源开发与生态环境保护

2019 年，日本国内海洋开发与管理上出现了新变化，海洋资源开发与海洋生态环境保护都呈现出向深海及海底发展的趋势。在海底资源开发方面，2 月，日本经济产业省发布了《海洋能源矿产资源开发计划》(以下简称“《计划》”)，对未来 5 年日本周边海域的海洋能源与海底矿产资源开发与利用进行规划，针对海洋石油、天然气等海洋能源的利用以及锰结核、天然气水合物、热液矿床、稀土等金属矿产的调查与开采工作制定了时间表和路线图。3 月，经日本国会修改通过《自然环境保护法》及相关法令后，日本环境省宣布将在小笠原群岛附近海域新建“深海保护区”。与以往的近岸保护区不同，新的保护区是日本首次在远海海域对海底微生物进行保护的新模式，相关法律制度、技术标准、所在海域实际活动都将成为今后需要关注的焦点。可以看出，今后一段时间，日本的海洋开发利用以及海洋保护与管理的实际活动都将进一步向深远海迈进，相关立法和政策都将随着实际活动的开展得到落实。

第一节　日本加快深海矿产资源开发与利用

《计划》以实现海底矿产资源商业化开采为目标，规划今后 5 年日本开发海底矿产资源的重点区域和主要任务。《计划》对照 2018 年日本政府颁布的第三期《海洋基本计划》，将海洋矿产资源开发列入“能源安全”范畴，成为“国家安全”的组成部分，并据此提出商业化开发的目标，确保国内经济发展和社会稳定。

一、《计划》的主要内容与特点

《计划》是日本海底资源开发第三个“5 年”计划，体现了日本稳步推进开发海底资源的战略与布局。在第三期《海洋基本计划》提出海洋战略向海洋安全转向的大背景下，《计划》积极对接，旨在通过实现海底矿产资源开发从无到有，支撑国家海洋战略实施。

首先，《计划》提出重点开发的海底资源为石油和天然气、天然气水合物、富钴结壳、海底热液矿床、锰结核与海底稀土。这些资源开发对于日本实现“资源国产化”意义重大，是推进新兴海洋产业及传统海洋产业发展的重要途径，是突破未来重点科技行业瓶颈的手段，更是实现“国家能源安全”战略的重要组成部分。

其次，《计划》指出了当前各类海底资源开发面临的问题：一是集中分布的区域尚不明确；二是尚未掌握全部调查技术和采矿技术；三是对环境的影响程度与评估范围的不清楚；四是部分矿产开发受到国际规则的限制和影响。

最后，《计划》明确今后的工作重点是以未来实现开采生产为目标，在各部门协作的体制下，继续调查分析蕴藏量，以深海矿产资源调查和生产技术为基础进行技术开发，为实现商业开发在政策、制度、技术、情报等方面提供保障，包括明确各部门分工协作的体制机制；就商业开采前景海域进行重点调查，提供翔实信息；国家实施海底调查、开采技术开发以及成果推广；开展环境影响评估，推进国际合作。

《计划》延续原有战略框架和工作基础，提出今后 5~10 年目标和重点工作，日本政府战略性推进海洋资源商业开发的核心是通过不断积累“资源调查”和“技术研发”的成果，持续发力，希望获得重大发现和实现技术突破，借此一跃实现商业化开发的目标。

二、日本开发海底资源的战略意图

《计划》延续了安倍政府稳步推进海底资源开发的总体目标，结合国内外形势变化，对上一期《计划》内容进行调整完善。

首先，进一步突出海底矿产对日本的“资源国产化”乃至“海洋立国”的重要性。日本作为陆域能源和矿产资源严重匮乏的国家，充分认识到海洋对“资源国产化”战略的关键意义，《计划》旨在加快海底矿产资源开发进程，凭借海洋巨大的蕴藏量早日实现资源自给和能源安全。

其次，烷烃水化物等资源开发技术成熟度较高，商业化开发有望取得突破。与其他国家不同，日本将商业化开采视为海底资源调查勘探的第一目标，三期《海洋基本计划》均以此为总目标，围绕商业采矿制定技术路线。与上一期相比，第三期《海洋基本计划》确定的拟开发区块点位更加翔实，时间节点更加精确，着力实现天然气水合物、海底热液矿床、富钴结壳三大矿种的中期实际开采。

再次，《计划》继续将“资源调查与技术研发”作为推动海底矿产开发的重要方式。日本政府明确两条腿走路方针，期待通过不断积累“资源调查”和“技术攻关”成果持续发力，以资源调查摸清管辖海域家底并在国际海底“多圈多占”，以技术攻关推动探明资源“早采早用”，一跃实现海底矿产商业化持续开发的目标。其中，由国家统一实施海底资源的基础调查，在部分具有前景的海域进行试钻探，详细获取未来开采的重要数据，为今后引入企业进行商业化开采提供技术和信息保障，降低民营企业负担和风险，同时实现“SIP 国家科技研究开发计划”的成果转化，通过向企业转让帮助推动企业的开发能力。

最后，《计划》在强化技术硬实力的同时提升规则软实力，二者同步推进，相互促进。《计划》反复指出国际海底管理局（ISA）规则对日本实际开采包括国际海底在内的海底资源具有重要影响，除去相关技术标准外，环境评估等相关制度的建立对开采活动会产生较大的影响，为此提出兼顾软硬实力的方针，巩固日本在海底矿产领域的技术领先地位并以此影响 ISA 规则制定进程，使 ISA 规则既尽早为国际社会普遍接受，又可使日本开采利益最大化。

三、《计划》实施的影响

深海资源已成为国际战略竞争的新焦点，《计划》的实施将加快日本经略海洋、进军深海的步伐，并推动各国加紧争夺深海资源和规则话语权。

首先，关注新一轮深海技术革命，重塑全球深海竞争格局。《计划》推动海底资源勘探开发技术攻关，将促使各海洋强国在原有深海技术创新和装备制造优势基础上进一步由“探矿”向“采矿”全面进军。未来，谁先掌握了深海采矿关键核心技术，谁便掌握了深海资源利用的主动权。世界各国深海采矿技术差距面临进一步拉大的严峻挑战，深海矿产圈占等先发优势可能被后发赶超。

其次，深海商业化采矿进程将促使国际产业分工的重大调整。《计划》提出的深海商业化采矿路线图虽存在增加国际谈判筹码的成分，但考虑到日本多年在深海技术上不断取得突破并已成功实施部分矿种试采，不排除中长期率先实现商业化的可能性。随着海底矿产资源趋近入市，蓝色经济和全球矿业布局与分工调整的市场预期将受更大影响，特别是在中美贸易战导致全球稀土供应链发生重大变化和调整的背景下，日本一方面加快向澳大利亚等稀土出口国的矿产投资，确保矿产资源进口，同时加快海底稀土的调查和生产进程，试图尽早改变其稀土供应的不利地位，摆脱相关国家的“政治影响”，在今后国际稀土格局变化调整中寻求机遇。

再次，日本将加紧影响 ISA 深海采矿规则的制定过程。当前，深海资源开发处在从勘探向开采迈进的关键节点，各国积极为商业开采进行规则酝酿和斗争。日本多次主张避免因过于严格的环境保护措施导致“区域”资源开发受到不合理的限制。《计划》也提到，日本将进一步推动 ISA 制定有利于资源实际开发的国际规则，除在开采环节外，还针对环境影响评估机制施加影响，技术博弈也将成为未来的重点领域。

最后，《计划》实施将影响相关国家海洋权益。日本在管辖海域的开发活动可能触发新一轮岛屿主权和权益争端，特别是争议地区的开发和调查活动将有所升温，并在“过度主张”的“冲之鸟”海域触发有关外大陆架管辖权的争端。

第二节　日本推动深海生态环境保护

日本国内海洋政策出现了“走向深远海”的趋势，究其原因主要包括：一是海洋开发与海洋产业发展在深远海区域得到体现；二是技术调查与海洋科技的积累使得深远海活动成为可能；三是迎合国际社会有关深海采矿和管辖海域以外生物多样性保护的新动向。3 月，日本环境省宣布将在小笠原群岛建设新型“深海保护区”的相关工作，为此相关的法案修改工作已经完成。日本此举旨在实现 2010 年名古屋《生物多样性公约》缔约国大会上通过的“爱知目标”，即“各国到 2020 年将海域的 10%作为保护区加以保护”。为此，日本国内积极开展有关远海海域、特别是以专属经济区海域海底生态系统为目标的海洋保护区建设工作。随后，日本海洋研究开发机构、东京大学大气海洋研究所等科研机构获得政府立项，从 2020 年开展建设日本深海海底保护区的研究调查工作。目前，国际社会关于建立深海海底保护区的实践并不多见。在推进深海海底、特别是对海山、海底地貌以及热液口等区域生态系统保护的同时，日本还在反复强调生态保护与资源开发的协调问题，因此未来深海保护区的划设与管理并不是与深海矿产资源开发完全冲突对立的，而是希望找到协调二者关系的新方案。通过实践所建立的技术标准、法规政策在深海采矿环境评估以及国家管辖海域以外生物多样性保护等议题中可能具有重要的价值。

一、日本建设深海保护区是对其海洋生态保护体系的发展和完善

日本近年来一直关注世界各国推进海洋保护区建设的情况，特别是由日本推动的“爱知目标”于 2020 年到期，要求日本完成将其管辖海域面积的 10%作为海洋保护区。为此，日本从 2018 年开始推动《自然环境保护法》的修订工作，为进一步推进国内海洋保护区建设订立法律依据。同时在中央环境审议会框架下，组织了专门讨论，进一步阐述了推进深海保护区建设的必要性，并通过了《深海海洋保护区设立方针》。随后日本国会在 2019 年 3 月修改通过了《自然环境保护法》修正案，为推动和扩大日本深海海洋保护区的建设提供了法律依据。早在 2016 年，日本环境省就已经制定了《生物多样性保护战略》，并划定了“生物多样性重要程度较高海域”，指定了“沿岸区域”“近海海底区域”“近海表层区域”约 320 处，作为保护生物多样性的“特别重要海域”。而“深海海洋保护区”就是从其中选择海山、热液喷出孔周边、海沟等海底具有独特生态系统的区域设立保护区。

二、深海保护区的选划原则兼顾海底资源开发

根据《深海海洋保护区设立方针》，日本选划深海保护区主要是在远海海域，即超过 200 米水深的领海和专属经济区，重点对海底存在的海山、热液喷出区域、涌冲域、海沟、深海平原以及大陆斜面上的生物群落和生态系统进行保护。其中，很多海域还具有深海资源勘探开发的前景，

因此《深海海洋保护区设立方针》要求保护区的划设还要兼顾调查研究与资源开发，即日本的深海保护区选划原则考虑因素除了基于科学研究外，在重要海域还要考虑沿海国在专属经济区所拥有的主权权利和管辖权的相关事项，与资源开发利用活动进行协调等社会经济因素。在保护生态系统时，除了通过选划保护区并禁止相关活动外，对于管理的对象还包括开发活动造成的沙土和化学物质的扩散以及产生的噪声对生物的影响。

关于保护区为资源开发留有余地的问题，根据《深海海洋保护区设立方针》和相关法律，保护区主管部门负责人可以划设、调整及解除深海海底保护区，同时在潜在的资源开发海域，对于具有公益性质的资源调查研究活动，在最大限度降低对环境影响的前提下，应当予以批准。而在计划开发资源的海域，为了进行特定的资源开发活动，可以考虑撤销已经划设的海底保护区。而在海底保护区的管理上，仍然可以采用对包括外籍船舶在内的船只进行管理和登检，对违反保护区规定的主体进行处罚的传统做法。

三、西七岛海域有关海底资源开发和保护的实践

日本选定西七岛海域建立深海保护区基于多方面考虑，一是日本计划开发的热液矿床大都不足 2000 米，而渔业活动主要在 500~1500 米水深的海域进行；二是附近的小笠原海域被选为深海海底自然环境保护区域候选地；三是该区域拥有海山群，锰结核等海底矿产资源。

第三节　日本建设深海保护区可能产生的影响

与传统的近岸和鱼类保护区不同，日本在深远海区域实施生态环境管理，不仅给其国家保护区体系、生物多样性保护相关政策和立法带来新的变化，同时对其海洋综合管理能力也起到带动作用。由于日本拥有远超陆地面积的管辖海域，同时与周边国家在海洋问题上存在争端，因此需要考虑其以深海、远海海洋保护为主导的海洋管理方式在今后产生的各种影响。

一、对争议海域的潜在影响

日本推进深海保护区建设是沿袭其2016年制定的《生物多样性保护战略》而逐步推进，由于较以往在海岸带和近岸地区的保护区有所不同，深海保护区的选址理论上可以建立在其大部分主张海域。根据日本环境省公布的“生物多样性重要程度较高海域”看，候选区域“321”“323”“301”分别靠近或位于日本与其他国家存在主权争端的周边海域，需要考虑日本以水下保护等为借口强化其主权主张的行动。

二、对主权权利和管辖权的影响

日本为建设深海保护区修订了国内《自然环境保护法》，为划设和管理保护区提供了国内法依据，其中包括对外国船只的登临检查和限制航行等活动。但是今后深海保护区的地点可能位于其专属经济区甚至争议海域，相关实践是否与《联合国海洋法公约》中涉及沿海国对生物资源、非生物资源主权权利以及管辖海域的管辖权相符，仍需要关注。

三、对海底采矿环境评估的影响

日本建设深海保护区的潜在区域均与海底资源的开发密切相关，包括热液矿床、海山和海槽。同样在建设保护区时也为海底探矿相关的资源调查、环境评估以及开采活动相互协调，特别是西之岛海域旨在参考国际海底管理局在夏威夷海域建设的保护区。此举有助于日本积累深海矿物资源开采开发时的生态环境影响经验，为日本在国际海底管理局探矿协定和环境评估等议题上建立技术优势和实践经验。

四、对国家管辖海域以外生物多样性保护的影响

对于国家管辖海域以外生物多样性保护问题，日本一直主张和推广所谓“日本海洋保护区”的管理模式，与美国、澳大利亚等国相比，日本海洋保护区的管理模式和实践仍显不足，但是此次深海海底保护区的建立将为日本开创一种较为新颖的模式，在未来通过能力建设和经验积累，帮助其在国际谈判中建立话语权。

第十三章　极地冰川融化及其影响

冰川，是指地表上多年存在并具有沿地面运动状态的天然冰体，它由多年的积雪经过压实、重新结晶、再冻结等成冰作用而成，体积和质量巨大，会不断地发生移动并改变地貌。全球冰川面积1600多万平方千米，主要分布在南北两极和中、低纬度的高山区，约占地球陆地总面积的11%。地球南北两极地区几乎被冰川和海冰覆盖，被称为大陆冰川，又称冰盖冰川，中、低纬度高山区冰川被称为山岳冰川，又被称为高山冰川。全球冰川面积的97%、冰量的99%都分布在南极冰盖和北极格陵兰冰盖。

自工业革命以来，人类长期使用化石燃料引起全球气候变暖，导致冰川、海冰、永久冻土持续大量融化，不断萎缩，甚至消失。科学证明，近年来极地冰川已进入了加速融化的新阶段，导致海平面上升加速、气候混乱、生物多样性和环境遭到破坏、自然地理地貌发生变化等，对人类社会的生产生活造成了前所未有且不可逆转的负面影响，成为全球气候危机下所面临的最直接、最严峻的挑战。2019年，国际社会持续关注冰川融化、极地高温等问题，“OK冰川”的“死亡”最为直观地将气候危机产生的现实恶果摆在各国政府、公众面前，引起了极大的震撼。全球联合采取行动减缓气候变暖已势在必行，刻不容缓。

第一节　极地冰川融化形势日益严峻

一、南北极冰川同时融化且速度惊人

科学研究证明，不同于上一次海平面上升的主要驱动力是南极冰川大量融化，当前的现实是，南北极冰川已同时融化，这是在上次全球变暖时不曾有过的现象。4月，苏黎世大学领导的国际研究小组发现，

1961—2016年间，格陵兰岛和南极冰盖以及世界各地冰川融化超过90 000亿吨，在过去30年每年损失的冰量达3 350亿吨。9月，联合国政府间气候变化专门委员会发布的《气候变化中的海洋和冰冻圈特别报告》中指出，假如温室气体排放量持续增长，那么到2100年，全球冰川面积将缩减80%以上。在12月召开的美国地球物理协会年会上，科学家发布的南北极冰川和冰原的新时间序列图显示：1972—2019年，阿拉斯加冰川发生巨大变化，未来哈伯德冰川将退缩；1985—2018年，格陵兰岛冰川平均退缩了约5千米(3英里)，从2000年开始，冰川消退速度加快，南极地表以下几米分布着湖泊且有些甚至在整个冬季都呈液态。可见，两极冰川同时持续减少且速度加快已是不争的事实，在部分区域已达到无法阻止程度的证据增多。从具体情况来看，南极和北极冰川融化状况有所不同。

第一，多种原因导致南极冰川融化加速。南极被广阔的海洋所包围，是地球上最后一个被人类发现且唯一没有人类定居的大陆，多项研究表明，南极对气候变化的敏感程度可能比预测的更为强烈，将来南极冰川损失的速度还会更快。美国加州大学欧文分校研究团队1月发表在《美国国家科学院院刊》的最新研究结果表明，南极冰川融化速度大约是40年前的6倍，导致全球海平面上升了约1.4厘米。世界气象组织的数据表明，自2012年以来，南极地区的冰川总损失量增加了2倍。5月，英国利兹大学极地观测与建模中心发表在《地球物理研究快报》上的一项研究结果显示，冰层变薄的现象已经蔓延到了南极西部24%的地区，其中部分地区的冰层已经变薄达122米。7月发表在《美国国家科学院院刊》的一项研究结果表明，5个被密切关注的南极冰川的冰损失率在过去6年翻了一番。对特定时间、地区的研究也论证了南极冰川融化加速的事实。根据美国国家环境预测中心基于模型数据显示，在2019年12月24日这一天，约有15%的南极大陆表面的冰川融化，创下了一天内冰川融化量的最高纪录。对此，比利时列日大学气候学家费特维斯表示，这是自1979年以来南极冰川最高的融化程度，自11月以来，融化的水量比平均水平高230%，创下历史新高。

最新研究表明，除气温上升之外，导致南极冰川融化加速的因素还包括冰层中隐藏的不稳定因素以及太阳能、温暖海水、冰盖下大陆热量等。4月，新西兰国家水和大气研究所发表在《自然·地球科学》杂志上的研究结果表明，太阳热能促使世界上最大的冰架快速融化，比总平均速度快了10倍，这表明海洋表层热量也起着至关重要的作用。9月，《科学报告》上的一项研究结果显示，由于冰架上湖泊吸收较多太阳能，温暖的"倒流河"从下方侵蚀冰架，南极冰川的上下部分都在融化，从而加速了冰川的消亡。根据12月美国科学促进会官网的报道，来自冰盖下大陆的热量也是造成南极冰川融化和流动的主要因素。

第二，北极冰川已出现"死亡"。与南极有着广阔大陆不同，北极的中心是一片浩瀚的冰封海洋，即北冰洋，其周围是众多岛屿以及北美洲和亚洲的北部沿海地区。丹麦格陵兰岛是地球上最大的岛屿，其85%的面积被冰雪所覆盖。格陵兰岛冰川面积达183万平方千米，冰层平均厚度达到2 300米，与南极大陆冰盖的平均厚度差不多。格陵兰岛所含冰雪总量达300万立方千米，占全球淡水总量的5.4%，如果格陵兰岛的冰雪全部融化，将使全球海平面上升7.5米之多。

北极冰川融化速度同样惊人，且由于地质地貌与南极不同而更为直观，部分冰川已经"死亡"。据美国国家海洋与大气管理局报道，格陵兰每年大约流失2 670亿吨冰。4月，发表在英国《自然·通信》上的研究结果显示，加拿大渥太华大学研究发现，在加拿大北极群岛的班克斯岛上，冰山热融滑塌①的数量在1984—2015年期间增加了59倍，期间共出现过4 000多次热融滑塌，半数左右的热融滑塌在30年里一直保持活跃。6月，丹麦气象研究所表示，2019年格陵兰岛的冰层融化季节开始于5月初，比往年提前了将近1个月，仅6月17日这一天，该岛就损失了将近37亿吨冰。9月，世界经济论坛报道称，据评估，2018—2019年间北极全年净减少了3 290亿吨冰，冰量高亏损，而且据模型计算，格陵兰冰盖在7月31日至8月2日仅3天内就损失了310亿吨冰，相当于全球海平面上升约0.1毫米。12月，《地球物理研究快报》登载的最新研究结果称，2013—2019年春，位于北极圈西伯利亚北部边缘的瓦维洛夫冰盖损失了95亿吨冰，相

① 热融滑塌是由多年冻土中的地下冰融化导致的滑坡，这已成为全球变暖最危险的后果之一。

当于整个冰川盆地冰质量的11%。

二、极地海冰和永久冻土变薄，面积大幅缩小

持续的高温天气导致极地海冰和积雪覆盖减少，尤其是近年来，北极海冰的最大值和最小值都达到了历史最低点，而且南极海冰在某些季节的少量增加并不足以抵消北极的损失，且没有迹象表明北极海冰覆盖面积正反弹，因此全球海冰正在减少。2月，美国国家环境信息中心称，2019年1月的南北极海冰面积处于历史低位(图13-1)。《美国国家科学院院刊》登载的一项研究结果发现，2014—2017年的南极海冰从历史最高值暴跌至历史最低值，在此期间的下降速度远远超过了备受关注的北极海冰消减速度。美国国家冰雪数据中心的数据也显示，与1981—2010年的平均值相比，2019年1月北极海冰面积小了约86万平方千米，是41年以来的最低水平。同时，南极海冰范围比1981—2010年的平均值小约116万平方千米，是有记录以来南极海冰范围倒数“第二少”年份，“第一少”即2017年1月。4月，德国阿尔弗雷德·韦格纳研究所和亥姆霍兹极地与海洋研究中心的专家发表在《科学报告》的一项研究结果显示，目前俄罗斯北冰洋边缘浅海形成的海冰只有20%到达了北极中部，并在此汇入北极贯穿流，其余80%的海冰已经融化；而在2000年以前，这一数字只有50%。该研究指出，北极海冰的急剧减少正影响着北冰洋的海冰运输，北冰洋将失去输送营养物质、藻类和沉积物的重要途径。5月，德国亥姆霍兹极地与海洋研究中心发表在《地球物理研究：海洋》上的最新研究结果称，位于北冰洋海底的永久冻土①区域范围比预想的更大，且也正因全球变暖而消失萎缩，全球97%的海底永久冻土已经变薄，如果北极海域继续变暖，所有海底永久冻土将会消失殆尽。

① 学界关于永久冻土的研究大多针对陆地冻土，而对海底冻土研究甚少。这一研究首次通过全球海平面及水下地形模拟勾勒了整个北极地区的海底永久冻土分布，认为北极海底永久冻土区域约为250万平方千米(相当于欧盟面积的一半)，大于此前估计。

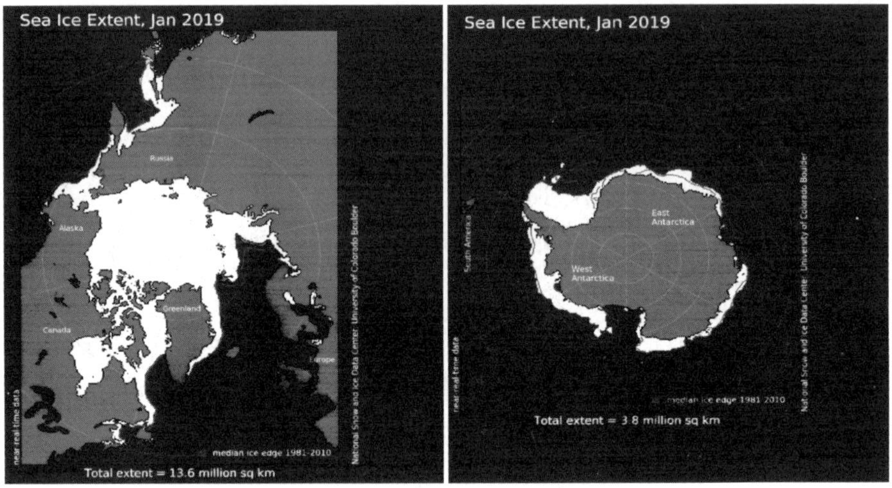

图 13-1　2019 年 1 月北极和南极海冰范围

（图片来源：美国国家环境信息中心官网）

三、南极冰川出现大规模断裂①和移动

2 月，美国国家航空航天局警告称，南极裂冰进入“倒计时”，卫星图像显示，两条横跨布伦特冰架的裂缝——万圣节裂缝和布伦特冰架边缘裂缝可能在近期相遇，一座面积相当于两个纽约大小，约 1 700 平方千米的冰山即将从南极的布伦特冰架上断裂坠入威德尔海[布伦特冰架是威德尔海一块约 122 米(400 英尺)厚的冰层]，作为大气和空间科学研究主要基地的英国哈雷考察站的安全或将受到威胁。7 月，媒体报道 2017 年从南极分离出来的全球最大冰山 A68 恢复运动，面积约 6 000 平方千米，向北移动十分灵活，即将脱离南极大陆。9 月，南极埃默里冰架断裂出了面积约 1 636 平方千米，代号为“D28”的巨大冰山，专家估测其厚度约 210 米，含有 3 150 亿吨重的冰，必须时常监控其动向，以防有海难发生。10 月，欧洲航天局官网报道称，近年来，作为南极西部冰盖的主要冰动脉之一的南极松岛冰川崩解事件频发，新裂缝在 2019 年初首次被发现后迅速增长到约 20 千米长。

① 就冰来说，由于其容易实现晶体的内部滑动，有利于表现出塑性变形，但是在外力突然增强时，很容易超过冰的破裂强度而发生脆性变形，即断裂。

四、极地高温持续不断与冰川融化形成恶性循环

近年来，北极地区持续出现高温天气，研究称，北极冬季温度已比工业时代前上升了 2.5℃①。2019 年 11 月在德国柏林举行的第 6 次世界海洋论坛上达成共识认为，北极是受气候变化影响最大的地区，极地地区的升温速度是世界其他地区的两倍以上。12 月，《科学・进展》上的研究也称，两极地区升温超过其他区域，仅在过去 10 年里北极就变暖了 0.75℃，而地球在过去 137 年里整体只变暖了 0.8℃。美国国家海洋与大气管理局 12 月发布的《2019 年北极报告卡》也显示，2018 年 10 月至 2019 年 8 月，北纬 60°以北的年平均地表气温是 119 年来的第二高。

从北极局部地区和个别月份的情况来看，也证明北极高温已是常态。4 月，加拿大环境与气候变化部发布的《加拿大气候变化报告》称，自 1948 年以来加拿大平均气温上升了 1.7℃，约为全球的 2 倍，而在接近北极圈的加拿大北部，同期气温平均上升达 2.3℃，加拿大北极地区正加速变暖。7 月 14 日，在离北极点不到 965.6 千米处的全球最北端永久居住地阿勒特（北纬 82°线的永久军事基地）的气温达到了创新高的 21℃，而该地区 7 月的平均最高温为 6.11℃，到了 9 月，则与 2015 年 9 月并列成为美国国家海洋与大气管理局 140 年全球陆地和海洋表面平均温度记录中最热的 9 月，导致该月的北极海冰平均覆盖范围比 1981—2010 年 9 月的平均水平低 32.6%，是有记录以来的第三低。

之所以出现北极升温高于全球平均水平的现象，科学家认为，这是由于冰川和海冰消融加强了变暖的反馈回路——即变暖之后冰雪消融，而裸露出的深色地表和海面吸收了更多的太阳辐射，使温度升高，又进一步加速了冰雪消融，并让更多的地表和海面裸露出来。这样的恶性循环，也为北极野火的蔓延提供了便利条件，进一步加剧了北极的变暖。据美国有线电视新闻网 7 月的报道，自 2019 年 6 月以来，有超过 100 场强烈的野火肆虐北极，大火带来的巨量颗粒污染物沾染到北极没有融化的冰雪之上，使冰雪吸收了本会反射的阳光，从而加速了北极的变暖。

---

① Walking on Thin Ice: A Balanced Arctic Strategy for the EU, 19 July 2019, European Political Strategy Centre, https://ec.europa.eu/epsc/sites/epsc/files/epsc_strategic_note_issue31_arctic_strategy.pdf.

第二节　极地冰川融化对全球自然环境产生威胁

截至目前，从科学角度人类并未完全了解极地冰川在地球系统中所扮演的角色，但对于极地冰川大规模快速融化给自然界带来的灾难性后果的认识却持续深入。目前来看，由于气候变暖与冰川融化之间的恶性循环，人类生存与发展所面临的威胁具有长期性、毁灭性。全球共同应对、履行《巴黎协定》承诺已刻不容缓。

一、淡水资源流失、海平面上升

地球上水的97%是海水，只有3%是淡水，其中75%的淡水被困在冰川中，而90%的含淡水冰川位于南极，随着冰川融化速度的不断加快，大量淡水不断流失进入海洋。① 地球上淡水资源日益稀缺，同时，90%的大型城市将面临海平面上升带来的淹没风险，尤其是对于小岛屿国家来说，应对气候变化已经关乎生死存亡，尤为迫切。

冰川融化速度加快，导致海平面上升的速度也不断加快。《美国国家科学院院刊》上的一项新研究更是警告称，由于格陵兰岛和南极的冰盖加速融化，海平面上升的速度可能比之前预测的要快得多，如果温室气体排放继续不受控制，那么到21世纪末，全球海平面将可能上升2米多(6.6英尺)，将淹没纽约和上海等主要城市，多达1.87亿人将会流离失所。科学预测，海平面快速上涨将发生在2065—2075年。9月，联合国政府间气候变化专门委员会(IPCC)发布的《气候变化中的海洋和冰冻圈特别报告》指出，目前海平面上升的平均速度是每年3.6毫米，比20世纪快了2倍多，假如温室气体排放量持续增长，那么到2100年海平面的上升幅度可能将超过1米。南极和南大洋在气候系统和海平面上升中起着关键作用。据巴西《南美侨报》、英国《太阳报》等媒体在2月的报道，作为世界上最大的冰川之一，南极思韦茨冰川融化将导致全球海平面上升65厘米，如果其完全消失，对附近冰川融化的连带效应将使海平面再上升2.4米，这将导致沿海地区洪水泛滥。5月，英国利兹大学极地观

① 《全球首座！“OK冰川”被宣告死亡　没了冰川人类还能“OK”吗》，搜狐网，2019年8月24日，https://www.sohu.com/a/336111200_120065720。

测与建模中心(CPOM)发表在《地球物理研究快报》上的研究结果发现，自 1992 年以来，南极冰川融化导致全球海平面上升 4.6 毫米。

与此同时，海平面的变化有着显著的区域差异。联合国秘书长古特雷斯 5 月在太平洋岛屿论坛上就曾发出警告，在太平洋地区，一些国家的海平面上升幅度是全球平均水平的 4 倍，对一些岛国构成了广泛的威胁。7 月，丹麦和德国的科学家们发现，在过去 22 年里，北极的海平面平均每年上升 2.2 毫米，在格陵兰岛、加拿大和阿拉斯加北部的波弗特环流内，则以平均超过 10 厘米的速度上升，而格陵兰岛西海岸的海平面正以每年超过 5 毫米的速度下降。

可见，虽然科学家对未来海平面上升预测的具体数值之间存在差异，但对于南极和北极冰川加速融化进而导致海平面持续快速上升的结论是一致的。如果人类继续放任温室气体排放、气候变暖，则很可能将无法阻止海平面的进一步升高。

二、气候混乱，极端天气不断增多

冰川融化将直接影响全球气候。气候变暖和冰川融化之间会产生恶性循环，造成冬季严寒、暴风雪成灾，夏季高温不退，暴雨、飓风、洪水泛滥，极端天气的发生频率越来越高。根据 2 月《自然》杂志刊登的美国、加拿大、新西兰、英国和德国的科学家联合研究成果，科学家警告称格陵兰岛和南极冰川融化恐引发气候混乱，这可能意味着全球范围内气候状况日益极端。格陵兰岛和南极冰盖上拥有近 3 000 万立方千米的冰，此前低估了冰盖消失对气候系统的影响。这项研究认为，气温上升会导致格陵兰岛和南极洲冰盖融化，洋流大量断流，特别是墨西哥湾暖流，从而改变全世界变暖的水平，使欧洲西北部的气温下降，而中美洲、加拿大东部和北极气温将上升，这可能意味着全球范围内气候状况日益极端。

科学证明，南北极均将成为未来海平面上升的“碳源”，进而气温上升将导致全球范围内干旱、暴雨和洪水等极端天气频发。5 月，英国《自然》刊文指出，全球变暖导致北极永久冻土大量崩塌，在短时间内向大气释放了大量二氧化碳，到 2030 年全球冻土崩塌所释放的碳总量在 600 亿~1 000 亿吨。10 月，北极大学联盟研究主席杰夫·韦克在《地球物理研究杂志——生物地球科学》撰文也指出，随着格陵兰岛的冰融化，其河流正在向北冰洋排放更多的碳以及其他海洋微量营养物质。据美国国家海洋与大气管理局报道，仅格陵兰正在融化的永久冻土层每年就向大气释放3亿~6亿吨的净碳。11月发表在《自然·气候变化》上的一项研究结果表明，每年冬季北极向大气中排放的碳可能比北极植被吸收的还多，如果人类继续以目前的速度排放温室气体，则到21世纪末全球永久冻土层冬季释放的二氧化碳可能会增加41%。

科学研究进一步证明，北极和南极冰川对全球气候分别有着不同的重要影响。据1月韩联社、韩国地质资源研究院官网报道，韩国首次预测了北极海冰融化后，部分亚洲大陆的温度会下降、北美地区的气温将会上升。而据瑞典当地新闻网2月的报道，北极冰层融化导致瑞典的气温升高超过了全球平均水平，随着北极冰层退缩，瑞典将变得更加温暖。据美国斯克里普斯海洋研究所7月发表在《地球物理研究快报》的研究结果认为，随着北极海冰的融化，因海冰对太阳能辐射反射能力的丧失，增加了平均0.7瓦特/米^{2}的太阳能加热，相当于在大气中增加了10 000亿吨的二氧化碳排放，这将使比工业革命前上升2℃的全球变暖阈值提前了25年到来。8月《自然·气候变化》杂志发表的文章介绍了一项美国和韩国多个研究机构的新研究发现，南极冰山能够削弱和延缓人类在南半球引起的变暖，影响全球的风和降雨模式。

三、生物多样性和环境遭到破坏

冰川融化，对极地标志性物种如鲸类、企鹅、信天翁、海豹、北极熊及其他冰栖物种的生活习性和繁殖方式等产生深远影响。与此同时，大量湖泊断流消失，食物链中的有机污染物和重金属水平超标，威胁动物和人类健康。例如由于北极冰层消失，影响食物来源，北极熊数量多年来一直在下降①。

冰川融化改变海洋生物种群结构，甚至导致部分物种将灭绝，与此同时，极地植被也正发生重大变化。根据1月英国南极考察局的信息，英国南极考察局研究人员对气候变化威胁下南极27种海洋生物物种的未来生存

① 《全球首座！“OK冰川”被宣告死亡 没了冰川人类还能“OK”吗》，搜狐网，2019年8月24日，https://www.sohu.com/a/336111200_120065720。

状况进行评估和预测后发现，与海冰密切相关的生物，如座头鲸和部分企鹅最易受气候变化的影响；海胆、海星等海底肉食性生物则将受益于海冰融化而增加新的栖息地和食物供给。美国斯克里普斯海洋研究所1月发表在《生态应用》杂志上的一项研究结果指出，2000年前后南极冰山的断裂事件引发了长期的生态反应。该项研究指出，冰山从南极罗斯冰架上的断裂阻挡了正常洋流将食物带进麦克默多湾，冰层覆盖使海湾内部分海域连续几年陷入了黑暗，此外由于气候变暖导致冰川融化和径流增加，释放出大量铁元素为光合浮游植物提供了重要营养物质，而这一系列剧变在长期时间尺度上改变了当地海洋生物种群的结构。据法新社4月的报道，帝企鹅的南极海冰栖息地大面积缩减，导致该地区几乎所有出生3年以上的小企鹅死亡，使得哈雷湾的帝企鹅群落遭受繁殖"灾难"，可能导致该地区种群消失。美国国家海洋与大气管理局12月发布的《2019年北极报告卡》指出，由于北极高温，白令海和巴伦支海的渔业经历了亚北极和北极鱼类物种分布的北移，使渔业资源分布发生变化，给北极生态系统和依靠其生存的人类带来巨大影响。根据阿拉斯加费尔班克斯大学和国际北极研究中心9月发布的研究报告，在过去的5年中，北极北坡因海冰消退，苔原显示出比其他地区更多的"绿化"现象，卫星图像显示越来越多的灌木丛出现在景观上，科学家预计如果灌木丛继续增长，阿拉斯加的苔原将完全转变，这将影响阿拉斯加的一切。

对于人类活动日益活跃的北极来说，冰川融化导致海洋垃圾、海洋酸化加剧等，对其生态环境产生严重破坏，进而影响人类在该地区的生存和发展。欧洲政治战略中心7月发布的战略报告《如履薄冰：欧盟北极战略的权衡》指出，北极海冰中出现了前所未有的塑料微粒数量，可能正形成第六个"海洋垃圾带"，不但这些垃圾可能随着全球气温升高而被释放，同时海冰运动也可能将其带入其他区域并沉积。该报告指出，随着北极地区更易于进入，塑料、二氧化碳、黑碳和其他污染物排放源可能会进一步增多。① 研究证明，冰盖融化导致海洋酸化加剧，而酸化正影响着整个海洋和水下生态系统。10月，瑞典哥德堡大学研究发现，格陵兰岛冰盖融化导

---

① Walking on Thin Ice: A Balanced Arctic Strategy for the EU, 19 July 2019, European Political Strategy Centre, https://ec.europa.eu/epsc/sites/epsc/files/epsc_strategic_note_issue31_arctic_strategy.pdf.

致更多淡水流入该岛的峡湾和沿海水域，对峡湾系统产生多种物理和化学影响，影响峡湾的循环、营养供应和初级生产，即生物将无机物质转化为有机物质的生物过程，导致北冰洋酸化程度加剧，从而对生态系统和海洋吸收二氧化碳的能力产生负面影响。

四、自然地理地貌发生变化

海冰融化导致北极海岸线侵蚀严重。《冰冻圈》杂志 6 月发表的一项研究结果指出，由于夏季海冰融化，沿岸永久冻土大量暴露，造成海岸侵蚀。这项研究通过 2017 年对加拿大北极育空海岸外的赫舍尔岛上永久冻土带 40 多天的观测后发现，期间海岸后退了 14. 5 米，有时每天后退 1 米以上，与 1952—2011 年的调查相比，2017 年的侵蚀率是该地区长期平均水平的 6 倍多。

气候危机、冰川大规模融化，导致曾被覆盖的岛屿消失或显现，出现大范围的峡湾变化。据今日北极官网 2 月的报道，由于气候变化、冰川融化，位于俄罗斯北极群岛附近曾被冰川所覆盖、直径 1. 5 千米、最高点海拔 22 米的 Perlamutrovy 岛已消失，其所在位置只剩一片开阔水域，而在过去的几年里，该地区除岛屿消失外，还发现了 12 个新岛屿、1 个新海峡、14 个新海岬和 6 个海湾。俄罗斯国防部 10 月表示，冰川融化、岛屿显露，俄海军在北极又发现了 5 座位于北极 Vylki 冰川附近的新岛屿，面积从 900 平方米到 54 500 平方米不等。

五、海洋生物间病毒感染并扩散

科学发现北极冰融化或导致海洋生物间传播的病毒向极地外扩散。据 11 月美国科学促进会官网、世界动物保护协会官网报道，美国科研团队发现，随着北极海冰持续减少，病原体跨越北太平洋和北大西洋的机会可能会增加，需警惕病毒在敏感动物种群中暴发的可能性，有些病毒会感染鱼类，导致海洋哺乳动物脑部受损。

第三节　冰川融化使极地经济社会与地缘政治机遇和挑战并存

由于南极没有常住居民，因此，冰川融化产生的经济社会影响主要在北极。与南极不同，北极有人类居住，具有大量生活生产的基础设施、居住社区，冰川融化最为直接地影响着当地的社会生活和经济发展，而对北极近年来日益复杂的地缘政治和安全格局来说，也将产生深远的影响。

一、北极地区经济发展迎来重大机遇

全球范围内正面临着越来越大的资源压力。北极冰川不断缩减，使得在北极开采储量巨大的生物、石油、天然气、稀土等自然资源更为容易，北极国家也希望充分利用资源开发给当地居民带来发展的新机遇。因此，尽管受经济、社会、政治、后勤或技术等因素的制约，上述资源是否可开采仍存在相当大的不确定性，但还是吸引了大批资金涌入该地区用于资源勘探和开采。例如，俄罗斯天然气工业股份公司已开始从俄罗斯位于北极大陆架的普里瑞兹罗诺伊油田开采碳氢化合物，而格陵兰的 Kvanefjeld 稀土项目目前正在等待格陵兰政府环境部门的最终审批。而且，自 2002 年以来丹麦格陵兰政府签发的采矿许可证数量增长了 5 倍。①

与此同时，由于永久冻土融化为开放水域，航程更短的北极新航道得以开辟，可降低运输能源消耗和航运成本。据预计，随着气候变暖的不断加剧，到 21 世纪 40—50 年代，在破冰船的护航下，北方海航道可实现四季通航。虽然，由于沿岸港口设施不足、破冰船造价昂贵、事故风险较高等原因，北方海航道的年平均通航船舶数量不足 20 艘，但其航运货物量仍在快速增长。2018 年，北方海航道的航运货物量约为 2 020 万吨，是前一年的 2 倍。俄罗斯总统普京要求到 2024 年货运量需增长至 8 000 万吨。②

此外，随着北极冰层的融化，形成了新的海底通道，为铺设海底电缆提供了更短的路径。例如，连接欧洲和亚洲的北极海底光缆，可加快大陆间数据传输速率，北极地区将成为国际通信数据交换中心，从而可以促进这一地区的经济社会发展，并为全球的经济产生重大收益，例如十分依赖

①② Walking on Thin Ice: A Balanced Arctic Strategy for the EU, 19 July 2019, European Political Strategy Centre, https://ec.europa.eu/epsc/sites/epsc/files/epsc_strategic_note_issue31_arctic_strategy.pdf.

于快速数据交换的电信供应商和金融市场。①

根据2019年2月发表在《自然·可持续发展》杂志上的一项新研究结果发现，随着格陵兰岛的冰川融化速度持续加快，河流沿线沙子等沉积物会越来越多，丹麦或因格陵兰岛的冰雪融化而成为大型沙子出口国，从全球变暖中获利。研究人员预测，冰川融化每年所带来的沙子价值几乎是格陵兰岛年度GDP的一半，2015年为22亿美元，预计沙子价格将在未来25年翻一番。冰川融化推动格陵兰岛矿产和资源开采业的迅猛发展，同时也引发了各国在格陵兰岛的“淘金热”。

二、社会治理面临新的困境

目前预计，约70%的有人居住或建设过的永久冻土区域将融化，由于基础设施、房屋和其他建筑物可能存在倒塌风险，所以当地居民只能进行搬迁，例如到21世纪末，预计阿拉斯加16%~24%的永久冻土将融化②。据1月北极门户网报道的最新研究发现，北极永久冻土的融化速度比先前预测快得多，预计到2050年，其造成的土地下沉将使超过一半的住宅因此受到严重损坏，受损成本将超过800亿美元，其中俄罗斯北极城市的受损成本将达到550亿美元。挪威斯瓦尔巴群岛的建筑物下沉也日益加剧。据挪威高北新闻网12月的报道，永久冻土融化已威胁格陵兰机场等北极基础设施的使用，到2024年格陵兰政府将关闭机场客运，仅进行主要的商业运输。《自然·通信》4月登载的最新研究结果表明，若各国未能履行《巴黎协定》承诺，北极永久冻土层融化释放的甲烷和二氧化碳将加速全球变暖，使相关治理成本增加近70万亿美元，而这比北极融化带来的新航道开辟和矿物资源开发等经济效益高出10倍。北极社区的发展、生态环境保护等已经迫在眉睫。专家称，政府应该迅速为公民提供易于获取的洪水风险图，以告知其房产存在的风险及采取何种行动预防洪水灾害。

三、极地地缘政治日趋复杂

无论是北极还是南极，地缘政治日益复杂，国家间竞争日益激烈。随

---

①② Walking on Thin Ice: A Balanced Arctic Strategy for the EU, 19 July 2019, European Political Strategy Centre, https://ec.europa.eu/epsc/sites/epsc/files/epsc_strategic_note_issue31_arctic_strategy.pdf.

着冰层融化和航线开放，北极具有了巨大的资源和经济潜力，使北极的地缘政治局势日益复杂，贸易通道成为大国博弈的焦点，而其所带来的北极安全紧张局势也日益加剧。英国《卫报》1 月报道称，随着冰川融化，更多的水域和陆域变得能够进入和开发，北极航道和地理安全将面临挑战，俄罗斯、美国、挪威、英国等国家持续加强在北极的军事存在。北极是美国的核心利益所在，对其来说更是如此。美国兰德公司 9 月的报告称，气候变化改变北极地区环境，美国面临新的国土安全和国际问题，需重新评估北极安全问题，美国需要足够的能力和更多的投资，如建造和升级破冰船、建设通信基础设施、投资可用于监视的飞机、提升远程监控和应急响应能力等，以强化其在该地区的安全、保障和管理。

南极情况有所不同，其主权“冻结”且禁止在南极开采矿产资源，因此，在全球资源竞争和气候变化等压力与日俱增的情况下，以美国为首的南极大国不断利用环保和科学议题，以在竞争中掌控话语权，科学技术水平和生态环境保护能力已经成为主导国际南极事务议题设置的核心。例如南极海洋保护区的选划、南极科考与资源调查、基础设施建设等活动，或明或暗、或实或虚，都已经成为各国扩充南极势力、体现南极实质存在、获取南极资源勘察发现权、确保南极主权竞争优势的手段和战略预置。

气候变化引发的极地冰川融化、海平面上升与极端天气等恶果，不仅直接冲击沿海地区，还会逐渐破坏全球生态环境，进而威胁世界经济的发展，导致世界范围的不稳定、冲突及对抗，威胁全球人类的生存和发展。这一挑战具有紧迫性、全局性、长期性，甚至不可避免。而人类如何应对这一危机的方法看似并不复杂，即减少温室气体排放，从而减缓全球变暖、冰川融化的进程，然而这对于有着不同国情、有着不同利益诉求的世界各国来说，要真正意识到局势的严重性，履行《巴黎协定》的减排承诺，却又面临着诸多极地冰川融化危机本身以外的不可调和的问题与挑战。

第十四章　国际社会对深海采矿的立场及未来博弈焦点研判

2019年7月，国际海底管理局理事会第25届会议在牙买加金斯敦召开，重点是制定国际海底区域矿物资源开发规章草案及其他监管事项，共有160多个成员国的代表出席会议。但在严肃的会场之外，却有10余名环保支持者举行了持续半日的和平示威活动，他们手举“反对深海采矿”的标语，对各国的深海采矿计划提出了严重抗议。① 深海作为地球上最后的、且仍未被全面开发的地理空间，其潜在的战略价值可以说是无限的。② 现今大多数国家都将深海采矿列为海洋前沿技术范畴，并对相关企业给予了政策和财政支持。但也有部分国家和非政府组织出于自身需求和环境保护考虑，对深海采矿采取了中立甚至公开批评的态度。随着“区域”内矿产资源开发规章的出台，深海矿产资源开发即将成为现实，必将引发各国新一轮的深海“圈地”热潮。我国作为世界上首个拥有三种主要国际海底矿产资源专属勘探矿区的国家，③ 应着眼于深海这一战略新疆域，广泛关注国际社会对深海采矿的立场态度和行动趋势。

第一节　各国争相开展深海采矿研究的动因

自20世纪60年代开始，多个国际财团便开始了深海采矿实验。④ 尽管研制和开发深海采矿技术耗费资金巨大且收获甚微，但各国仍出于推动海洋前沿技术发展、谋求潜在的经济价值、提升在全球海洋治理格局中的

---

① 《深海采矿的国际交锋》，中国新闻周刊，2019年9月10日，http：//cul. chinanews. com/gn/2019/09-10/8952649. shtml。

② 胡波，《中国的深海战略与海洋强国建设》[J]，《人民论坛·学术前沿》，2017年18期，第12-21页。

③ 《中国获西太探矿权》，人民日报海外版，2013年7月22日，http：//paper. people. com. cn/rmrbhwb/html/2013-07/22/content_1271562. htm。

④ 哲伦，《国际深海矿产资源开发技术装备发展一览》[J]，《资源与人居环境》，2008年15期，第38-40页。

话语权等因素考量，进一步加强对深海采矿研究的投入。

一、深海采矿技术将推动世界海洋前沿技术发展

深海是人类未来“向海洋进军”的主要阵地，自然也是海洋技术今后发展的重要方向。深海采矿技术作为深海技术的重要组成，其研究水平将是未来衡量一个国家前沿科技创新能力的重要指标，并成为牵引各国海洋前沿技术发展的重要引擎。目前，西方主要工业国家已基本完成深海采矿的技术储备，可在数年内开展商业化规模的深海采矿。①

二、深海采矿将带来潜在的经济价值

广阔的深海大洋拥有丰富的镍、钴、铜、锰等金属矿产资源，是全球陆地资源最好的补充品和接替品。据国际海底管理局估计，仅太平洋区域可开采的矿产资源面积就约为425万平方千米，可开采资源总量更是高达425亿吨。② 根据当前人类对深海矿产的认知，有商业开发潜力的资源主要涉及多金属结核、富钴结壳和多金属硫化物3种，是未来潜在矿产开采活动的重点对象。但在推崇深海采矿潜力的同时，也应认识到任何形式的资源开发最终都是以经济利益为导向，深海采矿在当前仍是高投资、高风险的产业，其经济效益如何仍有待具体实践来验证。

三、引领深海规则制定将提升在全球海洋治理格局中的话语权

《联合国海洋法公约》第一五三条规定“‘区域’内活动应由管理局代表全人类，按照本条以及本部分和有关附件的其他有关规定，和管理局的规则、规章和程序，予以安排、进行和控制”，从而明确了各国要在“区域”内矿产资源开发规章的规定下，才能向国际海底管理局申请深海采矿活动。各国将利用手中的深海科学数据及技术研究储备，积极向国际海底管

① 哲伦，《国际深海矿产资源开发技术装备发展一览》[J]，《资源与人居环境》，2008年15期，第38-40页。

② 刘少军，杨保华，刘畅，等，《从市场、技术和制度看国际海底矿产资源的商业开采时机》[J]，《矿冶工程》，2015年第4期，第126-129页。

理局提出有利于自身发展的规则方案，谋求在未来的全球海洋治理格局中抢得先机。

第二节　各方对深海采矿的立场和态度

截至目前，国际海底管理局已经向中国、韩国、日本、英国、德国、法国、俄罗斯等国签发了29份合约，允许其着手勘察太平洋、大西洋和印度洋水域中的金属矿藏资源。① 可以说，世界主要大国已普遍认可了对深海矿产的可持续开发。但也有以绿色和平组织等非政府组织为代表的反对声音，以破坏深海生态环境为由，呼吁各国停止深海矿产探采活动。此外，美国作为世界上开展多金属结核调查与研究最早的国家之一，至今却尚未签署《联合国海洋法公约》，仅以观察员身份列席国际海底管理局的会议，② 其在深海矿产探采的“缺席”也值得引起关注。

一、西方工业大国大多支持深海采矿

西方发达工业国大多支持深海矿产探采，不仅以技术、资金和政策等方式支持国内深海采矿业发展，还鼓励其矿业公司勘探、试采周边及公海水域的矿产资源。欧盟在2012—2016年间共在深海采矿相关项目和技术创新方面投入6 500万欧元(约合人民币4.99亿元)；德国联邦经济事务和能源部为深海采矿业的未来发展设定了重要方向；法国道达尔公司会同卡塔尔石油公司和马来西亚国家石油公司赢得了巴西C-M-541深海区块的勘探权益；日本石油天然气和金属矿物国有企业已成功在日本专属经济区内冲绳岛附近的1 600米水深区域部署挖掘设备，开采富含锌、金、铜和铅的矿石；加拿大鹦鹉螺矿业公司与巴布亚新几内亚政府签署了关于俾斯麦海的海底矿产开采协议。

二、非政府组织多举措反对深海采矿

以绿色和平组织为代表的非政府组织反对深海矿产探采，不仅多次举

---

① In Deep Water, The Emerging Threat Of Deep Sea Mining, Greenpeace International, 3 July 2019, https://www.greenpeace.org/international/publication/22578/deep-sea-mining-in-deep-water/.

② 《深海采矿的国际交锋》，中新网，2019年9月10日，https://www.chinanews.com/gn/2019/09-10/8952649.shtml。

行和平示威活动，还发布书面报告直言深海采矿的危害。2019 年 7 月，绿色和平组织发布的《深海危机——深海采矿带来新威胁》报告，指出深海采矿业会使大部分地区的海洋生物面临采矿和有毒污染带来的威胁，并给全球海洋环境带来巨大危害，还批评国际海底管理局存在管理缺陷，以致无法保护深海环境和海洋生物免受人类活动带来的累积影响。深海保护联盟法律和政策顾问邓肯·柯里也曾表示，国际海底管理局过于支持深海采矿。①

三、以小岛屿国家为代表的发展中国家对深海采矿意见不一致

小岛屿国家管辖海域面积较大，对未来的深海采矿政策走向具有举足轻重的地位。当前，小岛屿国家主要着眼于开采专属经济区内的海底矿产资源，合作形式以承包或与域外大国矿产公司共同开采为主，尚未对深海采矿领域有过多的实际涉足。但随着大国持续在其周边的深海地区开展“圈地”活动，部分小岛屿国家也发出了自己的声音。2019 年 1 月，库克群岛海底矿产管理局便发布《2019 年海底矿产法案》和对应的政策文本，明确支持本国政府在符合国家利益的基础上，考虑参与深海矿产资源的开采。② 但在 11 月，巴布亚新几内亚非政府组织“索尔瓦拉斗士联盟”却表示，其代表沿海地区居民向世界各国发出呼吁，全面禁止在巴布亚新几内亚甚至整个太平洋地区的深海采矿活动，以保护海洋生态环境。③

四、美国继续以“缺席”管理局的姿态自行开展深海采矿

美国虽未签署《联合国海洋法公约》，却从未停止对深海矿产的勘探。自 20 世纪 80 年代，美国的提议没有得到《联合国海洋法公约》的采纳，它便开始以“公海自由”为名推进国内法，并拒绝在各国就平行开发制度作出妥协前参与任何协商。美国在 1980 年颁布了《深海海底固体矿产资源法》，

① 王妍，《深海采矿的国际交锋》[J]，《国土资源》，2019 年 9 月号，第 22-23 页。

② The Seabed Minerals Act 2019, Cook Islands Seabed Minerals Authority, January 2019.

③ NGO calls for Pacific-wide ban on seabed mining, Radio New Zealand, 29 November 2019, https://www.rnz.co.nz/international/pacific-news/404425/ngo-calls-for-pacific-wide-ban-on-seabed-mining.

规定政府可以向本国公民和企业发放深海资源勘探和开发的许可证，并准许其进行商业开采。① 美国国家海洋与大气管理局在1984年先后向4个总部位于美国的国际财团颁发了勘探许可。而后，美国武器制造商巨头洛克希德·马丁公司也于2011年获得美国国家海洋与大气管理局颁发的勘探许可，勘探区包括3个区块共计约24.3万平方千米的面积，至今美国仍宣称对该处海域的海底资源具有所有权。②

五、中国支持在“惠及全人类”的基础上可持续开采深海矿产

中国作为申请深海勘探合同的先驱投资者和目前在深海地区拥有最多勘探矿区数的国家，历来对深海采矿的管理和研究工作倍加重视，不仅出台了《中华人民共和国深海海底区域资源勘探开发法》等法律文书以管控深海海底区域资源勘探、开发活动，③ 还在“蛟龙”号、“海龙”号、“大洋一号”等科考载具协助下多次完成了太平洋深海地区的探索任务，历年来多次向国际海底地名命名分委会提交具有“中国元素”的地名提案，还不断提升在深海矿产勘探、运载和开采等方面的技术研究水平。④ 我国作为最大的发展中国家和负责任的大国，始终以深海矿产作为“人类共同继承财产”原则为指导，大力支持其他发展中国家、欠发达国家共同享有深海采矿带来的经济效益，也因此赢得了世界大多数国家的信任和支持。

第三节　各国在深海采矿中将面临的问题

尽管各国在现阶段争相开展深海采矿研究，并以符合各自国家利益的方式提早谋划深海地区的战略布局，但在未来可预见的深海采矿作业中，

---

① 王金强，《国际海底资源分配与美国的政策选择》[J]，《美国研究》，2012年第3期，第76页。

② 《深海采矿的国际交锋》，中国新闻周刊，2019年9月10日，http：//cul.chinanews.com/gn/2019/09-10/8952649.shtml。

③ 《国家海洋局副局长〈谈深海法〉：规范深海资源勘探开发》，新华社，2016年2月26日，http：//static.nfapp.southcn.com/content/201602/26/c49553.html。

④ 杨震，刘丹，《中国国际海底区域开发的现状、特征与未来战略构想》[J]，《东北亚论坛》，2019年第3期，第114-125页。

各国还会面临环境污染认知分歧、“共同财产原则”和“商业开发原则”认知分歧、大陆架外部界限不确定阻碍矿区申请等问题。

一、各国对深海采矿是否污染深海环境的认知分歧

目前，各国针对深海采矿对环境的污染仍然存在着认知分歧。反对者认为深海环境特殊，矿产探采可能对深海环境造成不可挽回的损失。而支持者则认为，矿产探采对海底环境的影响是可控的，且相比于陆地采矿对环境污染程度更小。除学科和行业差异导致认知不同外，两种主张各有其鲜明的利益背景，如资源需求不大的新西兰和西班牙、陆地资源输出国澳大利亚、无实力开采的发展中小国家等均强调“环境保护”。①

二、各方对利益分配原则的认知分歧

不具备深海采矿能力的发展中国家强调对“区域”资源应秉持“人类共同财产”的原则，希望据此分享国际海底采矿的利益；拟进行“区域”采矿的国家则强调活动的高难度和高投入，要求采用“商业开发原则”来尽可能增加收益和降低风险。因此，各方必然围绕“区域”规章中的权益分配制度设计展开激烈交锋，具体表现在国际海底管理局大会上发展中国家与勘探合同承包者之间针对勘探合同监管费用问题的争斗。②

三、沿海国大陆架外部界限的不确定对深海采矿造成影响

根据《联合国海洋法公约》附件二规定，沿海国应在公约批准生效10年内提交200海里以外的大陆架外部界限划界案。但由于许多发展中国家在划界案准备中出现严重的资金和技术问题以及相邻国家存在大量陆地和海域划界争端尚待解决，致使大陆架界限委员会审议划界案的进程缓慢，③ 也严重制约了缔约国对富钴结壳和多金属硫化物矿区的圈定和申请工作。

---

①② 彭建明，鞠成伟，《深海资源开发的全球治理：形势、体制与未来》[J]，《国外理论动态》，2016年第11期，第115-123页。

③ 吕文正，《国际海底区域矿产资源开发面临的机遇与挑战》[J]，《中南大学学报(自然科学版)》，2011年第9期，第1-9页。

第四节　各方未来在深海采矿领域的博弈焦点和影响分析

随着“区域”内矿产资源开发规章的出台，各方将围绕国际规则制定、矿区申请、收益分配、海洋环保等多个领域和议题展开更为激烈的博弈和交锋，不仅会对未来海洋政治格局产生深远影响，还会给全球海洋治理体系变革带来新的机遇和挑战。

一、各国将进一步强化“蓝色圈地”狂潮

由于人类对陆地资源的过度开发和使用，导致全球资源储量已无法满足世界经济发展的正常需求，迫使各国将目光转向了深海区域，并展开了一系列争夺海洋资源的举动。在现阶段各国以科技和经济实力为依托，依照国际海底管理局的规定申请深海矿区，并加快推进海底资源的勘探工作。但随着深海区域的划分工作有条不紊的进行，剩余的可开采区域已十分有限，未来的任何一块区域申请都必将引发一系列的明争暗夺。同时，对于能够左右未来深海开发格局的《国际海底区域采矿规则》，各国也将以本国国家利益为出发点，积极提出有利于己的规则方案。

二、国际海底管理局与主权国家之间愈演愈烈的权力平衡性博弈

在旧有的国际秩序下，联合国相关机构不会与主权国家公民存在任何直接关系。但随着国际海底管理局希望扩大对深海区域的管理权力，现今已绕过主权国家而直接向各国公民收取深海采矿带来的经济收益。① 这种破坏旧有国际秩序的做法，必将引起主权国家的一致反对和强势反弹。未来主权国家将可能在主权性权利的让渡、深海采矿的利益分配和开发管理等方面，与国际海底管理局开展激烈博弈，意图彻底限制该机构继续扩大

① 彭建明，鞠成伟，《深海资源开发的全球治理：形势、体制与未来》[J]，《国外理论动态》，2016年第11期，第115-123页。

职能权力。

三、发达国家和发展中国家将就技术转让和收益分配展开博弈

《联合国海洋法公约》一四四条和一四八条分别规定，“促进和鼓励向发展中国家转让这种技术和科学知识，使所有缔约国都从其中得到利益”“促进发展中国家有效参加‘区域’内活动，并适当顾及其特殊利益和需要”。这是以国际法律文本的形式确定了深海矿产是“全人类共同财产”，发达国家应当在技术转让和收益分配上对发展中国家作出适当倾斜。尽管各国在签署《联合国海洋法公约》时均接受了以上条款，但在实际操作中却因并未明确指出具体实施路径，从而导致该条款规定难以落实。特别是，深海采矿作为目前一项高投资、高风险、高难度的产业，正是发达国家实施资本垄断的最新阵地，其社会制度也决定了不会同发展中国家分享技术和收益，在今后的不断博弈下最终将形成一种“不可调和”的矛盾。

四、非政府组织和矿业公司将围绕海洋环保展开旷日持久的博弈

以绿色和平组织为代表的非政府组织多次要求各国政府采取最为严格的海洋保护措施。而矿业公司却是以经济利益为首要事项，其次才会考虑深海采矿与深海环境保护之间的平衡关系，它们普遍希望国际海底管理局能制定最低限度的深海保护标准。二者从行事的出发点起便存在着深刻矛盾，未来也必将展开旷日持久的博弈。

五、各方的深海采矿博弈将推动全球海洋治理体系的深刻变革

随着科技的进步和发展，深海采矿已逐渐进入到实际开发阶段①，因此也产生了主权国家之间、国际海底管理局与主权国家、发达国家与发展中国家、非政府组织与矿业公司的四组矛盾冲突。这些博弈点随着时间的

① 刘芳明，刘大海，《国际海底区域的全球治理和中国参与策略》[J]，《海洋开发与管理》，2017年第12期，第56-60页。

推进，必将转化成为推动全球海洋治理体系产生深刻变革的动力。通过今后妥善解决制度保障、权力分配、收益分配、环境与经济的平衡等深海治理新挑战，丰富和完善全球海洋治理体系的框架内容和实践经验，深海终将有一天成为人类共同和平利用自然资源的典范。

第十五章　全球治理 IUU 捕捞的强度加大

非法、不报告和无管制（IUU）捕捞活动是全球海洋生态系统的主要威胁，破坏了全球可持续渔业管理和有效保护海洋生物多样性的努力，严重阻碍了海洋生态系统的可持续发展，给沿海国家造成了巨大的经济损失，破坏了沿海社区的社会和环境状况，加剧了气候变化对海洋资源的影响，助长了犯罪和侵犯人权的行为，甚至由于资源短缺而引发国家间利益冲突。2019 年，全球对 IUU 捕捞的治理强度显著加大。全球有更多的国家通过制定政策、法规给予强有力的政治支持，采取严格的执法措施打击 IUU 捕捞。与此同时，各国积极参与区域和国际合作机制并提供支持，签署相关国际协定。国际社会共同努力严厉打击 IUU 捕捞行为，维护海洋安全性和稳定性，促进蓝色经济可持续发展。

第一节　IUU 捕捞的影响

一、IUU 捕捞损害渔业和海洋经济可持续发展

IUU 捕捞使国际经济损失数十亿美元，破坏合法捕捞者的生计，包括损害全球捕捞业雇用的约 4000 万人及数百万的相关从业人员的生计，影响世界上数十亿人的粮食安全和就业稳定，对合法的渔业贸易造成巨大损害。2019 年 10 月，世界资源研究所发文探讨太平洋海洋资源非法贸易的影响，鼓励采取行动打击 IUU 捕捞活动。根据该研究所的估计，太平洋非法贸易中不报告海洋渔获量为每年 370 万～720 万吨，使每年总收入损失 43 亿～83 亿美元。其中，西太平洋中部地区（包括菲律宾、泰国、越南、柬埔寨、帕劳、巴布亚新几内亚、印度尼西亚和马来西亚等国）专属经济区是海洋资源非法贸易的重灾区。

二、IUU 捕捞对全球海洋生态系统构成威胁并加剧气候变化的负面影响

IUU 捕捞导致鱼类资源被过度开发，栖息地的破坏和鱼类资源的过度

捕捞损害了海洋生态系统的健康，鱼类资源枯竭威胁全球粮食安全，并因此损害了未来渔业和其他用途的发展机会。美国智库 C4ADS 发布《附带条件：IUU 捕捞活动背后的近岸网络》报告，指出 IUU 捕捞每年产生 100 亿~364 亿美元的非法价值，是仅次于木材和矿产的第三大自然资源暴利犯罪，是世界海洋生态系统的最大威胁之一。此外，气候变化正以极大的方式改变和影响海洋生态，从而影响渔业，包括减少渔业产量(特别是在热带地区)，而不可持续的捕捞方式使这些负面变化陷入恶性循环。因此，专家建议应严厉打击 IUU 捕捞，并采用可持续的和适应性的渔业管理方法来减轻负面影响。

三、IUU 捕捞与海上犯罪活动密切相关

IUU 捕捞经常与许多其他形式的跨国有组织犯罪联系在一起，例如，人口贩卖、毒品贩运和海盗，并严重腐蚀着国家管理制度中的薄弱环节。IUU 捕捞者主要通过文件造假、人口贩运和洗钱等其他犯罪行为开展海上作业，使非法渔获物进入常规供应链。由于索马里海盗活动猖獗，2019 年 12 月，联合国安理会应索马里政府的请求，通过决议，授权其他国家和区域组织继续在未来一年中协助索马里政府在该国海域打击海盗。索马里常驻联合国副代表在决议通过后表示，海盗行为只是索马里沿海海洋安全的众多威胁之一，在索马里专属经济区中，IUU 捕捞的持续存在不仅导致索马里收入损失，更影响沿海社区的稳定。他敦促相关国家遵守国内和国际法规，采取一切必要措施，打击索马里沿海的 IUU 捕捞活动。

四、IUU 捕捞影响可持续发展目标的实现

联合国可持续发展目标(SDG)要求成员国“结束过度捕捞和 IUU 捕捞活动”，并消除助长这些活动的国家补贴。其中 SDG 14.4 要求：“到 2020 年，有效规范捕捞活动，终止过度捕捞、IUU 捕捞活动以及破坏性捕捞做法，执行科学的管理计划，以便在尽可能短的时间内使鱼群量至少恢复到其生态特征允许的能产生最高可持续产量的水平。”此外，SDG 14.6 要求：“到 2020 年，禁止某些助长过剩产能和过度捕捞的渔业补贴，取消助长 IUU 捕捞活动的补贴，避免出台新的这类补贴，同时承认给予发展中国家和最不发达国家合理的、有效的特殊和差别待遇应是世界贸易组织渔业补

贴谈判的一个不可或缺的组成部分。”尽管如此，如果目前的捕捞管理水平不能提高，实现打击 IUU 捕捞的可持续发展目标将无法实现，因此打击 IUU 捕捞仍然是全球面临的一项巨大挑战。

五、IUU 捕捞引发国家间矛盾

IUU 捕捞将会持续引发国家间海洋利益冲突，并影响渔业的可持续发展。2019 年 1 月，斯里兰卡渔民指责印度泰米尔纳德邦在斯里兰卡北部的保克海峡和马纳尔湾进行 IUU 捕捞，称其严重损害了他们赖以生存的海洋资源和自身利益，双方冲突不断。泰米尔纳德邦拖网渔船在斯里兰卡水域非法捕捞是内战遗留问题，近 30 年来斯里兰卡都无法在保克湾和马纳尔湾行使主权。

第二节　多国积极应对 IUU 捕捞问题

一、多国对 IUU 捕捞采取严厉打击措施

为保护本国渔业资源和合法贸易，打击 IUU 捕捞，欧洲国家、美国、挪威、澳大利亚等渔业发达国家以及以渔业为经济发展重心的其他沿海国家均制定和实施了一系列措施打击 IUU 捕捞。

美国 2019 财年国防授权法案中涉及海上安全和渔业执法条款，旨在通过国务院、海岸警卫队、联合演习、常设机构、提交报告和提高认识等途径打击全球 IUU 捕捞，最终改善全球粮食安全、国际稳定和海洋生态系统健康。2019 年 9 月，美国海岸警卫队还在太平洋进行了为期 80 天的巡逻，重点打击 IUU 捕捞活动。2019 年 12 月，美国总统特朗普签署《国防授权法案》，其中包括打击 IUU 捕捞和提高海产品行业透明度的条款。2016 年伯利兹实施“准入管理计划”对其国家管辖海域进行功能性划分，渔民通过获得捕鱼许可证进行作业，以限制其捕捞行为并减少 IUU 捕捞。伯利兹珊瑚礁的成功保护经验也引起了澳大利亚、菲律宾等国的关注和效仿。2019 年 10 月，韩国国会全体会议通过《远洋产业发展法》部分修订案，规定了有效收回 IUU 捕捞的渔获非法利益，实施罚款制度，为远洋渔船安全作业制定安全管理方针。

二、多国成立专门的管理机构打击 IUU 捕捞

为了有针对性和高效地应对 IUU 捕捞问题，2019 年，一些国家专门成立了相应的公共管理机构以制定和实施打击 IUU 措施。

5 月，越南成立打击 IUU 捕捞国家指导委员会。委员会的职责是向政府总理建言献策，与有关部门配合开展打击 IUU 捕捞工作。12 月，印度成立了印度洋信息融合中心，通过交换与印度洋船只有关的情报信息来应对 IUU 捕捞、海上恐怖主义及海盗等问题，强化海域感知和安全管控能力，美、英、法、日、澳 5 国已同意向印度洋信息融合中心派遣联络官。

三、多国合作打击 IUU 捕捞

多国在海洋基础设施建设、海洋经济领域与渔业资源管理能力方面深化合作，共同打击 IUU 捕捞活动，提升海洋生物资源保护水平。

2019 年 1 月，日本与图瓦卢正式签署协议，加强图瓦卢政府对管辖海域内渔业资源的海上巡逻保护能力，有效打击 IUU 捕捞。同月，澳大利亚渔业管理局与法国海军在澳大利亚赫德岛和麦克唐纳群岛周边专属经济区开展联合巡逻，旨在打击该地区的 IUU 捕捞活动。法国派遣了部署在印度洋地区的弗洛雷亚尔级导弹护卫舰，搭载着澳大利亚渔业管理局官员，对 IUU 捕捞活动进行了搜索。同时，两国人员在获得南极海洋生物资源保护委员会的授权后，还对南大洋公海地区的捕捞船只进行了登船检查，核查 IUU 捕捞迹象。鉴于 G7 国家领导人在 2018 年的峰会上将通过国际合作打击 IUU 捕捞确定为优先事项，2019 年 2 月，加拿大与美国合作在斐济、基里巴斯、托克劳、瓦努阿图和图瓦卢等岛屿国家巡逻，打击 IUU 捕捞。同月，巴布亚新几内亚与菲律宾签署谅解备忘录，以加强双方在渔业发展方面的合作，联合打击 IUU 捕捞。2019 年 3 月，南太平洋渔业管理组织和南极海洋生物资源养护委员会签署合作协议，共同开展南大洋生物研究和南大洋生物资源保护，并共享从事 IUU 捕捞的渔船清单。2019 年 7 月，美国太平洋舰队司令访问印度尼西亚，称 2019 年的东盟和美国的海上军事演习将会提高双方海域感知，并在打击非法毒品贩运、IUU 捕捞等方面加强合作，改善海上安全，加强伙伴关系。2019 年 11 月，美国国务院发文称，美国与东盟在经济、基础设施、海上互联互通方面接触密切，重点关注打

击 IUU 捕捞、通过地区海上融合中心共享信息，应对海上安全威胁。同月，美国国务院发文称，美韩正通过新南方政策与印太战略之间的合作，共同为印太地区创造一个安全、繁荣和充满活力的未来，合作建立打击 IUU 捕捞和海洋污染活动的实时遥感监测系统。

四、国际社会对 IUU 捕捞提出警告

欧盟于 2015 年 10 月对中国台湾地区发出黄牌，并将其列入打击 IUU 捕捞不合作警告名单，这将冲击台湾地区渔业及从业人员生计。为此，台湾地区相关部门 2019 年已实施一系列打击 IUU 捕捞行为的措施，包括改善监控侦查等渔业管理机制、推动水产品可追溯系统等。2019 年 6 月，欧盟最终撤销了对台湾地区远洋渔业的警告。

同样，韩国也受到过相似的指责。2019 年 2 月，韩国政府面临来自南极海洋生物资源养护委员会等区域和国际组织的批评，称该国错误处理了韩国渔船在南极进行的 IUU 捕捞案件，未能实施适当的制裁。此外，韩国被确定存在 IUU 捕捞行为，美国将韩国也列为预备 IUU 捕捞国。韩国海洋水产部表示，两国已经达成协议，如果韩国国会通过《远洋产业发展法》修订案，那么在 2021 年下期报告书发布之前，美国可以提前撤销其预备 IUU 捕捞国的警告。9 月，美国国家海洋渔业局向国会提交了 2019 年《改善国际渔业管理报告》，墨西哥和厄瓜多尔在 2017 年报告后，再次被确定为存在 IUU 捕捞活动的国家。

第三节　国际组织针对 IUU 捕捞制定标准和规定

一、国际组织制定标准和指标应对 IUU 捕捞

国际组织正在制定和推行一系列针对 IUU 捕捞的国际标准和指标，有些为强制执行标准和指标。2019 年 1 月，联合国可持续渔业专家小组在全球范围内推广渔业信息共享通用标准，旨在以规范的信息交换和收集分析减少全球范围的 IUU 捕捞活动。由欧洲经委会开发的渔业信息共享通用标准已经能够监测全球 8. 5 万艘渔船，欧盟和巴西、乌拉圭、泰国等国已强制使用这一标准。3 月，“全球打击跨国有组织犯罪倡议”发布全球 IUU 捕

捞指数。该指数以国家(地区)为单位进行计算，通过40个指标构成的体系和量化方法来帮助政策制定者了解全球最需要干预和打击IUU捕捞的国家和地区。10月，“渔船安全和打击IUU捕捞”部长级会议在西班牙举行，代表们指出，应通过推动建立渔船安全质量标准来消除IUU捕捞。

二、多国签署旨在打击IUU捕捞的国际规定

2019年2月，西班牙向国际海事组织提交《开普敦协定》签约书，成为第11个加入该条约的国家。2012年提出的《开普敦协定》包括对长度超过24米的渔船采取强制性安全措施，涵盖了稳定性和相关适航性、机械和电气装置、救生设备、通信设备、消防和渔船建造等关键参数。《开普敦协定》将在至少22个国家批准之后12个月生效，且需要有3 600艘长度超过24米的渔船表示同意接受该条约的约束。《开普敦协定》生效后将推动捕捞业的安全和健康发展，包括减少事故和生命财产损失，监测和打击IUU捕捞活动。

2019年6月召开的20国集团峰会上发布了《关于沿海和海洋生态系统威胁及海洋环境保护的声明》，包括打击IUU捕捞等影响沿海和海洋生态系统的破坏性捕捞行为。同月，柬埔寨签署《关于港口国预防、制止和消除非法、未报告和无管制捕捞的措施协定》的提案并交至国民议会审议。该协定促进渔民、港口管理当局、海岸警卫队和海军等各方之间开展协作，加强港口和船舶检查及管控程序，还有助于各国防止来自悬挂任何船旗渔船的IUU捕捞的渔获物上岸。柬埔寨农林渔业部大臣表示，柬埔寨签署该协定将有助于通过打击非法捕鱼，重新树立国际社会对柬埔寨的信任。

三、国际组织呼吁各国取消有害渔业补贴

联合国最新研究表明，渔业补贴会加剧IUU捕捞活动，对难以有效管理本国水域的国家(如太平洋岛国)造成严重损害。同时，预计每年200亿美元的渔业补贴中，有85%将用于维护规模庞大的产业船队，进一步造成全球产能过剩。2019年1月，世界贸易组织成员开始制定实施SDG 14.6禁止某些助长过剩产能和过度捕捞的渔业补贴的计划。3月，联合国秘书长海洋问题特使呼吁各国政府立即采取行动，以终止有害的渔业补贴。通

过终止有害渔业补贴每年可节省数十亿美元，并有助于海洋环境保护和海洋可持续利用。5 月，联合国及相关机构呼吁，持续打击 IUU 捕捞，保护金枪鱼等渔业资源，并鼓励全球的消费者主动选择可持续方式进行渔业捕捞和管理，确保种群数量得到维持。

四、提高捕捞信息透明度，利用大数据信息增强打击 IUU 捕捞的力度

目前，国际社会普遍认为公开捕捞船只、作业水域和捕捞量等信息，有助于支持决策机构根据科学信息制定相应措施，提高打击 IUU 捕捞的力度。2019 年 6 月，美国利用《全球记录》扩大打击 IUU 捕捞活动的措施。美国目前致力于支持《渔船全球记录》《冷藏运输船和供应船全球记录》等国际措施，以收集和核查信息，提高发现非法产品的可能性，阻止与非法或欺诈行为有关的海产品进入市场。11 月，美国史汀生中心指出，远洋捕捞的规模和范围不断扩大，但缺乏船只作业地点、船只拥有者、捕捞量和进入其他国家水域的安排等信息，并且掌握的渔业规模、经营者动机以及捕捞对沿海国家和海洋渔业的影响等研究和数据十分有限，导致非法活动以及 IUU 捕捞活动的增加，威胁到全球渔业的可持续发展。美国史汀生中心建议提高远洋捕鱼的透明度和问责制，采取高效行动保护全球渔业资源。

第十六章　全球海洋观测的发展现状及趋势

海洋是影响全球和区域气候、生态系统、生物资源和生物多样性的地球系统的重要组成部分。海洋在人类活动中扮演着重要角色，海洋观测有助于更好地了解海洋功能并满足与人类活动有关的社会需求。海洋观测作为关心海洋、认识海洋、经略海洋、支撑海洋事业发展的基础手段，受到世界主要国家高度重视。目前全球海洋观测初具规模，但随着海洋面临的压力日益严峻以及全球治理向深海、极地等新空间的拓展需求日益迫切，全球海洋观测在技术装备、管理模式以及合作方式等方面都需要进一步提升。

第一节　全球海洋观测的发展历程

20世纪中后期，各国政府和科学家逐渐认识到海洋是一个互联互通、不断变化且相互作用的整体。区域性的局部海洋观测不可能一劳永逸，必须建立全球统一的制度共同观测海洋。随着海洋科学的发展，美国最早意识到各国合作建立业务化综合性海洋观测系统的必要性，并在已有观测技术手段和区域观测系统的基础上，推动协调一个持续和长期的全球海洋观测系统。

一、全球海洋观测的基础——全球海洋观测系统

1991年，政府间海洋学委员会建立了全球海洋观测系统（GOOS）。这是为响应1990年日内瓦第二次世界气候大会的呼吁，同时也是很多国家希望收集所需信息以改进气候变化预测、海洋资源管理、减轻自然灾害影响、保护沿海社区和利用沿海海洋的结果。1992年，里约热内卢联合国环境与发展会议进一步强化了建立和开发GOOS的呼吁。为引领全球海洋观测的发展方向，就可持续海洋观测达成共识，国际海洋科学界共同组织发起每10年1次的世界海洋观测大会（OceanObs），1999年第一次世界海洋

观测大会(OceanObs'99)上，海洋观测界达成共识，建立和发展一个由国际协调的海洋观测系统，应用于全球物理气候和海洋碳领域，并且定义了GOOS在内的几个相关项目所需的运行测量程序①。GOOS由一系列的观测网络和区域联盟组成，重点是在经过严格审查的海洋科学和社会需求的指导下，持续开展海洋观测项目，旨在协调各国在全球持续海洋观测方面的不同努力，最大程度地发挥海洋观测的全球效益。

目前，由于全球面临的问题在性质上是跨学科的，GOOS努力协调全球海洋观测的气候、业务服务和海洋生态系统健康三个交叉主题，将观测网络的范围扩大至海洋物理学、生物地球化学和生物学在内的关键领域，发展成为围绕观测要素(卫星、浮标、科学家等)建立的高度协作、多学科结合的观测系统。GOOS能够协调政府间海洋学委员会148个会员国的资源，包括发展为13个区域性观测系统的全球海洋观测系统区域联盟以及全球海平面观测、全球海洋漂流浮标观测、全球Argo浮标观测、国际海洋碳观测等多个专题观测计划②。

二、海洋观测手段的革命——Argo全球海洋观测网

1998年，以美国为首的沿海发达国家的大气和海洋科学家们提出一个全球海洋观测试验项目，利用现有技术并通过国家间的紧密合作，建立一个实时监测全球海洋的浮标观测网。Argo全球海洋观测网应运而生，成为GOOS的主要组成部分。初期Argo计划在全球大洋中每隔300千米布放1个卫星跟踪浮标，组成一个系统的全球剖面浮标观测网，使其能与GOOS中的其他观测平台形成一个整体，旨在收集全球海洋0~2 000米深度范围内的温盐度和海流剖面资料，并且保证快速、准确、覆盖范围广，帮助提高监测、理解和预知海洋变化的能力，有效防御全球日益严重的气候和海洋灾害给人类造成的威胁。

Argo浮标的布放始于1999年，2007年建成由3 000个浮标组成的全球海洋观测网。目前，全球海洋有近4 000个Argo活动浮标，包括核心浮

---

① Sabrina Speich, Tong Lee, Frank Muller-Karger, et al, Oceanobs'19: An Ocean of Opportunity [J], Editorial in the Marine, September, 2019, Volume 6, Article 570.

② 王思硕，《中国助力打造全球海洋观测网》，中国新闻网，2019年7月20日，http://www.chinanews.com/gn/2019/07-20/8901337.shtml。

标、深海浮标和生物地球化学浮标。Argo 计划明确规定，所有数据要及时发送给各国的天气预报中心及两个全球 Argo 资料中心(GDAC，位于美国和法国)，并且无条件免费向广大用户提供全球海洋 2 000 米水深以上海水的温盐度资料。这些资料被广泛应用于季节至十年甚至数十年尺度相关的气候变化研究中，以便改进海气耦合气候模式的初始场和海洋分析预报系统的边界条件等。

Argo 受到了世界各沿海国家及科学家们的青睐，被誉为“海洋观测手段的一场革命”。观测资料可以全面反映海洋状态，这可以从根本上补充海洋内部情况的缺失信息，很大程度上提高了天气预报的精确度。同时，为研究海洋年代际或更长时间尺度的变化提供了可靠的全球海洋数据集。

三、全球海洋观测的指导框架——海洋观测框架

2009 年第二次世界海洋观测大会(OceanObs'09)上，讨论了 GOOS 过去 10 年中取得的成功和面临的挑战，考虑到公海和沿海观测，跨学科之间、研究机构和业务团体之间存在的壁垒问题。会议提出了一项重要建议，对跨学科的海洋观测进行国际整合和协调，研究制定一个持续海洋观测的整体框架，确立一套全球海洋观测界的通用准则。在此背景下，2012 年政府间海洋学委员会正式发布海洋观测框架(FOO)，作为全球海洋观测的指导框架，并被 GOOS 正式采纳为指导文件，旨在通过一套系统工程方法指导各类不同的观测团体确定观测需求、需要观测的基本海洋变量、测量这些变量的方法以及如何管理所获取的资料和产品使其更广泛适用等。

FOO 总结了全球气候观测团体的经验，着眼于整合增值效益，将“基本海洋变量”作为共同关注的焦点，合并过去分散的沿海和大洋海洋观测开放模块，将各种不同的、多为自动化的观测单元间的需求、技术、信息流链接在一个合作框架上，以一整套原则和最佳实践为基础的合作方式运作，并应用“准备等级”概念，对系统的组成部分进行可行性、能力和影响评估，力求让每个观测实体都能提供最大化的服务效益①。FOO 允许海洋观测系统根据科学、技术和社会需求的变化而发展，提供具有最大用户基础和社会影响的系统服务，得到专家小组和其他科学协会以及整个科学界

① 《2009 年海洋观测大会可持续海洋观测综合框架工作组(IFSOO)：海洋观测框架》[M]，国家海洋信息中心译，北京：海洋出版社，2013 年，第 6-8 页。

的大力支持，为跨区域、团体和技术的新合作创造机遇，促进海洋研究界和业务团体建立合作伙伴关系。

第二节　全球海洋观测的最新进展

近 30 年，在 GOOS 的引领下，国家和区域观测系统、海洋观测计划和国际合作项目的数量和规模都在增长，各国在推进和协调全球海洋观测方面也取得了很大进步。2019 年，在总结过去十年全球海洋观测发展经验和出现问题基础上，全球海洋观测领域推出了新的战略展望和指导文件。

一、从“核心”迈向“全球”的“Argo2020”愿景

2019 年 3 月，在第 20 次国际 Argo 指导组年会（AST-20）上，提出了“Argo2020”愿景，规划了 Argo 未来 10 年的发展。“Argo2020”计划在 2020—2025 年建成一个综合性全球海洋立体实时观测网，包括 2 500 个核心浮标、1 200 个深海浮标和 1 000 个生物地球化学浮标。“Argo2020”作为 Argo 的扩展升级版，由“核心 Argo”迈向“全球 Argo”，可以观测 0～2 000 米海水温盐度，并且拓展至无冰海、边界海、深海、赤道及生物地球化学领域等，为研究全球变化和生物地球化学过程提供更为丰富的数据源，使 Argo 成为一个全球、全海深、多学科的综合海洋观测网①。9 月，国际 Argo 指导组向第三次世界海洋观测大会（OceanObs’19）提交了“Argo2020：一个统一的多学科全球海洋观测计划”白皮书。

“Argo2020”将提供业务再分析和预报能力，并根据物理、生物地球化学和生态系统参数评估气候系统的状态和变异性，有助于更广泛的基础海洋研究、新维度的气候评估、教育的参与度以及改进长期和短期海洋、气候和生态系统状态估计和预测等。这些改进将提升相关预报和预测结果的准确性，有效服务于气候敏感型产业，如农业、水产养殖业、渔业、能源产业和资源开采业等。此外，也将有助于各国政府更好地管理污染扩散、搜救和国防等。最后，结合卫星观测还有助于闭合全球、区域海平面上升

① 陈佳邑，《Argo2020 愿景：走向深海 探知大海脉搏》，中国海洋报，2019 年 3 月 27 日，http：//www. oceanol. com/fangzai/201903/27/c85932. html。

和能量收支，这对追踪全球变化至关重要。

二、引领未来10年的《全球海洋观测系统2030战略》

随着全球变暖速度加快和海洋灾害频发，各国对全球海洋观测的需求大大增加，没有单一国家能够单独收集到气候变化所必需的全球海洋资料，显然迫切需要扩展全球海洋观测系统。2019年5月发布的《全球海洋观测系统2030战略》确立了11项战略目标，希望确立更广泛的合作伙伴关系，增强对大气和海洋变化过程的监测，开发创新技术，降低观测成本，提升管理水平，推动信息数据共享，在2030年建成综合海洋观测系统。9月，在OceanObs'19上，各方达成共识形成一项具体的行动计划，强调"在全球范围内对海洋进行更全面，更持久的观测"，作为联合国海洋科学促进可持续发展十年（2021—2030年）的一项重要补充内容，指导海洋领域未来10年的工作和实施《全球海洋观测系统2030战略》。

三、指导和协调深海观测的《深海观测战略科学与实施指南》

深海具有重要的气候调节作用，拥有丰富的碳氢化合物、矿物和遗传资源。深海及其应用的可持续性还需要更深入的科学探索。全球科学界、管理人士、政府部门及工业领域的利益攸关方共同推动了深海观测战略联盟，启动了深海观测战略项目，将其作为一个全球海洋观测系统项目。2019年5月，深海观测战略项目（DOOS）发布了《深海观测战略科学与实施指南》，介绍了DOOS的目标、任务和科学挑战，包括其与GOOS的关系和其他专注于深海的努力；概述了定义需求的活动，包括深海观测中的海底压力、海洋湍流、海洋声学、生物地球化学等基本海洋变量以及深海观测平台、传感器等基础设施建设；介绍了进行在线调查和进行广泛协调的其他活动。DOOS希望通过该文件指导深海观测的发起者和利益攸关方重点关注初级科学、技术、数据和示范项目，旨在协助建立一个持久的全球综合网络系统，以便能有效观测深海，加快人们对深海变化的了解，从而支持高端科学和政策以及可持续海洋规划。

第三节　全球海洋观测的未来趋势

在 GOOS 等全球性计划引领下，全球海洋观测开始不断拓展新的领域和空间，融合各种先进的观测平台和技术，进行更加广泛和密切的国际合作，凸显跨学科、多时空尺度、高时效性、注重可持续性等特点。未来全球海洋观测将步入一个高度信息化、智能化、便捷化的综合性全球海洋立体实时观测时代。

一、观测领域：深海、极地观测成为热门

(一) 深海

由于位置偏远和压力问题，加之管辖权和国际治理的挑战，深海观测有其独特的要求。深海观测的重要性超越了许多海洋主题，成为 OceanObs'19 的热门议题。作为联合国可持续发展目标“行动十年”计划的一部分，深海观测将扩展到全球范围，在现有设施和网络的基础上改进深海观测数据、样品和衍生产品的标准化和获取途径。通过深海观测战略项目，促进深海观测团体(包括深海勘探、海底测绘和私营部门)的伙伴关系、合作、一体化和能力建设。

(二) 北极

北极地区的快速变暖正在推动环境和社会经济的深刻变化，这些变化影响着即时应对策略、长期规划和政策战略。OceanObs'19 重点讨论了现有北极观测系统的经验、最佳实践和新兴技术，这些系统可在北极其他区域甚至全球其他海域使用。预计到 2029 年，北极将拥有一个充分开发、实施和持续的海洋观测系统，该系统能够满足地球系统的观测需要，同时也满足北极其他重要的社会利益。北极利益共同体应认真考虑在全球观测系统框架下建立北极节点或区域联盟。北极观测的规划和实施应借鉴观测系统的共同生产、共同设计和共同管理的原则，并且从一开始就考虑土著社区和地方社区。

二、技术手段：多平台、多传感器的创新和集成

在应对许多与海洋有关的环境挑战和进一步发展海洋经济中，科学技术的进步发挥着关键作用。最新的全球海洋观测战略和指南强调了未来发展面临的技术挑战问题。未来海洋观测的技术核心是多平台和多传感器的创新以及集成整合。

GOOS 需要稳定而多样化的平台和传感器技术，同时要在持续观测的响应性和持续性之间取得平衡，这就需要明确在哪个环节进行技术组合可以实现最大效用。此外，技术整合也要注意平衡，需要维持适当的系统旧组件，确保对所有数据集、模型和最终用户产品进行必要的校准、验证和集成①。

Argo 是专注于特定技术的观测网络，通过新的平台和传感器技术，可以降低浮标的损耗率，提高浮标的工作寿命，改善传感器的性能和来源单一的问题。但 Argo 的数据质量控制涉及复杂的自动和手动测试序列，引入新浮标和传感器的数据可能会给数据流带来负担，在设计和实现最佳浮动部署微结构系统方面，仍面临一些工程设计上的挑战②。

深海观测的强化也对技术组合提出更高要求，在深海中部署仪器面临着精度、寿命、耐压性、功率、通信和定时、小型化、漂移校正和部署成本方面的挑战，为此需要分享使用现有仪器（如机器人、传感器）开发新平台和传感器的技术及最佳实践。近年来，世界各国都在加快抓紧研发和改进深海观测和海底传感器技术，特别重视海洋探测、水下声通信、海底矿产资源勘探等深海技术③。

三、管理模式：统一协调的多中心、多层次管理模式

考虑到全球海洋观测利益攸关方的需求迅速增长、参与者和活动的日

① Tim Moltmann, Jon Turton, Huai-Min Zhang, et al, A Global Ocean Observing System (GOOS), Delivered Through Enhanced Collaboration Across Regions, Communities, and New Technologies, June 28, 2019, https://www.frontiersin.org/articles/10.3389/fmars.2019.00291/full.

② Dean Roemmich, Matthew H. Alford, Hervé Claustre, et al, On the Future of Argo: A Global, Full-Depth, Multi-Disciplinary Array, August 02, 2019, https://www.frontiersin.org/articles/10.3389/fmars.2019.00439/full#h8.

③ Lisa A. Levin, Brian J. Bett, Andrew R. Gates, et al, Global Observing Needs in the Deep Ocean, May 29, 2019, https://www.frontiersin.org/articles/10.3389/fmars.2019.00241/full.

益增多以及资源的有限性，如果缺少统一的规划和协调，或者对某些领域的现有观测系统缺乏认识必然会出现消极效果（例如，重复进行观测工作、未采取最佳观测技术、数据标准和数据共享方面的限制），未来全球海洋观测必然是业务化观测系统与科学观测试验计划相结合、区域与全球相结合、国际合作数据贡献与共享相结合的发展路径。

在 OceanObs'19 上，有专家提出目前 GOOS 管理模式是多中心、多层次的，有多个责任中心但缺乏一个机构或规则进行系统的总体协调，因此出现了显著的复杂化和重叠问题。统一协调的多中心、多层次管理模式首先需要达成共识，通过商定一套协调规则，确保全球、区域、国家/地区各级的管理行动相互协调和促进。管理和协调机制的改进和发展将简化观测系统的设计、实施、数据、产品交付和性能评估①。

GOOS 管理模式的改进要关注发现共同需求，并在扩展的观测系统中建立强有力的伙伴关系，系统提供指导规则，明确角色和职责，就目标和战略达成一致，包括设置系统需求、评估技术选择、设置数据管理和共享标准、协调公共产品组合以及在所有级别上合作，通过合作、协调以及利用最佳实践获取最大效益。同时，鉴于海洋观测很大程度上是由政府资助的，在区域范围内，海洋观测必须得到国家的支持。

四、合作方式：海洋可持续观测伙伴关系

在管理模式中提到了在扩展全球海洋观测系统过程中需要建立强有力的伙伴关系，意味着全球范围内海洋观测需要一种新的合作方式。在有效支持海洋观测能力建设方面已经存在良好先例：一是全球海洋观测伙伴关系作为一个非营利组织，在全球范围内推动建立伙伴关系，促进以海洋和气候科学为基础的观测，为决策者解释科学成果，向新兴经济体提供培训和技术转让，并提高人们对海洋挑战的认识；二是国际海洋数据和信息交换计划促进 IOC 成员国之间的海洋数据和信息交换，满足用户对数据和信息产品的需求，进而促进海洋研究、开发与利用。

在 OceanObs'19 上，有专家提出建立更广泛的国际海洋可持续观测伙

① Toste Tanhua, Andrea McCurdy, Albert Fischer, et al, What We Have Learned From the Framework for Ocean Observing: Evolution of the Global Ocean Observing System, August 20, 2019, https://www.frontiersin.org/articles/10.3389/fmars.2019.00471/full#h9.

伴关系。新的合作需要跳出现有观测体系，考虑从所有海洋相关部门获得更多数据。将现有的大气和海洋组织以及众多利益攸关方结合起来，进一步加强对海洋观测的支持。这种伙伴关系将是加强海洋观测科学界与非营利组织、非政府组织、学术界、政府机构和私营部门的参与和协调的有效机制。新的海洋可持续观测伙伴关系将有益于引入新的用户和新技术，最大程度地发挥出协作效益，同时通过汇聚各种公私资金投入有效解决持续不断增长的资金需求①。

① Robert A. Weller, D. James Baker, Mary M. Glackinet, et al, The Challenge of Sustaining Ocean Observations, March 19, 2019, https：//www. frontiersin. org/articles/10. 3389/fmars. 2019. 00105/full#B37.

第十七章　全球海洋酸化研究与治理加快

海洋因吸收大气中大量的二氧化碳，导致全球海洋酸化，给海洋生态系统带来巨大威胁，也给社会经济造成损失，该现象已经引起全球广泛关注。近 20 年来，国际社会对海洋酸化的成因和影响进行了大量研究，但仍有许多科学问题尚未解决，然而采取全球行动应对海洋酸化的问题已刻不容缓。各国科研机构及国际组织的科研项目已对海洋酸化及其影响问题进行研究与探讨，提出了解决海洋酸化问题的一系列措施。相关国际条约和框架文件都为减少人为二氧化碳排放以遏制海洋酸化提供了重要依据。

第一节　全球海洋酸化的成因及影响

海洋在全球碳循环中发挥着关键作用。2003 年，发表在《自然》杂志的一篇文章中首次提出了“海洋酸化”一词。海洋酸化是指海水吸收大气中过量的二氧化碳造成海洋碱度逐步下降的一种现象，如果任由此现象持续下去，可能对海洋生态系统、全球生计以及碳循环产生重大影响。

一、全球海洋酸化的成因

海洋吸收了约 1/4 的通过化石燃料燃烧、毁林和其他人类活动排放到大气中的二氧化碳，在全球碳循环过程中发挥着至关重要的作用。随着越来越多的人为二氧化碳被排放到大气中，海洋也在不断加快吸收更大量的二氧化碳，这将使海洋化学平衡发生变化，导致海洋酸度更大。自工业革命开始至今，海洋酸度已提高 30%。据预测，到 2050 年，海洋酸度可能会提高 150%，这一上升速度比过去 2 000 万年以来海洋环境所经历的任何酸度变化速度要快 100 倍。[①]

---

① Scientic Synthesis of the Impacts of Ocean Acidification on Marine Biodiversity. Secretariat of the Convention on Biological Diversity (2009). Montreal, Technical Series No. 46, page 9.

（一）海洋中的碳循环

化石燃料、动植物、有机物、二氧化碳和甲烷以及碳酸钙等各种化学形态中都存在着天然碳。碳循环包含碳在动植物、空气、土壤、岩石和水等整个环境中流动的一系列过程，包括某个范围内的碳流动和存量以及不同范围之间的碳交换。

中层和深层海洋是二氧化碳最重要的存库，也是最长期的碳汇。但是，由于二氧化碳分压差以及海气界面不断交换，使得海洋表层在碳循环方面扮演着至关重要的角色。随着人类活动产生的越来越多的二氧化碳被排放到大气中，更大量的二氧化碳被溶解到了海洋表层。当二氧化碳被表层水所吸收时，它通过“溶解度泵”和“生物泵”这两个基本机制，向整个海洋纵横输送。水温越低，二氧化碳越容易溶解。二氧化碳可以借助不同的地点和洋流被保留在深水中长达 1 000 年。

海洋浮游植物的初级生产通过光合作用将溶解的碳和养分转化为有机物质，驱动了生物泵的作用。通过光合作用，海洋浮游植物从大气中吸收更多的二氧化碳，随着生物死亡和被消耗加剧了颗粒有机碳沉入深海。被海洋浮游植物吸收的二氧化碳中的约 30%，来不及通过海洋细菌的作用重新分解成二氧化碳气体，就随着浮游植物死亡而沉入更深的水域。

（二）二氧化碳溶解增加导致海洋酸化

近几十年来，海洋上层二氧化碳的浓度明显上升。1800—1995 年期间，海洋吸收的碳约达 118 亿吨，约相当于化石燃料、土地利用变化、水泥生产和其他活动产生的二氧化碳总排放量的 29%。① 目前海洋每年吸收约 2 亿吨碳，约占人为二氧化碳年排放量的 25%~30%。② 当二氧化碳溶解到海水时，产生一种不稳定、导致氢离子浓度上升的弱酸，即碳酸，增加了海洋酸度，导致测量显示的 pH 值下降。

目前海洋表层水呈弱碱性，平均 pH 值为 8. 1。这与工业化前的 pH 值

---

① Scientic Synthesis of the Impacts of Ocean Acidification on Marine Biodiversity. Secretariat of the Convention on Biological Diversity (2009). Montreal, Technical Series No. 46, page 14.

② Ocean Acidification Reference User Group, “Ocean acidification: the facts. A special introductory guide for policy advisers and decision makers”, European Project on Ocean Acidification, 2009.

(pH 8.2)相比，酸度已增加了30%。在各种排放预设情况中，海洋表层的pH值预计将下降约0.4个pH值单位，导致到2100年酸度将比工业化前提高150%至185%。① 虽然海洋酸化和气候变化的成因各不相同，但共同因素之一是大气中二氧化碳增加，只要二氧化碳浓度继续升高，海洋酸化也将持续加剧。

二、海洋酸化的影响

海洋酸化对海洋生物和海洋生态系统造成复杂多变的影响，还产生重大社会经济影响，特别是对依赖海洋及其资源的社区和经济部门。这些影响的严重程度也将取决于海洋酸化与海洋温度上升、过度捕捞和陆地污染源等其他环境压力之间的相互作用。

(一)对生态环境的影响

由于海洋酸化减少了海洋碳酸盐的可用性，海洋生物的骨骼和外壳将变软，生长速度变缓，珊瑚、贝类和海洋浮游生物等众多海洋生物难以长出外壳和骨骼，变得更加脆弱和易被侵蚀，进而影响钙化类生物为各种植物和动物提供的生境、栖息地和食物。酸度增加和碳酸盐浓度下降，也对众多海洋生物的生理功能以及海洋生态系统产生综合影响。例如，当海洋酸度增大时，低频的吸声性能就减弱。因此，海洋酸化可能影响海洋噪声和海洋哺乳动物的沟通能力。

此外，很多钙化类物种都位于全球海洋食物网的底部或中部。因此，海洋酸化导致钙化类生物减少，改变捕食者与猎物之间的关系，影响海洋食物网，进而波及整个生态系统。

(二)对社会经济的影响

海洋提供众多生态系统服务，例如，在渔业、沿海保护、旅游业、碳固存和气候调节方面的服务有助于促进全球就业和经济活动，而这些服务可能受到海洋酸化的严重影响。对海洋酸化最敏感的多数物种，都具有直接或间接的文化、经济和生态重要性，如减少海岸侵蚀和为其他许多物种

---

① Orr J C and others, Research priorities for ocean acidification, report from the Second Symposium on the Ocean in a High- CO_2 World, Monaco, 6-9 October 2008(2009).

提供栖息地的温水珊瑚。海洋酸化对海洋物种和生态系统过程的影响将产生深远的社会经济后果，特别是海洋酸化可能会改变物种组成、破坏海洋食物链和生态系统，并有可能损害渔业、旅游业和其他与海洋有关的人类活动。

海洋酸化还可能通过影响碳循环和大气中二氧化碳的稳定性，进而加剧人为气候变化及其影响。据估计，海洋吸收的二氧化碳量相当于全球经济每年获得400亿~4 000亿美元的补贴，占世界生产总值的0.1%~1%。

海洋酸化将不利于珊瑚礁生存，影响到捕捞业、水产养殖业和旅游休闲业的经济收入，也削弱了珊瑚礁对于海岸线的保护作用，对于小岛屿发展中国家和沿海发展中国家的影响尤其巨大。在经济快速增长下的全球温室气体排放情景中，到2100年海洋酸化导致的珊瑚礁丧失每年可造成高达8 700亿美元的经济损失。①

海洋酸化也可能影响到商业鱼类种群，威胁粮食安全以及渔业和贝类产业。海洋酸化可能减缓海洋动植物的碳酸盐外壳和骨架的生长，导致渔业收入相应减少，这对依赖这些资源提供收入和生计的社区影响甚大。但早期的估计表明，海洋酸化对海洋渔业生产造成的直接影响每年约达100亿美元。

第二节　全球海洋酸化问题的研究和制度

一、研究进展

人们在海洋酸化对海洋环境影响方面的知识还十分有限。海洋酸化研究和监测活动一直在加速进行，以应对海洋酸化的后果及对海洋生物资源、生态系统和生态系统服务的相关影响。

（一）各国的海洋酸化研究工作

许多国家对海洋酸化的监测、评估影响和应对等方面开展了研究活动。

① Scientic Synthesis of the Impacts of Ocean Acidification on Marine Biodiversity. Secretariat of the Convention on Biological Diversity (2009). Montreal, Technical Series No. 46, page 53.

美国国家海洋与大气管理局太平洋海洋环境实验室对海洋酸化的过程进行了研究，并已经能够对海洋酸度的快速增加进行计量，如预测在高排放情景下，到2100年酸化程度将比工业化之前增加100%～150%。此外，由于多重压力的综合影响，北极、南极、热带地区和沿海地区的脆弱性增加，海洋酸化加剧。2019年4月，美国国会发布若干海洋酸化相关法案，包括《沿海和海洋酸化的压力与威胁研究法案（2019）》《沿海社区海洋酸化法案（2019）》《海洋酸化创新法案（2019）》《国家河口和酸化研究法案（2019）》，旨在扩大和改进对海洋酸化及其影响的研究。

日本海洋地球科技署为评估未来海洋酸化对海洋生物体的影响进行了长期实验，并研究了未来珊瑚分布的预测及其与确定生态或生物敏感区和建立海洋保护区的相关性，取得了一系列成果。

2009年5月，英国自然科学理事会提议发起“英国海洋酸化研究项目2009—2014”。项目指出了英国在海洋酸化研究方面的目标，包括研究海洋酸化的影响并为决策者和管理者提供数据及有效建议。2012年6月，英国极地科学考察队对北极开展了为期5周的科学考察，以探究海洋生物和生态系统中化学变化的影响因素、海洋碳循环和营养循环、海洋对大气和气候的影响。①

新西兰国家水与大气研究所的研究涵盖了西南太平洋地区目前和未来酸化情况有关的时序数据以及二氧化碳溶解加剧和碳酸盐饱和度降低可能对海洋生态系统及其提供的服务所造成的影响，包括海洋酸化对海洋生态系统、无脊椎动物以及冷水珊瑚的影响。

2019年2月，在新西兰奥塔哥大学的倡议下，多个英联邦国家代表出席了英联邦抗击海洋酸化行动小组研讨会，以共同分享各国对抗海洋酸化的知识和经验。萨摩亚环境部代表表示，太平洋地区大量珊瑚礁因海洋酸化而发生白化事件，太平洋各国应开展联合海洋环境保护项目。

（二）海洋酸化国际研究

2008年，10个欧洲国家的32个实验室共同启动了欧洲海洋酸化研究项目，用以监测海洋酸化及其对海洋生物和生态系统的影响，识别持续酸

---

① 王金平，等，《海洋酸化的影响及主要国家研究部署》[J]，《世界科技研究与发展》，2014年第6期，第726-731页。

化的风险，了解这些变化将如何影响整个地球系统。

2010 年，《生物多样性公约》缔约方大会将海洋酸化确定为严重关切的问题，并对海洋酸化及其对海洋生物多样性的不利影响问题进行了深入讨论。2014 年，《生物多样性公约》科学、技术和工艺咨询附属机构对海洋酸化的影响问题进行了深入讨论，提出建立基于海洋酸化影响的知识库，以便为各缔约方制定政策提供信息和依据。

2011 年，政府间气候变化专门委员会举办了一次主题为“海洋酸化对海洋生物和生态系统的影响”的研讨会，梳理了关于海洋酸化的整体科学信息。2014 年，政府间气候变化专门委员会在其第五次评估报告中多次提到海洋酸化问题。

2012 年，美国国家海洋与大气管理局、国际原子能机构、政府间海洋学委员会等机构共同建立了全球海洋酸化观测网，监测和观测海洋化学变化，确定对物种和生态系统的影响，建立用于评估未来对生态系统和人类社区影响的模式，有助于为自然生态系统和海岸保护、水产养殖、旅游业等经济发展提供预警，并为制定适应和减缓战略、行动计划等提供指导。2019 年 5 月，全球海洋酸化观测网第四届国际研讨会发布《全球海洋酸化观测网络实施战略》，提出应对海洋酸化的行动方案，包括扩大海洋酸化观测、缩小技术和能力差距、促进区域和全球科学家的沟通、通告海洋酸化的影响，并为成员实现全球海洋酸化观测目标提供指导信息。

2012 年，国际原子能机构成立海洋酸化国际协调中心，促进、推广和传播有关海洋酸化的全球活动的信息，以便为国际观察网络、海洋酸化试验、能力建设和海洋酸化数据传播提供一个平台。此外，国际原子能机构海洋环境实验室正进行实验，以评估海洋酸化对海洋环境及其资源的直接和间接影响，包括渔业和水产养殖使用辐射技术对主要物种的影响。

国际海洋碳协调项目推动全球海洋碳观测研究和海洋酸化数据共享网络。该项目举办研讨会并编制有关海洋碳计量方法和系统的手册，用以改进海洋酸化调查和优化正在全球进行的实验研究之间的可比性。该项目还设立了综合海洋生物地球化学与生态系统研究和海面-低大气层研究碳实施小组，专注于碳储量、通量和运输及碳相关进程对海洋中正发生的变化的敏感性研究。

北冰洋酸化专家小组编写北冰洋酸化评估报告——《2018 年 AMAP 评

估：北冰洋酸化报告》，其中涵盖海洋二氧化碳系统、生物地球化学过程、生物和生态系统的反应及北冰洋酸化的经济代价。

2019 年 9 月，北太平洋海洋科学组织发布《北太平洋的海洋酸化和脱氧》报告。报告指出，由于北太平洋区域的特殊地理结构和人类活动，使得该区域极易受到海洋酸化和脱氧的影响，分析了北太平洋海洋酸化和脱氧的趋势及对生态系统的影响，并分别对白令海、阿拉斯加、加利福尼亚、日本等沿海区域进行了详细分析，为北太平洋酸化和脱氧的相关科学研究提供了重要基础。

二、与海洋酸化治理相关的国际制度

除了研究外，还需要立即开展协调一致的行动，以减少和适应海洋酸化的影响，《联合国海洋法公约》等国际公约和文件为全球应对海洋酸化行动提供了依据。

《联合国海洋法公约》为各项海洋活动提供了法律框架，包括保护与保全海洋环境和海洋酸化、海洋科学研究和海洋技术转让的规定，在可持续管理海洋及海洋资源方面发挥重要作用。鉴于海洋吸收二氧化碳不断增加是造成海洋酸化的原因以及海洋酸化对海洋生态环境和生物多样性造成的巨大威胁，《联合国气候变化框架公约》《京都议定书》《生物多样性公约》《关于消耗臭氧层的物质的蒙特利尔议定书》等关于限制温室气体排放和生物多样性保护的国际条约，对于应对海洋酸化问题同样具有重要意义。

稳定和减少大气中的二氧化碳排放量被认为是应对海洋酸化的一项有效的缓解战略。2009 年，多位海洋科学家共同签署《摩纳哥宣言》，呼吁大幅减少二氧化碳排放量，以避免海洋酸化对海洋生态系统造成的广泛破坏。

《生物多样性公约》缔约方大会通过的 2011—2020 年《生物多样性战略计划》中的爱知生物多样性目标 10 呼吁，到 2015 年，将气候变化或海洋酸化对珊瑚礁和其他脆弱生态系统的多重人为压力减少到最低。世界自然保护联盟在一项落实爱知目标 12 的决议中，呼吁科学界开展海洋酸化研究，并制定切实可行的可选管理办法，以减轻其对受威胁物种的影响。

自 2005 年以来，依据《伦敦公约》和《伦敦议定书》，人们在监控海底浅层二氧化碳固存方面取得了进展。2012 年，缔约方会议通过了《评估二氧化碳流注入海底浅层问题的具体导则》，以考虑到海底浅层内二氧化碳废物流的越界移动。

根据《保护东北大西洋海洋环境公约》，海洋酸化是一个将二氧化碳间接引入海洋而引起的过程，很可能会对海洋生态系统造成破坏。《保护东北大西洋海洋环境公约》第 2 条规定：缔约国承担广泛的义务，须采取一切可能措施防止和消除污染，并采取必要措施保护海洋区域免于人类活动的不利影响。

第三节　全球海洋酸化的解决方案

大气层中二氧化碳含量增加造成的海洋酸化带来了严重后果，但仍不清楚海洋酸化对海洋环境造成影响的准确范围。联合国可持续发展大会重申需要通过加强国际合作等途径，支持对海洋酸化尤其是对脆弱生态系统进行的海洋科学研究、监测和观测。此外，各国还需要共同采取适应和减缓措施，加强能力建设，降低海洋酸化的不利影响。

一、加强科学研究，减小知识差距

目前人们关于海洋酸化对海洋物种和生态系统进程造成的影响仍然知之甚少，例如，就全球海洋物种、生态系统和服务而言，酸化造成的生物和生物地球化学后果以及在准确确定其临界水平或“临界点”方面，仍然存在很多问题；对海洋酸化产生的生物影响的大部分认识来自对单个生物反应的研究。因此亟须获得关于对生态系统影响的资料，这些影响包括多种压力的相互作用，比如与气候变化有关的压力。此外，还必须加强关于碳酸浓度、光强度、温度和营养物质等其他一些变量影响钙化过程的研究。

另外，还必须对海洋 pH 值动态及其基本因果机制和后果进行空间分布更广和时间安排更紧密的研究，并以海洋生物的适应能力为重点，这对预测生物和生态系统如何应对世界海洋变暖和酸化现象至关重要。今后海洋酸化研究的优先事项应包括：长期做试验、对数据进行元分析、采用先进的模型、建立全球和区域海洋酸化观测网以及与社会科学和社会经济影响联系起来，另外还需要对各种可能的适应措施的效果和总体影响开展更多研究。

减小知识差距还可通过加强科学家与决策者之间的沟通以及与媒体和公众的外联工作，来改善海洋酸化方面的科学与政策间的相互作用。目前在海洋酸化对海洋环境影响的科学知识方面存在的差距，特别是生态系统层面上的差距，可能妨碍现有海洋法律和政策框架的执行。推进包括渔民在内的主要利益攸关方参与海洋酸化方面的讨论以及使更多发展中国家的科学家参加海洋酸化问题研究等方面的能力建设，也是减小知识差距的关键解决方案。

二、实施海洋酸化的适应和减缓措施

以人的活动时限作为衡量尺度时，海洋酸化的影响是不可逆转的。因此，除了大大降低二氧化碳排放量之外，必须考虑采取以有利于复原的管理和适应方法应对海洋酸化问题。

避免海洋酸化影响的主要途径是过渡到低碳能源经济以减少二氧化碳排放量。另外还亟须减少全球范围内的二氧化碳排放量以及减少区域人为酸化来源。然而，即使二氧化碳排放量稳定下来，在今后几个世纪，大气层中的化石燃料二氧化碳将继续溶解入深海。因此，需要另外一些海洋物理、生物、化学减缓和混合减缓等固存二氧化碳的备选方法。物理解决办法包括在深海或海底注入二氧化碳；生物解决办法包括海洋肥化；化学解决办法包括提高碱度和加强石灰石的风化作用。不过，尚未对这些办法的潜在效果、成本、安全性和应用规模进行全面研究，而且这些方法没有触及气候变化的根源性问题，即过度依赖化石燃料。

海洋酸化影响的严重程度可能部分取决于酸化与海洋温度上升、过度捕捞和陆地污染源等其他环境压力的相互作用。可以通过减少海洋污染及破坏性捕鱼做法等来提高海洋生态系统和物种应对海洋酸化影响的能力，在这方面有很多可能有利于维持和加强海洋生态系统恢复力的传统管理手段，包括：有效的流域管理和沿海管理；减少当地污染物；采取生态系统办法，包括基于生态系统的渔业管理；对渔业资源和水产养殖活动实行适应性管理；采用植物修复办法；恢复海洋和沿海生态系统；建立和有效管理海洋和沿海保护区及保护区网络；实行海洋空间规划等。维护红树林等沿海生境也有助于防止沿海社区受海平面上升和风暴潮的影响。除此之外，通过生计多样化减少人们的粮食和生计脆弱性也是适应的关键要素，因此必须让土著和当地社区参与维持和恢复生态系统的恢复力以及参与监测、设计和执行适应方案。

三、加强国际合作，推动能力建设

在海洋酸化方面，由于各种各样的原因，国际合作面临巨大挑战。海洋酸化的规模意味着相关利益攸关方需要在全球层面开展合作。此外，海洋酸化问题的解决涉及科学以外的诸多领域，如生态、社会、经济和法律等。加强各国政府和机构在研究海洋酸化问题方面的合作，需要确保采用综合观察和研究办法，使研究方法标准化，建立数据库，开发、维护和分享相关数据，整合现有资料。

海洋酸化是一个相对较新的研究领域，因此需要进行大量科学和政策相关研究工作并给予大量投资。必须以合理科学监测和评估支持应对海洋酸化政策的制定，此类政策在制定之后必须在国家、区域和全球层面获得通过和执行。海洋酸化问题具有科学和技术复杂性，需要对发展中国家特别是小岛屿发展中国家提供帮助，推动其制定、通过和执行政策。

海洋酸化领域的专业研究及能力建设需要大量资金，目前的财政困难局面虽然对能力建设构成基本挑战，但也推动了国际社会调整财政资源，改善能力建设相关的投资方式。发达国家和发展中国家在海洋酸化研究及应对方面的能力发展极不均衡。帮助发展中国家有效开展能力建设活动，除了提供资金援助，还应该准确地确定其在海洋酸化领域的需求，在当地选择适当伙伴，认真制定短期、中期和长期绩效指标。

第三篇

主要国家海洋政策

第十八章　美国国防部北极战略(2019)

2019年6月，美国国防部发布《北极战略(2019)》，作为对2016年版战略的更新。该战略以美国《国家安全战略(2017)》为指导，以美国《国防战略(2018)》的优先事项为重点，将与俄罗斯等国的竞争作为美国在北极地区面临的主要挑战，在对北极的安全环境、美国国家安全利益面临的风险进行评估的基础上，重新确立了国防部在北极地区的战略目标以及保护美国在北极地区国家安全利益的战略方向。国防部希望通过实施《北极战略(2019)》，能够快速识别并迅速有效应对北极地区的威胁，减轻对未来的影响，最终维护北极地区的安全稳定，保障美国国家安全利益，保护美国本土安全，各国合作应对共同的挑战。

第一节　北极安全环境评估

美国是一个北极国家，北极安全环境直接关系到美国国家安全利益。从地理位置上看，北极是美国本土遭受攻击和投射力量的潜在载体。美国东部和西部的北冰洋通道形成了海上交通的战略走廊。北极航道通过美国和俄罗斯之间的白令海峡，而格陵兰、冰岛、英国和挪威之间的海域是北极与北大西洋之间海军行动的战略走廊。

北极地区有拥有北极主权领土的8个国家，除此之外，美国不承认任何其他国家对北极国家地位的要求。在这8个国家中，美国与其中6个国家保持着牢固的防务关系，4个是北约盟友：加拿大、丹麦(包括格陵兰岛)、冰岛和挪威；两个是增强的北约伙伴：芬兰和瑞典。它们拥有在高纬度环境中行动的强大能力和丰富经验。

北极安全环境错综复杂，存在许多积极的合作，但同时地区的不确定性也日益增加，有些情势正在凸显和加剧。尽管在北极地区发生冲突的可能性很低，但这些情势可能对美国的国家安全利益产生不利影响，加大局势的不稳定性，最终削弱该地区的安全性。

一、不断变化的物理环境

这些变化包括海冰覆盖减少、积雪减少和冰盖融化。北极地区的气温上升速度是全球平均气温上升速度的2倍多，伴随而来的是永久冻土融化、海冰和冰川融化。北极海冰的减少开辟出新航道，并在夏季增加了获取自然资源的机遇。如果全球变暖的趋势继续以目前的速度发展，北极海冰的减少可能导致到21世纪40年代几近无冰。永久冻土融化、风暴潮和海岸侵蚀，对基础设施造成不利影响，导致国防基础设施的发展复杂化。不断变化的北极环境迫使当地一些社区搬迁。尽管如此，北极的特点仍然是条件恶劣，包括极端的寒冷和黑暗，这对联合部队在该地区开展行动提出具体要求。

二、应对共同利益和挑战的多边合作

北极国家历来寻求将该地区从更广泛的地缘政治冲突中分离出来，表现出对多边合作的坚定承诺。迄今为止，北极国家在很大程度上尊重彼此在该地区的主权利益，即使这些利益存在分歧。有关科学研究、海上交通和环境问题的国际协定，是在严酷的北极环境中应对人类和经济活动所面临的挑战的具体措施。和平稳定的北极使北极国家能够获得更多利用地区资源的潜在利益，这是北极国家的共同利益。

三、北极航道的现状

俄罗斯和加拿大声称有权在国际法允许的权限之外管理北极水域。俄罗斯要求外国船只在进入东北航道之前，必须获得许可，配备俄罗斯领航员，并在俄罗斯破冰船的护送下通行。据报道，俄罗斯还威胁对不遵守俄罗斯规定的船只使用武力。加拿大认为西北航道属于加拿大内水，加拿大拥有完全主权。

四、军事活动增加

俄罗斯将自己视为极地大国，是北极圈内陆地面积、人口和军事存在规模最大的北极国家。俄罗斯在北极地区的商业投资与持续的国防投资和活动相匹配，加强了俄罗斯领土防御和北极航道的控制能力。2014 年 12

月，俄罗斯成立北方舰队联合战略司令部，通过建立新的北极部队，升级北极地区的旧机场和基础设施，在北极海岸线上建立新的军事基地，逐步强化在北极的存在，合作建立由防空和沿海导弹系统、预警雷达、救援中心和各种传感器组成的网络。

第二节　美国在北极的国家安全利益

美国在北极地区拥有以下 3 个方面广泛而相互关联的国家安全利益。

一、美国在北极有领土

美国是北极国家，拥有领土主张和海洋权益，利益包括捍卫美国主权和领土，如通过预警和导弹防御，保护美国关键基础设施，实现领域感知，以维护美国在该地区的安全利益。

二、北极是共享地区

北极存在共同利益，其安全与稳定依赖于北极国家建设性地应对共同挑战。建立在国家主权等国际公认原则基础上的地区合作符合美国利益，有助于建立一个安全稳定的北极环境。美国在北极地区加强其领导的联盟和伙伴关系网络，并根据国际准则维持该地区的活动。

三、北极是战略竞争的潜在走廊

北极是大国竞争和侵略扩张的潜在通道，跨越了印太和欧洲两个关键竞争地区以及美国本土。美国利益包括：保持全球力量投射的灵活性，如确保航行和飞越自由；限制中国和俄罗斯利用该地区作为竞争走廊的能力，遏制它们通过恶意或胁迫行为推进其战略目标。

维护美国在北极的国家安全利益需要整体协调的方法，明确三方面利益之间的关系。国防部评估了美国和其他国家在北极的利益和活动，将优先考虑三方面利益交汇点的风险和机遇。

第三节　美国国家安全利益面临的风险

北极的安全环境从 3 个方面对美国国家安全利益构成特定风险。

一、领土安全

北极是具有战略意义的地区，是对美国本土发动袭击的潜在载体。俄罗斯等国在各自领域对美国提出不同的挑战。除此之外，海岸侵蚀和永久冻土融化也对国防部的北极设施构成威胁。北极地区经济活动的增多增加了国防部提供援助的可能性。自然灾害或其他突发事件，如石油泄漏，也需要国防部的支持。这些事件可能会妨碍国防部从本土投射力量的能力。

二、共享地区

俄罗斯对北方海航道的海上作业进行监管，在遵循国际法程序扩大大陆架界限。

三、战略竞争的潜在走廊

北极的发展可能直接或间接地限制国防部在全球部署军力的能力，进而影响美国在印太和欧洲与中国及俄罗斯竞争的战略目标。北极仍然容易受到其他地区紧张局势、竞争或冲突的“战略溢出效应”的影响。

第四节　国防部的北极目标

美国《国防战略(2018)》为国防部制定《北极战略(2019)》提供了总体指导方针。《国防战略(2018)》确定了国防部的目标和优先事项，即通过重新获得联合部队对中国和俄罗斯的军事竞争优势，保卫美国本土，维护美国和盟友的全球利益。基于支持《国防战略(2018)》的原则及对美国国家安全利益风险的评估，《北极战略(2019)》制定出北极地区的优先目标。

一、保卫本土

国防战略确定本土防御是国防部的第一要务，国防部必须做好准备，捍卫美国在北极的主权。北极是战略地带，也是通往美国本土的通道，国防部必须保卫美国本土免受来自这些通道的威胁。

二、必要时保持有利于地区力量平衡的竞争

北极是战略竞争扩大的潜在走廊，它连接印太、欧洲及美国本土，战

略竞争对手可能在北极进行恶意的胁迫活动，以推进其在这些地区的目标。国防部必须做好准备，在北极采取适当行动保护美国国家安全利益，这是维持印太和欧洲力量平衡的一部分。

三、确保共享区域的自由开放

北极是共享地区，包括8个环北极国家的领土和北冰洋。国防部应与其他联邦部门和机构以及美国的北极盟友和伙伴合作，确保继续进入北极地区，以实现合法的民用、商业和军事目的。

国防部的北极目标相互依存，并不相互排斥。为实现这些战略目标，国防部各部门之间需要密切合作，确保战略协调一致地实施。此外，基于美国国家安全利益的风险、《国防战略(2018)》优先事项的相关性和影响以及国防部的角色和任务，该战略提出了相关的实施方案。

第五节 国防部的北极战略方针

国防部的北极战略方针是：维护美国国家安全利益，通过维护该地区基于规则的秩序谨慎处理所面临的风险，避免竞争加剧。北极地区的竞争行为不得扩散或影响《国防战略(2018)》中的其他优先事项，国防部必须对北极事态发展对这些优先事项的影响保持警惕。国防部将寻求在北极地区开展军事活动，避免冲突，阻止战略竞争对手对美国利益的威胁。

一、美国盟友及伙伴网络

与盟友和伙伴的合作是这一战略方针的基石。美国的盟友和伙伴在现有基于规则的秩序方面拥有共同的利益。美国的同盟关系和能力网络是其在北极地区的最大战略优势，防务关系的扩大增强了其应对共同挑战的集体威慑力，提高了美国应对战略竞争的能力，形成了共同维护北极地区安全稳定的基础。国防部将寻求与北极国家及志同道合的非北极国家等盟友和伙伴的合作，共同探讨《北极战略(2019)》的实施方式及方法。

二、北极地区的威慑力

为了确保对北极地区的威慑力，国防部必须能够快速识别该地区的威胁，迅速有效地应对这些威胁，营造安全环境，减少未来出现这些威胁的可能性。美国必须确保联合部队在独立或与盟友及伙伴合作时，有能力应对地区突发事件，以遏制战略竞争对手在北极的侵略。美国在北极的威慑力需要拥有敏捷、有能力和灵活地向该地区投射并开展行动的远征军，国防部将对联合部队在威慑北极时所必需的能力、行动和活动的性质进行调查，根据美国利益、《国防战略(2018)》目标和优先事项、国防部北极目标以及北极和其他主要竞争领域的新威胁，从而作出决定。

三、发挥美国其他部门、机构和社区的作用

其他联邦部门和机构在维护美国在北极的国家安全利益方面发挥着关键作用。它们在北极安全环境的关键方面负有领导责任，国防部将与它们密切合作，给予支持，确定并交流战略竞争对手在该地区的活动和利益的影响，在研究和开发活动上与跨部门伙伴展开协调合作，以构建北极能力。国防部还将对北极突发事件(如自然灾害)提供适当支持。

国防部认识到与阿拉斯加原住民合作的重要性，已制订具体计划，确保与阿拉斯加原住民定期沟通，密切合作，并将其对地区发展的看法纳入国防部的活动。

第六节 北极战略的实施

为实现国防部的北极目标，《北极战略(2019)》确定从增强北极意识、加强北极行动、强化基于规则的北极秩序三方面入手，为国防部在北极地区的存在、能力和资源等优先事项提供信息，以便在北极地区实现预期的战略效果。国防部在这些方面的决策将作为国防部规划、预算编制及执行过程的一部分。

北方司令部司令将与其他作战司令部、军事部门和防务机构协调，确保北极能力方面的差距得到确认和优先考虑，并采用适当手段有效地传达相关风险。

一、增强北极意识

国防部意识到北极地区的威慑能力是威慑或应对该地区战略竞争对手

的先决条件。为了在北极地区进行有效的行动，国防部必须保持了解其行动环境的能力。

北极环境给北极行动带来了通信方面的具体挑战，包括恶劣的气候、遥远的距离和大气现象。同样是在北极地区，气候更为严酷的北美北极地区和受墨西哥湾流影响较为温和的欧洲北极地区之间存在着相当大的差异。北美北极地区较欧洲北极地区缺乏健全的物流基础设施。因此，在北极地区的有效行动，需要国防部作出具有时效性、风险知情的投资，以建立其对该地区的清醒认识。

（一）建立领域感知

对北美北部海空通道的有效监视是美国本土防御中航空航天预警与控制、海上预警和导弹防御的基础。通过北美航空航天防御司令部与加拿大进行合作是北方防御的关键。为了探测和跟踪潜在的空中威胁，如俄罗斯的远程轰炸机和巡航导弹，美国和加拿大依靠北方预警系统等雷达系统。国防部发现北美保卫能力受到战略竞争对手能力快速发展的挑战，国防部导弹和巡航导弹防御系统的现代化对于通过包括地面雷达和天基能力在内的多域传感器维持分层领域感知方法至关重要。美国国防部目前正在与加拿大国防部进行双边研究，对将现有覆盖北美的传感器进行现代化的潜在方案进行评估，以探测、跟踪、阻止并挫败对北美的空中威胁，包括俄罗斯先进巡航导弹和高超音速滑翔飞行器构成的威胁。在潜在的北极防务投资中，国防部将优先考虑基础设施的现代化，以增强领域感知能力。

此外，国防部正通过与英国和挪威在P-8飞机巡逻方面的合作，加强对格陵兰、冰岛和英国之间海域和北大西洋的海上监视，这是对现有北约空中治安任务的补充。

（二）改进通信和情报、监视和侦察

指挥、控制、通信、计算机、情报、监视和侦察对北极行动至关重要，但在北纬65°以上地区仍然具有挑战性。大气干扰减弱了高频无线电信号，卫星通信受到限制，影响了可靠的语音通信及北极地区的数据覆盖。

因此，需要在高纬地区建立可运行的通信和数据网络。这需要陆空天之间建立稳健的通信体系结构，完全集成并与任务伙伴互操作。地面和空中通信设备的设计都必须适应恶劣的北极气候条件，包括快速的冻融循环。设备测试必须在现实的北极条件下进行足够长的时间。足够的数据覆盖需要足够坚固的传感器进行全年部署以进行纵向数据采集。

（三）增加现场观测和加强环境建模

了解和预测实际环境对于满足任务要求、确保人员和设备的安全至关重要。海冰、洋流、风、水温和气温、海洋飞沫和结冰条件、高度变化的电离层密度和日照时间等因素使北极的作业环境更具挑战性。国防部继续投资提高北极地区的预测能力，使预测更加可靠。随着国防气象卫星计划接近尾声，国防部正在考虑新的解决方案。国防气象卫星计划是支持美国军事行动的传感和气象数据收集的关键工具。

增加现场气象、海洋和大气观测数据是关键。国防部将继续与其他联邦部门和机构合作，提高预测能力。其中包括美国国家冰雪数据中心，支持美国北极浮标跨部门计划增加观测；国家地球系统预测能力计划，开发完全耦合的海洋大气模型，集成海洋与大气参数，包括海浪和海冰数据。

（四）支持海岸警卫队的本土安全任务

海岸警卫队是北极地区本土安全的领导机构，负有在整个地区建立和维持态势感知的具体责任。美国海岸警卫队通过“极地安全快艇”计划投资破冰船，为包括本土安全、国防和搜救在内的一系列北极行动提供支持。国防部将继续支持该计划，确保海岸警卫队与海军舰艇之间的互操作性，支持美国在北极地区的存在。通过国家舰队委员会的持续参与，支持国防部与海岸警卫队在海域感知、情报和战略规划方面的密切合作。

二、加强北极行动

国防部为北极地区提供可靠的作战威慑力需要增强联合部队的灵活性，以迅速有效地应对该地区的突发事件。国防部的重点将是调整现有能力，结合北极环境条件量身定制训练、演习和情势改善方案，必要时选择性地获取新能力。

（一）在北极定期演习和部署

通过在北极定期演习和部署，国防部将展示并增强联合部队的作战能力。演习包括独立演习及与盟友和伙伴的联合演习，有在北约框架内进行的，也有双边或多边的。与北极盟友和伙伴的演习使美国有能力遏制来自战略竞争对手的侵略，包括反潜战、寒冷天气和山地训练。国防部还积极参与其他国家主办的演习。

“北极边缘”“大胆探索”等军演将提高联合部队对北极环境的熟悉程度和行动的熟练程度，提高联合部队在北极地区的作战能力和服务水平。联合太平洋阿拉斯加山脉综合体为在北极环境进行跨领域的训练和演习创造机会。

认识到北极地区以及美国的战略竞争对手的活动超出了任何单一作战司令部的职责范围，由联合参谋部领导全球综合演习的构想为加强北极相关演习和演习目标的协调提供了支持。

（二）寒冷天气训练

在极端寒冷的天气条件下（超过零下 51℃）行动需要特定的策略、技术和程序。为此，国防部将在现有寒冷天气训练的基础上，提供更多严酷环境下的训练。位于阿拉斯加的北方战争训练中心提供寒冷天气和山地训练，而阿拉斯加埃尔森空军基地则开办了北极生存训练学校，这是美国空军历史最悠久的生存训练学校。国防部将对寒冷天气训练的需求进行评估，为北极行动特别是联合行动做好准备。此外，国防部将努力确保部署在北极地区的部队能够使用上在极端寒冷天气下保持性能的地面机动装备，能够全年穿越各种地形，包括北极冰。

与北极盟友和伙伴合作开展寒冷天气训练，包括山地突击演习和寒冷天气生存的联合训练。

（三）改善北极情势

北极为美国的力量投射和机动提供了另一种载体。国防部将继续进入北极地区，以支持美国军事力量的全球机动和投射。美国在北极盟友和伙伴国进行的装备物资的预先部署和预先定位，支持了联合部队对该地区突发事件的快速应对能力。人道主义事务部将对有针对性的投资需求、成本/风险和效益进行评估，以适当加强阿拉斯加和欧洲的区域基础设施建设，使向该地区派遣部队具有作战灵活性。在对北极地区潜在基础设施发展需求持续评估中，国防部将考虑到极端天气和环境条件带来的准备时间长和后勤挑战等问题。国防部在基础设施方面的投资将是对北极盟友和合作伙伴投资的补充。

（四）支持弹性基础设施

关键基础设施支撑着联合部队在全球范围内投射力量的能力。国防部寻求通过与其他政府及私营部门协调，加强北极地区关键基础设施的弹性，以防范不对称攻击。国防部将继续采取措施，提高基础设施对严酷环境的适应性，包括永久冻土对基础设施影响的研究。永冻层融化的预测，对于维持北极地区训练、环境管理评估至关重要，国防部的持续研究、开发、测试和评估将支持北极基础设施在严酷环境条件下的弹性建设。

（五）合作应对民事突发事件

由于北极地区经济活动的增加以及地质和环境风险的存在，对国防部为民事当局提供支持的需求也在增加。国防部负责协调并在海岸警卫队配合下开展地区的航空搜救工作。国防部不会因民事活动而调整联合部队的规模，而是通过合作改进对此类突发事件的反应。

三、强化基于规则的北极秩序

国防部将继续与盟友和伙伴合作，防止战略竞争对手单方面改变北极进入的规则，加强地区安全。

（一）合作阻止侵略

国防部将与北极盟友和伙伴合作，提高美国的威慑力和突发事件应对能力。通过战略对话和信息共享，共享美国对北极安全态势的认识，取得对美国在该地区的活动和途径的共同理解。国防部将通过高层访问和双边会议、定期防务论坛等加强合作，建立应对北极挑战的共同方法。除外交外，北极盟友和伙伴在北极环境方面的经验将使联合部队受益，国防部将寻求通过联合训练和演习加强合作。

国防部在北约内部的合作为北极地区的安全作出独特贡献，阻止战略竞争对手将北极地区作为扩大竞争的走廊，使其能够在其他地区实现目标。《华盛顿条约》第5条所规定的集体防御原则适用于位于北极的北约成员国，从而有助于遏制侵略。北极盟友和伙伴是北约活动的积极参与者，北约在高北地区的演习，为在恶劣气候条件下改善互操作性提供了机会。2018年成立的诺福克联合部队司令部，为保护横跨北大西洋海上通信线路和盟军增援提供了支持。这些举措强化了美国及其盟友的集体防御，并解决了通过格陵兰、冰岛和英国之间北部海域向北极投射力量所带来的潜在海上挑战。

（二）维护海洋自由

维护航行和飞越自由对于在国际法框架下确保北极地区的自由开放以及保持美军的全球机动性至关重要。国防部将继续在国际法允许的任何地方飞行、航行和行动。在必要和适当的时候，将挑战对北极地区的过度海洋权利主张，维护基于规则的国际秩序，维护国际社会在航行和飞越以及其他相关公海用途方面的权利和自由。

附件A　各军种在北极地区的角色和任务

各军事部门在实现北极战略目标所采取的行动中发挥着关键作用。

一、空军

空军在北极地区管理国防部的大部分资产。空军活动支持国际通行和航行规范，以确保美国在该地区的国家安全利益得到充分保护。

由于北极地区幅员辽阔，陆地和海洋基础设施极少，航空和航天资产对该地区尤为重要。空军在北极设置有从导弹防御和力量投射到空间态势感知及搜救的任务。阿拉斯加雷达系统和横跨加拿大的由50多个雷达组成的北方预警系统，为本土防御提供了重要的早期预警。位于阿拉斯加的科利尔空军基地与格陵兰岛的图勒空军基地，支持着空间监视和卫星控制网络，每天跟踪成千上万的目标。

空军拥有几个可支持北极地区行动的大型空军基地，包括埃尔门多夫空军基地和阿拉斯加的埃尔森空军基地。这些基地支持着一批重要的先进战斗机，包括 F-35 以及可覆盖全球的空中加油机。纽约空军国民警卫队拥有独特的滑雪飞机，可以进入格陵兰冰盖上一些非常偏远的地区。阿拉斯加空军国民警卫队的救援协调中心与海岸警卫队密切合作，每年执行数百次搜救任务。

空军为以北极为重点的训练活动做出贡献，包括在埃尔森空军基地开办生存学校，组织应对战略竞争对手的优质高端培训，为军演提供太平洋阿拉斯加联合靶场综合设施等。

二、海军

北极地区与海军提供的灵活威慑能力具有独特的相关性。北极为分散的核部队和常规部队的威慑行动提供了额外的机动空间。海军第二舰队有责任确保大西洋和北极地区的海上部队保持灵活机动，并拥有遏制侵略的多域作战能力。美国第二舰队指挥官同时担任着北约联合部队司令部指挥官的职位。

为了保卫美国在北极的海上通道和利益，海军随时准备行使海上控制权。海军部队为美国提供海上安全保障，包括保护海上通信线路和本土免受海上袭击、海域感知、根据需要支持海岸警卫队的行动。海军与海岸警卫队建立有沟通互动约定，定期讨论北极地区的合作问题及海上安全行动。海军还定期向北极地区部署潜艇和飞机。

北极能够从传统作战区域以外的载体进行海上力量投射（例如，来自船只、潜艇、舰载机和海军陆战队作战的精准火力）。海军在阿拉斯加北坡北部进行两年一度的 ICEX 潜艇演习。这是一项多国潜艇参与的演习，以加强北极持续行动的准备。

海军的海上补给行动，在各种军事行动中为联合部队提供及时的转移、安置和保障工作，包括进出北极或安置转移北极地区的海上行动部队人员和物资等。

海军为海岸警卫队的北极搜救任务提供支持，为国际伙伴提供支持。

海军肩负有部分民事防务和人道主义援助/救灾责任，将继续做好支持北极行动的准备，如应对污染和自然灾害后的重建与恢复，地方、州、联邦和原住民社区的综合规划工作，与海岸警卫队和国际合作伙伴的互动。

三、海军陆战队

海军陆战队保持在“任何环境和地点”支持海军行动的能力，包括北极，是在极端寒冷天气环境下进行攻击行动的两支海军陆战队远征旅的基础。

为保持这种能力，海军陆战队经常组织不同规模的海上陆空特遣部队进行寒冷天气训练，与挪威和英国等北约盟友进行互操作训练，与韩国、日本在太平洋进行冬季寒冷天气训练。

海军陆战队最近升级了其步兵适应寒冷天气的战斗服装和装备清单，并为 35 000 名海军陆战队员提供抵御极端寒冷天气(足以承受零下 31℃的服装和装备)。

四、陆军

根据命令，驻防阿拉斯加的陆军执行联合部队部分陆地任务，支持美国陆军太平洋行动、美国北方司令部本土防御和阿拉斯加民事国防任务。

陆军空间和导弹防御司令部/陆军战略司令部在阿拉斯加格里利堡部署有陆基拦截器，以保护美国本土免受远程弹道导弹攻击。

陆军工程兵研究与发展中心、寒冷地区研究与工程实验室致力于通过气候变化影响的研究和监测，包括传感器性能和信号传播，以加强北极区域感知。陆军工程兵寒冷地区研究与工程实验室进行极端环境和动态气候条件对基础设施和行动的影响研究，正在寻求永久冻土探测技术、模拟北极条件的设施以及系统与材料的评估和开发。

位于阿拉斯加格里利堡的美国陆军寒冷地区测试中心将重点关注在雪地、极端寒冷和亚北极自然环境中的士兵，制定相关计划并进行开发测试。

五、特种作战部队

特种作战部队经常参加北极或近北极地区的演习，以确保与盟友和伙伴的互操作性。

特种作战部队的敏捷性和远征性，结合已建立的盟友和伙伴关系以及互操作性，为国防部提供既有能力。

六、国民警卫队

国民警卫队通过陆军或空军，为国防部在北极地区执行任务的部队提供支持。

在联邦责任层面，国民警卫队提供随时可调动的部队，执行民事当局的国防支持任务。国民警卫队增加了国防部第10编队，执行弹道导弹防御等任务，领导着美国唯一能够在北极冰区运行的LC-130飞行队，为国防部在北极地区的空中机动作出贡献。

在32区和州责任层面，国民警卫队承担着救灾、领域感知、北极搜救、本土防御和环境保护等任务，在州范围内与北极盟友和伙伴进行国际交往，规划和协调与灾害应对及民间支持有关的活动。

第十九章　美国海岸警卫队北极战略展望

2019年4月，美国海岸警卫队发布《北极战略展望》报告（以下简称“报告”），针对当前北极地缘战略、政治和经济形势的变化，提出美国海岸警卫队北极战略、政策和能力建设的调整方向。报告强调，美国海岸警卫队应着力提升北极有效行动能力，维护基于规则的国际秩序，创新性地促进北极地区的弹性与繁荣。

第一节　当前北极形势

一、地缘战略变化

俄罗斯在北极地区占据主导地位，在水面能力和基础设施方面拥有明显优势。作为北极国家，俄罗斯在该地区具有合法的主权利益，包括航行安全、搜救和环境保护等。但俄罗斯有意利用其全球影响力胁迫他国以扩大影响范围。此外，俄罗斯政府拥有世界上最大规模的破冰船队，并进一步扩建。俄罗斯还重建并扩大其他北极能力和基础设施，包括空军基地、港口、武器系统、军队部署、区域感知工具、搜救资源、商业中心和浮式核电站等。作为战略竞争对手，美国必须关注俄罗斯的动向及其潜在的民军双重用途能力。美国海岸警卫队和俄罗斯边防军曾有务实合作的历史，双方应努力在相互尊重现有国际规则和国家主权的框架内保持合作。

美国的盟友和伙伴对北极开放的安全问题愈加担忧。2018年10月，北约举行自“冷战”以来最大规模的北极军事演习，代号“三叉戟接点”，来自31个国家的5万多名军事人员参加。加拿大、丹麦和挪威已对执行国家或国土安全任务的破冰船进行战略性投资，以表明其对行动的承诺。美国致力于与诸多北极组织接触，但却是唯一一个没有对具有破冰能力的海上安全资产进行战略性投资的北极国家。这限制了海岸警卫队和国家维护北极主权或应对北极突发事件的能力，也削弱了美国在其盟友和伙伴中的地位。

二、环境和经济变化

北极在地缘战略竞争中的作用越来越明显，很大程度上缘于该地区不再处于永久性海冰的“自我保护”中。北极变暖促使海冰融化期延长。2018年，北极海冰与以往相比，持续时间变短，厚度变薄，且覆盖面积变小。最近12年间，卫星记录到12次夏季最小北极海冰范围。

北极航线的近期前景尚不明朗，但最理想的状态是，与马六甲海峡和苏伊士运河相比，其航运时间可大大缩短。例如，通过北方海航道，上海与鹿特丹之间的平均航运时间仅为35天，与苏伊士/马六甲航线相比缩短了2周。北极地区商业航运规模逐步增长，其中通过北方海航道运输的货物吨位增加了1倍，主要是从俄罗斯亚马尔液化天然气接收站运出的大量天然气和石油产品。载客量在150~1 700人的跨北极邮轮数量也急剧增加，从2008年的120艘增至2016年的290艘。该地区的商船通航量将持续增长。上述航线需通过相对狭窄且水深较浅的白令海峡，增加了和平时期面临搁浅或碰撞、战时成为战略要地的风险。

北极地区的资源开采、商业捕捞和旅游等经济活动更加频繁。随着北极地区开放，稀土开采和油气钻探等各类资源开采将更具商业可行性。北极还可能蕴藏着丰富的未开采资源，随着环境条件的变化，这些资源将变得更容易开采。随着海水变暖，鱼群预计将继续向北游动，对当前禁止在北冰洋中部进行商业捕鱼的国际规定提出新的执法挑战。

包括阿拉斯加土著居民在内的北极社区将处于适应北极变化的最前线。海冰融化造成海岸与河流侵蚀，赖以生存的陆地和海洋食物来源发生变化，冬季风暴日渐频繁和强烈，这些都在不断侵蚀着许多社区的自然和社会结构。据当地负责人称，由于非法药物流入北极村落，许多社区有限的医疗和社会服务基础设施不堪重负。随着北极地区变得更加容易进入，工业、旅游和科研相关活动的增加将给当地社区的复原力和健康程度带来复杂挑战。

三、不确定性和风险

长期发展趋势表明，北极地区的通航状况将更加稳定，但其他环境因素短期内难以预测。尽管北极多年冰的数量不断减少，剩余海冰的变化仍然难以预测。例如，2018 年是有记录以来气温最高的年份之一，但西北航道却被厚厚的浮冰覆盖，导致邮轮无法通航。随着全球供需形势急剧变化，人们对北极自然资源开采的兴趣也变化无常。尽管无法预测活动本质，但是海上交通增加的总体趋势将提高对海岸警卫队资源的需求，以管控海上安全风险。

每一项发展都具有重大意义，但总体而言，这些趋势为美国及其海岸警卫队带来新风险。北极海域将逐步开放，活动增加将提升对海岸警卫队服务的需求。近期的变化将导致行动环境动态变化，使海员和北极社区面临难以预测的风险。维护北极安全需要美国在多个安全领域发挥领导作用并开展国际合作，包括边境安全、经济安全、环境安全、粮食安全、航行自由、地缘政治稳定、人身安全、国防、自然资源保护以及美国主权维护等。随着合作伙伴和竞争对手对北极的关注度不断增加，北极地区将与美国经济和安全利益形成更紧密的联系。

第二节　提升在不断变化的北极地区有效行动的能力

一、弥补海岸警卫队北极行动能力的不足

美国海岸警卫队必须能够随时提供实际存在、维护主权、执行行动任务、促进航行自由以及履行其他国家和国际义务。海岸警卫队是美国极地舰队的唯一供应和运营机构。但目前舰队无法确保进入高纬度地区行动。这一不足限制了海岸警卫队主动管控北极海域风险的能力，并威胁美国应对石油泄漏和应急行动等北极危机的能力。

为弥补这一战略能力不足，美国海岸警卫队将对能够在严苛且偏远的北极环境中行动的破冰船(如极地安全防卫舰)、航空设施、无人系统、自主系统和操作人员等进行投资。相关资产必须可升级且具互操作性，能够执行搜寻救援、防御行动以及海洋科研等各类任务。

美国海岸警卫队将为上述资产和人员提供坚实的行动任务支持。北极行动面临着巨大的后勤和技术挑战，需要坚持创新和有效合作方可克服。

任何解决方案都将是全政府的努力，包括统筹长期性、季节性和远征能力。

美国海岸警卫队必须重新调整现有行动概念，以最大程度地发挥更有能力的资产的作用，并支持北极新增行动和长期任务，包括发挥网络和信息行动的日益增长的作用。海岸警卫队与联合部队、跨部门和盟友之间的联合行动成为当前及未来战略和行动计划的关键要素。

二、构建对北极地区的持续感知和认识

为确保在北极地区有效行动，美国海岸警卫队必须构建并保持对北极地区的态势感知和认识。除履行 2013 年《北极地区国家战略》中的海域感知职责外，美国海岸警卫队还将运用先进的知识和分析，以规划、预测并解决行动风险，并改善北极地区安全。

海域感知是指对任何可能影响安全、稳定、繁荣或环境的全球海域相关事物的有效认知。北极地区的行动条件恶劣，资源严重受限，阻碍了美国海岸警卫队有效执行任务，因此，海域感知尤为重要。海域感知并不是一项任务或计划，而是支持各类决策(战略、行动和战术)的各种能力集合的产物。

《北极地区国家战略实施框架》规定，美国海岸警卫队负责提升国家北极感知能力，为其他多个部门和机构提供支持。海岸警卫队的国家感知需求包括：

(1)国防和安全信息；

(2)船员、乘客和货物信息(若适用)；

(3)污染检测与跟踪能力；

(4)天气和环境观测，包括冰情勘查；

(5)海洋生物资源活动评估；

(6)人类活动和基础设施评估。

美国海岸警卫队将继续通过伙伴关系和技术投资以提升北极感知，并继续支持科学考察、监测和研究，以更加深入地认识北极环境变化、相关影响以及紧急海上威胁。伙伴关系将包括与阿拉斯加土著社区的定期交流以及与国际伙伴的数字信息共享协议，前者可为海岸警卫队提供几代人的经验和见解。此外，海岸警卫队还将继续同国家海洋与大气管理局、海

军、国家科学基金会、国家海冰中心以及其他组织建立更加牢固的伙伴关系，以收集北极数据，分析环境条件，并通过有效渠道传播信息。

作为国家情报机构的一员，美国海岸警卫队既为提升国家情报机构合作伙伴能力作出贡献，也从中受益。海岸警卫队必须继续提升北极数据收集能力，包括满足收集北极海洋环境、气候、海洋活动和威胁的相关数据的需求。最后，海岸警卫队必须带头将上述信息转化为可操作、可信赖且可与利益相关者共享的知识。增加信息收集来源，深化对北极地区海上趋势、威胁和挑战的认识，将促进海岸警卫队更加有效地执行任务，合理分配资源，加强国家安全。

三、缩小北极地区关键通信设施的差距

为有效行动、保持海域感知并共享海上信息，美国海岸警卫队必须缩小北极地区关键通信设施的差距。高纬度地区存在无线电信号不良、地磁干扰、陆上基础设施不足、卫星覆盖范围和网络带宽有限等问题。部分北极社区拥有移动电话网络，但在覆盖范围、带宽和可靠性方面受限。

缩小通信设施差距是整个政府面临的挑战，需要跨部门、行业，国际社会以及阿拉斯加州和阿拉斯加土著社区强化合作关系。随着商业、休闲和基于生存的活动增加，美国海岸警卫队必须与利益相关者通力合作，加强沟通。

北美空防司令部和美国北方司令部及其下属的阿拉斯加司令部是当前海岸警卫队远征行动的重要合作伙伴，在改善北极地区通信设施方面更为关键。海岸警卫队将不断寻求支持跨部门合作的路径，以提供更可靠的通信设施问题解决方案。

第三节　维护基于规则的秩序

一、加强伙伴关系，领导国际论坛

美国竞争对手战略的关键一环是从事削弱国际秩序的活动，这一秩序旨在建立自由开放的海域。竞争对手通常在有争议的情况下开展上述活动，因此，难以对其作出有效或及时应对。明确的、普遍遵守的和具有透

明度的准则可消除上述情况。美国海岸警卫队致力于加强伙伴和机构关系，以提高透明度，维护尊重主权和独立的国际秩序。

美国海岸警卫队将继续在北极理事会等政府间论坛中发挥积极的领导作用。北极理事会由 8 个北极国家、13 个观察员国、6 个作为常设参与组织的土著人民组织以及 26 个其他政府和非政府组织构成，反映其对北极各类问题进行多边接触的长期承诺。北极理事会制定了切实可行的合作协议，包括 2011 年《北极航空和海上搜寻与救援合作协定》、2013 年《北极海洋石油污染预防与应对合作协议》、2015 年《北极海域石油开采和海洋活动污染防治合作框架计划》以及 2017 年《加强北极国际科学合作协定》。

美国海岸警卫队还将继续通过国际海事组织等国际机构开展工作，维护美国利益，降低北极地区风险。例如，海岸警卫队在国际海事组织制定和实施《极地规则》中发挥重要作用，为极地船舶制定设计、建造、装备、行动、培训和环境保护的安全标准。海岸警卫队将遵守国际惯例法，包括 1982 年《联合国海洋法公约》所反映的有关航运和海洋其他传统用途的主要原则。尽管美国尚未加入该公约，但海岸警卫队将继续基于公约的法律框架执行任务。

除国际决策机构外，美国海岸警卫队还将继续与北极伙伴开展联合行动，并对北极海岸警卫队论坛等多边行动论坛进行投资。作为外交和行动之间的桥梁，北极海岸警卫队论坛通过分享最佳实践、开展演习和联合行动以及协调应急响应，强化重要的作业关系。2017 年，北极海岸警卫队论坛开展首次现场搜救演习，代号“北极防卫者 2017”，凸显北极地区国际合作的价值。

治理机构不仅为实际作业确定了相关标准，而且为相互信任奠定了基础，对于维护和平的、基于规则的秩序至关重要。与上述机构的合作加强了相互关系和沟通渠道，避免成员国受到战略竞争对手修正主义活动的影响。海岸警卫队决心在当前及未来保持上述论坛的活力和关系。

二、应对海洋领域基于规则的国际秩序面临的挑战

规则和准则在各国维护下才能持久。海岸警卫队将与盟友和伙伴密切合作，通过在全方位竞争中开展有效的海上行动和演习，遏制威胁国际海洋准则和美国国家利益的行为。

美国海岸警卫队将与北方司令部、欧洲司令部和印太司令部保持密切合作，继续支持美国在北极地区的防御重点，通过与该地区的国防部进行合作以及参与多边演习，做好防御准备。海岸警卫队将与联合部队、跨部门和国际伙伴密切合作，在北极地区建立相关能力并展示决心。

美国海岸警卫队对维护基于规则的国际秩序的贡献体现在执行最常规的国土安全任务中。例如，海岸警卫队在白令海常态化巡逻，打击非法、不报告和无管制捕捞活动。上述执法活动打击了威胁鱼类资源的行为，鱼类资源对于美国每年 60 亿美元产值的渔业和脆弱的海洋生态系统健康至关重要。同时，通过渔业执法维护国家主权。打击非法入侵美国水域的行动不会引发武装冲突，但对于维护尊重主权和独立的国际秩序至关重要。

美国海岸警卫队的各类活动有利于维护基于规则的秩序。具体而言，海岸警卫队通过其防范和应对模式提供全方位的海洋治理，其专业人员执行国际海事组织《极地规则》等国际标准，或通过支持州、地方和阿拉斯加土著居民应急计划和应对以增强社区弹性，从事必要的日常基础性工作，在北极海域管控风险、维护主权和反击胁迫。通过上述努力，海岸警卫队及其伙伴建立起必要的合作关系和专业知识，对海岸警卫队在危机应对中成功发挥领导作用至关重要。

阿拉斯加土著居民是北极地区安全的重要保障。几代人积累的经验有助于缩小信息和行动差距，降低风险。通过多种形式加强当地社区的安全和弹性，保障其不易受到战略竞争对手的胁迫策略的影响。维持并扩大与关键利益相关者的持久关系将有助于在整个地区和国家安全重点方面取得长期成功。

第四节　创新和适应，促进地区弹性与繁荣

一、支持地区弹性并领导危机应对

由于气候变化和人类活动增加，北极社区面临着愈发频繁且严重的事件。商业活动增多也增加了偏远和环境敏感地区发生污染事件的风险。北极地区行动面临的后勤和技术困难进一步加剧了上述风险，对商业海洋产

业达到溢油响应规划要求的能力提出挑战。作为首要的国家海上响应机构，海岸警卫队将领导并参与国家层面的规划和演习，包括联邦、州、部落、地方、国际和非政府合作伙伴，以测试准备和适应能力。海岸警卫队还开展产业合作，解决溢油响应能力不足的问题，并评估国家规划标准的替代方案。通过上述方式促使合作伙伴明确组织角色、职责、权限和资源。当北极海域出现危机时，海岸警卫队将采取有效且统一的应对措施。

海上活动增加，尤其是在北极地区难以预测的恶劣环境中，海员海上遇险的风险增加，距离最近的响应资产通常需要数小时或数天。随着邮轮和跨极地航空运输增多，在偏远且寒冷水域进行大规模救援行动的潜在需求也在增加。当前的响应能力使上述潜在需求成为最具挑战的情况之一。海岸警卫队将继续与国际伙伴、国土安全部、国防部、阿拉斯加州、阿拉斯加土著社区、产业和当地机构保持密切合作，以弥补行动和后勤方面的不足。

二、满足北极海事执法任务的新需求

美国海岸警卫队认识到，随着时间推移，北极地区海事执法的性质将不断变化，其将继续在北极地区执行适用法律。随着该地区海洋生物资源和人类活动的迁移模式演变，海岸警卫队将根据国家安全风险调整相关行动和活动。

在短期内，保护海洋生物资源和防止国际非法、不报告和无管制捕捞活动将是该地区执法任务的重中之重。鱼类资源正向北极高纬度地区迁移，阿拉斯加土著居民开始捕捞新物种，而其母语中甚至没有这些物种的名称。上述变化将使现有渔业法规和国际协定的执行更加困难。海岸警卫队将继续对鱼类和海洋哺乳动物迁移模式的研究及趋势进行监测和评估，积极应对非法、不报告和无管制捕捞活动。

北极安全还受到阿拉斯加和北极地区其他犯罪行为的威胁。在适当情况下，海岸警卫队将继续与国际、联邦、州、地方和部落执法伙伴合作，打击北极地区的犯罪活动，特别是毒品走私、非法移民和其他非法活动。海岸警卫队还将与其他联邦机构保持密切合作，扩大北极地区行动范围，以保护美国最北部边境。

三、推进北极海运系统现代化

海运系统是国家经济的生命线。美国海岸警卫队维持着安全、稳定且高效的海运系统，每年为价值超过 54 000 亿美元的经济活动提供便利，为超过 3 080 万个就业岗位提供支持。北极地区海上活动增多，将增加对海岸警卫队全方位管理以及北极海运系统风险管控能力的需求。地缘战略、环境和经济条件变化可能使马六甲海峡、苏伊士运河和巴拿马运河等关键航线变得难以预测，因此，北极地区航道为北美、欧洲和亚洲之间提供了有价值的替代航线。这对商业和军事航运具有重大影响，并确保对国家安全和繁荣至关重要的北极海运系统有效运行。

商业航运增多，近海自然资源勘探、开采和运输出现新技术和新方法，对美国海岸警卫队构成挑战，并加剧风险。美国其他地区的海运系统不适用于北极地区。海岸警卫队必须与公共和私营部门合作，推动政策和技术创新，以补充现有的海运系统管理工具。

海岸警卫队将结合传统和新兴能力，认识并管控北极海运系统面临的不断演变的风险。海岸警卫队通过完善治理模式，并将现代助航设备部署到导航和海洋信息系统中，支持将北极地区全面纳入国家关键的海运系统中。这将促进商业发展，并为国家强盛、地区的弹性与繁荣做出贡献。

第二十章 《美国北极地区海洋活动十年预测(2020—2030)》报告

2019 年 7 月，美国海上运输系统委员会北极综合行动小组发布了《美国北极地区海洋活动十年预测(2020—2030)》的报告草案，以供审查和公众评论，报告于 2019 年 9 月正式发布。该报告是 2015 年《美国北极地区海洋活动十年预测》的更新版，对 2015 年报告的内容进行了扩展，详细概述了北纬 60°以北的北极地区及周边水域的船舶活动，同时增加了原始报告所没有的预测方法，包含了 29 种可能发生的船舶活动增长来源，旨在向合作伙伴和利益相关者通报美国北极海上运输系统的变化，以支持安全的北极海上运输系统。

第一节 报告概述

一、简介

报告是 2015 年《美国北极地区海洋活动十年预测》的更新版本。作为美国北极地区战略的一部分，报告预测了美国北极地区在 2025 年之前的船舶活动量，2030 年以前美国北极地区海上运输的潜在增长情况，探讨了船舶活动的当前和未来推动因素，旨在为决策者和区域利益相关者提供有关该地区未来 10 年船舶活动潜在变化的全面情况。

二、背景

美国是一个北极国家，在阿拉斯加海岸线超过 75 000 千米(46 600 英里)，其中包括阿留申群岛。阿拉斯加州毗连三大北极海域：白令海、楚科奇海和波弗特海。从历史上看，这些海域每年有半数以上时间都处于封冻状态，而北极通航季节只在 6—10 月，无护航和非冰级船舶的通航窗口期则更有限。然而，这种模式似乎正在迅速变化，因为在夏季，北极海冰减少的状况变得更加广泛。2012 年 9 月 16 日，北极海冰达到有史以来最低的覆盖范围，为有史以来最长的北极通航季节开辟了道路。此外，过去 4 年(2015—2018 年)是卫星记录的冬季最大冰面积(1979—2018 年)的 4 个最低水平，其中多年冰量不到 20 世纪 80 年代中期测量结果的一半。在美国北极地区，白令海北部的季节性海冰损失尤其明显。从历史上看，海冰从白令海峡向南延伸到阿留申群岛，覆盖了东部白令海的大部分海域。2018 年和 2019 年是有记录以来的东部白令海的海冰覆盖率最低的两个年份，海冰覆盖率分别为 50%和 65%，导致 3 月的无冰水域到达诺顿湾的北部(图 20-1)。

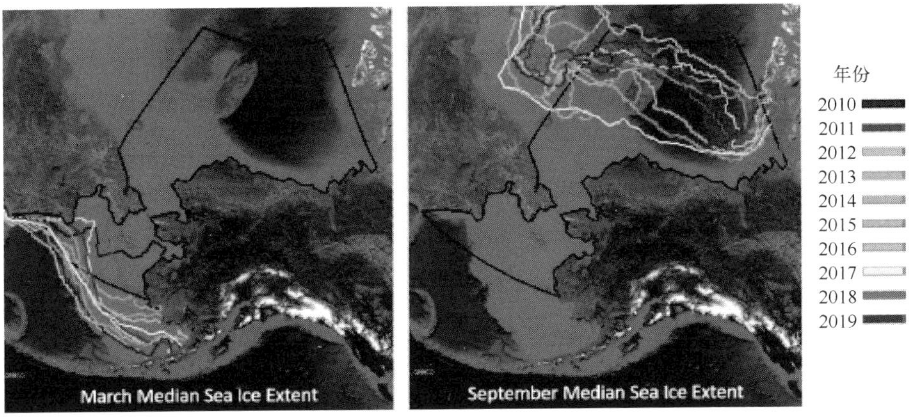

图 20-1　3 月(左)和 9 月(右)海冰覆盖范围中间值

本次研究的关注区域用黑色标出；1981—2010 年的海冰中间值以白色表示，而 2010 年及以后则根据右侧标签进行颜色编码。海冰指数数据源自美国国家冰雪数据中心

虽然海冰的减少可能会增加北极海上运输和自然资源开采的可能性，但该地区的进入和运营仍然具有挑战性。逐年变化和空间多变的海冰都会对经过北极水域的船只造成严重危害，因此，大多数船只活动集中在从夏季到初秋之间。虽然海冰退缩缓解了北极水域的过境难度，但仍然存在难以预测的浮冰和恶劣天气(例如极端寒冷、大雾、严重风暴等)。此外，一些模型表明，在无海冰的情况下，北极的风速和浪高将增加，从而对在该地区航行的船只造成进一步的危害。

三、关注区域

2015年的美国海上运输系统委员会船舶预测报告，即本报告的前身，主要集中于以下范围的船舶，即白令海圣劳伦斯岛以北，穿过白令海峡，西至楚科奇海的弗兰格尔岛，横跨阿拉斯加北坡，东至波弗特海的班克斯岛和阿蒙森湾，北至美国专属经济区。本报告关注区域将向南扩展到北纬60°，符合《极地规则》对白令海的北极定义，并收集了区域枢纽诺姆港的船只活动情况。

第二节　北极地区以往和当前船舶活动情况

本报告运用船舶自动识别系统历史数据，结合美国海岸警卫队按船型对关注地区统计的年船舶交通量、东北航线和西北航道历史航行数据以及近期发起的北极船舶交通数据项目，对研究区域内的船舶活动量进行了考察。

一、方法

运用从美国海岸警卫队导航中心(NAVCEN)获得的卫星自动识别系统(SAIS)和全国自动识别系统(NAIS)的系统数据。自动识别系统利用自组织网络，以2~10秒的频率通过海洋甚高频无线电频段自动发送船只的位置信息。在自动识别系统数据传输过程中，还对船舶海上移动业务识别码等其他数据进行了编码，这种识别码可用于识别船舶的船名、船旗和船型。

从NAVCEN获得的卫星自动识别系统和全国自动识别系统数据通过空间滤波器，将数据限制为来自研究区域的自动识别系统声脉冲。随后，再次过滤数据以去除仅具有1个数据点(SAIS或NAIS)的MMSI号码(和相应的位置数据)以及仅由一种类型自动识别系统接收器检测到的MMSI号码。这些措施大大减小了数据量，同时，通过将数据限定在卫星和地面自动识别系统接收器检测到的船只，将分析范围缩小至远洋船舶和通过白令海峡的船舶。通过交叉参照MMSI与可公开获得的数据源，为从该过滤步骤获得的MMSI号码标注船名、船型和船旗。

为了了解船舶活动的年内变化情况，本报告使用由美国陆军工程兵团研发的船舶自动识别系统分析包，对 2016 年 1 月 1 日至 2018 年 12 月 31 日期间研究区域的全国自动识别系统数据进行了分析，以进一步获取有关研究区域内船舶航迹特点和通航季节持续时间的粒化信息。

二、结果

在对卫星自动识别系统和全国自动识别系统综合数据施加地理限制后，2015 年 1 月至 2017 年 12 月期间在研究关注区域共检测到 1 944 个唯一海上移动业务识别码。根据船舶海上移动业务识别码标准对数据进行过滤，得到 1 870 个与船舶对应的唯一海上移动业务识别码。其中，876 个唯一海上移动业务识别码在研究关注区域内被检测到具有两个或以上声脉冲，582 个唯一海上移动业务识别码在全国自动识别系统和卫星自动识别系统中均被检出。在这 582 个海上移动业务识别码中，研究关注区域在 2015—2017 年期间，每年平均检测到 255 个±26 个（均值±标准差）唯一海上移动业务识别码。

（一）根据船型和年份计算的船舶数量

2015—2017 年期间，每年在关注区域内活动的唯一识别码船舶数量平均为 255 艘，其中，2015 年 245 艘，2016 年 284 艘，2017 年 235 艘。按船型计算，在研究地区内活动的唯一识别码船舶中，占比最大的为货船和拖船，占该地区 2015—2017 年平均活动船舶数量的 50%以上。其余 50%包括渔船（11%）、客船和探险船（各 9%）、油船（7%）、考察船（5%）、海上供应船（4%）和各种专用船（分类为“其他”，5%）。2016 年出现的总量峰值很可能与关注区域内重载货轮和非专用船数量的增加有关，而这又与东北航线沿线基础设施扩建或壳牌的退场工作有关。在本项研究的 3 年内，与捕鱼和探险活动相关的船舶数量逐年增加，而海上供应船的总量则逐年减少。

（二）船舶和船旗国

2015—2017 年间，共有 38 个船旗国的唯一船舶航行通过了关注区域。按船旗计算，在研究关注区域内活动的美国唯一识别码船舶数量最多，其中最常见的船型为拖船。其次是俄罗斯船只。俄罗斯在该地区拥有大量小型货船和油船，为分布在该地区的俄罗斯社区服务，这些社区与阿拉斯加西部和北部的社区一样，存在再补给和有限基础设施等限制。其他船旗国的船舶数量占该地区船舶总量的比例均不到5%。

（三）通航季节持续时间

对关注区域内海上移动业务识别码进行的时间分析显示，该区域存在明显的季节性通航窗口期，其中，12月至翌年5月船舶交通流量减少至3个海上移动业务识别码/天，5月中旬则开始迅速增加，直至8月达到峰值。和圣劳伦斯航道及五大湖一样，该地区没有正式的通航季节开始时间。研究发现，通航季节的开始时间逐年提前，而结束时间则逐年延后。

因此，通航季节天数从2015年的159天增加至2017年的171天，到2018年，进一步增加至180天，年均增加约10天。该增速较先前研究结果快约10倍，这也反映了北极地区中部（北纬60°—65°）和北部（北纬65°以北）的沿海无冰季节可能分别延长了1.3～1.7天/年和1～1.5天/年。

（四）结论

2015—2017年，平均每年有255艘自动识别系统广播船舶航行通过关注区域，其中货船平均占比31%、拖船21%、渔船11%、旅游相关船舶（客船和探险船）9%、油轮7%，其余为政府船（执法、搜索和救援船）、考察船和其他活动用船。从船旗国来看，美国船只占研究关注区域船舶总量的40%，俄罗斯船只占24%，剩余36%为其他35个国家的船只，其中每个国家船舶数量比例都远低于俄罗斯或美国。通航窗口期在该关注区域所含海域具有高度的季节性特点。自动识别系统广播船舶数量在5月中旬至6月初开始急剧增加，于8月中旬达到峰值，随后在秋季开始下降，整个通航季节于11月中旬结束。在2015—2018年间，通航季节逐渐延长，年均增长10天，但该地区的船舶总数没有显著变化。

第三节 2020—2030 年美国北极地区船舶活动量预测

一、基线与情景

（一）基线

本研究中的所有预测均假设船舶交通将建立在该地区已确定的船舶活动量基线之上。本报告预测所使用的基线数量为 255 艘±26 艘唯一识别码船舶，即 2015—2017 年卫星自动识别系统和国家自动识别系统中检测到的研究关注区域活动唯一识别码船舶的均数加减标准差。

（二）情景

本研究提出了四种情景，探讨了未来 10 年这些增长来源的不同综合形式，以确定美国北极及周边地区内的船舶活动类型。

（1）活动减少情景假设未来 10 年研究地区内的较高航行风险未能得到缓解，同时这种不确定性限制了该地区的活动量增长。为反映这一点，该情景仅采用了各增长来源的最低交通量，同时假设促进船舶数量增长所需的船舶活动不会以现有文献中预期或估计的速度增长。

（2）最似合理情景假设在该地区航行的部分风险将得到缓解。该情景同时考虑了最合理的交通量增长和船舶数量估算结果。

（3）优化增长情景假设在该地区航行的大部分风险将在未来 10 年得到缓解。该情景考虑了增长率的上限值，以涵盖可能但不一定最可能情形下的船舶新增数量和增长率。

（4）低可能性加速增长情景假设该地区的航行风险完全得到缓解，并纳入了该地区的所有增长来源，包括根据最佳可用数据认为不太可能出现的增长部分。本情景旨在作为本次研究预测的上限，虽然理论上可行，但极不可能发生。

本研究中包含的 4 种增长类型为：①自然资源开发；②基础设施建设；③北极船队扩充；④跨北极季节性改道航线运输，其中每种增长类型都包含多个纳入预测的项目。增长来源汇总见表 20-1。

表 20-1　船舶预测增长来源汇总

增长类型	增长来源
自然资源开发	海洋地质与地球物理研究项目(美国)
	希尔科普能源公司利伯蒂(Liberty)项目(美国)
	Spy 群岛井场波弗特海勘探项目(美国)
	北坡液化天然气开采项目(美国)
	亚马尔半岛液化天然气项目(俄罗斯)
	北极液化天然气 2 号项目(俄罗斯)
	中国破冰液化天然气油轮
	红狗锌矿山扩建项目(美国)
	第一石墨资源公司项目(美国)
	霍普湾金矿项目(加拿大)
	后河金矿项目(加拿大)
	玛丽河矿场(加拿大)
	离岸风能开发海洋地质与地球物理研究项目(美国)
基础设施建设	诺姆港改造项目
	育空河下游地区港口和埃莫纳克道路项目(阿拉斯加)
	科策布至布洛瑟姆岬道路施工项目
	乌特奇瓦克(Utqiagvik)道路改造工程(阿拉斯加)
	诺姆道路改造工程(阿拉斯加)
	塞拉威克道路改造工程(阿拉斯加)
	阿拉斯加机场维修项目
	陆上可再生风能开发项目
	基瓦里纳村搬迁项目(阿拉斯加)
	夕什马里夫村搬迁和原地保护项目(阿拉斯加)
北极船队扩充	美国海岸警卫队极地安全破冰船下水
	俄罗斯破冰船下水
	加拿大破冰船下水
	“雪龙 2”号破冰船下水
	考察船队扩充
跨北极季节性改道航线运输	特定船型的巴拿马型船队

二、增长来源

（一）自然资源开发

北极拥有丰富的自然资源，自淘金热以来，美国北极地区的发展一直与北极的自然资源密切相关。这些资源以及北极邻国的资源很可能继续在北极地区的发展中发挥关键作用，因为随着环境条件和能源需求的不断变化，新的资源开采活动将不断出现。与北极自然资源开发有关的船舶交通量总和预计见图 20-2。

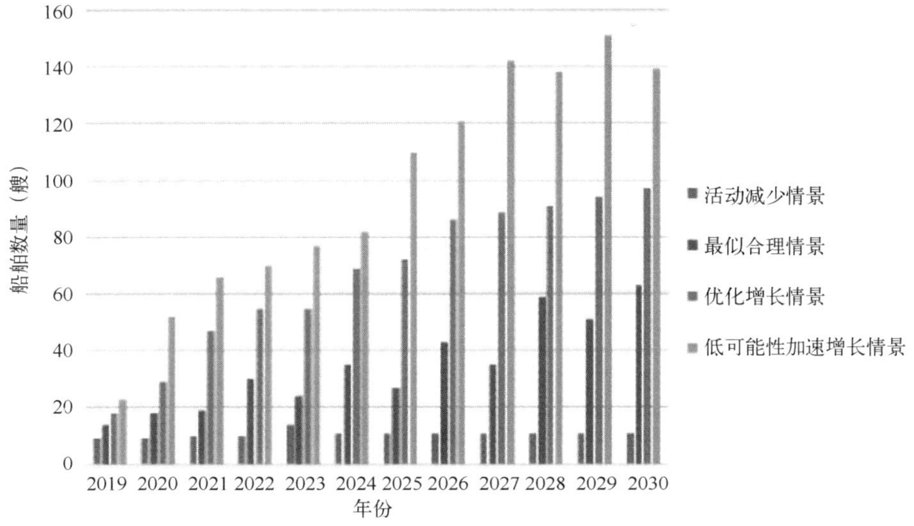

图 20-2 2019—2030 年各情景下与北极自然资源开发有关的船舶交通量总和

（二）基础设施建设

美国北极地区的基础设施建设是该地区船舶活动增长的另一个主要来源。该地区基础设施的建设、维护和更换可能需要海运提供建设支持，部分基础设施建成后，可能会在该地区产生更多的船舶活动。

为了估算因基础设施建设而预计新增的船舶数量，本研究对预期港口、道路、机场和其他类型基础设施建设，包括州和联邦数据库中记录的维修、更换、改造和项目等进行了考虑和评估(图 20-3)。

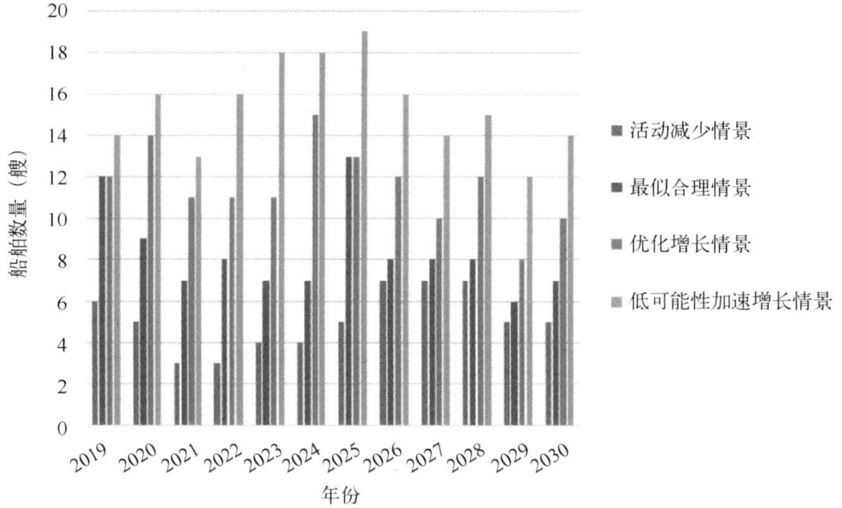

图 20-3　2019—2030 年各情景下美国北极地区因基础设施建设而预计新增的船舶总数

（三）北极船队扩充

北极船舶活动量的另一个增长来源是全球预计新增且可在北极水域航行或进行海上运输的船舶（图 20-4）。此类船舶包括新的极地安全破冰船、液化天然气破冰油轮及各种具有破冰能力的其他船舶。

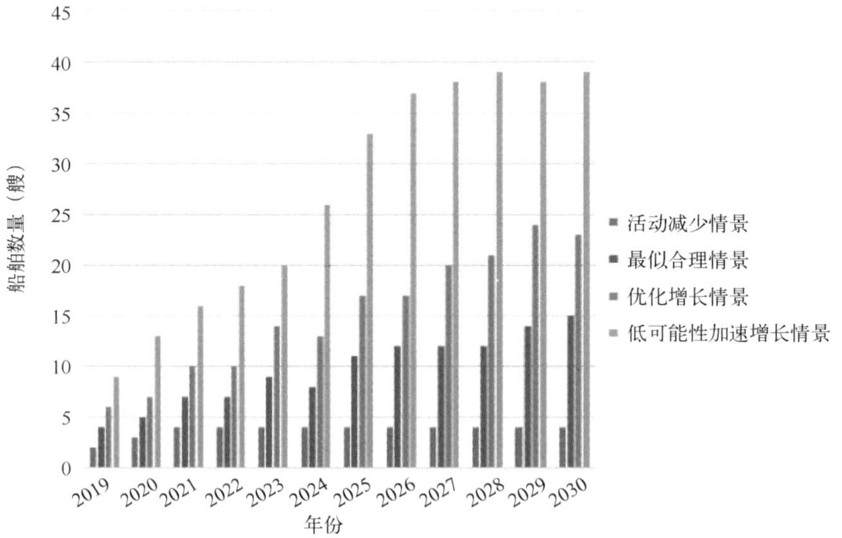

图 20-4　2019—2030 年各情景下因船队扩充对美国北极关注地区增加的船舶总数汇总

（四）跨北极季节性改道航线运输

预测中包括的第四种也是最后一种可量化增长来源为已有越洋航线改道北极水域而产生的交通量。选择东北航线和西北航线一大主要吸引力在于这两条航线可降低其他越洋航线高昂的时间成本。对于北欧和远东之间的航运，东北航线与其他更传统航线（如苏伊士运河）相比，可节省35%～60%的航运距离，但仅限于海冰数量最少且环境条件有利于保持与其他越洋航线相当的航速的情况下。

2015年的美国海上运输系统委员会北极船舶预测报告将这种交通量增长称为“全球改道交通量”，同时认为，相比环境和物流挑战，船运公司可能更加看重北极航线较短的航距和较低的海盗袭击风险。2015年美国海上运输系统委员会报告认为，7—11月，改道交通量约占越洋交通量的5%，与当时其他研究公布的估算结果一致。此外，该报告仅包含了穿越本研究关注地区的现有船舶类型（油轮、集装箱船舶、普通货物船舶和散货船）。

然而，这种方法并未考虑到在该地区活动的独特要求。除满足最新颁布的《极地规则》的建造和运营要求外，船舶还须满足通过浅水区域的吃水深度要求。东北航线全长约4 740海里，控制吃水深度为12.5米（41英尺）；西北航线全长5 225海里，控制吃水深度为10米（33英尺）。本报告各情景下，在船舶基线基础上增加了占巴拿马运河预测通行交通量一定百分比的数量，以考察改道北极船队数量的不同潜在增长率。通过北极越洋运输的船舶基线确定为14艘船舶，占目前可能改道船舶数量的0.41%。本研究在四种情景下均考虑了该百分比。活动减少情景假设在2030年前，改道北极的船舶数量将保持当前数量不变，即季节性巴拿马型船舶交通量的0.41%。最似合理情景假设未来10年该比例将增长至候选船舶数量的0.75%，而优化增长情景则假设1.0%的交通量将改道。最后，低可能性加速增长情景假设到2030年，1.5%的季节性巴拿马型船舶交通可能改道关注区域。

根据这些假设，所有4种情景下，与改道船舶相关的新增船舶数量均将有所增加。活动减少情景下，预计到2030年，新增船舶数量为9艘。最似合理情景下，预计到2030年，穿越关注区域的船舶数量将增加28艘。优化增长情景下，预计到2030年，穿越关注区域的船舶数量将增加42艘。在低可能性加速增长情景下，估算到2030年，穿越关注区域的船舶数量将增加 70 艘(图 20-5)。

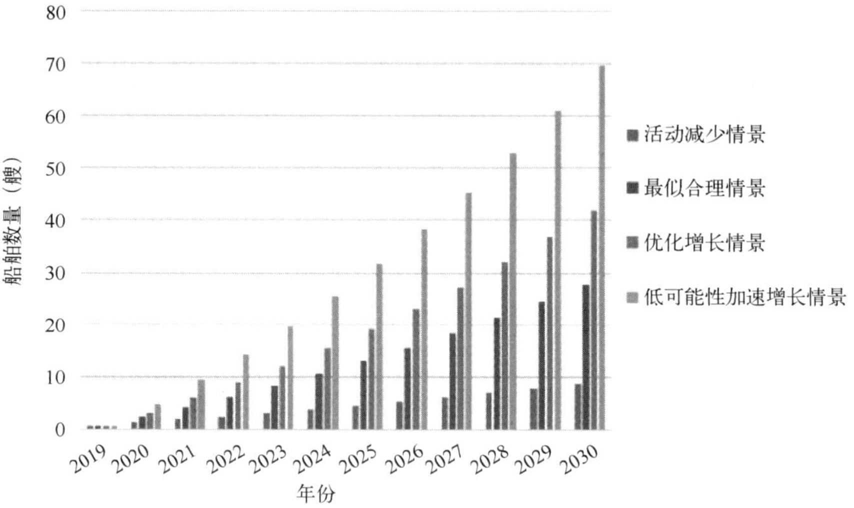

图 20-5 2019—2030 年与季节性改道北极地区相关的新增船舶数量

(五)新增船舶数量预测

加总每年各独立增长来源的预估船舶数量，以计算 2030 年以前每年的预计新增船舶交通量。随后，将每年各增长来源的总和与船舶活动的假设基线相加，得到了各情景下每年的预测船舶总数(图 20-6)。

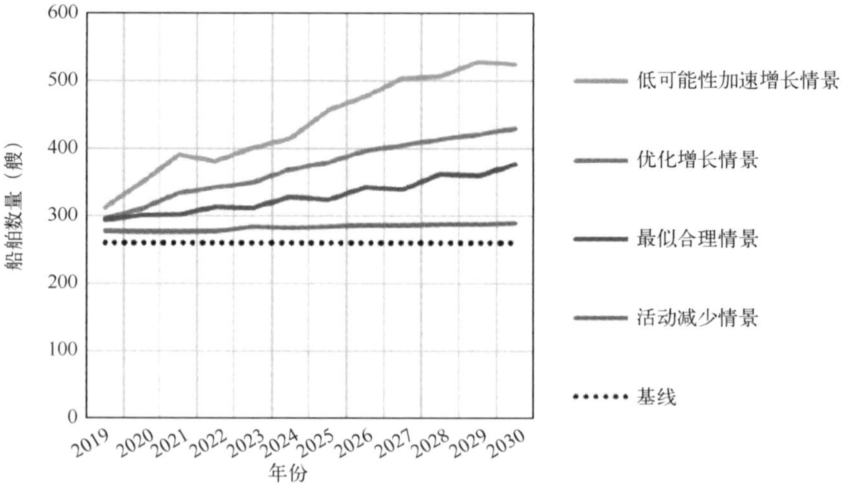

图 20-6 2019—2030 年各情景下关注区域内唯一船舶预测数量

第二十一章　美国《以加强水安全为目标的海水淡化统筹战略规划》

2019 年 3 月，美国国家科学技术委员会下属的供水与环境质量委员会、海水淡化科技工作组编制并发布了《以加强水安全为目标的海水淡化统筹战略规划》(以下简称“《规划》”)。《规划》旨在响应 2016 年美国国会在《水务基础设施改善法案》中提出的指导方针，确定了支持美国海水淡化工作的三大目标，即降低风险并简化地方规划以支持海水淡化；减少应用海水淡化技术的技术和经济障碍以及鼓励国际合作，推动海水淡化技术变革与发展。

第一节　降低风险并简化地方规划以支持海水淡化

水务公共事业基础设施投资主要是非联邦投资，由当地政府管理。但降低风险和简化地方规划应是各社区、州和联邦机构的共同责任。地方机构了解其系统的脆弱性和冗余性，而联邦机构可利用自身研究能力和资源补充地方机构的不足。未来联邦投资的两个重点是支持地方水资源评估和制定最佳方案。

一、评价水资源和未来需求

为改善美国水安全状况，应统筹联邦机构能力，从而更好地了解易受水资源短缺影响的地区情况。

(一) 了解未来水资源可利用量

了解全美国的水量和水质需求对于美国的长期水安全保障规划至关重要。协调和强化现有的联邦及州数据，整合联邦、州、部落、学术及私营机构之间的研究和共享数据，有助于确定最佳方案，确保准确了解未来的水资源可利用量。此外还需在地方层面上开展水平衡研究，以提高水资源可利用量预测的准确性，从而满足地方公共事业的需求。这对于评估未来压力并寻找利用海水淡化技术来改善水安全状况的机会而言尤为重要。联邦机构应努力确保利益相关方(包括水务公共事业、投资方和研发团体)可以发现、访问、使用所开发的数据和工具。此外，应定期更新这些数据，体现各行业随时间发展和变化而引起的行业需求变化。

(二)绘制微咸地下水系统图

美国地质调查局2010年发布的一份报告指出，美国近1/4的采水量来自地下水源，其中近5%为咸水。绘制地下水系统图(尤其是当盐度增加或地下水枯竭时)对于帮助社区充分应对不断变化的水安全状况非常重要，其目标应为估算潜在微咸水源规模、水源补给率、水源盐度范围和性质以及不同水源类型的其他物理特征。这些估算可帮助决策者更好地确定可持续生产率和海水淡化需求。此外，这类分析必须能为水务公共事业或其他地方机构所用，以便开展水安全脆弱性评估。

(三)评估当地水资源脆弱性

脆弱性评估使水务公共事业部门能够针对未来的水资源短缺做好规划和准备。这些评估应在地方一级开展，但联邦机构可提供有助于估算当前和未来水资源可利用量的数据、工具和模型。有效的水资源脆弱性评估需要将当地和联邦机构的信息和资源整合在一起，这是进行水资源脆弱性研究的基础。地方公共事业部门和社区可通过评估当地供水脆弱性来提高其恢复能力。正如《2017年国家安全战略》所述，形成备灾文化和提高社区恢复能力是政府的优先要务。

二、开发海水淡化工具和最佳方案

基于最佳方案和以往经验来开发工具，有助于将海水淡化基础设施整合到地方和区域水资源体系中。联邦机构在选址和设计方面的研发工作可帮助州政府、地方政府和部落政府明确海水淡化供水机遇、遵守环境要求、评估替代设计方案，并证明对海水淡化技术进行资源投入是正确选择。

(一)为当地海水淡化设施规划提供最佳方案

联邦机构为支持海水淡化设施规划和开发而创建的最佳方案和工具应综合不同来源的信息，并显示不同参数随时间推移而存在的不确定性和潜在可变性，应考虑特定地点的基础设施要求、社会和经济因素以及净化水的水质目标，且应是技术上和经济上最可行的方案。最佳方案可帮助私企以及州、地方和部落政府获取海水淡化设施选址和设计方面的信息，特别是位置、处理能力、技术、储存和输送方面的信息。

(二)增强环保合规性资源和工具

与海水淡化技术有关的联邦、州和地方环境问题包括海水取水口对海洋生物的影响、浓盐水排放对海洋生态系统的破坏、海水淡化过程的能源强度以及水质的潜在退化。此外，潜在的生态系统影响取决于可能随时间而改变的现场情况和当地环境条件，因此需要仔细监测和管理。有效的环保合规性有助于更好地管理海水淡化设施选址、施工和运营对海洋、河口和陆域环境带来的环境风险。为确保海水淡化业务的这些重点过程，联邦机构可以提供指南，以促进环保合规性。

第二节　减少海水淡化技术应用的技术和经济障碍

海水淡化技术的早期研究始于第二次世界大战期间，目的是应对在后勤条件困难的偏远地区提供可靠淡水的挑战。1952 年的《海水淡化法》设立了盐水办公室，后来成为美国垦务局的水研究和技术办公室。联邦政府资助了多家公司对不同膜材料(一种允许水通过并抑制盐分通过的半渗透材料)开展研究，以支持海水淡化。到 20 世纪 60 年代，薄膜反渗透技术成功应用于商业用途。尽管美国在过去 65 年中对海水淡化技术进行了投资，但广泛应用海水淡化技术仍存在技术和经济障碍。促进高效海水淡化技术的应用，对于支持城市和农村区域中心以及军事、救灾和人道主义援助的可持续供水至关重要。

一、鼓励早期研发

联邦政府对基础研究的支持可以提高海水淡化技术在多种情况下的可

行性。研发应解决广泛的技术问题，包括处理和预处理技术开发要求。此外，还应促进有前景的技术从实验室转向市场。

（一）支持早期研究

开发新的膜法海水淡化工艺和改进现有的膜技术将降低与膜法海水淡化相关的能源成本及其他成本。需要通过研发来提高膜的渗透性和选择性、减少污染和降解、减少维护以及延长膜在稳态和间歇运行状态下的预期寿命。除了膜法处理外，无膜方法正在研究中，包括热法海水淡化技术以及依赖湿地或细菌技术的基于环境的方法，这些方法可成为海水淡化技术的替代技术。几乎所有的海水淡化方法都需要某种预处理来去除悬浮固体。虽然优质的反渗透膜和能源回收技术降低了海水淡化成本和能源需求，但预处理成本仍然很高。继续研究海水淡化过程中这些互补的组成部分是减少技术和经济障碍、使海水淡化得以应用的关键。此外，将海水淡化设施与发电厂或其他能源设施共置一处也为降低能源成本提供了可能。需要通过更多的研发来识别海水淡化供应链上的附加值，例如可出售浓盐水副产品，提高海水淡化技术的经济可行性，并降低盐水处理的潜在环境风险。

采出水占据了与油气开采相关的最大废物量，含有多种污染物，包括油和油脂、悬浮固体、重金属和放射性核素，人们通常不会将其作为饮用水来源。但经过处理后，多个行业可以重复利用采出水，这将为其他用途保留淡水资源。采出水处理技术的进步每年可为能源行业节省 400 多亿美元的处理和处置费用。二氧化碳注入深层咸水层会产生大量提取水。重复使用采出水和提取水为改善美国的水安全状况提供了可能。

为有效利用现有的海水淡化研发技术，联邦政府和其他利益相关者之间需要进行更多协调，向学界、联邦实验室、公共事业部门和相关行业的联合研究伙伴提供支持，以应对与海水淡化技术相关的各种区域性挑战。为改进早期研究，现有的联邦研究项目应支持基础性或高影响力的先进技术，利用项目多样性分散风险，在关键决策点以国家重要创新为目标，并为可量化的节能做出贡献。每个机构都有独特的能力，可以在协调研发中利用这些能力来推进海水淡化技术。

(二)实施早期技术

实施早期海水淡化技术的一个直接挑战是新技术的初步示范与商业实施之间存在着巨大的生命周期差距。越新的技术往往处于越低的技术储备水平，需要更多的时间、精力和资源与现有组件集成。全面扩大试验规模通常是极其复杂和昂贵的，尤其是使用新的膜技术。重要的是不要低估集成和扩展新技术的复杂性和挑战。因此，需要利用现有设施进行试点和全面测试，以便利用研发投资，最大限度实现富有前景的技术的商业化。

二、发展小型模块化海水淡化系统

由于灌溉、采矿或与居民用水竞争的工业发展，人口密度较低可能导致农村地区水务公共事业现代化的动力不足。因此，需要更多选择来帮助获取清洁水源，例如发展小型模块化海水淡化系统。

(一)小型海水淡化系统

对于水资源匮乏和弱势群体无法获得优质且负担得起的饮用水的地区，海水淡化可能是一种可行的技术解决方案，有助于解决持续存在的水安全挑战。小型、分布式和便携式海水淡化装置具有许多潜在用途，包括改善农村和偏远社区的饮用水水质、在紧急情况下提供饮用水以及用于处理采出水和提取水。需要更多的研发来降低成本、评估残余盐水管理方案，并提高这些系统的效率，使之成为用户的可行选择。

(二)海水淡化与可再生能源相结合

在考虑应用海水淡化技术时，偏远地区、农村和岛屿社区往往受到限制，难以获得可靠、低成本的能源。将可再生能源生产与海水淡化相结合的设施为能源有限的社区提供了海水淡化的机会，还可为开发强有力的海水淡化技术提供支持，以应对自然灾害等事件对电网造成的破坏。在孤岛社区，太阳能、水动力和海洋电力(海洋潮汐、洋流和波浪发电)技术可用来降低海水淡化成本，而其中电力是技术实施的限制因素。海水淡化技术与可再生能源的直接耦合仍是一个新兴的研究领域，需要进行更多的研究，通过具有成本效益的方式将这些技术相结合，从而扩大应用。

三、推进降低生态影响的技术发展

鼓励研发部门评估海水淡化的生态影响，可以保护自然资源，指导未来负责任的发展。将现有的发电厂与海水淡化设施相结合，或将海水淡化设施与太阳能等可再生能源相结合，这些模式可以弥补海水淡化的高能源需求，减少有害的生态影响。

（一）最大限度减少排放

联邦研发部门早期的研发是通过方法创新来管理浓盐水或减少目前内陆海水淡化处理工艺产生的盐水量，以推动对海水淡化工艺的产业投资。联邦机构开发的几种技术已为工业界所采用，例如应用新型非热盐水浓缩器和在海水淡化过程中减少结晶的技术。

（二）减少取水系统的环境影响

开放式取水系统可能对海洋环境产生影响，包括直接冲击和挟带水生生物。取水系统的影响因当地特定情况和环境条件而异。需要通过研发来改进技术，以减少海水淡化取水系统对环境的影响，并保证其符合地方、州和联邦环境法规确定的标准。

（三）监测并最大限度减少对水生生态系统健康的负面影响

海水淡化设施对生态系统健康的影响存在很大差异，并受到一些区位参数的影响，例如当地鱼类、无脊椎动物的卵和幼体的自然死亡率、动物的繁殖率以及其他生物参数和生态系统功能。未来的研究工作应分析、评估并最大限度减少海水淡化排放对海洋生态系统的影响，包括模拟盐度排放和羽流、分析排放点盐水处理的局部影响、取样预处理的化学排放以及开发用于控制装置的传感和通信工具。

第三节　鼓励国际合作，推动海水淡化技术变革与发展

为了确保生计和生活不受水资源短缺的威胁，美国及世界各地都已被

迫变革和发展海水淡化技术。国际社会需要开展更有效的合作，以分享经验教训和最佳方案，进一步做好人才储备以及海水淡化技术的开发与创新，以加强全球水安全。

一、加强联邦机构的协调

经验表明，联邦机构和参与海水淡化的其他利益相关者之间强有力的协调框架有助于实现高效可行的研发。每个机构都拥有独特的能力、资源和网络，应加以协调，从而支持利用海水淡化来加强水安全。联邦机构可以利用新的或现有协议来支持跨机构海水淡化研发工作。与此同时，由于大部分水务基础设施投资都发生在地方一级，因此还要与州、地方和部落政府以及非营利组织进行协调。通过与联邦政府合作，这些组织可以跨多个区域以最佳方式组织水技术创新的测试和实施，并了解潜在的融资机会。此外，联邦政府应使联邦资助的海水淡化研究成果更容易为私营和公共实体所用。

二、促进公私伙伴关系

公私伙伴关系可以帮助联邦政府加强水安全，建立一个精简、负责、高效的政府，为美国人民服务。

（一）私营部门参与

公私伙伴关系为简化和开发海水淡化创新技术提供了独特的机会，联邦机构应努力与产业界、学术界和国际社会建立更多合作伙伴关系。通过竞争可以吸引广泛的跨学科参与者并推动新的研发合作伙伴关系，从而产生技术、运营、政策或商业创新。除了拨款或项目资助，专家与地方决策者之间的持续对话可以确保海水淡化技术的长期进步和成功实施。竞争性资助机制也可用于鼓励国内外研究人员之间的合作。

（二）鼓励数据和信息共享

水资源管理者、监管者、工程师、利益相关者之间的数据和信息共享机制可以促进公共和私人投资与创新，并有助于实施海水淡化技术。联邦政府应与利益相关者合作，开发通用的数据标准和平台，以提高数据的可发现性、可访问性和可用性，帮助地方和区域水管理和规划机构对比供水替代方案，评估各种海水淡化技术的技术要求、能耗和成本。联邦机构应通过开发教育资源以及与利益相关者不断协调来支持社区推广活动，共享有关海水淡化过程及其环境和公共卫生影响的信息。联邦机构还应考虑与专业协会、标准机构、非营利组织或类似团体合作，从而有效共享数据、信息和教育资源。

（三）鼓励投资

金融风险是阻碍私营部门投资海水淡化研发的一个因素。为了鼓励非联邦研发投资，联邦政府可通过多种不同的机制来推动美国国内海水淡化研发。联邦机构应方便私营部门投资者和水务公共事业部门获得有关创新融资机会和海水淡化基础设施投资项目的可靠信息。

三、与国际伙伴合作

美国国内技术机构应与国外技术机构合作进行海水淡化研发，推动对共同感兴趣的科学议题的研究。美国国务院可进一步加强与国际伙伴的研发合作，并在促进美国研究人员接触国外设施、专业知识和数据方面发挥核心作用。美国国务院应定期与国际伙伴举行双边科学会议和交流项目，这些合作将有助于增进了解，提高美国在海水淡化技术方面的认知和技术能力。通过美国与国际伙伴的合作，美国将更好地协调优化研发工作，从而最大限度地提高海水淡化技术的投资回报。

第二十二章　俄罗斯2035年前北方海航道基础设施发展计划

2019年12月，俄罗斯总理签署第3120号联邦政府令，批准《2035年前北方海航道基础设施发展计划》（以下简称“《计划》”）。该政府令将《计划》中的活动纳入相应的国家计划及联邦项目，并要求相关部门为落实《计划》拨款（表22-1）。

表22-1　《计划》具体内容

领域及措施		执行部门	执行期限	预期效果
Ⅰ　发展港口基础设施的措施				
1	改建楚科奇自治区佩韦克港口属联邦所有的设施	俄罗斯海洋和河流运输局、俄罗斯国家原子能公司	2020年12月	完成设施改建工作
2	改建萨别塔港口的水道	俄罗斯国家原子能公司	2021年12月	完成水道改建工作，并签署竣工验收报告
3	根据开采公司的计划更新北方海航道国家港口基础设施发展需求	俄罗斯国家原子能公司、俄罗斯远东和北极发展部	2025年12月至2035年12月	以报告形式呈交至俄罗斯联邦政府
4	明确俄罗斯国防部利用北方海航道基础设施的需求	俄罗斯国防部	2020年12月	以报告形式呈交至俄罗斯联邦政府
Ⅱ　发展事故紧急救援船队的措施				
5	在北方海航道航行紧急救援保障框架内，分析应对紧急情况的法律条款和文件，并评估当前必要的装备水平	俄罗斯交通部、俄罗斯紧急情况部、俄罗斯海洋和河流运输局	2020年5月	以报告形式呈交至俄罗斯联邦政府
6	制定关于发展人员、船只搜救系统及石油、石油产品溢漏响应系统的提案	俄罗斯交通部、俄罗斯海洋和河流运输局	2020年4月	以报告形式呈交至俄罗斯联邦政府

续表22-1

领域及措施		执行部门	执行期限	预期效果
7	论证2035年前事故紧急救援船队在北方海航道的工作需求	俄罗斯交通部、俄罗斯海洋和河流运输局	2020年11月	以报告形式呈交至俄罗斯联邦政府
8	制定北方海航道疏浚船队建设行动计划，分析成立国家海洋疏浚公司的可行性，研究国家对该领域的扶持问题	俄罗斯国家原子能公司、俄罗斯交通部、俄罗斯工业和贸易部	2020年12月	以报告形式呈交至俄罗斯联邦政府
9	制定和开采公司共同拨款建设俄罗斯紧急情况部北极危机情况指挥中心的规则	俄罗斯紧急情况部、俄罗斯经济发展部、俄罗斯国家原子能公司	2020年12月	以报告形式呈交至俄罗斯联邦政府
10	建立俄罗斯紧急情况部北极综合紧急救援中心，并为其配备现代化的、适用北极情况的救援装备及交通设施	俄罗斯紧急情况部	2020年12月	以报告形式呈交至俄罗斯联邦政府
11	制定关于和开采公司共同建设楚科奇自治区佩韦克市、亚马尔—涅涅茨自治区萨别塔地区俄罗斯紧急情况部北极危机情况指挥中心的基础设施问题的提案	俄罗斯紧急情况部、俄罗斯国家原子能公司	2020年12月	以报告形式呈交至俄罗斯联邦政府
12	制定关于和开采公司及相关企业共同建设克拉斯诺亚尔斯克边疆区迪克森地区、萨哈共和国季克西地区俄罗斯紧急情况部北极危机情况指挥中心的基础设施问题的提案	俄罗斯紧急情况部、俄罗斯国家原子能公司	2022年12月	以报告形式呈交至俄罗斯联邦政府
13	制定关于建造5架能够在北极环境条件下起飞、着陆，并能停泊在现有和未来的核动力破冰船直升机平台上的运输直升机问题的提案，并确定拨款机构	俄罗斯紧急情况部、俄罗斯工贸部、俄罗斯国家原子能公司	2020年12月	以报告形式呈交至俄罗斯联邦政府

续表22-1

领域及措施		执行部门	执行期限	预期效果
14	制定关于建造3架最大装载量达10吨、飞行距离达4 000千米，能够在北极机场降落的斜台式运输飞机问题的提案，确定拨款机构	俄罗斯紧急情况部、俄罗斯工贸部、俄罗斯国家原子能公司	2020年12月	以报告形式呈交至俄罗斯联邦政府
15	制定关于建造3艘Arc 5冰级多功能海上救援船问题的提案，确定拨款机构	俄罗斯紧急情况部、俄罗斯工贸部、俄罗斯国家原子能公司	2020年12月	以报告形式呈交至俄罗斯联邦政府
16	改建联邦国家预算机关“海上救援局”北方分支机构技术服务基地的基础设施	俄罗斯海洋和河流运输局	2022年12月	完成基础设施改建
17	建造1艘功率为4兆瓦的多功能事故紧急救援船	俄罗斯海洋和河流运输局	2024年12月	投入运行
18	建造1艘功率为2.5~3兆瓦，MPSV12型的多功能牵引救援船	俄罗斯海洋和河流运输局	2024年12月	投入运行
19	建造4艘TG16型Arc 4冰级消防牵引救援船	俄罗斯海洋和河流运输局	2024年12月	投入运行
20	建造5艘NE025型Arc 4冰级牵引救援船	俄罗斯海洋和河流运输局	2023年12月	投入运行
21	建造2艘功率为18兆瓦的多功能事故紧急救援船	俄罗斯海洋和河流运输局	2024年12月	投入运行
22	建造3艘功率为7兆瓦的多功能事故救援船	俄罗斯海洋和河流运输局	2024年12月	投入运行
Ⅲ　发展北方海航道航行水文地理保障的措施				
23	论证2035年前在北方海航道进行工作的水文考察及设标船需求	俄罗斯国家原子能公司	2020年11月	以报告形式呈交至俄罗斯联邦政府
24	对3艘水文考察船进行现代化改造	俄罗斯国家原子能公司	2021年12月	完成船舶的现代化改造工作，并签署竣工验收报告

续表22-1

领域及措施		执行部门	执行期限	预期效果
25	建造5艘E35.Г型Ice 3级水文考察船	俄罗斯国家原子能公司	2022年12月	投入运行
26	建造4艘BLV03型Ice 3冰级设标船	俄罗斯国家原子能公司	2022年12月	投入运行
27	建造4艘HSV05.1型Arc 7冰级水文考察船	俄罗斯国家原子能公司	2023年12月	投入运行
28	为北方海航道航行提供导航和水文地理保障	俄罗斯国家原子能公司	至2035年12月每年	保障导航设备运行，完成海底地貌测绘，开发并发展北方海航道GPS监控站基础设施
Ⅳ　发展破冰船队的措施				
29	建造两批22220型首制通用核动力破冰船	俄罗斯国家原子能公司	2022年12月	投入运行
30	延长“亚马尔”号、“泰梅尔”号、“瓦伊加奇”号核动力破冰船反应堆装置的使用期限	俄罗斯国家原子能公司	2023年12月	完成船舶的现代化改造，并签署竣工验收报告
31	建造22220型3系列的通用动力破冰船	俄罗斯国家原子能公司	2024年12月	投入运行
32	建造22220型4系列的通用动力破冰船	俄罗斯国家原子能公司	2026年12月	投入运行
33	延长“伊曼德拉”号、“洛塔”号浮动技术基地原子技术保障船核装置及“谢列布良卡”号船放射性液体废物储罐的使用期限	俄罗斯国家原子能公司	2024年12月	完成船舶的现代化改造，并签署竣工验收报告
34	建造首艘“领袖”型核动力破冰船	俄罗斯国家原子能公司	2027年12月	投入运行
35	建造1系列“领袖”型核动力破冰船	俄罗斯国家原子能公司	2030年12月	投入运行
36	建造2系列“领袖”型核动力破冰船	俄罗斯国家原子能公司	2032年12月	投入运行

续表22-1

领域及措施		执行部门	执行期限	预期效果
Ⅴ　促进北方海航道货物流通及国际过境航行发展的措施（包括建设海上物流中心）				
37	更新北方海航道货物流通预报	俄罗斯远东和北极发展部、俄罗斯交通部、俄罗斯国家原子能公司、俄罗斯自然资源与生态部	自2020年3月起每年	发布更新的北方海航道货物流通预报
38	制定并批准俄罗斯联邦北极地区地质研究计划，以在2035年前建立北方海航道货运基地	俄罗斯自然资源与生态部、俄罗斯远东和北极发展部	2020年4月	批准该计划
39	制定北方海航道国际（含过境）运输货运基地发展长期预测	俄罗斯远东和北极发展部、俄罗斯经济发展部、俄罗斯交通部、俄罗斯国家原子能公司	2020年9月	以报告形式呈交至俄罗斯联邦政府
40	筹备在摩尔曼斯克地区、彼得罗巴甫洛夫斯克-堪察加地区建立综合港口的初步技术经济基础，以服务北方海航道国际（含过境）运输	俄罗斯远东和北极发展部、俄罗斯交通部、俄罗斯国家原子能公司	2020年12月	以报告形式呈交至俄罗斯联邦政府
41	筹备成立俄罗斯集装箱运营商的初步技术经济基础，该运营商使用依靠核燃料或液化天然气提供动力的冰级集装箱运输船，能保障北方海航道国际（含过境）货物运输	俄罗斯远东和北极发展部、俄罗斯交通部、俄罗斯国家原子能公司	2020年12月	以报告形式呈交至俄罗斯联邦政府
42	在分析俄罗斯及国际运输市场参与者需求的基础上，制定针对北方海航道作为国际海上运输通道提供服务的内容及特性要求	俄罗斯国家原子能公司	自2020年12月起每年	制定针对北方海航道的服务内容及特性要求

续表22-1

领域及措施		执行部门	执行期限	预期效果
43	分析发展经济领域、与交通密切联系且能保障北方海航道货物流通的措施落实进程	俄罗斯国家原子能公司、俄罗斯交通部、俄罗斯远东和北极发展部	自2020年12月起每年	以报告形式呈交至俄罗斯联邦政府
44	监测北方海航道运输、国际海上运输和物流服务市场	俄罗斯国家原子能公司、俄罗斯交通部	自2020年12月起每年	以报告形式呈交至俄罗斯联邦政府
45	制定保障北方海航道国际(含过境)运输全球竞争力的国家扶持机制	俄罗斯远东和北极发展部、俄罗斯经济发展部、俄罗斯财政部、俄罗斯交通部、俄罗斯国家原子能公司	2021年3月	以报告形式呈交至俄罗斯联邦政府
46	发展摩尔曼斯克综合交通枢纽	俄罗斯交通部、俄罗斯海洋和河流运输局	2021年12月	完成基础设施建设
47	运用数字技术发展北方海航道多式联运	俄罗斯交通部、俄罗斯国家原子能公司	2023年12月	以报告形式呈交至俄罗斯联邦政府
48	在无纸化电子办理旅客及货物多式联运数字平台的基础上，提供和北方海航道运输相关的运输物流服务	俄罗斯交通部、俄罗斯国家原子能公司	自2023年通航期开始每年	保障北方海航道旅客及货物的常年运输
49	制定关于建立并应用统一的北方海航道数字服务平台问题的提案	俄罗斯国家原子能公司、俄罗斯数字发展和大众通信部、俄罗斯工贸部	2021年12月	以报告形式呈交至俄罗斯联邦政府
Ⅵ　发展航空及铁路基础设施，保障北方海航道货运基地				
50	作出关于将奥博斯卡雅-博万尼科沃-萨别塔地区的铁路通道建设纳入2018年9月30日第2101号俄罗斯联邦政府令批准的《2024年前干线基础设施现代化及扩大综合计划》的合理性决议	俄罗斯交通部、俄罗斯国家原子能公司、俄罗斯远东和北极发展部、亚马尔-涅涅茨自治区政府	2020年6月	以报告形式呈交至俄罗斯联邦政府
51	改建涅涅茨自治区阿姆杰尔马市航空港综合体	俄罗斯国家民航局	2022年6月	完成航空港综合体改建

续表22-1

领域及措施		执行部门	执行期限	预期效果
52	落实阿尔汉格尔斯克-瑟克特夫卡尔-彼尔姆（白海-科米地区-乌拉尔地区铁路干线项目的一部分）铁路干线建设项目	俄罗斯交通部、俄罗斯经济发展部、俄罗斯远东和北极发展部、阿尔汉格尔斯克州政府、科米共和国政府、彼尔姆边疆区政府、摩尔曼斯克州政府	2022 年 12 月	以报告形式呈交至俄罗斯联邦政府
53	落实索斯诺戈尔斯克-因迪加（巴伦支海-科米地区-乌拉尔地区铁路干线项目的一部分）铁路干线建设项目	俄罗斯交通部、俄罗斯经济发展部、俄罗斯远东和北极发展部、涅涅茨自治区政府、科米共和国政府	2022 年 12 月	以报告形式呈交至俄罗斯联邦政府
54	改建楚科奇自治区佩韦克市航空港综合体	俄罗斯国家民航局	2023 年 6 月	完成航空港综合体改建
55	评估加强奥博斯卡雅-萨列哈尔德-纳德姆-潘戈德-新乌连戈伊-科罗恰耶沃地区的铁路通道、奥博斯卡雅-博万尼科沃-萨别塔地区的铁路通道的必要性，以保障在不适宜实施白海-科米地区-乌拉尔地区铁路干线项目、巴伦支海-科米地区-乌拉尔地区铁路干线项目时，可通过现有运输方向运输货物	俄罗斯运输部、俄罗斯远东和北极发展部、亚马尔-涅涅茨自治区政府	2024 年 6 月	以报告形式呈交至俄罗斯联邦政府
56	改建萨哈共和国切尔斯基地区的航空港	俄罗斯国家民航局	2024 年 6 月	完成航空港改建
57	改建楚科奇自治区克佩尔韦耶姆地区的航空港	俄罗斯国家民航局	2024 年 12 月	完成航空港改建

续表22-1

领域及措施		执行部门	执行期限	预期效果
Ⅶ　保障北方海航道航海安全及通信联系的措施				
58	通过向相关联邦行政部门及组织提供从俄罗斯及国外航天设备上获取的北方海航道地球遥感监测数据，为沿北方海航道的活动提供信息保障	俄罗斯国家航天公司	自 2020 年 1 月起每年	保障提供北方海航道的地球遥感监测数据
59	研究关于联邦行政部门、组织及企业在沿北方海航道运营不同类型船舶过程中利用 Гонец-Д1М 多功能微型卫星通信系统实现数据交换服务的问题	俄罗斯联邦航天公司	2020 年 5 月	以报告形式呈交至俄罗斯联邦政府
60	制定和开采公司共同拨款建设俄罗斯联邦水文气象和环境监测局下属监测站对萨别塔港口通航地区航道冰情进行短期高准确性预测的规则	俄罗斯水文气象和环境监测局、俄罗斯国家原子能公司	2020 年 12 月	以报告形式呈交至俄罗斯联邦政府
61	研制一个传感器模型，能自动监测移动参数、船舶周围水文气象情况及冰情，供沿北方海航道航行的船舶使用	俄罗斯工贸部、俄罗斯水文气象研究所、俄罗斯国家原子能公司	2020 年 12 月	以报告形式呈交至俄罗斯联邦政府
62	在建立北方海航道航行统一调度管理中心及在北方海航道部分航段规定的通行时限内组织定期运输的基础上，制定北方海航道全年航行集中作业指挥系统	俄罗斯国家原子能公司、俄罗斯交通部、俄罗斯海洋和河流运输局	2021 年 6 月	北方海航道全年航行集中作业指挥系统投入运营

续表22-1

	领域及措施	执行部门	执行期限	预期效果
63	对组织北方海航道全年航行的水文地理、气象、信息通信、事故紧急救援、能源及其他保障工作的准备情况进行系统分析	俄罗斯国家原子能公司、俄罗斯交通部、俄罗斯海洋和河流运输局、俄罗斯远东和经济发展部、俄罗斯紧急情况部、俄罗斯联邦水文气象与环境监测局、俄罗斯国家航天公司、俄罗斯能源部、克拉斯诺亚尔斯克边疆区政府、萨哈共和国政府、楚科奇自治区政府、亚马尔-涅涅茨自治区政府、涅涅茨自治区政府	2023 年 9 月	以报告形式呈交至俄罗斯联邦政府
64	建造 Экспресс - PB1、Экспресс - PB2、Экспресс - PB3、Экспресс-PB4 4 个高椭圆轨道卫星及 1 个备用的“Экспресс-PB5”卫星	俄罗斯联邦通信局、俄罗斯数字发展和大众通信部、俄罗斯国家航天公司	2024 年 12 月	保证北方海航道北纬 70°以北地区稳定畅通的卫星通信
65	提高俄罗斯联邦水文气象和环境监测局监测站网的密度，并将监测站的技术装备提高到世界气象组织所建议的水平	俄罗斯联邦水文气象和环境监测局	2024 年 12 月	(根据第 52. 27. 759-2011 规定)将预报的准确性提高到顶级水平
66	制造 3 个 Ресурс-ПМ 型航天设备及 3 个 Кондор-ФКА 型航天设备，并将其发射进入太空轨道	俄罗斯国家航天公司	2025 年 12 月	保障国产航天设备自动识别系统及北方海航道地球遥感监测系统的工程质量及速度

续表22-1

领域及措施		执行部门	执行期限	预期效果
67	扩充能为相关联邦行政机关及组织提供极地实时高清水文气象卫星数据的运行于高椭圆轨道的 Арктика-М 型航天水文气象系统	俄罗斯国家航天公司、俄罗斯国家原子能公司	2025 年 12 月	将足够数量的航天设备发射进入高椭圆轨道，以获得极地实时高清水文气象卫星数据
68	遵守北方海航道部分航段规定的通行时限，分析北方海航道全年航行的水文地理、气象、信息通信、事故紧急救援、能源及其他保障的完整性和充分性。	俄罗斯国家原子能公司、俄罗斯紧急情况部、俄罗斯海洋和河流运输局、俄罗斯交通部、俄罗斯水文气象和环境监测局、俄罗斯国家航天公司、俄罗斯能源部、俄罗斯远东和北极发展部	2027 年 12 月	以报告形式呈交至俄罗斯联邦政府
Ⅷ　发展动力设备，保障北方海航道及沿岸地区基础设施运转				
69	形成北方海航道发展框架内的计划实施项目清单，并规定项目的技术、能源参数和计划落实期限	俄罗斯国家原子能公司、俄罗斯远东和北极发展部、俄罗斯能源部、克拉斯诺亚尔斯克边疆区政府、萨哈共和国政府、楚科奇自治区政府、亚马尔-涅涅茨自治区政府、涅涅茨自治区政府	2020 年 5 月	以报告形式呈交至俄罗斯联邦政府
70	确定拨款机构，以满足未来北方海航道电能及基础设施能力需求	俄罗斯能源部、俄罗斯经济发展部、俄罗斯财政部、俄罗斯国家原子能公司	2020 年 12 月	以报告形式呈交至俄罗斯联邦政府
71	制定使用液化天然气和甲醇的北方海航道及沿岸地区基础设施发展规划	俄罗斯远东和北极发展部、俄罗斯交通部、俄罗斯能源部、俄罗斯国家原子能公司	2020 年 12 月	以报告形式呈交至俄罗斯联邦政府

续表22-1

领域及措施		执行部门	执行期限	预期效果
72	制定未来规划文件和用电设备外部供电专项方案，确定为保障未来北方海航道电能及基础设施能力需求的措施清单	俄罗斯能源部、俄罗斯国家原子能公司、克拉斯诺亚尔斯克边疆区政府、萨哈共和国政府、楚科奇自治区政府、亚马尔-涅涅茨自治区政府、涅涅茨自治区政府	2021 年 2 月	以报告形式呈交至俄罗斯联邦政府
73	落实为保障未来北方海航道电能及基础设施能力需求所必须的措施	俄罗斯能源部、俄罗斯国家原子能公司、俄罗斯远东和北极发展部、克拉斯诺亚尔斯克边疆区政府、萨哈共和国政府、楚科奇自治区政府、亚马尔-涅涅茨自治区政府、涅涅茨自治区政府	2023 年 12 月	将电热生产设备投入运行，以生产必要规模的电热能
Ⅸ　发展北方海航道基础设施项目人才保障和医疗服务的措施				
74	收集并整理开采公司沿北方海航道的产品运输信息及2020—2035 年相关船主的人才保障需求	俄罗斯远东及经济发展部、俄罗斯国家原子能公司、克拉斯诺亚尔斯克边疆区政府、萨哈共和国政府、楚科奇自治区政府、亚马尔-涅涅茨自治区政府、涅涅茨自治区政府	2020 年 12 月	以报告形式呈交至俄罗斯联邦政府

续表22-1

领域及措施		执行部门	执行期限	预期效果
75	结合北方海航道运输发展需求，制定2020/2021学年和后续学年国家人才培养方案	俄罗斯远东及经济发展部、俄罗斯国家原子能公司、克拉斯诺亚尔斯克边疆区政府、萨哈共和国政府、楚科奇自治区政府、亚马尔-涅涅茨自治区政府、涅涅茨自治区政府	2020年12月	以报告形式呈交至俄罗斯联邦政府
76	制定关于更新涉及在北方海航道进行医疗救助的法律条款和其他规范性文件问题的提案	俄罗斯国家原子能公司、俄罗斯交通部、俄罗斯卫生部、克拉斯诺亚尔斯克边疆区政府、萨哈共和国政府、楚科奇自治区政府、亚马尔-涅涅茨自治区政府、涅涅茨自治区政府	2020年3月	以报告形式呈交至俄罗斯联邦政府
X　为北极航运发展国内造船业的措施				
77	依据破冰船队现状、北方海航道基础设施技术保障程度及各港口的需求，结合北方海航道未来货运基地，确定为保障2024年前货物流通的货运辅助技术船队的需求	俄罗斯国家原子能公司、俄罗斯交通部、俄罗斯海洋和河流运输局	2020年11月	以报告形式呈交至俄罗斯联邦政府
78	制定俄罗斯造船业国家扶持发展规划，保障2035年前货运基地运输情况，确定需要建造的现代化货船，包括使用液化天然气的货船、集装箱运输船及适合在北方海航道进行作业的技术辅助船	俄罗斯工贸部、俄罗斯交通部、俄罗斯财政部、俄罗斯国家原子能公司	2020年3月	规划获得通过

续表22-1

领域及措施		执行部门	执行期限	预期效果
79	监督和分析建造必要数量的冰级货运技术辅助船及俄罗斯造船业国家扶持发展计划的落实进程	俄罗斯国家原子能公司、俄罗斯远东和北极发展中心、俄罗斯交通部、俄罗斯工贸部	2021年12月至2035年12月期间每年	以报告形式呈交至俄罗斯联邦政府
XI　保障北方海航道生态安全的措施				
80	制定关于为降低俄罗斯联邦北极地区海域的污染程度，必须采取可行的最优技术问题的提案	俄罗斯工贸部、俄罗斯自然资源与生态部、俄罗斯远东和北极发展部	2020年12月	以报告形式呈交至俄罗斯联邦政府
81	制定关于发展俄罗斯北极地区及北方海航道的岩层、冰层、水文和大气综合监测问题的提案	俄罗斯自然资源与生态部、俄罗斯联邦水文气象和环境监测局、俄罗斯国家原子能公司、俄罗斯远东和北极发展部	2020年12月	以报告形式呈交至俄罗斯联邦政府
82	在进行生产生态监督的框架下，制定关于在北方海航道港口装卸作业区域建立环境状况及污染情况局部观测系统问题的提案	俄罗斯自然资源与生态部、俄罗斯联邦水文气象和环境监测局	2020年12月	以报告形式呈交至俄罗斯联邦政府
83	在港口基础设施的基础上，制定关于发展局部气象观测网，为北方海航道的运输作业提供专门的水文气象保障问题的提案	俄罗斯自然资源与生态部、俄罗斯联邦水文气象和环境监测局	2020年12月	以报告形式呈交至俄罗斯联邦政府
84	依据《国际防止船舶造成污染公约》《极地水域船舶作业国际规则》的要求，研究更新涉及预防北方海航道水域船舶污染的法律规范问题的必要性	俄罗斯自然资源与生态部、俄罗斯国家原子能公司、俄罗斯交通部	2021年12月	以报告形式呈交至俄罗斯联邦政府

第二十三章　俄罗斯北极国家公园条例

2019 年 1 月，俄罗斯联邦自然资源与生态部颁布了新的《俄罗斯北极国家公园条例》(以下简称“《条例》”)。俄罗斯北极国家公园位于阿尔汉格尔斯克州新地岛北部，面积约 142.6 万公顷，其中陆地面积约 63.2 万公顷，海洋面积约 79.39 万公顷，区域内有大量禽类及北极动物栖息，包括海象、白熊等。新颁布的《条例》取代了 2011 年版的旧条例，旨在进一步保护和恢复俄罗斯领土内的北极自然综合体和客体。

第一节　国家公园的任务

第一条　国家公园主要承担以下任务：

(1)保护自然综合体以及有代表性的珍稀自然区域和客体；

(2)保护历史文物；

(3)对公民进行环境教育；

(4)为合法的旅游和休闲活动创造条件；

(5)为保护和发展国家自然旅游潜力制定措施，在环境保护区域内开展科学研究活动；

(6)进行国家生态监测；

(7)对遭到破坏的自然、历史文化综合体进行恢复。

第二节　国家公园的特殊保护制度

第二条　国家公园内禁止开展任何可能对其自然综合体、动植物和历史文物造成损害，且违背国家公园目标和任务的活动，包括：

(1)勘探和开采矿产，开展与地下资源利用相关的其他作业；

(2)破坏土壤层、矿产、地质和岩体裸露的活动；

(3)引发水文状况改变的活动；

(4)在国家公园内提供园艺区域和避暑区域；

(5)修建干道，铺设管道、输电线路和其他管线，修建和使用其他生产生活设施，旅游设施、博物馆、信息中心和与国家公园运营相关的其他设施除外；

(6)采集矿物和生物等标本，国家公园科研主题和计划所规定的科研活动所需除外；

(7)职业、竞技和业余的狩猎活动(包括水下)；

(8)工业、沿海、业余和竞技的捕捞作业；

(9)游客惊扰野生动物及对其进行吸引和投喂的活动；

(10)破坏动植物栖息地环境的活动；

(11)在规定区域外举办旅游活动、大型体育和演出活动及使用明火；

(12)以驯化为目的引进生物体；

(13)在规定区域外饲养宠物和家禽家畜；

(14)采集菌类和其他植物资源以及对植物资源进行其他形式的利用；

(15)擅自进行考古发掘和其他探查活动，采集和输出所发掘和探查的物品；

(16)携带火器、气枪、投射武器、捕兽夹和其他狩猎工具以及携带获取动物资源和采集(捕捞)水生生物资源工具的活动，主管人员实施国家公园和利用区域保护的国家监管措施需要的除外；

(17)爆破作业；

(18)烧毁植被；

(19)修建处理生产废物和消费废物、放射性物质、化学物、爆炸物和有毒物品的设施，本《条例》规定的堆放生产垃圾和消费垃圾的活动除外；

(20)清洗交通工具；

(21)使用和停放包括水上交通工具在内的机动交通工具，国家公园运营所需，或土地使用者和所有者乘坐机动车和水上交通工具到达其国家公园内地块的情况除外；

(22)飞行器在国家公园上空500米以下的飞越活动，获得国家公园许可的除外；

(23)毁坏国家公园内的告示牌、拦路竿、界桩、界标和其他信息标记、标识、生态小道、休息区和建筑物，损害国家公园财产，在巨石、裸露岩体和历史文物上涂抹刻画；

(24)储存和使用农药、矿物肥料、植物保护化学产品和生根刺激素；

(25)带狗入内(实行自然综合体和自然客体的保护措施所需的除外)及在兽栏或其他规定狗可以活动的区域以外，不使用牵引绳的养狗和驯狗活动；

(26)导致该区域生态价值降低，或对动植物及其栖息地造成损害以及与完成国家公园任务无关的其他活动；

(27)修建体育设施以及相关的工程、交通基础设施；

(28)设置牲畜掩埋地(生物热处理坑)，修建处理生产垃圾和消费垃圾的设施。

第三条　允许凭借国家公园颁发的许可证，在国家公园范围内开展科学研究活动。外来人员开展科研活动，需符合国家公园的科研主题和计划，拟进行此类活动的人员应和国家公园签订合作协议。

第四条　结合国家公园自然、历史、文化和其他特点，在其区域和水域内实行有针对性的特殊保护制度，根据该制度划分出以下功能区：

(1)保护区，旨在保护环境的自然状态，区域内禁止进行任何经济活动。

①除本《条例》第二条规定的限制活动外，保护区内禁止开展任何经营和旅游活动。

②在不破坏自然综合体和客体的生物完整性的前提下，允许在保护区内开展科研工作，进行生态监测、环境保护、生物工程和土地管理活动。

③禁止缩小保护区面积。

④保护区内主要允许下列土地利用方式：对环境开展特殊保护和研究活动(代码 9.0)。

⑤其他许可的土地利用方式：水利工程(代码 11.0)。

(2)特别保护区，旨在保护环境的自然状态，区域内允许开展以教育旅游为目的的参观游览活动。

①除本《条例》第二条规定的限制活动外，特别保护区内禁止下列活动：

(a)开展任何经营活动；

(b)公民在公共道路和指定路线外停留；

(c)修建用于接待国家公园游客的建筑物和露营地。

②特别保护区内允许下列活动：

(a)开展科学研究和环境教育活动；

(b)实施生态监测；

(c)开展环境保护、生物工程和土地管理活动；

(d)开展保护珍稀动植物物种自然栖息地数量的活动；

(e)经国家公园许可，在开展水上旅游时，使用船只接送国家公园员工和游客，并为其提供服务。

③在国家公园专门指定的区域内规划和修建生态观光道路。

④禁止缩小特别保护区面积。

⑤特别保护区内主要允许下列土地利用方式：对环境开展特殊保护和研究活动(代码 9.0)。

⑥其他许可的土地利用方式：

(a)生态教育旅游(代码 5.2)；

(b)水利工程(代码 11.0)。

(3)旅游区，旨在保障和开展旅游活动，发展体育运动，设立旅游设施、博物馆和信息中心。

①除本《条例》第二条规定的限制活动外，旅游区内禁止下列活动：在规定区域外休息和露营。

②旅游区内允许下列活动：

(a)开展科学研究和环境教育活动；

(b)实施生态监测；

(c)开展环境保护、生物工程和土地管理活动；

(d)规划和修建生态观光道路、观景台、露营地和休息区；

(e)根据已批准的区域发展规划开展区域设施综合完善工作；

(f)修建接待游客的建筑物、停车场和其他游客服务基础设施；

(g)经国家公园许可，在开展水上旅游时，使用船只接送国家公园员工和游客，并为其提供服务。

③旅游区内主要允许下列土地利用方式：生态教育旅游(代码 5.2)。

④其他许可的土地利用方式：对环境开展特殊保护和研究活动(代码 9.0)。

(4)俄罗斯民族文化遗产(历史文化遗迹)保护区，旨在保护俄罗斯民族文化遗产(历史文化遗迹)，区域内允许开展必要的保护和旅游活动。

①除本《条例》第二条规定的限制活动外，俄罗斯民族文化遗产(历史文化遗迹)保护区内禁止下列活动：

(a)任何经营活动；

(b)公民在指定路线外停留；

(c)修建用于接待国家公园游客的建筑物和露营地；

(d)在指定区域外休息和露营；

(e)未经国家公园许可组织参观游览。

②俄罗斯民族文化遗产(历史文化遗迹)保护区内允许下列活动：

(a)开展科学研究和环境教育活动；

(b)实施生态监测；

(c)开展环境保护、生物工程和土地管理活动；

(d)规划和修建生态观光道路；

(e)设立国家公园博物馆和信息中心，包含露天展览；

(f)根据已批准的区域发展规划，开展区域设施综合完善工作；

(g)在不违反特殊保护制度的前提下，发展民间工艺及与之相关的自然资源利用方式；

(h)开展历史文物保护、修复和展出活动；

(i)开展文化景观综合体的保护和修复工作。

③俄罗斯民族文化遗产(历史文化遗迹)保护区内的旅游区域主要允许下列土地利用方式：历史文化活动(代码 9.3)。

④其他许可的土地利用方式：

(a)对环境开展特殊保护和研究活动(代码 9.0)；

(b)生态教育旅游(代码 5.2)。

⑤经俄罗斯联邦自然资源与生态部和负责对文化遗产的现状、保护、修复、利用、推广和国家保护情况进行国家监督机关的许可，允许在俄罗斯民族文化遗产(历史文化遗迹)保护区内开展必要活动，保护俄罗斯民族文化遗产(历史文化遗迹)。

(5)经济区，旨在开展保障国家公园运营和国家公园内居民生活的相关活动。

①经济区内允许下列活动：

(a)开展科学研究和环境教育活动；

(b)实施生态监测；

(c)开展环境保护、生物工程和土地管理活动；

(d)开展历史文化遗迹保护和修复工作；

(e)饲养宠物和家禽家畜；

(f)根据已批准的区域发展规划，开展区域设施综合完善工作；

(g)修建、重建和经营宾馆等旅游设施；

(h)设立国家公园博物馆和信息中心，包含露天展览；

(i)修建、重建、维修和运营与国家公园运营相关的生产生活设施，包括道路、管道、输电线路和其他管线设施；

(j)重建、维修和运营国家公园内的道路、管道、输电线路和其他管线设施；

(k)规划和修建生态观光道路、观景台、露营地和休息区；

(l)根据《俄罗斯联邦环境保护法》在国家公园专门指定的区域修建生活废物临时存放点(存放时间不得超出6个月)，以便进一步对其进行再利用、无害处理、分配和运输；

(m)经国家公园许可，使用和停泊船只运送必要货物、服务国家公园员工和游客。

②经济区内主要允许下列土地利用方式：对环境开展特殊保护和研究活动(代码9.0)。

③其他许可的土地利用方式：

(a)生态教育旅游(代码5.2)；

(b)小型船只停泊处(代码5.4)；

(c)航空运输活动(代码7.4)；

(d)历史文化活动(代码9.3)。

第五条　国家公园的区域和范围说明见本《条例》附件二，国家公园功能区划图见本《条例》附件三。

第六条　非国家公园员工、非俄罗斯联邦自然资源与生态部和非俄罗斯联邦自然资源利用监督局公职人员的公民在国家公园内(居民点内除外)停留，需经国家公园或俄罗斯联邦自然资源与生态部许可，本《条例》另有特殊规定的除外。

第七条 国家公园的功能区划仅在对本《条例》作出相应修订后方可进行变更。

第八条 在国家公园内开展经营活动，须遵守本《条例》规定以及 1996 年 8 月 13 日由俄罗斯联邦政府第 997 号令通过的《关于预防野生动物在生产以及交通干线、管道、通信和输电线路运营过程中死亡的要求》(《俄罗斯联邦法律汇编》1996 年第 37 号第 4290 条及 2008 年第 12 号第 1130 条)。

第九条 在国家公园内开展历史文化遗迹和文物保护活动，需经国家公园和负责文化遗产修复、利用和保护的机关许可。

第十条 国家公园内经营主体的社会经济活动和居民点的发展方案需经俄罗斯联邦自然资源与生态部许可。

第十一条 违反国家公园环境保护和自然资源利用制度以及其他规定的，依法追究相关法律责任。

第十二条 国家公园边界处应设有特殊警示和信息标识。

第三节 对国家公园保护和利用情况实施国家监督

第十三条 由俄罗斯联邦自然资源利用监督局和国家公园内担任国家环境保护监督员职务的公职人员，对国家公园内国家级特别保护区域的保护和利用情况实施国家监督。

第十四条 执法机关人员可与国家公园内担任国家环境保护监督员职务的公职人员共同开展调查，参与国家公园的保护工作。

第十五条 由国家公园和俄罗斯联邦自然资源利用监督局对国家公园内的动植物及其栖息地环境的保护、繁殖和利用情况实施国家监督。

第二十四章　俄罗斯国家南极监督检查制度实施细则

2019 年 10 月，根据联邦法律《俄罗斯公民和法人南极活动管理条例》第 6 条第 5 款规定，俄罗斯总理签署第 1309 号联邦政府令，批准《国家南极监督检查制度实施细则》(以下简称“《实施细则》”)。该政府令规定，联邦水文气象和环境监测局依照《实施细则》对俄罗斯公民和法人在南极的活动开展国家监督检查，并负责为相关管理活动进行拨款。具体内容如下。

(1)本规定由联邦政府根据国家南极监督检查制度所确定，在国家检查活动中查明违反南极行为活动规范的情况。

(2)本规定不适用于监督《南极海洋生物资源养护公约》和《南极海豹保护公约》所规定的南极海洋生物资源科研和捕捞活动的遵守情况。

(3)本规定所涉及的基本概念适用联邦法律《俄罗斯公民和法人南极活动管理条例》第 1 条。

(4)国家检查活动由联邦水文气象和环境监测局以局长或副局长命令的形式决议任命的观察员进行，被任命的观察员承担国家对俄罗斯联邦公民和法人南极活动的监督检查职能。

(5)联邦水文气象和环境监测局应向被任命的观察员提供一份授权证明。

(6)根据规定观察员将享有安全保障和住所。

(7)观察员有义务：

①监督检查从事南极活动的俄罗斯公民和法人遵守联邦规定的情况；

②联邦政府针对本国公民和法人南极活动的规定是规范其南极活动的基础，观察员有义务将发现的俄罗斯公民和法人在南极活动中违反联邦规定的情况告知联邦水文气象和环境监测局；

③在有通信联系的情况下，观察员应将本国公民和法人在南极的活动所引起的环境紧急情况立即通知联邦水文气象和环境监测局，以便及时告知开展南极活动的公民和法人按照《南极条约》的要求采取必要的应对

措施。

(8)国家检查以书面形式进行，观察员通过分析使用远程监测、空间地球遥感等方式获得的有关联邦公民和法人南极活动的信息(包括图像和影像数据等)，来实现国家对联邦公民和法人南极行为的监督检查。如果联邦公民和法人违反南极活动的有关规定，并引发环境紧急情况，联邦水文气象和环境监测局将对南极活动区域进行直接实地检查。

(9)国家对联邦公民和法人的监督检查期限不得超过1个月。

(10)为对俄罗斯联邦公民和法人在南极的活动开展国家监督检查，联邦水文气象和环境监测局局长或副局长将根据南极活动许可规定的具体行为要求发布命令，规定国家南极活动监督检查的形式和期限。

关于国家检查的期限和观察员的信息，联邦水文气象和环境监测局应最迟在国家检查开始前20天送交至开展南极活动的联邦公民和法人。

(11)对于开展南极活动的联邦公民和法人，国家可以在其南极活动期间进行一次监督检查。

(12)以书面形式进行国家检查时，观察员有权要求联邦南极活动者通过公共信息-电信网络提供能够证明其活动日期、时间、地点以及活动形式的图像、影像资料、航海日志和坐标记录(若有)等信息，以及对2013年6月27日俄罗斯联邦政府批准的第544号政府令《南极活动许可条例》第17条规定的遵守情况。

(13)以书面形式进行国家检查时，开展南极活动的联邦公民及法人有义务在观察员提出相应要求后的10天内使用公共信息-电信网络向观察员提供第12条规定的信息。

(14)对南极活动区域进行实地国家检查前，观察员应向开展南极活动的联邦公民和法人出示根据联邦水文气象和环境监测局局长或副局长命令授权的证明文件，并向其说明观察员的权力、职责以及检查目的、依据、类型、范围和方式。

(15)观察员根据检查结果，按照联邦水文气象和环境监测局规定的标准格式编写国家检查报告，一式两份。

两名及以上的观察员进行国家检查时，每一名观察员都必须在国家检查报告上签字。

(16)国家检查报告中应写明检查的日期、时间和地点，观察员的姓名和职位，国家检查命令的细节，南极活动许可的详情，检查的形式，国家检查期间被审查的文件资料信息，南极活动者的作业是否符合活动许可条例的情况以及活动者违反许可规定在南极活动的时间和区域的情况。

(17)在国家检查结束后的30天内，观察员应以书面和电子形式向联邦水文气象和环境监测局提交两份报告，报告应包括国家检查的结果和提出的建议。

(18)在收到报告后的15天内，联邦水文气象和环境监测局应以书面形式通知南极活动的联邦公民和法人其作业行为是否符合活动条例的要求以及其违反南极活动的时间和区域要求的情况，并附一份检查报告。

通知将以挂号信的形式发出，并将送达通知附于联邦水文气象和环境监测局报告的文书副本内。

(19)如联邦公民和法人对报告结论不予认同，有权在收到第18条规定的通知之日起15天内，以书面形式向联邦水文气象和环境监测局提出异议。

联邦公民和法人有权附上证明异议有效性的文件，在联邦水文气象和环境监测局规定的期限内，将带有被检查人电子签章的证明材料以电子文件的形式发送至联邦水文气象和环境监测局。

(20)根据对报告和联邦公民、法人提出异议的审查结果，在《南极活动许可条例》的框架内，联邦水文气象和环境监测局在收到报告和(或)异议之日起30天内，根据第19条规定作出限制、暂停或终止联邦公民和法人的南极活动的决议。

(21)对水文气象和环境监测局根据第20条作出的决议，俄罗斯联邦公民和法人可根据联邦法律进行上诉。

(22)联邦水文气象和环境监测局每年应向俄罗斯联邦自然资源和环境部提交报告，报告内容应包括国家南极监督检查的次数、检查持续的时间、检查结果、检查发现的违规数量、联邦公民和法人对违规行为的整改情况以及限制、暂停或终止联邦公民和法人在南极活动的情况。

第二十五章　加拿大北极和北方地区政策框架

2019 年 9 月，加拿大皇家-土著关系和北方事务部发布《加拿大北极和北方地区政策框架》(以下简称“《框架》”)，提出了政府应优先发展的八大事项。《框架》是加拿大总理特鲁多自 2015 年上任以来制定的首份北极政策，将取代《北方战略文件(2009)》与《加拿大北极外交政策声明(2010)》，成为加拿大政府新的北极政策，用于指导加拿大政府 2030 年前的北极活动。

第一节　回顾与展望

一、加拿大北极政策回顾

加拿大政府致力于与北极和北方地区合作伙伴建立信任。为此，加拿大政府必须开始认识到曾经造成的破坏性后果，面对共同的挑战和机遇；推进共享、协作和美好未来的愿景。

在与非原住民接触之前，第一民族已经发展出了先进技术、繁荣的贸易网络以及丰富多彩的创新实践，能够在艰难条件下很好地生活。

因纽特人主要生活在沿海地区，制造了船舶和狩猎装备，让他们能够捕猎像北极露脊鲸那样体型的猎物。

第一民族倾向于生活在内陆，使用土地和淡水水体；制造了适合湖泊、河流的船舶，让他们能够在漫长的北方冬季使用土地；跟随庞大的驯鹿群在林线和冻原之间迁徙。

非原住民最先来到北方地区，寻求贸易并开发贸易路线以及寻找皮草和黄金等资源。早期的接触大多很短暂，但随着时间的推移，在第一次接触和合作的初始阶段之后是更长期和更广泛的接触，新来者的数量不断增加，最终带来一段具有深远破坏性的统治和殖民时期。

北极和北方殖民主义在诸多方面影响了原住民，包括疾病、通过寄宿学校实现文化同化、强制搬迁以及国际边界的划分，切断了家庭间和文化间的联系。

该地区的现代化民族自决在过去 50 年内不断发展并使多份土地协议文件正规化，其中许多土地权协议确定了原住民和地区、省级和联邦政府对土地、水和其他资源进行共同管理的创新模式。

地区政府更加民主化，并肩负起更多职责。2003 年，类似于省级土地和资源的权力从联邦政府下放给育空地区，2014 年移交给西北地区。目前针对上述权力和职责联邦政府正在与努纳武特地区进行谈判。每个地区和省份都规定了向原住民提供服务以及与原住民政府合作的独特方式。

作为一个北极地区国家，加拿大长期以来一直致力于寻求与其他北极和非北极地区国家之间合作的共同目标和应对各种挑战。1996 年加拿大在成立北极理事会的《渥太华宣言》中起到了关键作用。北极理事会是北极地区可持续发展和环境保护国际合作的重要论坛，加拿大的领导作用也为北极理事会采取开创性举措作出了贡献，包括将原住民组织纳入理事会议席；使加拿大成为三大成员国之一。①

北极地区原住民为北极理事会内外的全球治理做出了卓越贡献。例如，因纽特环北极理事会强调全球污染物对因纽特人产生的影响，这有助于推动支持《关于持久性有机污染物的斯德哥尔摩公约》的实施。

殖民遗留问题在该地区的社会结构中留下了深深的裂痕，这些裂痕正在逐渐愈合，部分是通过恢复民族自决。正如北极理事会《北极地区人类发展报告》所强调的那样，“主宰命运”或“指引自己的命运”是人民福祉的重要因素。在已经与原住民签署的协议中，对于那些仍在谈判以及权力下放给地区政府的协议而言，北极和北方地区主宰命运的力度正在上升。政府目前面临的部分挑战是确保命运主宰与实现当地长远愿景的能力并肩同行。

二、当前北极地区发展情况

交通、能源、通信、就业、社区基础设施、卫生和教育领域长期存在

① 因纽特人极地委员会成立于 1977 年，代表来自阿拉斯加、加拿大、格陵兰和楚科奇（俄罗斯）的因纽特人，实现因纽特人在共同关心的问题上统一诉求的愿景，并在国际论坛上保护并推广他们的生活方式。哥威迅国际理事会成立于 1999 年，旨在扩大在加拿大和美国的哥威迅人关于可持续发展的诉求，并实现国际级环境以支持具有复原力和良性发展的社区。北极阿萨巴斯卡理事会成立于 2000 年，在北极理事会和其他国际论坛上维护在美国和加拿大的阿萨巴斯卡成员第一民族政府的权利和国际利益。

的不平等现象，仍然让加拿大北极和北方地区人民处于不利地位，尤其是原住民。这些差距在该区域的社会经济统计和指标中显而易见，消除这些差距是所有合作伙伴的优先事项。

该地区的一个显著特点是原住民在总人口中所占比例很高，这包括因纽特人、第一民族和梅蒂斯人。加拿大政府与原住民的往来方式持续进步。

《关于加拿大政府与原住民关系的原则》申明："加拿大政府的和解办法指导原则包括《联合国原住民权利宣言》、《真相与和解委员会行动号召》、宪法价值观以及原住民和省级地区政府的合作。"因纽特人和联邦政府制定了《因纽特努纳武特地区宣言》，并成立了因纽特人–皇家伙伴关系委员会，以共同推进发展优先事项，其中包括实施因纽特人土地权协议以及因纽特人与加拿大政府之间的和解措施。

联邦政府同意北极和北方地区人民的观点，即他们必须在国内和国际层面上针对该地区的治理发挥更大作用。除了土地权和民族自治协议外，还与西北地区和育空地区签署了权力下放协议。目前正与努纳武特地区谈判，将一些权力移交给各地区政府，另一份类似的协议正在谈判中。为更好认识到该地区人民的权利与愿景之间的关系，还同政府以外的部门对此进行了谈判。资源部门制定了与当地社区利益和伙伴关系的协定，并与研究人员和非政府组织建立了成功的伙伴关系。

三、愿景

强大坚定、自力更生的人民与社区共同努力，在国内外建立一个充满活力、繁荣和可持续发展的北极和北方地区，同时彰显加拿大对北极拥有持久主权。

2016 年 12 月 20 日，加拿大政府宣布将与原住民、地区和省级合作伙伴共同制定新北极政策框架。① 加拿大认识到以前所做的努力并没有成功建立起一个强大、可持续发展的区域，物质和社会基础设施不足阻碍了该

① 共同制定政策的概念对加拿大政府来说是一个相对较新的概念。共同制定新《北极和北方地区政策框架》是一个动态过程，并不断发展以应对新机遇和挑战。在共同制定这项政策声明的过程中，地区和省份代表以及北极和北方原住民代表参与了文件的起草工作。合作伙伴能够引入并修改策略告知的概念以及策略制定的表述。这并不意味着在所有问题上均取得一致意见，而是所有人均提出了有意义和获得尊重的意见。

区域的经济增长与繁荣。

政府以前所做的努力并未弥合北极和北方地区人民与加拿大其他地区人民之间的生活差距。受北极和北方原住民共识传统的启发，联邦政府寻求让地区、省份和原住民代表作为合作伙伴，参与制定这一政策框架。虽然并未在所有问题上达成一致意见，但是稳健恭敬的探讨促成了这份文件。

《框架》包括整个因纽特努纳武特地区宣言、西北地区的因纽特人聚居区、拉布拉多省的努纳齐亚福特地区、魁北克省的努纳维克地区以及努纳武特——加拿大因纽特人的故乡。① 制定《框架》时，应在原住民、地区和省级合作伙伴已完成的广泛工作基础上再接再厉。《泛地区可持续发展愿景》是该《框架》的基础。

第二节　北极政策的目标

一、确保加拿大北极和北方地区原住民的复原力和健康

北极和北方地区原住民与大多数加拿大其他地区人民之间在健康和社会发展成果方面存在巨大差距。该区域糟糕的健康结果与获得治疗的机会不足和严重的社会问题直接相关，包括住房严重短缺、教育程度低、高监禁率和失业率，特别是在小规模社区等。

气候变化正在加剧该区域原住民面临的风险，例如通过传统路线出行。此外，高昂的生活成本以及传统食品的可获得性和可及性的变化导致了食物无保障率的上升。预期寿命是人口福祉的关键指标。加拿大因纽特人的预期寿命比加拿大非原住民的预期寿命短 10.5 岁。虽然加拿大统计局关于第一民族和梅蒂斯人的最新信息没有按区域分列，但是从国家层面看，可以发现第一民族和梅蒂斯人的预期寿命比非原住民加拿大人短 4~5 岁。一项研究表明北方地区人口的预期寿命在加拿大是最短的。另一项研究发现，在因纽特人、第一民族和梅蒂斯人高度集中的地区，预期寿命短 7~12 岁。北极和北方地区原住民的传染病和自杀率远高于加拿大其他地

① 本文件对“北极”和“北方”的使用采取了以下方法：“北极”在国际范围内使用，指的是环北极地区（例如北极国家），而“北极和北方”则用于加拿大国内所有情况。

区。2019 年《全国失踪和被谋杀原住民妇女和女孩调查》最终报告引用的统计数据表明，针对原住民妇女和女孩的暴力行为还在持续发生，原住民妇女暴力死亡的可能性明显高于非原住民妇女。

联邦政府将共同弥合这些明显的差距，采取差异化办法，尊重因纽特人、第一民族和梅蒂斯人的独特权利、利益和情况。实现这一目标将取决于其他目标的进展，包括经济发展、公共安全、正义与和解。将需要采取适应力和复原力建设措施，以应对目前正在发生的气候变化，并预测未来变化。文化复兴将在复原力方面发挥作用。陆上举措将支持教育、康复和福祉。还将审查在其他面临类似挑战的北极国家所提出的解决方案。可通过交流环北极知识和最佳举措来支持政府强大的北方社区。原住民和文化产品可在加拿大北极和北方的国际边界更自由地流动，这将进一步加强长期存在的家庭和文化联系。

具体目标包括：①消除贫困；②消除饥饿；③解决无家可归和过度拥挤的问题；④减少自杀；⑤增强身心健康；⑥通过关注教育、文化、健康和福祉，营造一个利于儿童茁壮成长的环境；⑦缩小教育成果的差距；⑧提供持续学习和技能培养机会，包括关于原住民的知识和技能；⑨加强跨越国际边界的原住民文化和家庭联系；⑩解决一切形式的暴力侵害原住民妇女和女孩的系统性原因；⑪终结原住民在加拿大刑事司法系统中的过度代表性；⑫实施符合文化特点的司法事件处理方式，例如恢复性司法措施和其他替代性监禁措施。

二、加强基础设施，缩小与加拿大其他地区的差距

基础设施是该《框架》的首要任务。加拿大正在投资改造基础设施，以实现更高效的通信、清洁能源和运输。政府还需要解决在天气和气候监测方面的不足，尤其是在气候敏感部门。政府致力于为北方人民创造经济机遇和繁荣，更好地让加拿大北极和北方地区的发展水平赶上加拿大其他地区。

该地区交通基础设施严重不足。大约 70 个社区只能全年通过航空或季节性地通过水路或冰路到达。海洋和航空基础设施是许多北极和北方社区的门户，需要改进；有限的交通基础设施使得运送乘客货物进出社区以及提供政府项目服务变得困难、耗时且昂贵。基础设施赤字也是对贸易和商

业的重大限制；气候变化威胁到现有基础设施的复原力，并对建设新基础设施构成挑战。能源成本、可持续性和可靠性是一个令人担忧的问题，近2/3的北极和北方社区完全依赖柴油，这不仅昂贵、难以运输，而且还是温室气体的来源；许多社区完全依靠卫星接入互联网服务，缺乏快速、高质量和可靠的电信网络，而人们正是需要这些网络来实现经济增长并开展教育、卫生和研究工作。

具体目标包括：①投资重大基础设施项目；②为所有人提供快速、可靠且经济实惠的宽带连接；③扩大多式联运基础设施和运营，将社区与加拿大和国际商机连接起来，并提高获得基本服务的机遇；④建设宽带、能源和运输的多用途走廊，包括与水电网的连接；⑤在所有社区实现能源安全和可持续性，改善获得可靠、经济实惠和清洁能源解决方案的机会；⑥将气候变化复原力整合到新建和现有基础设施中；⑦加强社区级基础设施建设，包括社会基础设施建设；加强监测基础设施建设，以收集和使用天气和气候数据。

三、强大、可持续、多样化和包容性的地方和区域经济

强大的经济有助于在北极和北方地区实现强韧可持续增长，让所有加拿大人受益。然而，由于该地区人口稀少分散、基础设施薄弱、能源和连接成本较高，因此北方经济发展受到企业经营成本上升的挑战。

接受正规或高等教育的机会有限是当地居民参与劳动力市场的一大障碍，尤其是原住民群体，这些问题均需要制定旨在增加流动性的政策，以此作为支持教育和就业途径的方法。

对于许多小企业而言，获得如银行和法律服务专业支持的机会十分有限。正如《泛地区可持续发展愿景》所述，“负责任、可持续的资源开发和创造就业机会是发展地区经济的基石。原住民在资源行业的所有权、投资参与是该行业成功的关键所在。”还需要发展其他地区，以帮助北方经济体免受“繁荣与萧条”周期的影响，并为北极和北方地区人民提供更加多样化的机遇。这将壮大中产阶级，发展多元化、经济繁荣和真正包容的经济，让所有人都可以充分发挥自己的潜力。

政府将支持发展海豹猎捕、渔业、狩猎、手工艺等地方经济，旨在促进创新、多样化和进入国内外市场的措施将支持当前与未来的经济活动。

实现可持续经济还需要向北极和北方地区人民提供长期就业和其他福利，并在决策中发挥核心作用。土地和治理权的解决以及利益的协商是经济发展的基础。根据原住民和条约权利，加拿大致力于在决策过程中就资源和基础设施项目与原住民进行有意义的协商，履行协商义务，同时尊重现代条约承认原住民群体的决策作用，以帮助实现包容性经济发展。该区域充分利用其可观的经济潜力，许多领域有望在未来10年内实现增长。大部分增长将来自自然资源行业和其他行业，例如旅游业、商业捕捞、文化产业。

随着气候变化改变北方环境，包括资源开发、旅游和航运在内的某些经济领域预计会增长；虽然这些活动给人员、基础设施和生态系统带来了新风险，但也促进了搜索救援和灾害应对的能力建设。为确保地方和区域经济能够持续增长，需要考虑气候变化因素。

通过帮助北极和北方地区企业，国际贸易和外国投资对经济增长作出了重要贡献，如利用现有和新自由贸易协定带来的全球出口机会；以促进经济发展和环境保护的方式吸引和保留外国直接投资，同时确保加拿大的国家安全利益。

具体目标包括：①增加原住民对经济的参与；②发展北方和北极地区经济，造福于北方地区人民和所有加拿大人；③增加加拿大北极和北方地区的财富保留量；④减少收入不平等；⑤推动创新并支持对寒冷气候资源开采的投资；⑥优化资源开发，包括采矿和能源部门，同时确保以负责任、可持续和包容的方式进行开发；⑦提供必要支持以帮助企业成长；⑧基于强大的经济基础，通过创新和伙伴关系促进经济多样化；⑨增加贸易和投资机会；⑩最大限度地利用基础设施投资带来的经济机遇。

四、通过认知和了解指导决策

加拿大北极和北方地区是国内外科学家和其他研究人员非常关注的地区，该地区正在进行的研究和观察是为了寻求解决认知差距。绘制并了解气候变化的影响、脆弱性以及适应和复原力的途径是研究的关键任务，其他任务包括地质制图、追踪物种分布、了解社会经济发展和文化影响。

北极和北方地区人民希望填补这些知识空白，但也希望改变知识收集、创造和共享的方式。对北极和北方地区的研究有利于加强区域和原住民对研究进程的参与，研究议程包括更多的社会科学研究，以满足社区的迫切需求，国际性合作在解决政府对该地区知识差距方面起到重要作用。

在国际上，加拿大将加强维护关于原住民的认知、促进更强大的国际研究合作，在高质量的知识研究方面获得国际声誉。

具体目标包括：①确保北极和北方地区人民在制定研究和其他知识创造议程方面发挥主导作用；②确保北极和北方地区人民拥有研究工具和研究基础设施，以便参与知识创造过程的各个方面；③加大对健康、社会科学和人文科学研究的支持力度；④以符合原住民自决的方式来创造储备知识、道德协调、获取知识和文化；⑤加强国际极地科学研究合作，充分纳入原住民知识；⑥与合作伙伴合作实施其研究战略；⑦针对广泛共享的社区和经济发展需求，开发创新技术解决方案；⑧支持开展专门针对北极和北方地区人口的数据收集、制作与衡量；⑨减少原住民知识专家和组织获得研究资金的障碍。

五、加拿大北极和北方地区生态系统的健康和复原力

气候变化是加拿大北极和北方地区人民必须面对的现实。北极地区气温的上升速度是全球平均水平的2~3倍，这给加拿大北极和北方地区的生态系统和基础设施带来巨大压力。

自然资源的可持续管理、生物多样性保护以及生态系统的保护和恢复对于保护北极和北方地区的环境十分必要。原住民将继续在管理北方生态系统方面发挥独特作用。气候与环境问题很大程度上来源于区域外，加拿大将在倡导更及时和更宏大的国际行动方面发挥领导作用，以应对影响北极和北方地区环境与人民的挑战。

具体目标包括：①加快并加强国内外温室气体和短期气候污染物的减排；②确保生态系统和物种的保护、恢复和可持续利用；③支持原住民对物种的可持续利用；④以整体综合的方式来处理北极和北方环境的规划、管理和发展；⑤与地区、省份和原住民开展合作，确认、管理并保护具有重要文化环境意义的地区；⑥通过监测和研究，包括以原住民为主导和基于社区的方法，促进对气候变化的影响和适应性选择的进一步了解；⑦加强对气候适应和复原力工作的支持；⑧加强对生态系统和生物多样性的脆弱性以及环境变化影响的了解；⑨确保安全和对环境负责的航运；⑩拆除或修复所

有受污染的站点；⑪加强区域、国家和国际污染防治与缓解。

六、基于规则的北极国际秩序，有效应对新挑战和新机遇

环北极地区以其稳定性和高水平的国际合作而闻名。加拿大在北极地区强有力、基于规则的国际秩序形成过程中发挥了重要作用。基于规则的国际秩序是管理国际事务的规则、规范和制度的集合。促进北极地区的和平稳定有利于国家和全球利益，也有利于满足北极和北方地区在社会、经济和环境方面蓬勃发展所必需的条件。

国际秩序并非一成不变，而是随着时间的推移而发展，以应对新机遇和挑战。加拿大北极和北方地区正处于快速变化时期，是气候变化和地缘政治趋势变化的产物。因此，国际规则和机构需要发展，以迎接该地区面临的新挑战和机遇。加拿大将在这个关键时刻继续加强其国际领导的地位，与北方地区人民和原住民开展合作，确保不断演变的国际秩序以保护和促进加拿大利益和价值观的方式而存在形成。北极国家在改善原住民和北方人民的生活、保护该地区脆弱的环境、重点传达北方人民尤其是原住民的意见方面存在共同利益和共同价值观。国际规则和制度也将在帮助加拿大解决悬而未决的北极边界争端和大陆架重叠问题中发挥关键作用。

具体目标包括：①加强加拿大在讨论决定极地问题的多边论坛中的领导地位；②加强加拿大北极和北方地区人民在有关国际论坛和谈判中的代表性和参与度；③加强与北极和主要非北极国家及行动者的双边合作；④更清楚地界定加拿大的北极海洋区域和边界。

七、加拿大北极和北方地区拥有安全保障和良好防御

北极和北方地区与其他地区一样，安全、安保和防御是健康的社区、强大的经济和可持续环境的基本先决条件。气候变化正在对北方地区人民的生活和福祉产生深远影响，威胁粮食安全和必需品的运输，危及脆弱的生态系统和关键基础设施的稳定性与正常运作。

由于气候变化影响和应对寒冷天气技术的改进，进入该地区也愈发容易，该地区正在成为一个具有国际战略、军事和经济重要性的地区，北极和非北极国家都非常关注该地区的潜力。加拿大和环北极地区的国内外旅游、科学研究和商业活动目前正稳步增长。穿越西北航道的船舶交通量也

有所增加，西北航道是加拿大内水的一部分。

陆地与这些水道之间的关系在加拿大北部是独一无二的。因纽特人在这里生活了几千年，他们穿越陆地，在加拿大北极狩猎、捕捞，冰冻的陆地与冰冻的海洋之间并没有区别。这些传统生活方式仍将持续，并对因纽特人的文化和现代因纽特人的经济发展起着至关重要的作用。

在日益复杂的北极和北方环境中，北方的持续安全保障取决于加强应急管理和社区安全，包括增强安保力量的存在和响应能力，例如加拿大武装部队、加拿大皇家骑警队、加拿大边境服务局。加强应急管理需要协调战略，包括加强原住民代表的参与，这对于建设社区应对紧急情况和自然灾害的能力至关重要。

北方地区经历的多种风险因素和其他挑战，影响着其应对犯罪问题的能力，例如偏远的地理位置和有限的处理能力。对文化敏感的犯罪预防和社区安全规划举措应建立所需的知识能力，以支持健康、安全和更强大的社区。

提高态势感知，包括北美防空司令部和海上安全行动中心，这也将是现在和未来保护北方地区的关键。加拿大在北方地区将继续彰显主权；保护北美地区免受常规和高级军事威胁；保护北极和北方地区经济、环境和关键基础设施的完整性和可持续性发展；确保安全可靠的运输系统；维护加拿大武装部队保卫北方地区所依赖的技术优势；有效管理边境安全；加强加拿大海岸警卫队的能力，帮助合作伙伴获得基本的海域感知；支持北方地区人民和社区的安全与繁荣；各级政府之间、与原住民和北方地区人民和社区以及与国际盟友和伙伴之间的合作将十分重要。

具体目标包括：①加强加拿大与国内外合作伙伴在安全、安保和防务问题上的合作与协作；②加强加拿大的军事存在，预防并应对北极和北方地区的安全和安保事件；③加强加拿大在北极和北方地区的领域感知、监视和控制能力；④执行加拿大的立法和监管框架，管理北极和北方的运输、边界完整性和环境保护；⑤提高北极和北方地区的全社会应急管理能力；⑥通过有效且契合文化特征的犯罪预防举措和警务服务来支持社区安全。

八、原住民与非原住民之间的和谐能够支持民族自决并促进相互尊重关系

加拿大真相与和解委员会在其最终报告中将和解描述为：“在这个国

家建立和维持原住民与非原住民之间相互尊重的关系，为做到这一点，必须意识到过去已经造成的伤害以及救赎，并采取行动改变政府的行为。”

基于“对过去错误的认识和承认以及对双方合作建设更美好未来的承诺”，设在努勒维特地区的齐基克塔尼真相委员会也呼吁政府与齐基克塔尼因纽特人建立新的关系。近年来，加拿大政府通过以下途径公开承认其过去政策对原住民造成的负面影响。

加拿大政府将继续纠正过去犯下的错误，承认造成的伤害并提高对此的认识。通过对因纽特人、第一民族和梅蒂斯人特有权利、利益和环境的特殊尊重，政府还在努力采取措施，改善并恢复与原住民的关系。加拿大政府正在努力承认和落实各项权利，以此作为加拿大与因纽特第一民族和梅蒂斯人关系的基础。加拿大还致力于探索新型合作方式，包括因纽特人-皇家伙伴关系以及为共同推进共同优先事项而建立的其他永久性双边机制。

改善和下放治理让加拿大北极和北方地区所有人都能更好地管理自己的生活，这将为巩固和解、建设长期能力，并为建设更健康和更具复原力的社区做出贡献。绝大多数原住民自治政府都设在北方地区，并通过公共政府建立了民族自决的创新办法。

联邦政府的职责之一是促进加拿大北极和北方地区人民的民族自决，包括将类似省级权力下放给地区政府。这有助于北极和北方地区人民能够共同采取本地化和解办法。

除了承认权利和创新治理合作形式之外，加拿大北极和北方地区的和解还意味着缩小北极和北方地区原住民与其他加拿大人之间存在的社会经济差距。加拿大将与原住民政府组织、地区省级和其他伙伴合作来弥合这些差距，部分将通过《加拿大真相与和解委员会行动呼吁》《联合国原住民权利宣言》以及《框架》阐明的目标来实现。

具体目标包括：①尊重、维护和执行北极和北方原住民的权利，包括在历史和现代条约以及《联合国原住民权利宣言》所概述的权利；②变革联邦运作规程和程序，以支持提高北极和北方原住民的自决权和代表权，并且认识到北极和北方各原住民和公共政府的独特运作环境；③确保北极和北方原住民有机会、有选择和有能力与皇家签订条约、协议和其他建设性安排，为持续关系奠定基础；④恢复、振兴、维持和加强北极和北方原住民的文化，包括他们的语言和知识系统；⑤完成尚未履行的权力下放承诺，包括努勒维特地区的土地、内陆水域和资源管理的权力下放；⑥与原住民政府组织、省级地区和其他伙伴开展合作，弥合北极和北方原住民与其他加拿大人之间的社会经济差距；⑦继续纠正曾经对原住民犯下的错误。

第三节　《框架》的原则

制定以下原则是为了对《框架》实施提供持续指导。

(1)将在北方地区人民的合作参与下制定北极和北方政策，以反映北方地区人民的权利、需求和观点。

(2)尊重加拿大联邦政府、地区政府、省级政府、原住民政府和市级政府的权力和管辖权。

(3)综合考虑社会、文化、经济和环境因素，促进可持续和整体化发展。

(4)将真相与和解委员会的工作视为起点，与原住民进行持续和解是成功的基础。

(5)由于气候变化在该地区是现实存在的问题，倡议将考虑到其各种影响，包括对北方原住民的影响，北方原住民继续依赖土地和野生动物来维持其文化、传统经济和粮食安全。

(6)政策方案将反映对多样性和平等的承诺以及使用基于性别分析工具来评估对不同人群产生的潜在影响。

(7)该《框架》将尊重以特殊方法来确保因纽特人、北极和北方地区第一民族和梅蒂斯人的独特权利、利益和情况得到承认、肯定和执行。

(8)加拿大政府承认因纽特人、第一民族和梅蒂斯人为加拿大原住民，由独具特色、拥有权利的社区组成，也有自己的历史，包括其皇家机构。

(9)在承认权利、尊重、合作和伙伴关系的基础上建立新型关系，必须反映每个民族特有的关注问题、优先事项和情况。

(10)社会各阶层，包括私营部门、高等院校、非营利部门、社区组织和加拿大个人，都在建设一个强大的加拿大北极和北方地区方面发挥重要作用。

第二十六章　英国海洋及《25 年环境计划》建议报告

2019 年 5 月，英国环境食品和农村事务部发布了自然资本委员会关于海洋及《25 年环境计划》的建议报告(以下简称“报告”)。报告针对政府如何保护与发展海洋自然资本，以实现公共利益及其相关机制进行了整体考虑并提出建议，同时分析了在哪些领域中英国可强化其国际领导地位，以改善海洋自然资本及其效益。与《25 年环境计划》相比，报告关于海洋自然资本的建议内容更加深入和广泛。

第一节　英国的海洋环境生态系统功能及评估

英国的海洋利益范围包括国家管辖水域、海外领地、英联邦以及通过政府开发援助获取的更广泛国际领域。海洋环境为利益相关者提供了十分广泛的自然资本资产、服务和利益。广阔的海洋生境是指英国全境永久没入海平面以下的区域以及随着潮汐周期变化而被海水淹没的区域，包括河口、海滩、海岸以及英国海域 200 海里范围内的所有潮下生境。英国海域延伸约 86.74 万千米，是陆地面积的 3.5 倍以上，大陆海岸线全长超过 17 820 千米，是大西洋边境中拥有最广泛海洋生境的欧洲国家。这样广阔的海洋生态环境为动植物的高度多样性提供了基础，使得英国成为欧洲海洋生物多样性最高的国家之一，约有 8 500 种海洋物种，与陆地或淡水环境相比，海洋生物多样性具有更多种类。但与陆地生物多样性相比，海洋环境及其大部分生物在很大程度上不常见，只有海鸟、海豹、海豚、鼠海豚和鲸等少数物种为公众所熟知并受到保护。

目前，许多海洋科学家采用的系统性方法为自然资本方法在海洋中的应用提供了有力支持。与陆地和淡水生境相比，在海洋环境中往往更易于采用自然资本方法，同时更易于分析海洋生态系统功能的变化及其所带来的益处，包括食物、生物技术、遗传和医药资源等供给功能，气候调节、沿岸区域防洪、废物处理和同化等调节功能以及休闲、娱乐、旅游和文化遗产等文化功能(表 26-1)。

表 26-1　海洋生态系统功能

供　给	调　节	生　境	文　化
1a. 食品供给——野生捕获的海产品	3. 空气净化	10. 迁徙和哺育生境	12. 休闲娱乐和旅游
1b. 食品供给——养殖的海产品	4. 气候调节	11. 基因库保护	13. 美学体验
2a. 生物原料——生物基因资源	5. 干扰预防和调节		14. 文化、艺术和设计灵感
2b. 生物原料——生物药用资源	6. 海水流量调节		15. 文化遗产
2c. 生物原料——生物观赏资源	7. 废弃物处理和同化		16. 文化多样性
	8. 预防海岸侵蚀		17. 精神体验
	9. 生物控制(检查与平衡)		18. 认知发展信息

资料来源：哈特姆(Hattam)等. 生态系统功能：通过分类确定功能指标，生态系统功能(2015年版)。

英国海洋生态系统功能的收益价值及其自然资本基础尚未经过较好的量化，但政府科学办公室的《海洋未来展望报告》提供了以下量化价值数据：水产养殖、捕捞和加工的总增加值为 11 亿英镑；海洋旅游和娱乐的总增加值为 40 亿~50 亿英镑；气候调节/二氧化碳(大陆架中的)储藏的总增加值为 70 亿英镑；海岸区域防护的总增加值为 31 亿~332 亿英镑(由沙丘和盐沼等潮间带生境进行防护，上述价值为海洋防护资本节约的预计最低和最高值)。据估计，英国的海洋和海事领域总价值约为 470 亿英镑总增加值(约占英国总增加值的 2.7%)，就业人数超过 50 万人。

上述领域的发展使海洋应用不断提升且多样化，同时为海洋自然资本带来了相应压力，如航运、可再生能源(近海风能、海浪和潮汐能)、水产养殖(贝类和鱼类均迅速增长)、石油和天然气及其输送管道、海底电缆、海洋集料、旅游、休闲娱乐和野生捕捞渔业(鱼类和贝类)。大部分海洋的应用依赖于健康的自然资本，或对自然资本产生影响，或两方面兼而有之。海洋自然资本会随着应用的变化而发生变化。

尽管渔业是最为人熟知的海洋应用领域，并且可能得到了政府政策和法规最为有力的支持，但在全国范围内，与休闲、娱乐和旅游等领域相比，渔业对英国经济、社会、健康和福利影响相对较小。部分娱乐领域，如海上垂钓和野生动物观察，不一定得到政府商务部门的支持，正在直接或间接地争夺同一类自然资本资源。在许多情况下，公众从自然资本获取的利益可能与私人的自然资本利益存在直接矛盾。对于海洋自然资本应用可能存在的矛盾表明，不同海洋和海事部门与公共服务部门及其对于自然资本的应用需进行多重权衡。在现阶段以及未来海洋空间利用的发展过程中，都需要考虑上述权衡，从而确保实现《25 年环境计划》的愿景——改善环境，保护自然资本并使其增长。

英国的海洋环境具有十分重要但很少被提及的生态系统调节功能，其中包括海岸防护、气候调节、废弃物管理和同化。通过有序的重新调整以恢复海岸湿地，从而免受极端天气影响和侵蚀，并且可能通过盐沼、海草床和贝类礁的恢复进一步加强海岸防护。海洋生态系统对于气候调节十分重要，可封存和储存超过一半的全球碳量。但在自然资本核算中，英国的温带海洋生态系统、近海和远洋生态系统、河口、沉积海床等对碳循环的贡献往往被忽视。英国的河口和海洋对于通过许可排放、城市和流域径流、疏浚泥沙倾倒和意外污染等方式排放的陆地废弃物起到了储存和同化作用，其中塑料和垃圾的可见度较高。但目前面临的威胁是排放量已超出可接收量，这可能在未来由于被忽视的外部效应导致收益损失。例如，在英国，仅沿海生境预计可为二氧化碳封存贡献 10 亿英镑的经济价值，但如果生境继续缩减，到 2060 年可能会降至 2. 5 亿英镑的经济价值。

通过自然资本方法分析海洋环境，包括从海洋、海岸和河口中获得的服务功能。自然资本将强化这些服务功能，并且在全球气候变化背景下，加强对当前和未来海洋环境应用的影响。通过改善海洋环境并发展自然资本，从而实现《25 年环境计划》的愿景。《25 年环境计划》为英国政府对于海洋环境及其自然资本的分析和管理方式进行决定性的改变提供了政策基础，特别是对于与海洋自然资本存在应用、互动和影响关系的不同经济领域的管理。

第二节　自然资本委员会关于海洋环境改善的建议

自然资本委员会向政府提交了一份针对其管辖海域的各类行动计划清单，以下统称为“建议项”，以推进改善海洋环境及其自然资本管理变革的进程。由于仅依靠单项行动无法实现整体改善，上述建议项均应相辅相成。每条建议项在某种程度上都标志着英国在改善海洋环境及其自然资本的变革进程中的决定性阶段。自然资本方法将确定经济领域和公共服务在政策、法规或管理方法方面的哪些变化可能会让经济、社会和健康效益在当前基础上进一步增长。自然资本委员会的职权范围与英国环境相关，但由于海洋自然资本的连续流动性，英国海洋大环境不应被忽视。尽管在本文中自然资本委员会分析了整个英国环境，但其建议项仅限于英国海洋环境及其管辖范围，未包括政府下放的权力。

本文中的部分建议项最初见自然资本委员会的《2019 年自然资本状况年度报告》，是自然资本委员会向内阁经济委员会提交的第六份报告，并在自然资本委员会即将提交的《环境净收益政府建议》中引用。

根据海洋以及《25 年环境计划》中的广泛目标制定了下文中的建议项，目标包括：新鲜空气；清洁且充沛的水源；种类繁多的动植物；减少环境灾害造成的危害；进一步可持续且有效地利用自然资源；美化自然环境、遗产传承以及与自然和谐相处；减缓和适应气候变化；尽量减少废弃物；管理化学品接触；加强生物安全。

一、对自然资本保护与发展的再思考

英国水域约 24%是《欧盟栖息地和鸟类指令》规定的海洋保护区以及近期规定的英国海洋保护区和苏格兰海洋保护区的混合区域。《25 年环境计划》旨在统一海洋保护区的“地点选择”，但目前尚不清楚是否可与自然资本方法保持一致。委员会认为，仅对选定的海洋保护区进行恢复和改善已足以改善英国海洋环境。通过海洋规划和许可系统，可对影响海洋环境的活动进行管理，同时每一项新报备活动的审批在很大程度上都取决于未包括自然资本方法思维的环境影响评估，因此可避免或大幅减少每项活动造成的损害。通过更全面的分析，认为除海洋保护区外还可采取进一步行动，从而改善英国海洋环境及其自然资本，即针对整个海域而非特定保护区，同时提高经济和社会效益，改善公共服务。

第 1 项建议——作为海洋保护区规划审查过程的组成部分，评估其在改善自然资本、生态系统功能和效益方面的有效性，并在必要时基于自然资本资产和生态系统功能重新定位其保护范围，包括保护区的生境恢复。

第 2 项建议——考虑扩展英国海洋保护区以及禁止从事捕捞和其他破坏性行为，从而更大程度地恢复鱼类资源和其他自然资本。

海洋保护区的评审和重新定位流程可纳入《环境法》，由联合自然保护组织协会、环境署和英格兰自然署负责。英国大部分海洋保护区近期才得到确定，其确定过程在很大程度上遵循了陆地环境原则，并且完全以特定的保护目标（国家级保护的海洋野生动物、生境、地质和地貌）为基础。由于海洋环境更易于采用自然资本生态系统功能方法，这可能比以陆地环境为基础开发的传统物种主导方法更适用。通过海洋保护区来控制渔业，以获得更广泛的自然资本，是在近海和近岸海洋环境中恢复海洋自然资本的方法之一。评估海洋保护区在自然资本和生态系统功能方面的有效性以及重新定位和扩展海洋保护区，可能对海洋自然资本资产产生广泛和积极的影响。

第 3 项建议——实施渔业管理，将其作为更广泛自然资本的组成部分，包括采取行动来尽量减少不同类型捕捞活动对其他自然资本资产的影响。这项措施可纳入《环境法》，让渔业管理不会因为《渔业法》而与其他海洋自然资本分离管理，而是确保上述两个法案紧密合作。

目前由《欧盟共同渔业政策》确定可通过渔业捕捞的鱼类数量目标，并且独立于其他自然资本需求，而当前的《渔业法》很可能继续采纳上述方案。然而，英国有机会取得国际领先地位，并承诺采用更广泛的自然资本方法，将鱼配额作为更广泛的海洋自然资本环境管理的组成部分，而非单独的管理体系。《25 年环境计划》以及即将颁布的《环境与渔业法》为管理所有海洋自然资本提供了一套综合且协调的方法。

第 4 项建议——恢复和改善海床上的海洋自然资本，鼓励减少对海床造成干扰的捕捞行为；禁止在英国所有保护区内及其附近进行拖网和疏浚；并禁止在海上倾倒疏浚泥沙，更多地进行有益利用。

英国的大部分海床为沉积物，与土壤类似，是与上覆水生态系统共同作用的自然资本，可维持海水营养平衡，并通过海洋碳封存进行气候调节。对于近海区域，自然资本无法主动地进行恢复，仅可通过减少人为活动影响让海洋生态系统自然地恢复其生物多样性和功能。拖网和疏浚捕捞是一种开展较多且范围广泛的破坏性人为活动。渔具的运用破坏了沉积物、动物群和化学性质的三维结构。根据联合自然保护委员会的数据，74%的海床每年均受到拖网作业的影响，而其余26%的海床每年在此方面受到的影响变化较大。通过强制性减少上述人为活动影响，自然资本可从根本上得到自下而上的改善，从而为后代保留更好的海洋环境。

二、保障机制

第5项建议——从海洋和其他先锋计划中吸取相关经验教训，进一步制定符合国家战略的重点事项和解决方案。

海洋先锋计划旨在开发和试验《25年环境计划》的实现方法。目前，自然资本委员会已经将自然资本管理法在北德文郡的海洋环境中得以应用，为改善和恢复海洋环境进行综合规划和实施，并探索可持续性的资助方案和分享最佳实践经验。同时，其他先锋计划在管理、投资策略和多组织协作方面提供了重要的经验教训。自然资本委员会正与陆地计划共同开发当地海洋和《25年环境计划》的试点方案。

第6项建议——英国环境、食品和农村事务部、海洋管理局以及其他相关机构应正式将自然资本思维方式整合至决策流程，并以《海洋和海岸带准入法案》(2009年)和即将颁布的《环境法》作为法律基础。

为支持《25年环境计划》的实施，海洋管理局应首先鼓励，随后强制提供有关自然资本和生态系统功能的信息，支持其监管职能，如许可证申请。海洋管理局、环境署和近海渔业和保护机构可在现有和新建的海洋保护区内采取更多的监管手段，从而保护和加强自然资本以及更广泛生态系统功能的变化。商业使用者和非政府组织对此类自然资本领导活动提供越来越多的支持。作为政府的海洋监管部门，海洋管理局还负责支持政府的《清洁增长战略》《工业战略》以及《25年环境计划》，这些政策都旨在改善和恢复自然环境，而《25年环境计划》的愿景是全民参与以实现该目标。

自然资本方法是一种十分重要且具有创新性的国际领先海洋管理、决策和监管方法，将影响到英国海洋应用的各个方面。但是，该方法的实施难度较大，需要自然英格兰、联合自然保护委员会和环境署的联合支持，并为所有受到影响的海洋使用者提供额外指导。鲜有海洋和海事企业和组织能够进行海洋自然资本评估，但实际上，支持所有决策时不太可能需要全面且详细的自然资本评估和核算方法。尽管如此，通过分阶段介绍，英国海洋企业和环境咨询机构可成为自然资本委员会所倡导的将自然资本方法应用于海洋环境的国际领导者，并且如果该方法可按照预期在全球范围内推行，则将使英国具备竞争优势。但实现该优势可能需要配置额外资源，特别是海洋管理局和近海渔业和保护机构的资源，但这两种机构在其职权范围内可供支配的资源较为有限。另外，通过《陆地与海洋可持续金融倡议》英国海洋企业和环境咨询机构可获得潜在的可用资源。

第 7 项建议——致力于建立与土地管理制度同等重要的创新性海洋管理制度，其中包括使用公共资金或其他激励措施，让海洋使用者成为海洋环境及其生物多样性的管理者，为所有使用者创造公共价值。

第 8 项建议——通过《海洋和海岸带准入法案》和《环境法》的相关规定，针对海事活动采取净收益原则。

改善环境管理或获得海洋环境净收益的机会包括：

(1)使用破坏性较小的渔具，与渔民合作制定、协商并实施可持续捕捞行为，向消费者推广可持续产品；

(2)自愿监测海洋环境，为政策制定和科学研究提供信息；

(3)将水产养殖以及海上垂钓等领域与海上可再生能源进行协同定位，以增加生态系统功能变化和效益；

(4)对防波堤和其他有利于海洋野生动物的硬件设施采取更出色的设计，例如，将纹理表面、裂缝、悬垂和梯度结合起来，模仿自然海滨特征；

(5)养殖双壳贝类以改善水质，去除多余营养，让水质更为清澈。在珊瑚礁或海岸养殖双壳贝类而非在笼内或绳上养殖，也可增强海岸防护作用，随着水质显著改善，双壳贝类也可长期供人类食用；

(6)协同定位保护区，方便市民进行无干扰的休闲和娱乐活动，如浮潜、皮划艇、野生动物观察等；

(7)增强沿海区域规划，加强“蓝色地带”——促进和改善公众与“蓝色地带”和海洋自然资本接触，即进行休闲娱乐以及可持续发展的海洋企业和工业；

(8)支持建立国家海洋公园(见第10项建议)。

据悉目前海洋环境中净收益实施的相关活动很少或缺失。

第9项建议——制定当地关于本报告的交付计划，并与为14个陆地交付地区制定的《25年环境计划》土地自然资本行动计划相结合。集水区和土地管理方法以及相关拨款决策应充分考虑对河口、沿海水域和海洋的影响以及对其进行保护和促进的需求。

14个陆地交付地区具有专属的区域综合计划，这已体现在《25年环境计划》中，并将整合至与《25年环境计划》相符的自然资本行动计划中，但仅与当地发展相关，海洋区域也应制定出类似的行动计划，并与陆地行动计划相结合。

第10项建议——通过提升海洋蕴藏的巨大娱乐和休闲价值，加强公众在海洋自然环境中的参与，为沿海区域居民或游客带来身心健康和福利，提高社会和经济效益，包括改善公众服务。

这与《25年环境计划》中“建立公众与环境的联系以改善健康和福利”的重要政策相符，可遗憾的是，许多城市居民尽管都居住于海岸区域，但政府未对如何与海洋自然环境建立联系提供说明示例或行动计划。《25年环境计划》的相关政策为政府提供了创新机会，以支持国家海洋公园的建立，在更大范围内为公众提供以下资源：

(1)散步和冥想的海岸小径；

(2)游泳、海滨戏浪、潮水潭活动和其他家庭活动的海滩；

(3)水上运动活动；

(4)野生动物观察，包括各类吸引人的哺乳动物、鸟类以及通过浮潜进行观察；

(5)海滨度假胜地遗产。

第11项建议——利用英国良好的科学基础，预测并规划气候变化背景下自然资本可能发生变化的相关政策，并通过卫星遥感和空间模型操作预警系统，提高海产品和沐浴用水的安全性，免受有害藻华和病原体等自然有害物的影响。

英国具有极佳的海洋生态系统及其相关的生物地球化学和生物学的动态空间模型，并与水动力模型相关联，当自然资本和生态系统功能发生变化时，该模型可能会受到气候变化的影响。上述模型已与卫星和航空遥感技术共同用于对人类健康和海产品有害藻华和病原体所产生的危害进行预警。通过上述科学技术更广泛的应用，让英国能够在自然资本的应用和管理方面进行调整和适应。

第 12 项建议——实施海洋自然资本评估和核算，从而进一步掌握对海洋、沿海水域和河口内资产、功能和利益范围的最新理解和证据，让英国能够通过监测，确保已实现的改善可与《25 年环境计划》相关联。

三、海洋自然资本及其相关利益改善的国际领导地位

第 13 项建议——采取跨政府部门协调行动，在解决海洋污染的问题上发挥国际领导作用。

在 2018 年英联邦政府首脑会议以及在实施塑料颗粒禁令等海洋相关领域，英国政府已发挥了国际领导作用，但仍可作出更多贡献。在各类跨政府部门的国际联合行动，例如，减少船舶排放和废弃物；减少废弃渔具、塑料绳索和渔网；减少在海上丢失的集装箱等方面，均需要英国发挥领导作用。英国可与国际海事组织合作施压，以避免在海上发生可能造成有害污染的碰撞。英国还可在沿海（英国水域以外）区域的塑料倾倒方面发挥领导作用，并通过循环经济方法以及对于清洁增长战略和工业战略中关于塑料管理的态度，更多地参与国际联合行动以解决海洋垃圾倾倒相关的其他问题。但英国政府尚未批准加入国际海事组织的《压载水公约》，该公约旨在消除船舶压载水带来的入侵物种和病原体转移的风险。

第 14 项建议——通过跨政府部门协调行动，在改善官方发展援助受援国的海洋自然资本方面发挥国际领导作用。

在官方发展援助受援国中，海洋环境对于民众的生计、健康和福利极为重要。全球 44%以上的人口居住在距离海岸 150 千米的区域内，并且该比例正在迅速增长。在官方发展援助受援国中，海产品是人体摄取蛋白质的主要来源，但大部分官方发展援助受援国存在过度捕捞现象，因此鱼类种群、珊瑚礁和红树林等海洋自然资本不断恶化。另外，那些可进行旅游开发或水产养殖的区域，或对当地社区的健康和福利具有环境效益的区域，往往受到塑料、污水和化学污染物的降解污染。英国政府能够在从自身经验总结出最佳方法方面作出更多贡献，并在促进跨学科研究和援助方

面采取更多行动并发挥领导作用，从而改善官方发展援助受援国的海洋自然资本资源管理并保持地方和国家管理的平衡，这对于更加可持续地利用食品和原材料资源、改善健康和福利以及增加生计机会至关重要。

四、形成基本的理解并建立度量标准

在海洋环境中应用自然资本方法面临着特殊挑战，但并非不可逾越，继续寻求在实践中应用自然资本方法仍然十分重要。总体上英国海洋环境数据存在不一致的情况，在对于生境和物种如何支持生态系统功能方面的理解也存在着重大差距。

第 15 项建议——在方法的制定和实施方面需开展更多工作并投入更多资源，以便能够充分评估和管理海洋生态系统的功能和效益，因此这将需要改进以研究为基础的对资产、生态功能和过程作用的理解。

自然资本方法主要从陆地环境中的土地覆盖测绘方法发展而来，即主要将经过明确界定的独立生境空间作为实现功能的“单元”。该方法适用于沿海和海洋环境内的海床/底栖区域，但对于上层海域的适用性有限。海洋底栖生物生境可在空间上划分为更小的区域从而大幅改善其生境数量和质量。但目前，由于缺乏资源，对近海海洋保护区的监测次数极少。政府可从海洋先锋计划中正在进行的监测工作中吸取有益的经验教训，在上述监测工作中正对自然资本方法进行测试。

欧洲自然信息系统的生境分类是一个可覆盖包括水生和陆生生境的各类自然和人工生境。自然资本委员会自 1996 年以来，联合自然保护委员会积极促进了欧洲自然信息系统中海洋生境分类的发展，同时海洋生境分类的结构和深度均在很大程度上受到联合自然保护委员会在此领域工作的影响。联合自然保护委员会认为欧洲自然信息系统较为适用，自然资本委员会也持有相同观点，并且政府已在海洋保护区界定过程中采用该系统。

第 16 项建议——欧洲自然信息系统应作为海洋生境的统一分类方法，并作为逻辑基础，用于在自然资本评估过程中定义实现功能的“单元”。

第 17 项建议——为实现海洋自然资本框架的目的，“海岸生境”的类别应延伸至低水位线，即始终包括所有的岸上（浪溅区）和海滨（潮间带）生境。其他海岸生境应纳入陆地评估方案而非海洋环境，以确定目前的跨陆地和海岸生境的国家监测系统。但必须调整监测范围和条件，从而确保可涵盖整个潮间带范围和海洋相关功能。

海床/底栖生境应进行分类，从而确保对由不同类型的沉积物和硬岩形成的并且位于不同深度的植被生境和生物礁进行充分评估。海洋自然资本评估还必须包括远洋生境。同时需要掌握生境的盐度和分层特征，因其会影响海水中和被海水覆盖的海床生物群的关键功能。

第 18 项建议——需进一步考虑自然资本方法在海洋远洋生态系统中的应用，确保其系统评估能够包括更广泛的海洋环境中不同空间区域的相互关联性。

虽然仍存在海洋环境现场调查数据缺乏的问题，但可通过一些替代方案在一定程度上弥补某些数据存在的差距。遥感技术也可提供具有成本效益的数据，特别是为某些远洋提供信息以及绘制海岸生境地图。专家判断可提供必要且有效的信息，但将其报告方式标准化可带来更多益处。公众科学也可用于数据生成，并吸引公众参与。在数据收集与使用之间进行充分沟通，这对于提高对可用数据的认识以及促进其整合至中央数据和工具库中至关重要。

在现实中，由于海洋生境的未知性，且缺乏海洋自然资本数据的连续时间线，所以难以预测改善后海洋环境的状况，或对其功能增长进行量化。英国需要更好地理解和分析来自海洋环境的不同生态系统功能使用之间的权衡。例如，渔业产量，水产养殖产量，改善健康水平和福利，减少因公众参与、海上休闲娱乐以及野生动物观察等活动增多带来的医疗费用等方面之间的权衡和协同。上述方面包含了海洋和海岸区域、准入和生物资源之间的竞争。

第 19 项建议——研究和数据收集应用于掌握和量化随着海洋环境改善，海洋生态环境功能和效益取得的结果，包括当前和未来海洋环境中不同生态系统功能应用之间的权衡。

第二十七章　英格兰洪泛与海岸侵蚀风险管理国家战略草案

2019 年 5 月，英格兰环境署发布《英格兰洪泛与海岸侵蚀风险管理国家战略草案》(以下简称“《战略草案》”)，回顾了 2011 年发布的最初的《英格兰洪泛与海岸侵蚀风险管理国家战略》，阐明了英格兰如何以全新理念应对洪泛和海岸线变化，确定了英格兰在未来 10~30 年内应推进的洪泛与海岸侵蚀风险管理的战略重点，同时制定了实现战略目标的短期措施。

第一节　背　景

一、洪泛和海岸线变化导致景观变化

英格兰拥有漫长的洪泛和海岸线变化历史，随着此类事件发生频率的不断增加，管理方式也需要进行改变。

最初的《英格兰洪泛与海岸侵蚀风险管理国家战略》于 2011 年发布，提供了所有风险管理当局应对所有来源(包括地表水)的洪泛和海岸线变化的总体行动框架。这项工作已取得重大进展，风险管理当局基本上实现了最初的战略目标并采取了相关措施。环境署的洪泛和海岸侵蚀风险管理年度报告中详述了进展情况。《战略草案》是对 2011 年发布战略的回顾。

二、管理洪泛和海岸线变化的角色和职责

(一)环境署

环境署在洪泛风险和海岸线变化管理方面担任多个角色，包括《公民应急法(1994)》中的Ⅰ类响应方。环境署负责对各种来源的洪泛和海岸线变化管理进行战略概述，包括通过《英格兰洪泛与海岸侵蚀风险管理国家战略》以及通过计划(包括海岸线管理计划和洪泛风险管理计划)设定管理

风险的方向。环境署还担任执行角色，是管理主要河流、水库、河口和大海洪泛风险的机构。其角色还包括担任专家顾问，特别是在规划申请、地方规划和环境评估方面向地方规划当局提供规划建议。

（二）当地洪泛管理局

当地洪泛管理局负责在其区域内制定、维持和应用本地洪泛风险管理战略以及登记当地洪泛基础设施。该机构还负责管理地表水、地下水和普通河道洪泛风险，同时也是《公民应急法（1994）》规定的Ⅰ类响应方。

（三）区议会

区议会是当地洪泛风险管理的关键合作伙伴，可执行普通河道洪泛风险管理工作，也与当地洪泛管理局及其他方合作，以确保其区域内的发展决策能有效管理洪泛风险。

（四）内部排水委员会

内部排水委员会是水位管理机构的组成部分，与洪泛风险、土地排水和环境相关。每个内部排水委员会是一个独立的地方公共机构，建立在英格兰具有特殊排水需求的地区。内部排水委员会负有执行责任，并在其覆盖的区域（约为英格兰面积的10%）中发挥重要作用。与其他当局合作，对水位进行管控，使之符合当地需求。

（五）公路管理机构

公路管理机构负责建设、管理公路排水系统和路边沟渠，并确保公路项目不会加剧洪泛。

（六）水务公司和污水处理公司

水务公司和污水处理公司负责管理清洁用水和污水洪泛、合流制排水系统洪泛的风险，并提供建筑和庭院排水系统。

（七）风险管理当局

环境署、当地洪泛管理局、区议会、内部排水委员会、公路管理机构、水务公司和污水处理公司合称为风险管理当局。所有风险管理当局都有义务相互合作、共享信息。风险管理当局须行使其有关洪泛和海岸线变化的职能，行使方式须符合国家战略和指导方针。当地洪泛管理局制定的地方战略也必须与国家战略相符。

(八)区域洪泛和沿海委员会

环境署根据《洪泛和水管理法(2010)》成立区域洪泛和沿海委员会。委员会汇集了政府、环境署和当地洪泛管理局指定的具有相关经验的成员，旨在实现3个目标：①确保制订一致计划，以确定、沟通和管理集水区和海岸线的洪泛和海岸侵蚀风险；②促进洪泛和海岸侵蚀风险管理方面有效、有针对性且基于风险的投资，使当地社区货币价值及利益最优化；③建立环境署、当地洪泛管理局、其他风险管理当局及其他相关机构之间的联系，以相互了解各自区域的洪泛和海岸线变化风险。

三、环境署的战略概述

环境署战略概述的重点包括：提供有关洪泛和海岸线变化的国家数据、信息和工具，供公众共享；引导有效合作伙伴关系，以管理洪泛和海岸线变化；提供及时且有效的信息和警告；进行英格兰洪泛和海岸线变化方面的综合监督并进行更改。

四、促进更广泛的环境目标

管理洪泛和海岸线变化对于改善和保护自然、历史和建筑环境非常重要。风险管理当局应最大程度地减少对当地自然、历史和建筑环境的破坏，尽量改善这些环境。如无法避免保护区、受保护栖息地及历史建筑等受损，按照法律规定，需采取补偿措施。

《战略草案》旨在支持实现更广泛的环境目标，主要支持《25年环境计划》的目标，保护受威胁物种，提供更丰富的野生动物栖息地；减少自然灾害风险；适应和缓解气候变化。

所有风险管理当局都需要与自然过程相协调，包括保护和恢复集水区、河流、洪泛平原和海岸的自然功能。环境署2017年发布的自然洪泛风险管理证据基础和案例研究中，已有大量证据表明了与自然过程协调的益处。

所有风险管理当局都应在支持可持续发展方面发挥作用，建议其长期决策应通过以下方式保护环境：减少碳排放；促进实现可持续发展，平衡社会、经济和城市、农村及自然环境的需求，考虑文化遗产，并致力于确保环境效益；保护和优化自然风景、野生动植物和文化遗产，保护生物多样性；遵守《水框架指令》《环境质量标准指令》和《地下水指令》；在海洋环境方面，遵守《栖息地和鸟类指令》，保护、维持并重建野生鸟类栖息地。

五、愿景

《战略草案》有 3 个高水平愿景：①创建气候韧性场所；②确保目前发展和基础设施能够适应未来气候；③作为气候治理领导者，能够通过创新适应洪泛和海岸线变化。

第二节　气候韧性场所

《25 年环境计划》声明当前全球在《巴黎协定》下的承诺不足以将平均升温限制在 2℃以内，因而管理洪泛和海岸线变化方法需能适应未来一系列的气候变化情景，包括全球平均温度升高 4℃。

一、创建气候韧性场所方面取得的进展

环境署和其他风险管理当局的工作确保在创建气候韧性场所方面取得了进展，包括：2015 年 4 月至 2021 年 3 月，环境署和其他风险管理当局投资超过 26 亿英镑，用于减少洪泛和海岸线变化；除政府出资外，合作伙伴也提供了超过 4.6 亿英镑，旨在让更多家庭受到更好保护；许多洪泛和海岸线变化方案包括了各种解决方案，如防洪堤、房屋层面的恢复措施或减缓水流的木质拦砂坝；风险管理当局定期执行的洪泛和海岸线变化管理工作改善了环境。

二、长期投资方案

环境署已发布一份更新的经济评估，以帮助规划下一个 50 年的洪泛和

海岸侵蚀风险管理，其中考虑了各种气候变化情景。据估计，现在至2065年，在洪泛和海岸线变化基础设施方面，每年平均至少需要10亿英镑的投资。

此外，政府还致力于发布国家基础设施战略。更多的地方当局、基础设施供应商和开发商也在采取行动，以增强基础设施和服务适应洪泛和海岸线变化的能力。

为提高整个国家对于洪泛和海岸线变化的韧性，需要采取各种方法。《战略草案》力图提出一种不同的方法考虑国家和地方所作决策中的洪泛和海岸线变化。

三、战略目标

（一）战略目标1.1

战略目标1.1：现在至2050年，政府应致力于适应未来的洪泛和海岸侵蚀风险。未来一年里，环境署将与合作伙伴一起探讨制定洪泛和海岸侵蚀恢复标准的概念。

《战略草案》中“场所韧性”是指，一个场所应对所有来源的洪泛或海岸线变化或从中恢复过来的能力。国家基础设施委员会建议设立一个长期目标，即建立“国家抗洪能力标准”，并提出，主要城市区域需能应对年度发生概率为0.1%的事件，其他地区需能应对年度发生概率为0.5%的事件。

在许多地方，构建和维护洪泛和海岸线变化基础设施仍然是今后恢复所需的重要工具。不过必须认识到，洪泛和海岸线变化基础设施提供的保护只是其中的一部分。在某些场所，为提高韧性在工程解决方案上斥巨资具有经济意义，如泰晤士河入海口。但在大多数场所，以这样的方式管理今后的气候风险不是唯一正确的方法。

环境署认为，需要一套全国性的恢复工具来帮助地方避免、预防、响应今后的洪泛和海岸线变化威胁以及从中恢复过来。这些工具包括：制定土地利用政策，反映当前和未来洪泛和海岸线变化风险的水平；采用自然洪泛管理、妥善的土地管理、临时蓄洪区以及可持续的排水系统等方式，管理环境中的水流，减少上下游区域风险；通过投资防洪堤、海堤和路堤，保护地区免受洪泛和海岸线变化的影响，综合考虑还应包括评估临时拦洪坝的效益，或通过创建多功能绿色基础设施或使用自然洪泛管理，与自然过程进行协调；更有效地设计场所、建筑和基础设施；增强社区韧性，提供有效警告和应急响应服务，鼓励和支持志愿者及社区团体采取行动，转移财产、保持安全，必要时进行撤离；调整房屋和服务以增强其韧性，减少洪泛发生时的损失和破坏，并尽快恢复；迅速而有效地响应洪泛和海岸侵蚀事件，开展预测监测，评估风险，警告通知社区及当地响应方；洪泛或海岸线变化事件后进行迅速恢复；接受某些区域会受到侵蚀的事实，使当地区域实现可控的转移。

每个场所各不相同，所选工具的精确组合需根据特定场所进行调整，并应反映当地的愿望和机遇、地方和人民的经济及环境需求。没有“一刀切”的办法。与此同时，环境署将审查有关洪泛和海岸线变化项目的评估指南，确保投资决策更好地考虑今后一系列的气候变化情况。

（二）战略目标 1.2

战略目标 1.2：现在至 2050 年，风险管理当局将帮助各地规划和适应洪泛和海岸线变化以及今后一系列气候变化。

洪泛和海岸线变化是不断变化的，需要一种迭代的动态方法，以便随时间推移针对不断变化的风险进行审查，这被称为“适应性方法”，并已在英格兰一些地方使用。

（三）战略目标 1.3

战略目标 1.3：现在至 2030 年，所有治水参与者都会采用适应性方法并使其根深蒂固，以增强环境适应旱涝灾害的能力。

环境署正与水务公司合作，将治水和洪泛管理作为该部门的核心议程。水产业战略环境要求树立了水环境的管理抱负，使其更能适应旱涝灾害，造福人类、野生动物以及利于经济发展。通过制定 2020—2025 年业务计划，许多水务公司获得了客户投资支持，以管理与洪泛和极端天气相关的风险。水务公司已制定下一个 25 年水资源可持续利用计划，还在着手制定长期排水和废水管理计划。

（四）战略目标 1.4

战略目标 1.4：现在至 2030 年，风险管理当局加强了对自然环境、建设环境及历史环境的管理，从而为下一代创造更好的环境。

采取适应性方法为风险管理当局提供了长期框架，以确定改善自然环境、建成环境及历史环境的机会，作为创建更多气候韧性场所的一部分。

为实现目标而采取的措施包括：2021 年起，风险管理当局将通过投资防洪和海岸项目，推动改善自然环境、建成环境及历史环境；2021 年起，风险管理当局将与合作伙伴和其他方合作，确定自然恢复网络、北部森林和其他栖息地改善如何有助于管理洪泛风险和海岸线变化；2021 年起，风险管理当局将协助确保 75%的水体在 25 年内处于自然或近自然状态。

(五)战略目标 1.5

战略目标 1.5：现在至 2030 年，风险管理当局将利用新来源的筹资融资进行投资，使国家能够适应洪泛和海岸线变化。

为实现《战略草案》目标，并继续建设国家适应洪泛和海岸线变化的能力，特别是应对气候变化的能力，需要投入更多资金。

为实现目标而采取的措施包括：2021 年前，环境署会与政府合作制定绿色金融战略，以探索新的洪泛和海岸线变化筹资融资方案，从而在未来提供更多的私人资金；2025 年前，风险管理当局会检验是否可以在未来需要大量投资之处使用前期融资提供适应性方法。

第三节　确保当前发展和基础设施能够适应未来气候

一、确保“当前发展和基础设施能够适应未来气候”目标取得进展

环境署和其他风险管理当局的工作确保“当前发展和基础设施能够适应未来气候”目标取得了进展，包括：2017—2018 财年，99.4%新建房屋有关规划申请均按照环境署建议决定；与英国环境、食品和农村事务部及内阁办公室密切合作，对英格兰大面积洪泛风险的建模和证据基础进行了

重大改进，以便向内阁办公室提供《全国紧急事务风险清单》；2016—2021年期间制定的洪泛和海岸线变化方案将更好地保护超过28万公顷的农业用地，并有助于避免超过15亿英镑的农业用地直接经济损失；2018—2019年，环境署投资逾2亿英镑维护现有的洪泛和海岸侵蚀风险管理基础设施，以确保此基础设施继续保护社区。

二、战略目标

（一）战略目标2.1

战略目标2.1：现在至2030年，所有新开发区都将有助于实现基于场所的适应洪泛和海岸线变化。

环境署的长期投资方案表明了地方规划当局有效实施规划政策的重要性。未来50年，在洪泛平原上修建的房屋数量或将翻倍。继续实施政府规划政策可以限制洪泛对房屋造成的大部分潜在破坏。不过，若规划政策被削弱或实施力度不足，未来50年的房屋破坏可能会增加38%。

由于洪泛平原以外的地区发展有限，在一些地方，确保未来开发区能够适应气候变化将是一项挑战。未来50年，预计仅有3%的地方当局将在洪泛平原新开发20%的区域。因此，寻找降低洪泛和海岸线变化影响的投资机会对于构建气候韧性和实现可持续增长至关重要。

为实现目标而采取的措施包括：2021年起，风险管理当局将对技术能力规划进行投资，确保其可以就规划者和开发商创建气候韧性场所提供有效建议；从2025年起，环境署和当地洪泛管理局将在如何采取适应性方法制定当地战略规划方面提供建议。

（二）战略目标2.2

战略目标2.2：现在至2030年，所有新开发都将致力于助力当地取得环境净收益。

实现可持续增长并不意味着洪泛和海岸线变化或环境破坏现象增加。“净收益”是一种发展原则，旨在确保自然环境目前状态远远好过之前状态。净收益还有助于确保新开发有利于管理洪泛和海岸线变化风险。

政府承诺要求部分新开发必须实现“生物多样性净收益”，应改进规划系统解决开发对栖息地影响的方法，并允许在不影响野生动物情况下进行新的开发。开发商和基础设施提供商在实现生物多样性净收益方面发挥了关键作用，包括正在建设和交付防洪和海岸基础设施项目的风险管理当局。

为实现目标而采取的措施包括：2021 年起，所有风险管理当局将在所有计划和项目中实现生物多样性净收益；2021 年起，所有风险管理当局将争取与开发商和规划者合作，实现环境净收益，作为战略发展提案的组成部分。

(三)战略目标 2.3

战略目标 2.3：现在至 2030 年，所有风险管理当局将通过投资洪泛和海岸线变化项目，为当地经济复兴和可持续增长做出积极贡献。

英格兰的长期目标是通过投资防洪和海岸基础设施项目，助力当地经济复兴和可持续增长，从而推动气候韧性场所发展。防洪和海岸基础设施的投资决策可以妥当阐释可持续增长和韧性发展的益处。如何整合这些益处是未来几年需要进一步研究和发展的领域。

(四)战略目标 2.4

战略目标 2.4：现在至 2050 年，受洪泛和海岸线变化影响的场所将在更好的地方“重建得更好”。

一些情况下，洪泛或海岸线变化的规模可能非常显著，“重建得更好”概念可能并不合适，因为恢复到相同状态并不是未来几十年最好的解决方案。

适应小组委员会 2018 年报告指出了英格兰一些沿海社区在应对气候变化方面所面临的挑战。报告指出实施目前的海岸线管理计划以保护海岸将花费 180 亿~300 亿英镑。按照英格兰海岸保护当局目前的计划，保护或调整 149~185 千米的英格兰海岸线是无益的。适应小组委员会建议与沿海社区合作制定适应性方法，使沿海社区更好地参与到决策制定过程中。

为实现目标而采取的措施包括：2025 年前，环境署会与政府、保险公司和金融机构合作，审查“在更好的地方重建得更好”所需的法律、政策和行为变化，提高家庭和企业韧性；2021 年前，海岸保护当局和环境署会更新海岸线管理计划，并对其开展审查。

(五)战略目标 2.5

战略目标 2.5：现在至 2030 年，所有洪泛和海岸线变化基础设施所有者都应认识到，有责任支持构建场所的承洪韧性和海岸带韧性。

洪泛和海岸线变化基础设施是支持采取适应性方法提高场所韧性的工具组合之一，是重要的组成部分。修建洪泛和海岸线变化基础设施并维护使其跟上气候变化步伐，对于人民、房屋和其他基础设施今后的韧性至关重要。

(六)战略目标 2.6

战略目标 2.6：现在至 2050 年，环境署和风险管理当局将与基础设施供应商合作投资，确保所有基础设施均能适应今后的洪泛和海岸线变化。

在 2015 年和 2016 年冬季洪泛之后，政府开展了国家洪泛适应力评估。评估了当地能源、交通、供水和通信等关键基础设施的韧性，并确定了更好保护基础设施的方法。

所有风险管理当局都应与基础设施供应商合作，确保其在整个运作过程中适当考虑承洪韧性和海岸带韧性。在部分场所，在高风险地区重建基础设施可能不是最经济、可持续的选择。通过开发承洪韧性和海岸带韧性，基础设施供应商更易于确定其长期投资计划如何有助于气候韧性场所发展。

第四节　通过创新抵御洪泛和海岸线变化

《战略草案》旨在帮助人们应对洪泛和海岸线变化带来的影响。据环境署估算，在英格兰超过 500 万人正面临着洪泛和海岸侵蚀的威胁。为创建能够抵御气候变化的场所，人人都应为洪泛和海岸线变化负责。提高人们对洪泛和海岸线变化的认识，承担相应责任，并采取行动，绝非一蹴而就。

一、向气候治理领导者迈进，通过创新抵御洪泛和海岸线变化

环境署和其他风险管理部门的工作已确保在向气候行动领导国家迈进过程中取得进展，包括：环境署的洪泛预报服务，在洪泛到来时为人们、企业和应急服务机构争取防范的宝贵时间；自 2015 年和 2016 年冬季洪泛以来，环境署已经投资了新的设备并配备训练有素的工作人员随时准备应对洪泛；洪泛预报中心 24 小时为英格兰和威尔士应急工作人员和当地政府提供每日洪泛及海岸风险评估；过去 6 年间，环境署已向英格兰 520 万户面临洪泛风险的家庭和企业提供预防和应对洪泛的信息和建议；洪泛与海岸线会议将洪泛和海岸侵蚀管理人员汇聚一堂，为分享经验、庆祝成功、展示创新和讨论如何迎接未来挑战提供机会。

二、战略目标

（一）战略目标 3.1

战略目标 3.1：现在至 2030 年，人们应了解洪泛和海岸线变化的影响，但也要认识到其所在地的潜在解决方案以及职业发展的机会。

通过更好地利用已掌握信息，以人们能够理解的方式，可以取得很多成就。但是，对于面临的重大挑战，需要对其影响以及为应对挑战每个人需要扮演的角色有更加深刻的理解。

（二）战略目标 3.2

战略目标 3.2：现在至 2030 年，人们将了解洪泛和海岸线变化的潜在影响，并采取行动。

无论人们意识到自己正面临着洪泛和海岸线变化的威胁，还是意识到自己生活在受影响的方面，都需要为解决方案作出努力。越来越多的证据表明，洪泛和海岸线变化已经并将继续成为需要立刻付诸行动的大事。

洪泛和海岸线变化具有重大且持久的影响。英格兰拥有公认的世界级洪泛预报和预警服务。气象局和环境署为人们和企业提供恶劣天气和洪泛预警服务，以确保无论洪泛和海岸线变化的危险是否迫在眉睫，所有人都

能够行动起来。

(三)战略目标 3.3

战略目标 3.3：现在至 2030 年，人们将从所有参与洪泛和海岸线变化应对的工作人员那里得到一贯且协调的支持。

完全消除洪泛和海岸线变化的风险是不可能的，需要一系列工具来提高地方韧性。迅速有效地处理洪泛或海岸线变化事件以及开展后期恢复工作至关重要。

2018 年发布的《多机构洪泛规划评论》研究发现，在防洪反应规划方面仍有改善空间。

为实现目标而采取的措施包括：到 2021 年，环境署将与政府和风险管理部门合作，厘清地表水洪泛的相关角色；到 2022 年，环境署将把其洪泛预警服务扩展至所有极有可能发生河流和海洋洪泛的地区；到 2025 年，环境署会与政府合作，加强参与提供应急响应及恢复服务机构之间的联系，提供一致协调的服务。

(四)战略目标 3.4

战略目标 3.4：现在至 2030 年，英格兰将被公认为洪泛和海岸线变化管理方面的世界领导者，并将培养和吸引人才来创建一处能够抵御变化的地方。

环境署估计，有 11.7 万人在洪泛和海岸线变化行业工作。随着气候变化带来风险的逐步加剧，需要不断发展可用技能，以确保拥有专业人士帮助应对洪泛和海岸线变化，并提供建议。

第五节　收益、成本和资金

环境署的《2019 年长期投资方案》研究发现，洪泛和海岸线变化基础设施每年的平均投资需求为 10 亿英镑，预计未来 100 年净现值为 1 000 亿英镑。《战略草案》中的措施旨在使未来的投资更有效、更高效、更协调。许多措施是对风险管理部门现有活动和工作方式的整改。这些措施应该是成本中立的，并在现有的作用、责任和法定职责范围内实行。

作为执行措施的组成部分，将更详细地考虑成本和资金问题。在执行过程中还将考虑投资于洪泛和海岸线变化而避免的成本。除将实现的具体效益外，所有措施亦应实现一系列潜在的更广泛的效益，即加强与风险管理部门、基础设施供应商、空间规划人员和应急响应人员之间的联系，共享信息，以确保人、地、基础设施更好地适应洪泛和海岸线变化带来的风险，同时抓住机会改善环境；鼓励更多的人员参与管控风险活动。

第二十八章　爱尔兰海洋规划政策声明（草案）

2019年6月，爱尔兰外交部长，农业、食品和海洋部长以及住房规划和地方政府部长在爱尔兰海洋财富峰会上发布了《海洋规划政策声明（草案）》（以下简称"《声明》"）。《声明》内容具体包括爱尔兰海洋规划系统结构概述、发展愿景、参与主体及其他利益相关方的总体政策和原则、高级别优先事项等，为下一步爱尔兰国家海洋规划框架的制定与实施奠定了基础。

第一节　《声明》出台背景与目的

《声明》是爱尔兰第一份海洋规划政策声明，适用于海洋规划的各个方面。《声明》配套的正式立法预计于2020年出台，其后每6年编制、通过和审查一次"海洋规划政策声明"将被纳入法定程序。这反映了爱尔兰海洋规划体系正在进行全面的升级和革新，彰显了爱尔兰迅速发展的海洋规划和管理进程。

制定《声明》的目的是：第一，厘清爱尔兰海洋规划体系的现有组成部分；第二，概述爱尔兰海洋规划体系未来发展愿景；第三，确立政府海洋规划参与主体和其他利益相关的公共机构需遵循的总体政策和原则，如公众参与、透明度、治理、环境评估、气候行动、社会和经济效益等；第四，确定加强爱尔兰海洋规划体系的高级别优先事项。此外，《声明》与支撑爱尔兰土地规划体系运作的《规划政策声明（2015）》类似。

第二节　爱尔兰海洋规划体系要素

规划体系一般包括3个要素：①远期规划——法定机构在国家、区域或地方一级制定中长期高水平规划目标；②开发管理——处理和决定具体的开发申请；③执行——即处理未经授权的开发或不符合开发管理决策的情况，并确保正确遵守远期规划。

爱尔兰土地规划体系已实施50多年，定义明确且释义充分。国家规划框架位于远期规划的顶层，在区域议会——“区域空间和经济战略”之上，而“区域空间和经济战略”则与地方政府的“市/县发展计划”相衔接，最后进行“地方规划”。开发管理系统由当地规划部门及相关公司运营，涉及战略基础设施和住房开发。执行责任由地方当局、住房规划和地方政府部长以及规划监管机构办公室共同承担，并负责确保远期规划的相关计划得到合理的应用和重视。一个全面的海洋规划体系还应该包括海洋远期规划、海洋开发管理和执行3个要素。

第三节　爱尔兰海洋规划现状

一、海洋远期规划

爱尔兰的第一个海洋空间规划正在制定中，将在2020年底前完成。然而，爱尔兰的第一个综合海洋计划——“利用我们的海洋财富”，自2012年开始实施，并基于可持续发展理念，确立了3个高水平目标：目标1——侧重于爱尔兰海洋经济繁荣，利用市场机会实现经济复苏、社会包容和可持续增长；目标2——旨在实现健康的生态系统，提供货币、非货币商品和服务，如食品、气候、健康和福祉；目标3——旨在增加与海洋的接触。在爱尔兰丰富的海洋遗产基础上，规划目标是强调本国的海洋身份，以提升国民对海洋的价值及其附带的机会和社会效益的认识。

“利用我们的海洋财富”还包括一系列实现上述愿景和目标所需的任务和行动，并建议管理爱尔兰的海洋财富需要一个以高效稳健的规划和以许可证制度为基础的总体国家海洋空间规划。这种管理方法可以为国家、区域和地方规划海洋财富提供治理结构和蓝图，还将为爱尔兰的海洋部门提供竞争优势，有助于更好实现海洋财富利益，并利于有效和可持续地管理爱尔兰的海洋资源。

二、海洋开发管理

当前，爱尔兰通过前滨租赁、许可证制度以及一系列特定领域的海洋规划对海域进行开发管理。其中，最主要的开发管理制度是前滨租赁和许可证制度，由住房规划和地方政府部长根据《前滨法案》实施。这一过程涉及广泛的开发类型，如管道、码头和填海工程。因此，这不是针对某一部门的开发许可程序。农业、食品和海洋部长是基于《前滨法案》的水产养殖许可授权的责任主体，具体实践中农业、食品和海洋部将代表部长进行管理，水产养殖许可上诉委员会则允许部长对决定提出异议。《石油和其他矿产开发法(1960)》《大陆架法(1968)》和《天然气法(1976)》中也对许可证授权作出了规定，如爱尔兰水域的石油和天然气勘探和生产需要通讯、气候行动和环境部的开发许可授权，受海上油气勘探、开发和生产许可条款的约束。最后，不考虑海洋活动监管的前提下，在海洋规划发展管理程序方面，根据《商船法》，爱尔兰灯光委员会负有协助航行许可证授权的法定责任。

三、执行

《前滨法案》为住房规划和地方政府部长提供了一系列保护和执行权力，以确保主要的前滨开发管理程序的实施。部长可发出禁止性通知或命令，以防止海滩物质被移动或破坏。部长还有权在某些情况下下令拆除废弃建筑物，并可向地区法院申请将未经授权的建筑物从前滨拆除。水产养殖活动的监测和执行是由水产养殖和前滨管理部门以农业、食品和海洋部长的名义根据《前滨水产养殖法》规定进行的。海事研究所提供一系列监测和其他服务，以支持执法工作。《石油和其他矿产开发法(1960)》规定了通讯、气候行动和环境部长的广泛执行权，以允许起诉犯罪，包括未能达到许可证发放基本要求而获批的行为。《矿产法》规定了通讯、气候行动和环境部长的一系列执法权力，包括：禁止未经部长许可非法勘探矿产、中止未经授权的勘探并起诉该犯罪行为。爱尔兰灯光委员会对当地助航设备进行检查。

第四节　爱尔兰海洋规划体系发展愿景

一、海洋远期规划——“海洋空间规划”

爱尔兰的远期规划——“海洋空间规划”（MSP）高度依赖《欧盟海洋空间规划指令》（MSPD）（2014/89/EU）。根据MSPD，必须在2021年3月31日前完成规划的制定，并阐明MSP过程和规划中必需的一系列活动。住房规划和地方政府部牵头制定爱尔兰第一个海洋空间规划——“国家海洋规划框架”（NMPF），并将与国家规划框架并行，在20年的时间周期内规划政府对海洋管理的长期规划目标和优先事项。NMPF将为海洋决策建立一个统一的总体框架，并确保爱尔兰海洋区域的可持续未来。NMPF草案将于2019年第三季度发布，并在《爱尔兰海洋规划国家基线报告》公众参与的基础上开展公众咨询，最终版本将于2020年底之前完成。《声明》和NMPF都将为爱尔兰从水产养殖到废水处理的所有活动制定具体目标和海洋政策。NMPF还将确定海洋空间规划活动或海洋保护区的拟议方法，并考虑到《欧盟鸟类指令》和《欧盟栖息地指令》下的现有欧洲文化遗产保护问题。NMPF和《声明》一样关注编制过程，迄今为止的工作主要集中在确保广泛的公众和利益相关者参与，并将其意见融入计划制订的第一个周期，进一步为计划第二周期的公众参与奠定基础。

二、海洋规划与开发管理法案

政府也在制定新的立法，使海洋开发管理和执行系统要素现代化。《海洋规划与开发管理法》［原《海域及前滨〈修订〉条例草案（2019）》］中包括以下内容：第一，制定海洋规划政策声明的法定依据；第二，明确住房规划和地方政府部长制定海洋规划的权力；第三，增强海事远期规划法定依据；第四，为海域引进单一的国家许可证制度，住房规划和地方政府部，通讯、气候行动和环境部长将负责国家许可证发放，以控制该海域的前滨、领海、专属经济区和大陆架资源开发。在其管辖范围内的项目，申请人根据具体情况，向地方当局申请开发批文或规划许可；第五，消除目前在前滨和规划制度下对活动或开发的不必要的重复开发管理评估流程，包括环境评估在内；第六，针对住房规划和地方政府部长以及通讯、气候行动和环境部长职责范围内的活动或开发，为海洋区域引入单一的开发管理流程。这些过渡安排将为传统的海上可再生能源项目提供未来的开发管理途径。通过将远期规划与开发管理和执行相结合，这项新立法将成为爱尔兰未来海洋规划体系的基石。这将是爱尔兰履行《欧盟海洋战略框架指令》、《东北大西洋环境保护公约》、气候变化和可再生能源目标以及未来港口发展义务的关键推动力。

三、海事管辖法

《海事管辖法》将对国家现有的海事管辖法规进行修订。特别是，该法将界定国家不同管辖海域（领海、毗连区、专属经济区和大陆架），并划定其界限。该法将详细规定国家在每个区域的权利，并根据国际法明确每个区域的民事和刑事管辖权。该法的修订旨在补充海洋规划和发展管理法案。

四、应对气候变化的政府气候计划

政府将很快公布应对气候变化的政府气候计划。该计划将阐述如何使爱尔兰成为应对气候变化的领导者，推动所有关键部门（包括电力、农业、运输、工业、建筑和公共部门）实施减排政策。该计划将以国家缓解计划、国家适应框架、国家发展计划和海上可再生能源发展计划中已包含的行动为基础，重点是执行和实现每项行动所需的明确时间表和步骤，同时强调海洋规划在国家气候行动中的关键作用，即通过规划海洋可再生能源项目的交付、碳捕获和封存来实现爱尔兰的可再生能源目标。

五、海洋环境

确保爱尔兰海洋清洁、健康和可持续利用的目标是《欧盟海洋战略框架指令》的核心。根据该指令，实现或保持良好环境状态的义务以及其他环境法律规定的义务可通过功能良好的海洋规划体系予以支持。通过海洋规划体系，在确保可持续利用的前提下为人类活动分配空间，并利用生态系统管理方法支持这些总体目标。海洋规划体系还将履行爱尔兰在《奥斯陆公约》《生物多样性公约》和可持续发展目标下的承诺和义务。

第五节　爱尔兰海洋规划体系的战略原则

(1)海洋规划将以计划为导向，以证据为基础，使爱尔兰的海洋发展规划、海洋发展管理和海洋规划执法进程以及相关国际政策活动，共同支持爱尔兰海洋规划政策的实现。

(2)海洋规划将使爱尔兰能够履行其在欧盟和国际法下的相关义务，包括但不限于《欧盟海洋战略框架指令》《欧盟海洋空间规划指令》《欧盟栖息地指令》《欧盟鸟类指令》“共同渔业政策”《奥斯陆公约》《奥尔胡斯公约》《国际海上人命安全公约》和《联合国海洋法公约》。

(3)海洋规划将促进爱尔兰向低碳和气候适应型经济过渡，应确保海洋环境发展中考虑减少温室气体排放的方法，并应适当考虑气候变化的影响。海洋规划还应支持政府应对气候变化的相关措施。

(4)海洋规划将考虑陆海交互作用。陆海交互作用是复杂且多样性的，但可以广泛地描述为与陆海自然进程相关的，或与陆海利用和陆海活动相关的交互作用。在实践中，由于海洋环境的性质和陆海交互作用的重要性，沿海决策的影响可能是深远和多样性的。考虑到陆海交互作用与环境、社会和经济有关，其应成为海洋规划体系各部分的重要特征。在可能的情况下，应寻求海上和陆基规划要素之间的协调，以确保对陆海交互作用的有效和一致性的考虑。地方当局将在这方面发挥关键作用。

(5)在寻求综合考虑环境、经济和社会因素的同时，海洋规划也将支持海上安全。海上活动的安全至关重要，特别是海上人命和航行安全。海洋规划体系有助于在这一领域保持警惕、推进良好措施并改进文化观念，还将在各个阶段为专家参与和建议提供机会。安全活动在环境保护以及提供安全工作方面也有意义，海洋规划应寻求在这些领域中发挥作用。

(6)海洋规划体系将确保海洋环境的可持续利用，其推进方式应符合《欧盟海洋战略框架指令》的良好环境状况的要求和相关国家、欧盟及《奥斯陆公约》的标准要求，包括《2030 年可持续发展议程》，通过引导走上最佳发展道路。

(7)海洋规划体系将支持生物多样性的维持和恢复，这是海洋生态系统健康、有复原力和可持续发展的必要前提。

(8)海洋规划体系将支持爱尔兰丰富的海洋遗产(包括自然和文化遗产)以及与海洋相关的文化和遗产资产的保护和推广。

(9)海洋规划体系将支持海洋食品行业的可持续发展，特别是应认识到爱尔兰渔业资源及其对沿海和岛屿社区可持续发展的重要性。

(10)海洋规划体系在海洋环境中实践时，应以公平和透明的方式处理所有海洋利益，并确保及时和有效地与公众和所有海洋利益相关方进行公众咨询，包括以下提及的所有前瞻性规划、发展管理和执行系统。

第六节　爱尔兰海洋规划的优先事项

为确保海洋规划能够按照上述主要原则妥善实施，爱尔兰政府将遵循海洋规划的以下主要优先事项。

一、建立健全立法框架

为更好地对海洋进行综合管理，爱尔兰的海洋规划体系——远期规划、开发管理和执行，必须以最新的、健全的立法框架为基础，以支持及时和高质量的决策。正如《声明》前文所述，目前政府正在进行相关工作，以制定关键立法，为爱尔兰海洋规划体系提供现代化法律框架。《海洋规划与开发管理法》将使许多海洋活动的批准程序更加简化，这些活动将由地方当局进行决策。特别是，该法将在住房规划和地方政府部长以及通讯、气候行动和环境部长目前的权力范围内提出一个新的发展管理体制。这一新体制将包括近海可再生能源的决策过程，这是爱尔兰向低碳经济过渡的关键推动因素。

该法还将提供一种工具进行空间指定，以支持特定的海洋开发(如矿石开发)或保护活动(如指定海洋保护区)。它还将规定住房规划和地方政府部长的义务，确保通过《声明》支持所有海洋规划活动，并为部长提供与陆地规划平行的法定海洋规划权力指导。根据《规划与发展法(2000)》第28条发布的指导方针，政府将开展跨部门工作，确保在这些新的以海洋为中心的决策过程和任何未来新的决策过程中综合考虑NMPF。这些变化，连同国家海洋立法框架，将为决策者和执行机构提供一个完善的法律基础，以加快其进程，确保以共同海洋规划方法为主导的规划成果的实现，使爱尔兰海洋领域焕然一新。为在持续的基础上建立一个相关、动态的海洋规划体系，政府将每 6 年审查一次 NMPF 和海洋政策声明的优先事项，以确保其保持相关性，并依据规划实施中的实践和发展趋势以及陆域政策的变化进行调整。

二、制定与国家规划框架平行的综合海洋远期规划

NMPF 将是爱尔兰的第一个海洋规划。在公众和海洋利益相关者的参与下，政府将通过 NMPF 为爱尔兰到 2040 年的海洋管理提供明确指导。NMPF 将是各个海洋开发管理和执行过程中决策者的关键考虑因素，未来所有人类活动或海洋开发的应用都将与 NMPF 中规定的目标和政策保持一致性。因此，NMPF 将处理广泛的海事活动。

NMPF 内容包括：第一，制定政策的愿景、目标和方法说明；第二，与其他政策背景的关系，包括《声明》、土地规划和跨界事项；第三，制定适用于所有活动和整个海域的总体海洋规划政策；第四，海洋规划活动措施将用于指导特定活动，并考虑活动之间的兼容性。在某些情形下，这些政策将只适用于特定的空间和/或时间；第五，为公共机构执行相关措施提供充分信息；第六，提供 NMPF 在政策层面和总体上如何适应和缓解气候变化的相关信息；第七，提供地图、术语和方向的词汇表，如《爱尔兰海洋地图集》。2019 年出版的完整计划草案和最终计划将于 2020 年提交政府。NMPF 将得到《声明》的战略支撑，《声明》将提供政府关于海洋空间规划系统方向和组成部分的总体指导，而 NMPF 将规定规划体系内的具体措施内容。

三、提高公众对上述海洋规划体系及海洋规划进程的认知和理解

虽然公众对陆地规划体系的认知程度普遍很高，但拥有海洋规划过程经验或知识的人却较少。为了支持规划的职能更新和交付变化，确保《声明》对海洋规划体系的愿景发展做出贡献，政府将向公共机构、海洋利益相关者和公众提供规划实施的支持和指导，包括协调爱尔兰的决策和执行机构，发布实践指南。住房规划和地方政府部还将就公共机构如何通过 NMPF 的指导，执行相关职责。

从中期来看，建议允许住房规划和地方政府部长就海洋规划的具体方面向相关公共机构提供法定海洋规划准则，如与海上可再生能源开发有关的准则，或与海岸侵蚀有关的海洋及陆地联合规划准则。

政府将研究规划管理办公室(OPR)在陆地规划方面的作用，并应用于海洋规划。这将有助于厘清 OPR 的核心工作，以推动与规划有关的国家研究、培训、教育和公共信息计划，使得规划事项以最佳方式推行，并强调恰当的规划在陆地和海洋领域的作用和好处。住房规划和地方政府部还将与专业规划机构和高等教育机构合作，支持爱尔兰海洋规划专业的发展，并将海洋规划和相关实践作为国家的业务职能。

四、保证决策的透明和公平性

海洋规划体系的所有要素将以各种决策过程的开放性和透明度为特征，这将通过以下方式实现：

(1)引入新的立法和前瞻性规划框架；

(2)在 NMPF 发展的每个阶段，引入公众参与和咨询，最终结果将由政府决定，并接受相关机构审查；

(3)开发管理过程中的公众参与；

(4)求助于一系列执行机制，包括执行 NMPF 各方面的所有公共机构；

(5)获得法院审查有关法律问题的决议；

(6)设立专职处理公平和标准的公共机构；

(7)中期内，OPR 在监督 NMPF 未来实施方面发挥作用。

五、制定强有力的管理和执行系统，以支持高质量的海洋规划成果

作为实现海洋综合规划体系愿景的一部分，政府致力于加强和合理化执法框架。如上所述，虽然现存的许多海洋规划执行程序和主管当局可能在不同的立法法规框架下运作，但都是海洋规划体系的共同承担者。在海洋规划与发展管理相关条例下引入单一的发展许可程序，将促进执行机制合理化。此外，政府还将审查海洋规划执行的备选方案以及 OPR 的未来作用，确保所有海洋规划机构在其决策角色中统一实施 NMPF。

第七节 结 论

《声明》是海洋规划政策交付的关键一步，认可了政府部门和机构在提供海洋规划服务方面已开展的一系列重要工作。它还概述了一项雄心勃勃的改革方案，将海洋规划纳入政府的主要职能，同时提供必要的政策框架，以完成一个有辨识度的集远期规划、开发管理和执行要素为一体的综合体系。最重要的是，它旨在让所有海洋使用者和利益相关方清楚了解爱尔兰海洋规划的内容，支持上述综合体系的原则和优先事项，并明确了使用者可以从中获得的服务。

附录A 现有海洋规划开发管理体系概述

一、前滨

（一）活动/监管机构

海滨开发管理体系内有各种开发类型，由住房规划和地方政府部长确定。以下为参考清单：

(1)管道；
(2)互连器；
(3)现场调查；
(4)海浪监测浮标；
(5)风力涡轮机的建造和相关开发；
(6)监控设备；
(7)部署波能转换器；
(8)采沙；
(9)采砂，采矿；
(10)前滨复垦；
(11)收割野生海藻的许可证；
(12)清除或处理前滨的危险工程；

（13）海滩营养工程；
（14）排水工程；
（15）码头储存设施的建设；
（16）港口公司的泊位扩建；
（17）码头开发；
（18）填海工程；
（19）港口扩建。

（二）相关立法

部长的前滨租赁/许可权根据1933年修订的《前滨法案》规定。该法案要求，必须从住房规划和地方政府部长处获得租赁许可证，以进行工程或在国有前滨上放置结构或材料，或占用/清除国有前滨上的材料。

（三）其他功能

前滨被归类为普通或中等潮汐高水位和12海里界限之间的陆地和海床区域。前滨还包括河流的潮汐区，特别是河口。除非提供有效证明，否则爱尔兰的所有前滨均假定为国家所有。有两种主要的前滨许可类型（与水产养殖相关的前滨许可除外，单独讨论）：对于需要独占前滨的拟议开发项目，需要进行前滨租赁；不需要独占前滨的开发项目通常需要前滨许可证。

二、水产养殖

（一）活动/监管机构

水产养殖包括鱼类、水生无脊椎动物、水生植物或任何用于满足鱼类养殖需求的水生生物养殖活动。水产养殖许可证由农业、食品和海洋部水产养殖和前滨管理司管理，由海洋研究所提供技术和科学投入。农业、食品和海洋部长对相关事务作出最终决定。农业、食品和海洋部还受理沿海水产养殖作业所需的配套前滨许可证办理业务。

（二）相关立法

根据《渔业法》（1997年修订）第6节，在没有适当的水产养殖许可证的情况下从事水产养殖是非法的，应根据《前滨法案(1993)》颁发许可证。水产养殖和前滨管理司根据以下法令考虑水产养殖牌照的申请：

(1)《渔业法》(1997 年修订)；

(2)《欧盟栖息地指令》；

(3)《欧盟鸟类指令》；

(4)《综合环境影响评估指令》；

(5)《公共参与指令》(《奥尔胡斯公约》)。

(三)其他功能

许可过程包括与科学和技术顾问以及法定顾问进行协商。水产养殖许可证的申请通过若干阶段进行评估，如适当的环境影响评估和公众咨询，并根据需要进行后续监测。许可证发放过程考虑了水动力条件、视觉影响、对“自然 2000”遗址及其他海洋使用者和本地鱼类种群的影响等问题。

三、石油和天然气

(一)活动/监管机构

为了勘探爱尔兰近海(或陆上)的石油和天然气，通讯、气候行动和环境部长需要授权各公司进行勘探。爱尔兰近海区域分为“开放区”和“封闭区”。在“开放区”，可随时申请勘探许可证和许可证授权。在“封闭区”，只有在部长发放“开放区”许可证期间，才能申请这些授权。

(二)相关立法

部长根据《石油和其他矿产开发法(1960)》《大陆架法(1968)》和《天然气法(1976)》发布了授权书。所有授权均受海上油气勘探、开发和生产许可条款的约束。公用事业管理委员会是 1999 年发布的电力法规中指定的安全主管部门。

(三)其他功能

当商业勘探发现后，获得开发授权的企业可以向部长申请租赁石油开采区域。申请书必须包括开发、财务和营销计划概要，并陈述石油开采可能产生的环境影响。

四、矿产勘探

(一)活动/监管机构

在爱尔兰领海和根据《大陆架法(1968)》指定的任何区域的陆地、海床和底土内勘探和开发所有国家矿物，需要获得通讯、气候行动和环境部长的同意。历史上，几乎所有爱尔兰矿产勘探和开发都是在陆地上进行的。

(二)相关立法

矿产勘探活动和开发许可证办理受《矿产开发法(1940)》(经修订)和《矿产开发法(2017)》的规定管辖。通讯、气候行动和环境部的勘探和采矿部门是许可程序的主管部门。

(三)其他功能

目前，爱尔兰海域不能通过海底区域租赁或许可证授权进行矿产勘探或开采，但爱尔兰海域矿藏勘探颇具潜力。

第二十九章　日本海洋能源矿产资源开发计划

2019 年 2 月，日本经济产业省根据 2018 年发布的第三期《海洋基本计划》中提出的海洋资源开发与利用的新目标，修订并颁布了新一期《海洋能源矿产资源开发计划》（以下简称“计划”）。计划规定，将从 2020 年后的 5 年内，重点实现日本周边海域海底蕴藏的烷烃水化物、石油与天然气、富钴结壳、锰结核以及海底稀土等海底矿产资源的商业化开采，并为相关开发活动制定了时间节点和路线图。同时，计划也建立和完善了相应的配套措施。

第一节　总　论

日本是一个陆域能源和矿产资源匮乏的国家，几乎所有的需求都依赖海外进口，深受资源国局势变化等因素的影响，保证能源、矿产资源的稳定供应一直是日本面临的重大问题。为此，政府专门制定中长期计划，提出将充分利用日本领海、专属经济区海底及外大陆架的海洋能源和矿产资源。

日本拥有世界上最先进的海洋能源、矿产资源开发技术。但是，日本周边海域海洋能源、矿产资源在开发的可持续性方面依然具有很高的不确定性，难度极大。因此，需要密切关注国际市场和供求情况、经济社会形势等外部环境动向，并且需要以国家为中心来应对。与此同时，为了在不久的将来，通过民营企业的参与实现日本海洋能源矿产资源生产商业化的目标，需要政府和民营企业共同为之努力，填补目标和现实的差距。为了实现海洋能源和矿产资源的中长期开发计划，还需要加强人力资源开发和国际合作。

第二节　烷烃水化物转向商业开发

一、烷烃水化物开发背景

日本周边海域的烷烃水化物主要以两种形态存在。其一，砂层型烷烃水化物，在水深500米以下海底，烷烃水化物在数百米长的砂层内与砂子混杂在一起；其二，表层型烷烃水化物，在水深500米以下海底和较浅水深的泥层内，以块状形态存在，主要在日本海附近发现。

这些烷烃水化物很有可能大量蕴藏在日本周边海域，能够稳定地为日本提供资源。为了实现这些资源的商业化利用，日本应致力于开发相关技术。

二、烷烃水化物开发计划

烷烃水化物开发计划的目标是，推进面向未来商业生产的技术开发，在2023—2027年启动由民营企业主导的商业化项目。因此，为砂层型烷烃水化物开发和表层型烷烃水化物开发均制订了2018—2022年计划(短期计划)和2019—2027年计划(长期计划)。

(一)砂层型烷烃水化物

2018—2022年，首先对研究成果进行综合验证。从技术、经济性、环境影响等角度对以海试为中心完成的研究成果进行综合验证。其次，开发技术。研究降压法生产技术问题的解决方案；开发以低成本获取大量生产行为数据的简单生产实验方法；开发消除生产阻碍因素和改善经济效益的技术、对生产系统进行改良，研制出海上长期生产技术；实施陆地生产试验，对长期生产的技术和天然气的有效利用进行验证。再次，为寻找富集带进行海洋调查。通过三维地震调查、分析和评估，从富集带候选地中选取合适的对象进行勘探，获得更为详细的地质数据。最后，对环境影响进行评价。在进行海洋生产试验的海域，开展海洋环境调查。并且，为了下一次海洋生产试验，事先进行海洋环境调查。

2019—2027年，首先引进提高产量、降低成本的新技术。其次，评估日本周边海域的资源量。为了掌握日本周边海域的烷烃水化物赋存状态，利用物理勘探数据，对富集带候选地和赋存状况进行推定。在选取富集带候选地时，应讨论如何勘探、试采才能获得更详细的地质数据。再次，研究确保经济性、保护环境等烷烃水化物的商业化条件。在此基础上，灵活地重新考察研发内容和商业化所需开发系统。最后，联合开展合作。为了有效推进研发工作，以跨机构、跨领域的形式组织研究小组，将民营企业、大学、研究机构的专家吸纳进来，在研究体制方面下功夫的同时，加强与其他研究领域的合作。此外，明确规定进入下一阶段的条件，在转移期间验证进展和成果，确认和修正方向。以通俗易懂的方式介绍砂层型烷烃水化物相关研究活动，以增进公众理解力为目的，推进成果推介和信息公开。

（二）表层型烷烃水化物

2018—2022 年表层型烷烃水化物的开发计划重点是：

首先开发生产技术。在对 2016 年开始使用的“表层型烷烃水化物”回收技术进行研究的同时，对其成果进行评估，选定具有前景的技术，确立回收、生产技术所需的开采、砂泥分离、回收核心技术，对陆上实验和模拟实验进行分析，评估其研究成果，同时对有前景的海洋技术进行验证，包括从开采到运输的整个生产系统都要进行验证。

其次，为了选定海洋生产试验地点进行海洋调查。利用自主型无人潜水艇进行详细地质调查和高分辨率三维地震调查，通过海洋调查掌握表层型烷烃水化物的赋存状况。通过海洋调查掌握回收、生产技术研发所需海底情况（地面、底流层、海底甲烷、甲烷、羽流等），将根据这些调查结果和海洋环境调查结果，选择海洋生产试验实施地点。

再次，开展环境影响评价。以对砂层型烷烃水化物和海底热液矿床的环境影响进行评价的研究成果为参考，研究表层烷烃水化物环境影响评价方法。另外，根据上述研究进展进行海洋环境调查，内容包括海域的水质、底质、生物形态相关性调查等。

最后，确保经济性、保护环境等商业化所需的条件，继续研究确保经济性、保护环境等烷烃水化物的商用化所需事项。以此为基础，灵活地修改研究内容和为商业化所需开发系统。

2019—2027 年，探讨回收、生产技术的开发体制和海洋调查数据的共享方案。以通俗易懂的方式介绍表层型烷烃水化物相关研究活动，通过推进成果推介和信息公开，增进公众理解力。

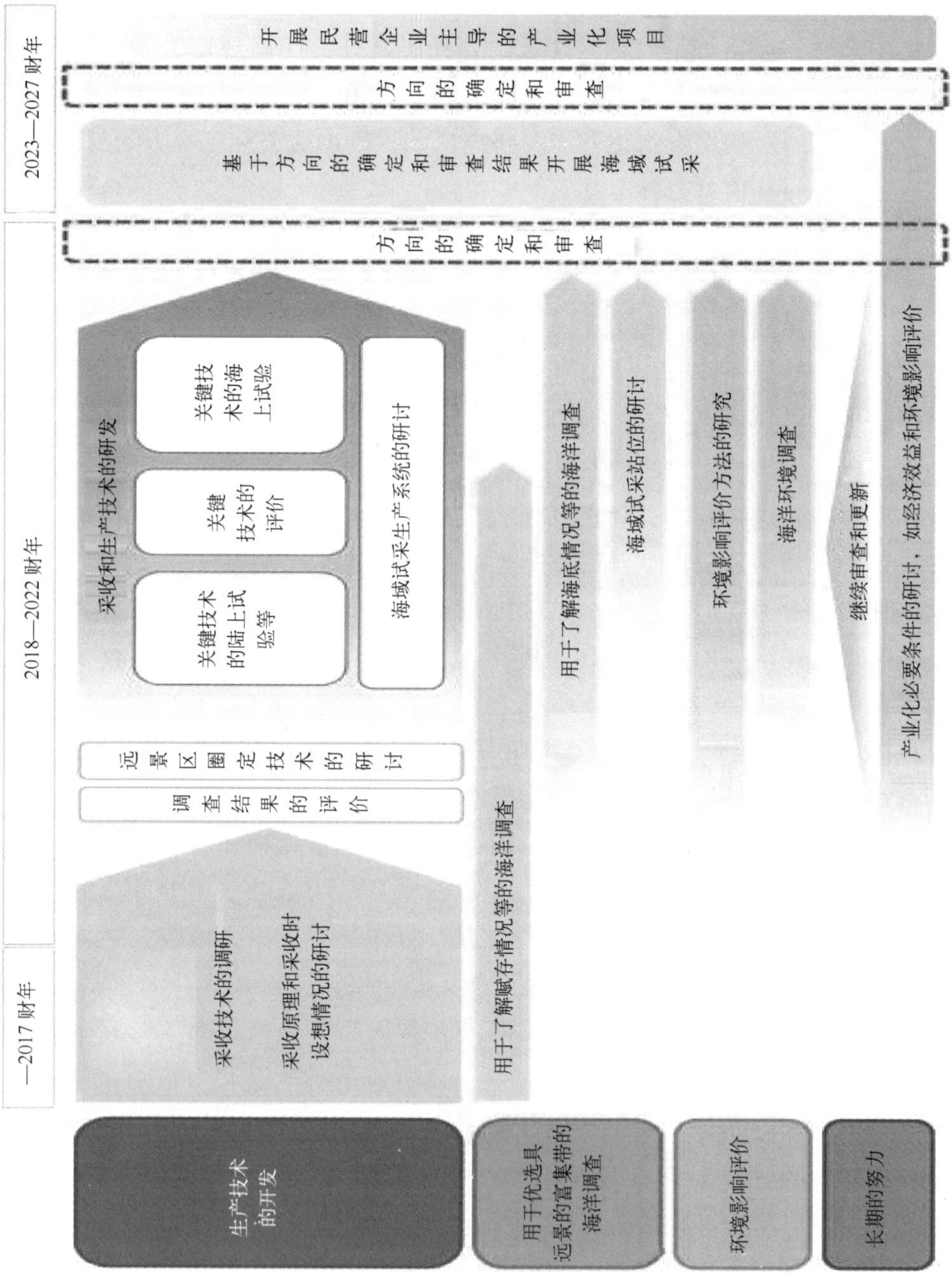

图29-1　砂层型烷烃水化物开发工程时间表

图29-2　表层型烷烃水化物开发工程时间表

第三节　继续推进石油、天然气开发

一、石油、天然气开发背景

截至2016年末，石油、天然气约占一次能源的六成(63.5%)。根据2015年的长期能源供需展望，截至2030年将占一次能源的五成(48%)，石油、天然气仍然是日本的重要能源。然而，日本所需资源几乎都依赖海外进口，必须推进确保资源稳定的政策。

日本周边海域的石油、天然气开发基本不受地缘政治风险影响，能够稳定地提供能源。国家通过补充和促进民营企业的活动，推动国内资源勘探和开发。为了扩大国产石油、天然气的产量，作为国家项目，通过基础物理勘探和基础试钻，进行国内石油、天然气基础调查。调查结果显示，在日本周边海域2 000米深度以下存在2 000米厚的沉积物，总面积约为84万平方千米，共有50处。但是，日本周边海域中能够进行三维物理勘探的海域极为有限(2012年末约3.1万平方千米)。而且，日本周边海域中深海区域几乎没有试采，相当多的海域留作今后进行精密勘测。

二、石油、天然气开发计划

对于日本周边海域中勘探业绩较少的海域(浅海区域、深海、船只往来较多的海域等)，为了掌握石油、天然气的赋存状况，利用海洋研究开发机构新采购的三维物探船“资源”号，在国家主导下进行基础物理勘探(平均约5 000平方千米/年)，到2028年计划进行50 000平方千米的三维物理勘探活动。

然后根据勘探结果，在赋存可能性最大的海域灵活试钻，将得到的地质数据等成果转交给民营企业，鼓励其积极利用该船进行勘探活动。为了通过效率更高、效果更好的勘探活动提高市场竞争力，将通过更新三维物探船引进世界先进机器、技术等进行推进体制建设。

对于以商业化为目的的勘探，从基础试钻(委托调查)到勘探出资(海洋研究开发机构风险金)，根据项目的风险层次构建严密的支持制度。集中有限的政策资源支持能够承担风险且有意愿参与开发的民营企业，为他们提供更多的机会，参与试采具有赋存可能性的地质结构。

另外，与民营企业分享基础试钻获得的地质数据等成果，本着本地生产用于本地消费的原则，推动民营企业的勘探活动。

第四节 做好海底热液矿床开发的前期技术准备

一、海底热液矿床开发背景

海底热液矿床是海底地下深处的海水因遇到岩浆放热，将地壳中含有的有用元素喷到海底，在冷却的过程中，热水中的铜、铅、锌、金、银等有色金属沉淀而成的。在日本周边海域，属于岛弧–海沟范围的冲绳海域及伊豆、小笠原海域中，在水深700~2 000米的海底，发现了很多海底热液矿床迹象，而且因其赋存于近海、浅海，有利于开采。

从中长期来看，因发展中国家和新兴国家经济发展，金属价格低迷导致新矿山开发停滞，资源国政策等因素的影响，矿产资源市场有可能发生供应不足的情况。因此，为了保证矿产资源稳定供应，应对海洋矿产资源的开发采取必要的措施。

二、海底热液矿床开发计划

(一)资源量调查

(1)以确认5 000万吨级别的概略资源总量为目标，进行已知矿床概略资源量调查。在发现新的前景矿床、开发优先度较高的情况下，应当优先掌握该矿床的概略资源量。

(2)为了发现新矿床而开展前景海域调查时，对于以目前的广域调查方法无法有效选取矿床的，可以考虑采取新的调查方法，与民营企业合作开展调查等方式。

(二)采矿扬矿技术

(1)建立应对多样矿床性状的山地模型，在研究各自采矿方法的基础上，建立商业化体系设想中最合适的采矿扬矿完整系统。

(2)提升扬矿效率，调整颗粒浓度，提高海底钻探、集矿作业的效率，提升海中机器的耐久程度、维持工作性能等实现商业化所必须要解决的具体技术问题。

(三)选矿炼制技术

(1)研究从铜主体矿床回收铜精矿的流程，根据此前选矿技术的研究结果，建立适用多种矿床的选矿、炼制流程。

(2)另外，研究在选矿流程中除去杂质的可能性。

(四)环境影响

(1)关于环境影响评价方法，根据采矿扬矿实验中和实验后的监测结果，提升精确度以及对模型地域以外海底热液矿床的适用性。

(2)积极展示此前获得的成果，在国际组织协作下，为国际规则的制定做出贡献。

(五)评估经济效益、研究法律制度

(1)汇总金属矿产需求动向、市场状况评估等外部重要因素的课题，研究应对方式，继续研究包括扬矿水的采集和关闭矿山处理的国内法律制度，确保与国际规则进行整合。

(2)另外，在本计划执行结束时的2022年，根据外部因素和国际规则动向、技术开发、环境领域的成果，对此前海底热液矿床相关工作进行验证和评估，确定以后工作的方向。

(六)2023年以后的工作

(1)根据2022年综合验证和评估的结果，重点关注国际形势和市场情况等外部因素，通过官民合作，推进研究和选定作为开发对象的候选区域，掌握概略资源量，生产系统的实证试验，实施必要的环境调查。

(2)根据第三期《海洋基本计划》规定的“关注国际情势，以2018年下半年至2027年下半年实现民营企业参与商业化运营为目标”，在官民协作下，开展工作。海底热液矿床开发工程路线见图29-3。

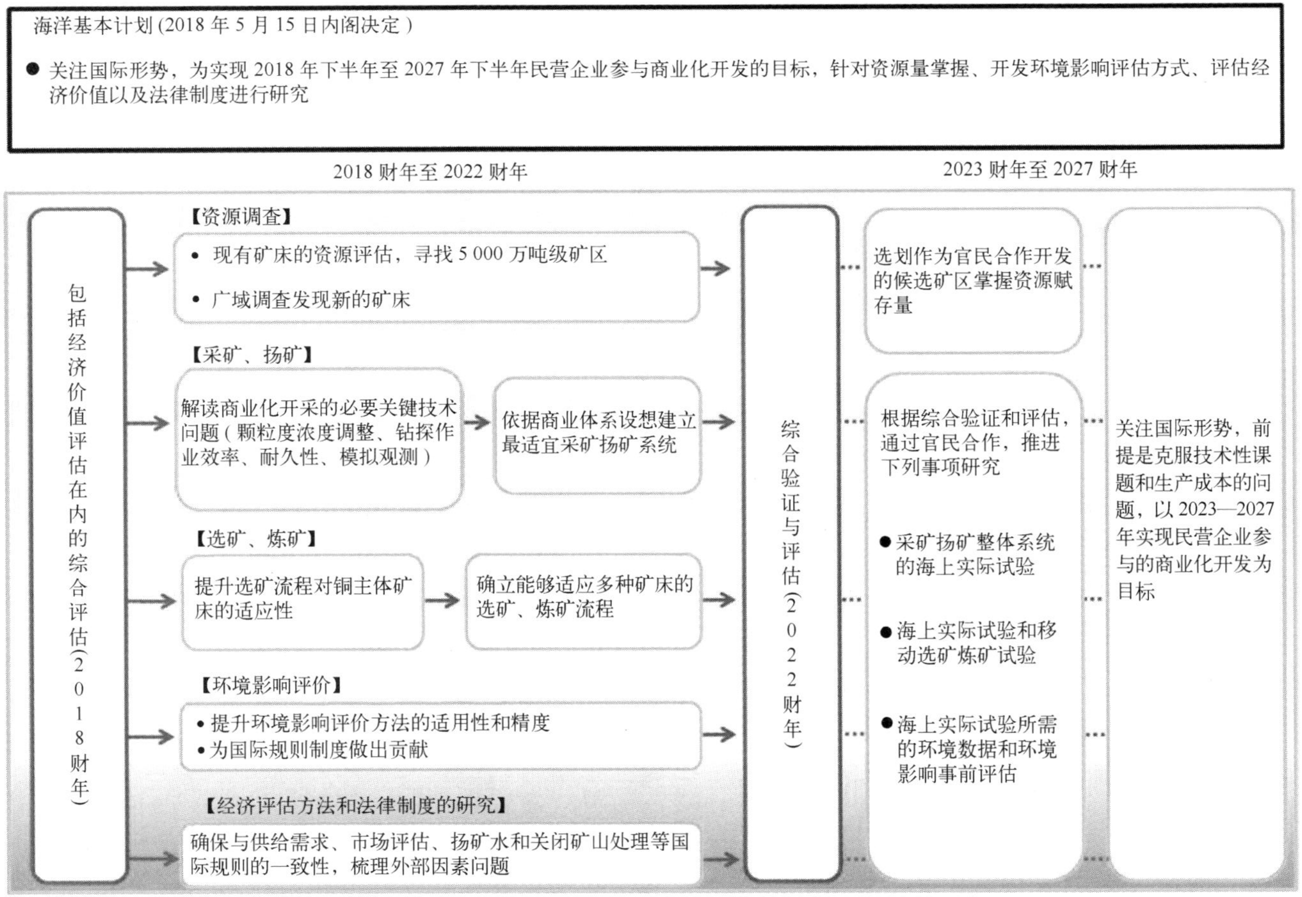

图29-3　海底热液矿床开发工程路线

第五节　为国际海底富钴结壳开发做准备

一、富钴结壳开发背景

富钴结壳是从海山斜面到山顶部、覆盖在海底岩层上的皮肤状锰酸化物。不但电池正极材料中使用的钴品位比锰结核高出 3 倍，而且在 EV 电动车等电能需求增加的背景下，富钴结壳因其金属含量品位较高，已经成为重要的稀有金属来源。富钴结壳分布在公海海底及其底部（不包括属于沿海国大陆架的部分。以下称为“深海底”），且能够证实日本周边海域也存在。在水下 800~2400 米附近的海山平顶部分海洋矿产资源中，分布地点属于比较浅的海域。2014 年 1 月，国际海底管理局（ISA）和海洋研究开发机构签订调查合同。该合同确保日本到 2029 年 1 月之前拥有 15 年的排他性权益。对于钴元素，考虑到下一代汽车（EV/PHV）的普及范围的扩大，作为生产锂电池所不可或缺的矿产资源，预计需求会进一步增加；另一方面，由于存在陆上矿山赋存量和偏差性的问题，近年来产业界的关心持续增加。开发高品位富钴结壳的工作在与国际海底管理局签订探矿合同后开始步入正轨，但是需要解决的问题还有很多，根据上述国际需求评估，从确保资源安全稳定供应的角度出发，要继续向调查资源量和确立技术发展的方向开展工作。

二、富钴结壳开发计划

富钴结壳开发工程计划见图 29-4。

（一）资源量调查

根据日本与国际海底管理局签订的探矿协议，2021 年进行第一次钻井，截至 2023 年 12 月完成矿区最后钻井。关于大陆架，将评估南鸟岛周边拓洋第五海山的资源潜力。

（二）采矿扬矿技术

为获得支撑开发和设计富钴结壳开采试验机的数据，使用开发海底热液矿床的试验机，在实际海域实施钻探性试验，研究最适宜的扬矿技术。根据上述内容，依次进行采矿系统和扬矿系统的概念设计。

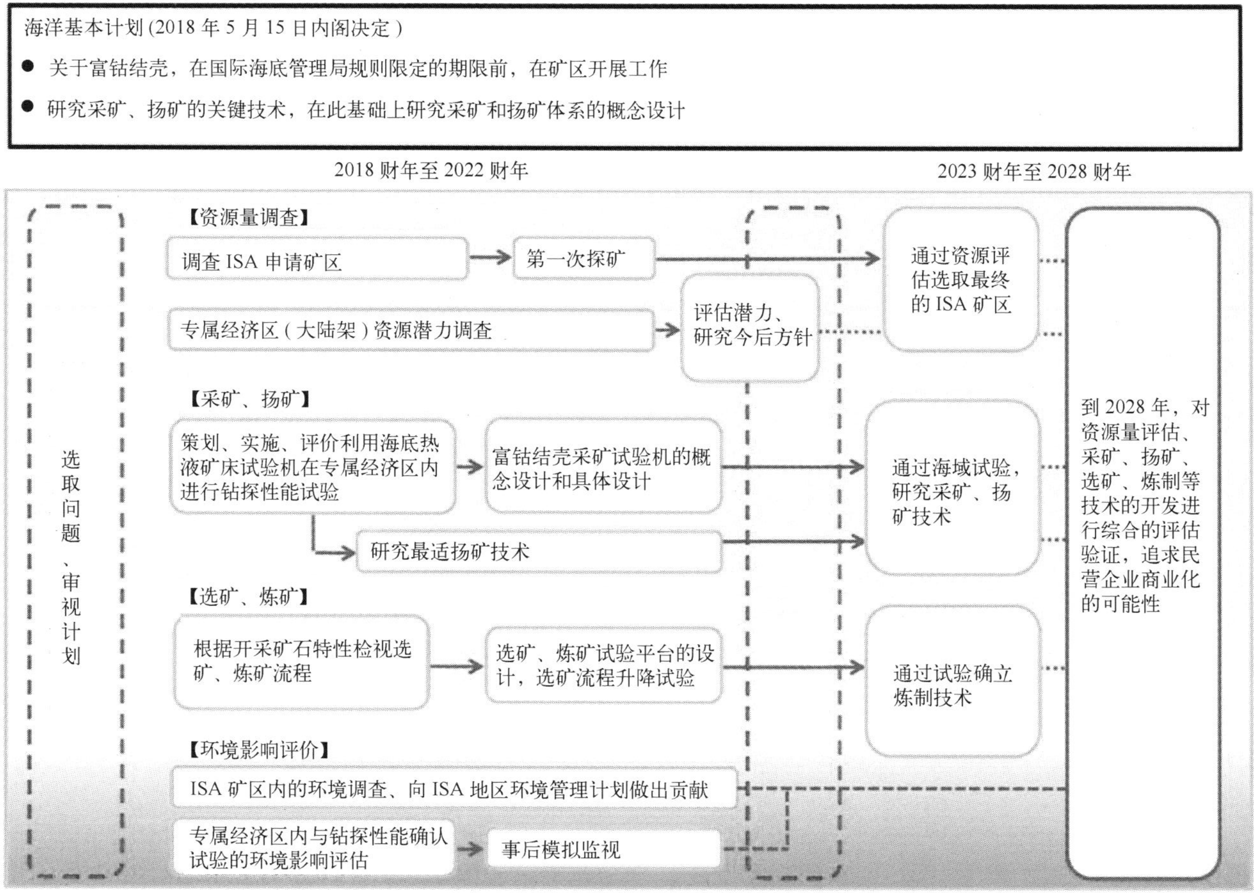

图29-4　富钴结壳开发工程

（三）选矿炼制技术

在实地海域采用必要量的矿石为研究对象，结合其尺寸和基底岩的混入比例等，梳理选矿和炼制流程。根据其结果设计、设置试验平台，为回收钴、镍等有用金属，进行实证试验。

（四）环境影响评价

关于南鸟岛海域的大陆架，评估钻探性能确认试验相关的环境影响，事后进行评价。为掌握国际海底管理局矿区包括海山在内的海域整体环境特性，实施基础环境调查，为国际海底管理局地区环境管理计划、国际规则的制定做出贡献。

（五）2023 年以后的工作

根据上述工作的成果，继续为确立采矿扬矿技术以及选矿炼矿技术开展工作，为制定国际规则做出贡献。在此基础上，根据国际形势和市场情况等外部因素，2028 年对民营企业商业化的可能性进行研判，决定之后的方针。

第六节　加快海底锰结核和稀土开采进程

一、锰结核开采

（一）锰结核开采现状

锰结核是直径 2~15 厘米的椭圆形，含有铜、镍、钴等重要金属，分布在水深 4 000~6 000 米的洋底沉积物上，尤其是广泛分布在夏威夷海域和印度洋的深海海底。2001 年 6 月，国际海底管理局与深海资源开发公司签订夏威夷海域海底探矿合同，确保日本直到 2016 年 6 月拥有总共 15 年的排他性权益。目前，日本、俄罗斯、韩国、中国、法国、印度、德国、英国等 17 个国家签订了锰结核探矿合同。

由于开发相关规则尚未完善，2016 年达到探矿合同期限的日本等 6 个国家确认将合同期限延长 5 年至 2021 年 6 月。

(二) 今后的工作

2021 年 6 月，在与国际海底管理局的探矿合同结束前，日本将按照国际海底管理局探矿规则进行资源量调查和环境调查。技术开发与探矿合同实现联动，继续关于采矿、扬矿技术等个别技术的研究以及对炼制流程最大限度地进行优化。再有，在相关机构合作下，研究环境影响评价方法，为国际海底管理局地区环境管理计划、国际规则的制定做出贡献。

探矿合同期限到来时，还要根据国际动向考虑再次延长合同。另外，在战略改革创新平台计划“创新深海资源调查技术”框架下，继续推进可用于水深 2 000 米以下海洋矿产资源的调查技术、生产技术的开发和检证。

二、海底稀土开采

(一) 海底稀土开采现状

近年来，有可能成为新资源的稀土泥存在于水深 5 000~6 000 米的大洋洋底，在日本南鸟岛周边大陆架也能够确认稀土泥层的存在。

稀土对于日本可再生能源等尖端产业是不可缺少的元素，但是容易受到特定国家政策的影响，需要确保稳定的输入和新的供应来源。如果日本周边海域的稀土泥作为资源进行开发的话，能够实现稳定供应，也能为确保上述产业领域的国际竞争力和创造新用途、新产业领域做出贡献。但是，目前尚不清楚详细的聚集带分布情况，也没有掌握开采高黏性海底稀土以及在水深 5 000 米以下海底稀土的采矿、扬矿技术，对环境的影响程度和范围也不清楚。根据 2013—2015 年实施的有关资源量调查技术的调研结果，必须要考虑掌握更加准确的资源量、建立扬矿模拟试验。

(二) 今后的工作

今后根据《基本计划》，以未来开发生产海底稀土为目标，首先在各部门协作的体制下，运用战略改革创新平台计划“创新深海资源调查技术”，进行赋存量的调查分析，继续开发和验证可用于水深 2 000 米以下海洋矿产资源的调查技术和生产技术。另外，关于气动避震技术，将其作为整体上有助于稀土泥等海洋矿物资源开发的扬矿技术实施调查工作。锰结核与稀土开发工程计划见图 29-5。

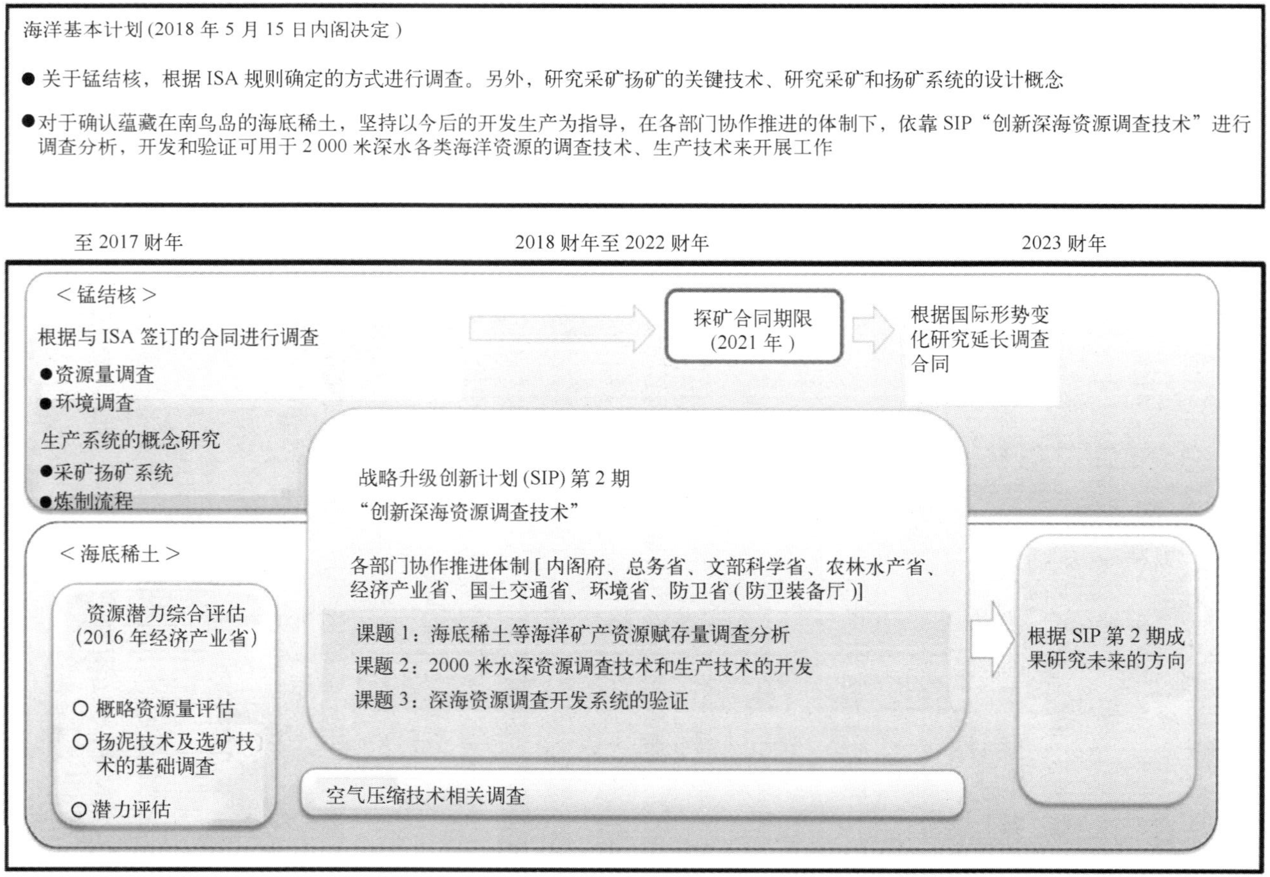

图29-5　锰结核与稀土开发工程计划

第七节　海洋能源矿产开发协调机制

一、各部门间的协调与合作

在推进开发计划时，使用相关部门管理的船舶、机器设备和海洋数据是必不可少的。同时，相关部门还要就各自的海洋能源矿产资源开发成果和国际海底管理局的动向，实现信息共享和相互协作。国土交通省要在南鸟岛以及“冲之鸟岛”(我国称“冲之鸟礁”)开展海上活动据点建设工作，支援海洋开发和调查活动。这些活动本身也要进行切实合作。

为烷烃水合物的开发进行海洋调查时，要积极研究利用国内研究开发机构的研究船，实施高效且机动的技术开发。在进行砂层型烷烃水化物第1次、第2次海洋生产试验时，使用海洋研究开发机构的地球深部调查船“地球”号，在进行表层型烷烃水化物资源量调查时还借用了海洋研究开发机构的海洋调查船“夏岛”和无人深潜器“超级海豚”。

关于石油和天然气的开发，一是制定国内基础调查计划和进行数据分析作业时，得到相关部门(海上保安厅、海洋研究开发机构)提供的数据，实现了数据的相互利用，今后还要进一步开展信息交换和信息共享，实施富有成效的调查活动；二是充分利用相关部门拥有的调查船；三是建立相关部门间的协调机制。在实施调查时，获得调查海域从业者的理解与协作是不可或缺的。因此，为了与相关方建立顺畅的关系，需要建立相关部门与都道府县等地方部门间的横向协作机制。

海洋金属矿产资源开发，在世界范围内也是未涉足的新领域，将会面临许多问题。因此，从2018年战略改革创新平台计划“创新深海资源调查技术”课题开始，将进一步强化和发展此前培育的海洋资源调查技术、生产技术，从基础性研究向实用型、工程型转化，推进水深2 000米以下技术的开发和验证。2018年，海洋研究开发机构获得国际海底管理局观察员资格，为国际规则的制定做出贡献。经济产业省以及海洋研究开发机构，将这些机构的研究开发成果和调查数据应用于海洋矿产资源开发，站在“用户”的立场，积极与相关部门共享资源量调查、技术开发和环境调查的现场需求，强化相互间协作。

二、国家与民营企业的职责

为了从烷烃水化物中经济地采集和利用甲烷气体，还有很多问题需要解决。因此，在今后的研究开发当中，还需要鼓励具有资源开发相关操作经验和优良技术、知识的企业积极参与。

但是，目前让民营企业参与进来存在一定的风险，不能委托给民营企业，应当采取由国家牵头、与民营企业合作的方式，实施商业规模生产系统设计、经济效益评估等，并通过民营企业实现这些成果的商业化。而且，2023—2027 年，将实施民营企业主导的商业化计划。为了促进研究开发，应当从国家进行的研究开发阶段开始，就积极向民营企业提供信息，努力搭建民营企业参与体系的同时，研究为着手实施商业化计划的主体提供支援的方法。

对于有关石油、天然气潜力的基础数据不充分的海域，由国家主导进行基础物理调查和基础试钻探，将获得的地质数据等成果提供给民营企业，促进其探矿开发。民营企业则有效利用这些数据进行积极的探矿活动，为确保日本能源的稳定供给作出努力。

金属矿产资源的开发，由于需要大量研究开发资金和没有开发实例等原因，与陆地资源开发相比有很高的风险性。因此，国家在对环境进行整治的同时，应与民营企业开展合作，实施调查，为民营企业参与开发的资源量、设计生产系统、经济效益评估提供充分的决策依据，国家还应牵头推动成果转化，促进商业化进程。

另外，民营企业也在引进新试船用钻探装置等调查机器，其调查能力可望进一步提升。通过利用无人驾驶深潜器、拖缆式深潜器等民营企业拥有的各种调查装备，更为有效地开展调查活动。

第八节　海洋能源矿产开发保障措施

一、重视人才培养

为满足未来人才需求，扩展培训与实习的基地十分重要，应立足于实践，利用海外项目合作开展此项工作。因此，在民营企业无法开展工作的领域，海洋研究开发机构应更多地发挥作用，为国内企业技术人员提供利用最先进钻探模拟系统的实践性实习、与海外国有石油公司开展合作等。另外，由一般财团法人国际资源研修开发中心发挥民间机构的作用，以培养和提高矿物资源系统开发项目能力为目标，组织资源政策、资源需求、资源开发技术、资金调配、计划评估以及海外实习等研修项目，培养资源开发领域的人才。另外，海洋能源、矿产资源开发需要长期持续的配套措施。通过向国内外展现中长期路线，能够为肩负未来的年轻人开启具备吸引力的就业场所。

二、推进国际合作

由于技术上的困难、经济效益的原因，除传统石油、天然气之外，世界海洋能源、矿产资源开发没有实现商业化。由于尚未涉足的研究开发领域较多，为了高效地开发资源，有必要与国内外的民营企业和研究机构进行合作。为了提高开发进度，有必要在合理范围内利用海外商业技术和产品。另外，不可否认的是资源开发在个别领域的勘探和开发上与其他国家存在竞争，因此，应充分认识到，资源相关信息作为敏感信息需要严格管理。

三、开展海洋环境保护

《海洋基本法》第 2 条规定："海洋开发和利用是日本经济社会存在的基础，保护生物多样性、保护良好的海洋环境，是人类永续生存的基础，海洋是实现富裕的国民生活不可或缺的因素，有鉴于此，为了能在将来继续享受海洋的恩泽，我们对海洋进行的开发与利用，必须以保护海洋环境，实现可持续开发、利用海洋为主旨"，因此实现海洋开发利用与海洋环境保护之间的协调均十分重要。关于这一点，《海洋基本计划》中"考虑到今后海洋产业主导的开发与利用""相关部门合作推进海洋保护区"，由相关部门合作推进海洋保护区的建立是协调海洋开发利用与海洋环境保护的必要工作。而且，由于海洋资源的开发活动是在海底进行的，可能会对海底地形和海洋生物造成影响。所以，在开发海洋能源、矿产资源时，保护环境必不可少。为此，需要对必要技术和影响评估方法进行充分研究。为了将来的商业化，也应该事先对风险进行研判。海洋环境保护，需要确保与国际规则保持一致。围绕国际海底管理局的国际性议题，应结合已有成果与相关机构开展合作，为规则的制定做出贡献。

四、争取国民理解

关于海洋能源、矿物资源的开发，在实现商业化之前需要相当长的一段时间和在国家层面持续投入预算。所以，得到国民的广泛理解十分重要。根据基本计划，为了通俗易懂地宣传海洋能源矿物资源开发活动、有效增进国民对海洋能源矿物资源开发的认知，利用在研究机构中从事宣传活动的专业人才，通俗易懂地向国民传播信息。另外，增进年轻人的理解也极为重要，有关部门在海洋相关宣传教育方面，需要开展必要的合作。

第三十章　韩国《海洋警察法》

2019年8月，韩国制定《海洋警察法》，从2020年2月21日开始实施。该法对海洋警察的职责、海洋警察委员会的设立、海洋警察厅的组织和职责、海洋安全方面的合作、海洋警察履行职责的保障等方面作出了规定。韩国通过立法，明确了海洋警察维护海洋主权和安全的主要责任，确立了海洋警察的地位，加强了对海洋警察组织的监督，扩大了海洋警察的执法保障。

第一节　总　则

第一条　目的

为维护海洋主权、海洋安全和治安，对海洋警察职责和民主、有效开展运行有关事项作出规定，特制定本法。

第二条　海洋警察的职责

(1)海洋警察应在海上保护人民的生命和财产安全，为有效应对海洋事故采取相应措施。

(2)海洋警察为保护大韩民国的国家利益、保卫海洋领土、维持海上治安秩序，应建立相应制度并制定必要措施。

(3)海洋警察应当尊重国民对海洋警察政策的意见，确保民主透明的组织运营，并为此努力。

第三条　禁止滥用职权等

海洋警察在履行职责时，作为全体国民的服务者，应当维护公正和中立，根据宪法和法律尊重国民的自由和权利，不得滥用职权。

第四条　海洋警察日

为了向国民广泛宣传维护海洋主权的重要性、提高海洋安全意识，将每年的9月10日定为“海洋警察日”，并举行纪念活动。

第二节　海洋警察委员会

第五条　海洋警察委员会的设立等

(1)为了审议和表决下列事项，在海洋水产部下设立海洋警察委员会(以下简称“委员会”)：

①海洋警察厅法令或行政规则的制定、修正、废止，依照法令制定的基本计划、管理计划及其相关事项；

②人权保护、腐败防范、清廉度提高相关主要政策事项；

③海洋警察厅公务员的聘用、晋升等人事管理标准和教育、福利提高的相关事项；

④海洋警察装备、设施、运作相关事项；

⑤其他与主要政策、制度的改善和业务发展相关，需要经委员会会议表决的事项。

(2)除第一款中规定的事项外，海洋水产部长官或海洋警察厅长认为重要、需要委员会审议和表决的，可上报委员会。

(3)依据第一款或第二款规定审议、表决的内容，海洋水产部长官认为不适当时，可要求复议。

第六条　委员会的构成及委员的任命

(1)委员会由 7 名委员构成，包括 1 名委员长，委员长和委员为非常任。

(2)委员应当包括 2 名具备法官资格的人。

(3)委员由海洋水产部长官提请，经国务总理批准，由总统任命。海洋水产部长官在提请委员的任命时，应当保证海洋警察的政治中立性。

(4)有下列情形之一的，不得担任委员：

①脱离党籍不满 3 年的；

②从通过选举就任的公职退职之日起不满 3 年的；

③从警察、检察、国家情报院职员或军人岗位退职之日起不 3 三年的；

④符合《国家公务员法》第三十三条规定中的任何一项的。

第七条　委员的任期及身份保障

(1)委员的任期为 3 年，不得连任。补选委员时，其任期是前任的剩余任期。

(2)委员加入政党，任职、任命于第六条第四款第二项和第三项规定的职位，或符合第六条第四款第四项的职位规定时，应予离职。

(3)委员除有重大身体障碍或者精神障碍无法履行职责外，不得违背其意愿免职。

(4)对于委员适用《国家公务员法》第六十条、第六十五条的规定。

第八条　复议请求

(1)海洋水产部长官依据第五条第三款规定申请复议时，应当自表决之日起10日内向委员会提交复议申请书。

(2)如有复议申请，委员长应当自收到复议申请之日起7日内召开会议重新表决。

第九条　听取意见等

(1)委员长为了委员会的审议，必要时可要求有关公务员提供必要的报告、资料，或听取有关专家意见。

(2)依据第一款规定被要求提供报告、资料的有关公务员，应当如实提供。

第十条　委员会的运行等

(1)委员会事务，由海洋警察厅负责。

(2)委员会会议的表决，需要过半数在任委员出席、出席委员中过半数赞成。

(3)除本法规定以外，委员会的运行所需事项，由总统令规定。

第三节　海洋警察厅

第十一条　海洋警察厅长

(1)海洋警察厅设立海洋警察厅长，海洋警察厅长从治安总监中选任。

(2)海洋警察厅长经海洋警察委员会同意，由海洋水产部长官提请，经国务总理批准，由总统任命。

(3)海洋警察厅长统辖海洋警察事务，指挥、监督海洋警察厅公务员和各级海洋警察机关负责人。

(4)海洋警察厅长任期为2年，不得连任。

第十二条　海洋警察厅长任命资格

海洋警察厅长，应当在从事海洋警察工作 15 年以上的国家警察公务员、且正在担任或曾经担任治安监以上国家警察公务员的人选中选拔。

第十三条　海洋警察厅公务员

(1)海洋警察厅公务员，由国家警察公务员和普通公务员构成。

(2)海洋警察厅国家警察公务员的级别有治安总监、治安正监、治安监、警务官、总警、警政、警监、警卫、警司、警长、巡警。

(3)海洋警察厅公务员的任用、教育培训、服务、身份保障相关，除本法有特别规定以外，依据《国家公务员法》和《警察公务员法》的规定。

第十四条　职责

(1)海洋警察履行海洋搜索、救助、沿岸安全管理、船舶交通管制和警卫、警备、反恐作战相关职责。

(2)海洋警察为了维护海洋公共安全和秩序，履行海洋相关犯罪的预防、镇压、搜查和治安信息搜集、制作、发布等职责。

(3)海洋警察履行海洋污染防治和预防相关职责。

(4)海洋警察应当与职责相关外国政府机关和国际组织合作。

第十五条　履行职责

(1)海洋警察厅公务员应当在上级的指挥和监督下履行职责，并为履行职责相互合作。

(2)海洋警察厅公务员对于海上执法过程中有关第一款规定的指挥、监督合法性或者正当性有不同意见时，可提出异议。

(3)海洋警察厅公务员履行职责所需事项，由法律另行规定。

第四节　确保海洋安全等

第十六条　努力确保海洋安全

(1)海洋警察厅长应当保障海运、捕捞、资源开发、海洋科学调查、旅游、休闲活动等用海者的安全，为应对事故的发生制定适当的教育培训体系。

(2)为确保海洋安全和应对海洋事故，海洋警察厅长应当建立指挥、通信体系掌握和通报相关情况。

(3)为依据第一款规定保障海洋安全和应对事故，海洋警察厅长应当为相关技术、海洋救助方式等的研发和制度改善采取必要措施。

第十七条 合作

(1)为应对威胁国民安全的海洋灾难和海洋事故，必要时海洋警察厅长可请求相关行政机关负责人和地方自治团体负责人提供帮助。

(2)为确保海洋安全和强化搜索救助装备、技术，海洋警察厅长可与民间组织和机构加强合作，制定并推进必要的计划和措施。

第十八条 扩大国民参与

(1)为扩大国民对海洋警察行政事务的参与，海洋警察厅长应当努力提供各种参与方法和合作机会。

(2)海洋警察厅长审查依据第一款国民参与规定收集的国民意见和有关专家意见，并根据需要将其反映在海洋警察的职责履行中。

第五节 建立海洋警察履行职责的基础

第十九条 确保履行职责的专业性

(1)为确保履行职责的专业性，海洋警察厅长应当发展教育培训体系，为培养优秀人力资源持续努力。

(2)为聘请外部专家，海洋警察厅长可依据《警察公务员法》的规定实施履历竞聘或依据《国家公务员法》的规定实施开放型职位的履历竞聘。

第二十条 海洋警察装备的管理等

(1)海洋警察厅长应当实施海洋警察履行职责所需舰艇、飞机、公共或个人配备武器、警用装备和各种装备、设施(包括救助、救难、污染防治装备。以下简称“海洋警察装备等”)的置办和管理计划。

(2)为有效推进海洋警察装备等的置办、管理和运营计划，海洋警察厅长应当制定可持续的稳定方案以确保财政来源。

第二十一条 研究开发的支援等

(1)海洋警察厅长应当采取措施推进海洋警察业务所需研究、实验、调查、技术开发(以下称“研究开发事业”)和专业人才培养等领域的科学技术发展。

(2)为了有效推进研究开发事业，海洋警察厅长可与符合下列情形之一的机构或组织等按照协议合作开展研究开发事业：

①国立、公立研究机构；

②依据《特定研究机构培育法》第二条规定设立的特定研究机构；

③依据《科学技术领域政府资助研究机构等的设立、运营、培育法》设立的科学技术领域政府出资研究机构；

④依据《高等教育法》规定设立的大学、工业大学、专科大学和技术大学；

⑤依据《民法》或其他法律设立法人的治安领域研究机构或法人附属研究所；

⑥依据《基础研究振兴与技术开发支援法》第十四条之二第一款的规定，被认定的企业附属研究所或企业研发部门；

⑦此外，由总统令规定的所辖领域研究、调查、技术开发等的履行机构或组织。

(3)海洋警察厅长可向第二款所列机构或组织等支援研发事业所需全部或部分经费。

第六节　附　则

法律第16515号，2019年8月20日制定

第一条　施行日期

本法自公布后6个月起施行。

第二条　其他法律的修改

(1)《警察公务员法》部分修改如下：

将第六条第一款但书修改为："但是，总警的调任、暂时停职、撤职、降级、停职、复职，由警察厅长或海洋警察厅长负责。"

第十一条第一款但书新增："但是，任命海洋警察厅长时，可将治安监晋升为治安总监。"

(2)《海洋警备法》部分修改如下：

删去第五条之二。

第三十一章　韩国《滩涂及周边地区可持续管理与恢复法》

2019年1月，韩国海洋水产部制定《滩涂及周边地区可持续管理与恢复法》，自2020年1月16日起实施。该法主要对滩涂及周边地区的管理与恢复原则、分区域管理方案、滩涂恢复实施机制、滩涂生态旅游振兴计划等作出规定，规范滩涂功能管理、建立滩涂恢复体系、完善滩涂利用机制，为滩涂恢复和管理提供规范化的流程、客观标准和法律保障，确保滩涂开发利用和保护管理保持均衡。

第一节　总　则

第一条　目的

为可持续利用滩涂及周边地区，保护和管理滩涂，通过规定恢复相关事项，以富有成效地、健康地维护滩涂为目的，制定本法。

第二条　定义

本法所用术语定义如下：

①“滩涂”，是指从涨潮时的水位线和地面的界限到退潮时的水位线和地面的界限之间的区域，是自然形成的泥滩、沙、砾石等平坦区域。

②“周边地区”，是从海边（《空间信息构建与管理法》第六条第一款第四项规定海岸线到地籍簿上登记的地区之间）至依照《空间信息构建与管理法》第六条第一款第三项规定的水深6米以内的海域。

③“滩涂生态系统”，是指栖息于滩涂及周边地区（以下简称“滩涂等”）的生物共同体及与无机、有机环境相结合的物质系统或功能系统。

④“清洁滩涂”，是指为了滩涂生态系统的健康以及水产资源在滩涂等上的安全生产，依据第十四条规定，由海洋水产部长官指定的滩涂等。

⑤“滩涂恢复”，是指为了提高栖息在滩涂上的生物多样性，对被开发所破坏的滩涂等的物理形态和生态功能，进行恢复、提高，以达到原来滩

涂等的状态。

⑥“滩涂生态旅游”，是指在滩涂生态系统特别优越或滩涂周边景观秀丽的地区，通过海洋资源保护和可持续有效利用，旨在体验滩涂等的重要性的亲自然旅游。

⑦“滩涂生态村”，是指对于拥有优秀的滩涂生态系统和秀丽的景观，并具有可持续保护利用能力的村，依据第二十八条规定，由海洋水产部长官或地方自治团体负责人指定的村。

⑧“滩涂生态系统服务”，是指在滩涂等上的水产资源生产、污染物净化、碳吸收、防灾减灾、生态旅游和自然休养文化等对包括人类在内的生物的生存做出贡献。

第三条　与其他法律的关系

除其他法律对滩涂等的管理和利用有特别规定的以外，均依照本法规定。

第四条　滩涂等的管理与利用原则

滩涂等应当按照下列原则管理、利用：

①滩涂等作为全民的海洋资产，其保护、管理和可持续利用应当符合公益要求；

②滩涂等的利用应当与滩涂生态系统的保护和管理保持协调、平衡；

③保护生态上重要的滩涂生物，维持滩涂等的生物多样性；

④增进国民参与滩涂管理、健康安全利用滩涂生态系统的机会；

⑤利用和开发滩涂等时应当防止生态平衡遭到破坏和生态价值降低，滩涂生态系统和景观遭到破坏时应当努力修复；

⑥为保护和持续利用滩涂等增进国际合作。

第五条　国家等的职责

（1）国家或地方自治团体应当制定和推进滩涂等的管理和利用政策。

（2）使用滩涂等应当遵守下列规定：

①优先考虑对滩涂生态系统和滩涂生物多样性产生的影响；

②对于滩涂等的利用活动引起的滩涂生态系统破坏，应当采取主动修复等必要措施；

③依据第一款规定参与国家和地方自治团体的滩涂保护措施。

（3）所有国民应当积极配合国家或地方自治团体管理和利用滩涂等的

措施，为保护滩涂生态系统做出努力。

(4)利用滩涂等，应当采取必要措施确保滩涂生态系统不受破坏。

第六条　增进对滩涂等的认识

(1)国家和地方自治团体应当向所有国民提供滩涂体验活动机会，制定并实施旨在提高对滩涂等的相关认识和理解的方案。

(2)国家和地方自治团体可对生态观光、环境教育等以及与滩涂等的保护、利用活动相关的民间团体和机构的活动提供支持。

第二节　滩涂等的管理与恢复基本计划制订

第七条　滩涂等的管理与恢复相关基本计划的制订

(1)为综合、系统地管理滩涂等，海洋水产部长官应当每 5 年制订滩涂等的管理和恢复基本计划(以下简称“基本计划”)。

(2)海洋水产部长官在制订基本计划时，应当事先与相关中央行政机关负责人及特别市长、广域市长、道知事、特别自治道知事(以下简称“市、道知事”)协商，依据《海洋水产发展基本法》第七条规定，经海洋水产发展委员会(以下简称“委员会”)审议。

(3)基本计划应当包括下列事项：

①滩涂生态系统的现状；

②滩涂渔业、渔场等的利用情况；

③滩涂生态系统服务相关事项；

④滩涂等的管理、利用基本原则和推进方向；

⑤滩涂生物栖息环境保护相关事项；

⑥滩涂管理区域的指定和管理相关事项；

⑦滩涂渔业等的发展方案；

⑧滩涂恢复的目标和推进方向；

⑨因开发而受损滩涂等的阶段性恢复计划；

⑩滩涂恢复工作年度推进计划；

⑪滩涂等的管理和利用相关技术的研究、开发事项；

⑫滩涂等的管理和利用相关教育、宣传和民间合作的增进；

⑬滩涂等的管理和利用相关国际合作；

⑭由总统令规定的滩涂等的管理和利用相关事项。

（4）为了制订基本计划，海洋水产部长官可要求相关中央行政机关负责人和市、道知事提供必要资料。

（5）海洋水产部长官应当向中央行政机关负责人和市、道知事通报基本计划并予以公布。

（6）由于自然或社会条件等的变化，海洋水产部长官认为有必要变更基本计划时，可以对基本计划进行变更。此时，应当事先与相关中央行政机关负责人和市、道知事进行协商。

（7）依据第六款规定变更基本计划时，适用第二款至第五款规定。但变更由总统令规定的轻微事项时，无须如此。

第八条　滩涂实况调查

（1）海洋水产部长官每 5 年可对滩涂等进行下列调查，对滩涂生态系统服务水平进行测定，评估其价值：

①面积；

②渔业和渔场的利用状况；

③污染源和沉积状况；

④滩涂生物多样性状况；

⑤滩涂恢复对象地区状况；

⑥由海洋水产部令规定的其他事项。

（2）海洋水产部长官，市、道知事或市长、郡守、区长（自治区区长，下同），为指定滩涂管理区域和选定滩涂恢复对象地区，必要时可随时进行调查。

（3）滩涂实况调查结果应当按照《海洋生态系统保护与管理法》第七条第一款规定，对海洋生态系统信息体系进行电子化。

（4）海洋水产部长官可利用第一款和第二款的调查、评估结果，指定和管理滩涂等级。

（5）依据第五款规定的指定和管理滩涂等级的标准，由海洋水产部令规定。

第九条　滩涂生物多样性保护措施

（1）海洋水产部长官或者市长、郡守、区长为了保护滩涂等的生物多样性，应当采取下列措施：

①防止污染物流入滩涂等并回收、处理废弃物；

②依据《海洋生态系统保护与管理法》第二条规定，调查和清除海洋生态系统干扰生物和有害海洋生物；

③保护和管理滩涂等的生物资源；

④滩涂等上闲置的渔具等设施的实况调查和拆除；

⑤此外，由海洋水产部令规定的与滩涂生物多样性相关的必要措施。

(2)海洋水产部长官依据第一款第一项规定，为防止污染物流入滩涂等并回收处理废弃物，必要时可依照海洋水产部令对污染源进行调查。此时，海洋水产部长官可要求相关行政机关负责人对污染源和污染物排放设施进行联合调查。

(3)海洋水产部长官可要求相关中央行政机关负责人或市长、郡守、区长，依据第一款第一项规定采取措施防止污染物流入并回收、处理废弃物；依据第一款第二项规定采取必要措施对海洋生态系统干扰生物和有害海洋生物进行调查和清除。此时，相关中央行政机关负责人或市长、郡守、区长如无特殊理由，应当按照要求处理。

(4)滩涂生物多样性保护措施和相关程序、方法等，由海洋水产部令规定。

第三节　滩涂管理区域的指定与管理

第十条　滩涂管理区域的指定

(1)滩涂等区域有下列情形之一的，海洋水产部长官可指定为滩涂管理区域(以下简称“管理区”)：

①拥有足以代表韩国滩涂的景观或生态系统的；

②需要保持滩涂清洁和健康的；

③此外，为滩涂可持续利用和保护，由总统令特别规定的。

(2)根据滩涂等的特点，管理区可按照下列各项区分进行指定和管理：

①滩涂保护区：滩涂生态系统优良、滩涂生物多样性丰富，需要优先保护和管理的区域；

②滩涂安全管理区：安全事故发生率较高的滩涂等，为预防滩涂等的利用相关事故，应当优先采取安全措施的区域；

③滩涂休养区：为保护和恢复滩涂生态系统需要休养的区域；

④滩涂生产区：水产种子放流、产卵场建设等可优先实施生物资源增产措施的区域；

⑤滩涂体验区：可开展滩涂生态旅游或设置相关设施的区域。

(3)海洋水产部长官在指定、变更管理区时，应当拟定包含以下各项内容的指定计划书，征求本辖区地方自治团体负责人和有关地区居民意见，并与相关中央行政机关负责人进行协商后，经委员会审议。如为变更由总统令规定的轻微事项，则无须如此。

①指定或变更的理由和目的；

②主要滩涂生态系统的情况和特点；

③指定对象区域土地和相邻土地的用途和使用情况；

④渔业权、矿业权等使用情况；

⑤法令规定的管制区域情况。

(4)市长、郡守、区长可要求海洋水产部长官在其辖区指定管理区。需要指定的管理区，如涉及两个以上的市长、郡守、区长辖区的，应当由所辖广域自治团体负责人共同提出。

(5)依据第三款规定，被征求意见或协商的地方自治团体负责人和相关中央行政机关负责人，如无特殊理由，应当自收到请求之日起30日内向海洋水产部长官提出意见。

(6)有下列情形之一的，海洋水产部长官可解除管理区：

①由总统令规定的军事上或公益上不可避免的情况；

②因自然灾害或其他原因不得作为管理区使用的；

③因自然环境变化等原因无法满足管理区指定要求的；

④由总统令规定的其他情况。

(7)海洋水产部长官在指定、变更、解除管理区时，应当立即按照海洋水产部令的规定，在官报上公布指定、变更、解除的内容。

第十一条　管理计划的制订

(1)对于依据第十条规定指定的管理区，海洋水产部长官应当每5年制订管理区的管理计划(以下简称“管理计划”)。

(2)海洋水产部长官在拟订管理计划时，应当在征求地区居民、有关专家意见后，与本辖区地方自治团体负责人和有关行政机关负责人协商。

(3)海洋水产部长官变更管理计划时，适用第二款程序。如为变更海洋水产部令规定的轻微事项时，则无须如此。

(4)海洋水产部长官依据第一款规定制订管理计划或依据第三款规定变更的，应当公布其内容。

(5)制订、变更管理计划等必要事项，由海洋水产部令规定。

第十二条　管理计划的内容

管理计划应当包括下列内容：

①管理对象滩涂范围相关事项；

②管理区管理方向相关事项；

③管理计划的实施所需事项；

④第九条滩涂生物多样性保护措施相关事项；

⑤因管理区的管理需要，由海洋水产部令规定的其他事项。

第十三条　管理区的业务

(1)为对管理区进行系统管理，海洋水产部长官可履行下列工作：

①滩涂保护区内的生物多样性保护和管理相关事项；

②滩涂安全管理区内的出入指南标识和标杆设置、救生设施的安装等安全事故预防相关事项；

③在滩涂休养区内依据《海洋生态系统保护与管理法》第四十一条规定制定的，海洋生物多样性管理合同签订等滩涂生态系统保护和恢复相关事项；

④滩涂生产区内的水产种子放流、产卵场建设等生物资源增产相关事项；

⑤滩涂体验区内的教育设施和旅游设施等体验设施的安装相关事项。

(2)由总统令规定的第一款工作的种类、程序和办法。

第十四条　清洁滩涂的指定

(1)地方自治团体负责人可要求海洋水产部长官，在依据第十条第二款第四项规定的滩涂生产区内指定清洁滩涂。

(2)海洋水产部长官依据第一款规定，被要求指定清洁滩涂的滩涂生产区，如符合第三款标准，可将该区域指定为清洁滩涂。

(3)由总统令规定的清洁滩涂的指定标准、调查、程序、标明方法等事项。

第十五条　清洁滩涂生产水产品的优先购买

(1)为了促进依据第十四条规定指定的清洁滩涂上生产的水产品销售，海洋水产部长官或地方自治团体负责人可要求下列任何一个机关或团体优先购买其生物资源：

①国家、地方自治团体；

②依据《公共机关运营法》第四条设立的公共机关；

③依据《地方公营企业法》设立的地方公营企业；

④水产业相关团体。

(2)为促进清洁滩涂上生产的滩涂生物资源消费，对于依据第一款规定优先购买的机关或团体等，国家或地方政府可在预算范围内提供财政资助等必要支援。

第十六条　行为限制

(1)任何人不得在管理区内有下列行为之一，但管理区内包含依据《湿地保护法》第八条指定的湿地保护区、依据《自然公园法》第四条指定的公园区、依据《文物保护法》第二十五条规定的文物(包括保护物、保护区和历史文化环境保护区)时，分别依据《湿地保护法》《自然公园法》《文物保护法》的规定执行：

①建筑物或其他人工构造物的新建或扩建；

②改变管理区结构或导致海水水位、水量增减的行为；

③在管理区开采土石或矿物的行为。

(2)有下列情形之一的，不适用第一款规定：

①具有军事目的需要的；

②发生天灾地变或发生与之相当的总统令规定的灾害，需要采取紧急措施的；

③为维持或者提高管理区邻近地区居民固有生活方式，或为维持已有渔业经营行为等由总统令规定的；

④以滩涂调查和学术调查研究为目的的行为或相关设施，海洋水产部长官依据海洋水产部令的规定，认为不影响该管理区保护，予以批准的；

⑤依据《渔村渔港法》第二条规定实施渔村综合开发项目或作为渔港开发项目列入第十一条管理计划的；

⑥为对管理区进行保护和管理，海洋水产部长官行使总统令规定的行

为或安装必要设施的。

第十七条　出入限制

(1)海洋水产部长官为预防管理区的安全事故及恢复滩涂生态系统，在第十条第二款第二项规定的滩涂安全管理区和同款第三项规定的滩涂休养区，除下列情形外，可以限制出入：

①出于军事目的出入的；

②依据《自然灾害对策法》第二条第二项规定，为预防自然灾害、实行应急对策和恢复等活动以及为进行救助等必要措施出入的；

③依据《海洋生态系统保护与管理法》第二条第十三项规定，为清除或调查有害海洋生物出入的；

④为实施总统令规定的行为出入的其他情况。

(2)尽管有第一款规定，但地区居民为维持日常生活，可以出入滩涂安全管理区。

第十八条　停止命令

对于在管理区作出违反第十六条第一款规定行为的，海洋水产部长官可采取责令停止其行为或恢复原状等海洋水产部令规定的措施。

第四节　滩涂恢复工作

第十九条　滩涂恢复工作的基本原则

实施滩涂恢复工作应当按照下列原则进行：

①增进滩涂生态系统的健康性，确保内陆与沿海的生态连接性；

②将科学监测结果反映在恢复工作的全过程；

③从工作计划的制订阶段开始，让利益攸关方参与其中；

④应当努力增加地区居民收入。

第二十条　滩涂恢复工作的实施

(1)有下列情形之一的，海洋水产部长官可实施滩涂恢复工作。但是对于第二款和第三款规定的区域中属于第四项的，海洋水产部长官可命令实施滩涂恢复工作：

①依据《海洋生态系统保护与管理法》第二十五条规定，由海洋水产部长官指定、公布的海洋保护区；

②依据《湿地保护法》第八条规定，由海洋水产部长官指定、公布的湿地保护区；

③依据第十条规定，由海洋水产部长官指定、公布的管理区；

④总统令所规定规模以上的项目，需要高技术的项目，需要在两个以上广域市、道实施的项目。

（2）有下列情形之一的，市、道知事可实施滩涂恢复工作：

①依据《海洋生态系统保护与管理法》第三十六条规定，由市、道知事指定、公布的市、道海洋保护区；

②依据《湿地保护法》第八条规定，由市、道知事指定、公布的湿地保护区；

③需要在两个以上市、郡、区实施的项目。

（3）市长、郡守、区长可依据第一款和第二款规定，在海洋水产部长官和市、道知事实施的区域以外，开展滩涂恢复工作。

（4）海洋水产部长官依据第一款但书实施滩涂恢复工作时，应当征求市、道知事或市长、郡守、区长的意见；市、道知事要依据第二款第三项规定实施滩涂恢复工作时，应当征求市长、郡守、区长的意见。

（5）依据第一款至第四款规定实施滩涂恢复工作时，涉及《文物保护法》第二十五条规定的文物（包括保护物、保护区和历史文化环境保护区）的，遵循《文物保护法》规定。

第二十一条　滩涂恢复工作计划的制订与变更

（1）依据第二十条规定的滩涂恢复工作实施者在进行滩涂恢复时，应当事先与有关机关负责人协商后，制订滩涂恢复工作计划。此时如为市、道知事或市长、郡守、区长要进行滩涂恢复工作的，应当制订滩涂恢复工作计划，并征得海洋水产部长官的批准。

（2）如变更依据第一款规定制订的滩涂恢复工作计划时，适用第一款规定的程序。如为变更由总统令规定的轻微事项，则无须如此。

（3）依据第一款规定进行的滩涂恢复工作计划应当包括下列事项：

①滩涂恢复目标和范围有关事项；

②恢复对象的自然环境和社会、经济环境等相关事项；

③恢复工作的方法和年度推进计划等相关事项；

④被损坏的滩涂生态系统生物多样性保护和增进相关事项；

⑤由海洋水产部令规定的其他事项。

(4)依据第一款和第二款规定批准或变更滩涂恢复工作计划所需的事项，由总统令规定。

第二十二条　滩涂恢复工作实施计划的制订与变更

(1)依据第二十一条规定制订的滩涂恢复工作计划或经批准的实施者(以下简称“实施者”)，应当在滩涂恢复工作计划范围内，按照总统令的规定制订滩涂恢复工作实施计划(以下简称“实施计划”)。

(2)实施者制订实施计划时，应当事先与有关行政机关负责人协商。

(3)实施者已制订实施计划的，应当及时在官报或公报上公布，并通报有关行政机关负责人。

(4)实施者变更实施计划时，适用第二款和第三款规定。如为总统令规定的紧急情况或变更轻微事项时，则无须如此。

第二十三条　批准、许可等议题

(1)实施者依据第二十二条第三款和第四款规定公布实施计划的，视作已进行下列许可、批准、决定、准许、协议、同意、承认、申报或解除等(以下该条简称“批准、许可等”)，并依据下列法律进行批准、许可等告示或公布：

①依据《火灾预防、消防设施设置维护与安全管理法》第七条第一款规定的建筑许可等的同意，依据《消防设施工程业务法》第十三条第一款规定的消防设施工程申报和依据《危险物质安全管理法》第六条第一款规定的制造厂等的设置许可；

②依据《农渔村整顿法》第二十三条规定的农业生产基础设施的使用许可；

③依据《耕地法》第三十四条规定的农地专用许可；

④依据《防沙事业法》第十四条规定的防沙地内采伐等的许可，依据同法第二十条规定的防沙地的指定解除；

⑤依据《山地管理法》第十四条、第十五条和第十五条之二规定的山地专用许可、山地专用申报和山地临时使用许可、申报，依据同法第二十五条规定的采石许可，依据《山林资源营造与管理法》第三十六条第一款、第四款规定的伐木等的许可、申报，依据《山林保护法》第九条规定的山林保护区(山林遗传资源保护区除外)内行为的许可、申报，依据同法第十一条

第一款第一项规定的山林保护区的指定解除；

⑥依据《草地法》第二十一条之二规定的土地性质变更等的许可，依据同法第二十三条规定的草地专用许可、申报或协商；

⑦依据《水产资源管理法》第四十七条第二款规定的保护水域内工程实施的批准；

⑧依据《电气事业法》第六十一条规定的电气工作用电设备工程计划的批准或申报，依据同法第六十二条规定的私人电气设备工程计划的批准或申报；

⑨《国土规划与利用法》第五十六条规定的开发行为的许可，依据同法第八十六条规定的城市、郡规划设施项目的实施者的指定，依据同法第八十八条规定的实施计划的批准；

⑩依据《下水道法》第二十四条规定的设施或建造物的设置许可；

⑪依据《公路法》第三十六条规定的对非公路管理厅人员作出的道路工程实施许可，依据同法第六十一条规定的公路占用许可，依据同法第一百零七条规定的与公路管理厅的协商或批准；

⑫依据《私路法》第四条规定的私路开设等的许可；

⑬依据《公共水域管理与填埋法》第八条规定的公共水域的占用、使用许可，依据同法第十条规定的协商或承认，依据同法第十七条规定的公共水域的占用、使用实施计划的承认或申报，同法第二十八条规定的公共水域填埋许可，同法第三十五条规定的国家等实施的填埋协商或承认，依据同法第三十八条规定实施的公共水域填埋计划的承认；

⑭依据《小河流治理法》第十条规定的小河流工程的实施许可；

⑮依据《海砂开采法》第二十二条规定的海砂开采许可；

⑯依据《丧葬等法》第二十七条第一款规定的坟墓改葬许可；

⑰依据《军事基地与军事设施保护法》第十三条规定的行政机关的许可等相关协商；

⑱依据《城市公园与绿地等法》第二十四条规定的城市公园的占用许可。

（2）实施者制订或变更实施计划时，该计划包括第一款所列事项的，应当事先与有关行政机关负责人协商。

第二十四条　土地等的征收与使用

(1)实施者为了开展滩涂恢复工作，必要时可依据《公益事业用途土地等的取得与补偿法》第三条规定，征收与使用土地、物品以及相关权利的转让。

(2)除第一款有关土地、物品的征收与使用以及相关权利的转让规定外，适用《公益事业用途土地等的取得与补偿法》的规定。

(3)第二十二条第三款或第四款关于公布的规定，视作依据《公益事业用途土地等的取得与补偿法》第二十条第一款和第二十二条规定的事业认可和事业认可公布。有关裁决申请，虽然有《公益事业用途土地等的取得与补偿法》第二十三条第一款和第二十八条第一款规定，但可以在滩涂恢复工作施行期间进行。

第二十五条　滩涂恢复工作事后管理

(1)实施者应当依照海洋水产部令，对开展滩涂恢复工作地区的设施或生态系统变化等进行事后管理。但是依据第二十条第一款规定海洋水产部长官实施的滩涂恢复工作，或依据同条第二款第三项规定市、道知事实施的滩涂恢复工作，由市长、郡守、区长进行事后管理。

(2)海洋水产部长官可依据第一款规定检查、评估事后管理情况。

(3)依据第二款规定进行检查、评估时所需事项，由海洋水产部令规定。

第五节　滩涂生态旅游

第二十六条　滩涂生态旅游的振兴

(1)海洋水产部长官为培育滩涂生态旅游，可对地方自治团体、旅游工作者、地区居民或民间团体进行支援。

(2)海洋水产部长官可与文化体育旅游部长官或地方自治团体负责人合作，为滩涂生态旅游教育及旅游资源调查、挖掘和健康利用，制定必要政策。

第二十七条　滩涂生态旅游的认证

(1)海洋水产部长官为培育滩涂生态旅游，可与文化体育旅游部长官协商，对旅游产品、探访项目和游客利用设施实行滩涂生态旅游认证制度。

（2）要获得滩涂生态旅游认证的，应当向海洋水产部长官申请认证。

（3）海洋水产部长官和文化体育旅游部长官共同制定并公布滩涂生态旅游认证标准，包括下列事项：

①认证标准和程序；

②标志使用方法；

③认证有效期；

④手续费。

（4）未获得第一款规定的滩涂生态旅游认证的旅游产品、探访项目和游客利用设施，不得标有生态旅游认证标志或类似标志。

（5）为促进滩涂旅游，海洋水产部长官可对依据第一款规定获得认证的，提供必要支援。

第二十八条　滩涂生态村的指定

（1）有下列情形之一的，海洋水产部长官或地方自治团体负责人可指定为滩涂生态村：

①依据第十条规定指定和公布的管理区相邻地区；

②依据第二十条规定实施滩涂恢复工作的相邻地区；

③依据《海洋生态系统保护与管理法》第二十五条或第三十六条规定，指定、公布的海洋保护区或市、道海洋保护区相邻地区；

④依据《湿地保护法》第八条规定，指定、公布的湿地保护区相邻地区；

⑤依据《关于特别是作为水禽栖息地的国际重要湿地公约》规定认定为湿地城市的地区。

（2）海洋水产部长官或地方自治团体负责人依据第一款规定指定滩涂生态村时，为该地区安装公共设施等便民设施及增加居民收入，制定并实施方案。

（3）海洋水产部长官或地方自治团体负责人依据第一款规定指定的海洋生态村，因天灾地变或其他原因导致生态功能和秀丽的自然景观遭到严重破坏时，可解除滩涂生态村的指定。

（4）海洋水产部长官或地方自治团体负责人依据第三款规定解除或变更指定时，应当进行听证。

（5）依据第一款至第三款的规定，滩涂生态村的指定标准、程序、解除、变更所需事项，由海洋水产部令规定。

第二十九条　滩涂生态讲解员

(1)海洋水产部长官或地方自治团体负责人依据第三十条第一款规定，对于在滩涂生态讲解员培训机构修完海洋水产部令规定的教育课程的，可聘用其为滩涂生态讲解员。

(2)为增进滩涂等的体验和利用者对滩涂的保护认识，滩涂生态讲解员专门从事下列工作：

①滩涂生态系统的讲解；

②滩涂的宣传、教育；

③生态探访介绍；

④增进滩涂保护认识所需的其他业务。

(3)对滩涂等的损坏行为进行教育、向有关机关通报等，滩涂生态讲解员应当协助做好滩涂保护和管理工作。

(4)滩涂生态讲解员的履职所需事项，由海洋水产部令规定。

第三十条　滩涂生态讲解员培训机构的指定与取消

(1)为培养滩涂生态讲解员，海洋水产部长官可指定滩涂生态讲解员培训机构(以下简称"培训机构")。

(2)依据第一款规定指定的培训机构有下列情形之一的，海洋水产部长官可取消指定或责令培训机构限期一年内停止其业务。但是如果符合第一项规定的，应当取消指定：

①以不正当手段获取指定的；

②培训机构不符合指定条件或操作不符合指定目的的；

③海洋水产部长官依据第二款规定取消指定时，应当进行听证；

④依据第一款和第二款规定对培训机构进行的指定、取消、停止等工作所需事项，由总统令规定。

第六节　补　则

第三十一条　研究与技术开发

(1)海洋水产部长官为促进滩涂保护、利用相关研究和技术开发，应当推进下列工作：

①增进滩涂等生物多样性的研究和技术开发；

②增进滩涂等的可持续生产力相关外来海洋生物驱除研究和技术开发；

③滩涂生态系统恢复研究和技术开发；

④经过国际交流进行技术开发；

⑤除此以外滩涂保护、利用所需的研究和技术开发。

(2)海洋水产部长官依照海洋水产部令，对于推动第一款各项工作的，可提供必要经费。

(3)对于得到第二款支援研发的技术成果，海洋水产部长官应当用于公益目的。

第三十二条　国际合作

海洋水产部长官为增进滩涂管理和恢复相关国际合作，应当推动滩涂政策相关信息的交流，滩涂产业人力、技术的交流，制定滩涂相关国际组织活动的参与所需要的政策。

第三十三条　他人土地等的出入

(1)海洋水产部长官或地方自治团体为执行下列任何一项工作，可准许有关公务员出入他人土地、建筑物或渔场(以下简称“土地等”)，对在该土地等设置的树、土、石及其他障碍物进行变更或者拆除：

①依据第八条规定进行滩涂实况调查；

②依据第十条规定进行管理区的指定、变更、解除；

③依据第十四条规定指定清洁滩涂；

④依据第二十一条规定制订和变更滩涂恢复工作计划；

⑤依据第二十二条规定制订、变更滩涂恢复工作实施计划；

(2)土地等的所有人、占有人或管理人，在没有正当理由的情况下，不得妨碍依据第一款规定实施的出入或树、土、石及其他障碍物的变更、拆除。

第三十四条　损失赔偿

(1)依据第三十三条第一款规定，财产受到损失的，可依照总统令向海洋水产部长官或本辖区地方自治团体负责人申请补偿。

(2)海洋水产部长官或地方自治团体负责人依据第一款规定收到申请时，应当在3个月内与申请人协商决定补偿金额等，并通知申请人。

(3)如第一款赔偿的对象涉及渔业行为的，补偿标准、支付方法、其他补偿相关事项，应当遵循《水产业法》第八十一条规定。

(4)第二款规定的协议未达成时，海洋水产部长官、地方自治团体负责人或申请人，可依照总统令向辖区土地征用委员会申请裁决。

第三十五条　按照协议收购土地

(1)海洋水产部长官或地方自治团体负责人为滩涂等的利用和管理，必要时可与滩涂等上的渔业权、矿业权、土地及其安置物的所有者协商进行收购。如为土地，可与国有土地或公有土地进行交换。

(2)依据第一款规定收购土地等时，关于收购价格的计算等适用《公益事业用途土地等的取得与补偿法》的规定。

(3)依据第一款规定与国有土地或公有土地交换的必要程序，适用《国有财产法》或《公有财产与物品管理法》的规定。

(4)在依据第一款规定收购矿业权时，如海洋水产部长官认为特别必要，可不顾《矿业法》规定，与产业通商资源部长官进行协商，分批收购矿业权。

第三十六条　国库补助

国家为保护和利用滩涂生态系统，可在预算范围内对执行下列工作的地方自治团体或有关团体给予全部或部分补助：

①依据第六条规定的滩涂等的认识增进工作；

②依据第九条规定的滩涂等的生物多样性保护措施；

③依据第十三条规定的管理区内工作；

④依据第二十条规定的滩涂恢复工作；

⑤依据第二十六条规定的滩涂生态旅游振兴工作；

⑥依据第二十九条和第三十条规定的滩涂生态讲解员履职支援和培训机构经营工作；

⑦依据第三十二条规定的国际合作。

第三十七条　权限的委任与委托

(1)根据本法规定的海洋水产部长官的权限，依照总统令规定，可以将部分权力委托给所属机关负责人或市、道知事、市长、郡守、区长。

(2)海洋水产部长官或市、道知事、市长、郡守、区长，依照总统令的规定，可将本法规定的部分业务委托给有关专业机构或团体处理。

第三十八条　罚则适用中的公务员议题

依据第三十七条第二款规定，从事委托业务的相关专业机构或团体的工作人员，在适用《刑法》第一百二十九条至第一百三十二条规定时，视为公务员。

第七节　罚　　则

第三十九条　罚则

有下列情形之一的，处3年以下有期徒刑或3000万元以下罚款：

①违反第十六条第一款有关管理区内行为限制规定；

②违反第十八条有关停止或采取措施的命令。

第四十条　罚则

依据第三十条第二款第一项规定，以虚假或其他不正当手段被指定为滩涂生态讲解员培训机构经营者的，处一年以下有期徒刑或1 000万元以下罚款。

第四十一条　两罚规定

法人代表、法人或个人的代理人、使用人，或其他从业人员就其法人或者个人的业务作出第三十九条或第四十条所列违反行为之一的，除处罚行为人外，对其法人或个人也处本条罚款。但是为了防止法人或个人作出违法行为，对相关业务未懈怠监督的则无须如此。

第四十二条　滞纳金

(1)有下列情形之一的，处200万元以下罚款：

①违反第十七条规定的滩涂安全管理区或滩涂休养区出入限制的；

②违反第三十三条第二款规定的无正当理由不得妨碍依据第三十三条第一款规定实施的出入或树、土、石和其他障碍物的变更、拆除的。

(2)第一款罚款依照总统令规定，由海洋水产部长官或地方自治团体负责人征收。

第八节　附　　则

法律第16276号，2019年1月15日制定

本法自公布后一年起施行。

第三十二章　韩国海洋空间基本规划（2019—2028）

2019 年 7 月，韩国海洋水产部发布《海洋空间基本规划（2019—2028）》。这是韩国第一部有关领海、专属经济区、大陆架管理的中长期规划，由蓝图、基本政策方向、推进战略和重点推进课题构成。该规划根据各海域特点和社会经济需要，阶段性划定海洋功能区，到 2021 年对韩国全海域完成划定，旨在扩大专属经济区的海洋资源调查；实行海洋空间规划评价制度，在对海洋利用、开发许可等进行审查时，考察是否符合海洋空间规划；构建海洋水产信息大数据共享平台，更科学地管理海洋空间；扩充海洋空间综合管理人员、设立专门机构培养专业人才，为海洋空间管理提供人力保障。

第一节　海洋空间基本规划概况

一、海洋空间基本规划的背景

随着海洋空间需求的扩大、改变和环境变化，为有效管理海洋空间和支持可持续海洋增长，需要构建海洋空间统筹管理国家规划体系。为此，根据《海洋空间规划和管理法》第五条规定，制定有关领海、专属经济区、大陆架的基本规划，内容包括海洋空间基本政策方向和管理方向，海洋空间信息收集、管理和利用，海洋空间特性评估，研究开发和国际合作，教育宣传、人才培养和预算等。

二、海洋空间基本规划的目的

制定海洋空间基本规划，主要出于以下 3 个目的。第一，为落实海洋空间规划相关政策构想，提供重点推进方案；第二，为合理配置功能区和可持续利用海洋空间，构建稳定的地方履行体系；第三，为海洋生态系统和人类活动保持协调均衡和有效管理海洋资源，提出重点推进课题。

三、海洋空间基本规划的性质

海洋空间基本规划，首先是实施海洋空间综合管理的最上位基本规划，在各部门制订海洋空间相关政策和计划时，发挥上位规划的作用；其次是有关海洋空间管理的国家层面法定规划，规划的制定需经海洋水产发展审议委员会的审议，规划的实施方向、利用开发与保护所需事项依照法律确定；再次是系统管理领海、专属经济区、大陆架的中长期规划。

四、海洋空间基本规划的范围

海洋空间基本规划的时间范围是2019—2028年，空间范围横向包括内水、领海、专属经济区和大陆架，纵向包括海底、海中、海面和海空。

第二节　海洋空间的现状和环境

一、海洋空间的现状

沿海人口方面，2018年沿海市郡区的人口为1 380万，占韩国总人口的26.6%。企业数量方面，2017年沿海地区企业数量为108.78万所，从业人数为583.4万，各占全国的27.06%和26.97%。2013—2017年，沿海地区企业数量增长了2.66%、从业者人数增长了2.93%。

渔业活动方面，1985年以来受到无序捕鱼和高温影响，一般海面上的渔业产量持续减少，但由于深海养殖业的发展，总体渔业产量增长了42%；2008年以来，以全南地区为中心形成若干个渔业区，空间规模不断扩大。过去10年，渔业区数量增长了4.6%、渔业区面积增长了18%。截至2017年，在渔业区中数量最多的是贝类区(57.7%)，占面积最大的是海藻类区(61%)。1971年以后，设置人工鱼礁共227 823公顷，其中20%设在全南地区。

海砂、矿物资源方面，2009—2018年，海砂累计开采量约为2.23亿立方米，为总累计开采量的27.8%，其中专属经济区占据海砂累计开采量的一半。不过，海砂开采正呈现减少趋势，2018 年开采量比 2017 年减少了约 1 915. 3 万立方米，开采地除 1 处外都已停止开采。在东海①盆地、西海②盆地、南海③盆地勘探石油和天然气，在 12 个海底矿区开展大陆架开发工作；从物理、地质学条件来看，第 6-1 矿区的深海地区很有可能赋存天然气水合物；在东海岸指定 9 处海洋深层水取水海域，每日最大取水量是 6. 22 万吨。

海洋能源方面，各海域由于特性不同，具有多种形式的海洋能源发展潜力。2018 年末，海上风电工业园共 5 所(725 兆瓦)，计划开发或正在进行开发的能源工业园共 31 所(6 145. 3 兆瓦)。韩国海上风能储量是 33. 2 吉瓦、投资效果约为 88 万亿韩元，为此，计划到 2030 年将海上风力发电设备扩大到 12 吉瓦；洋流能源储量共 1 吉瓦，适合开发的约为 470 兆瓦；波浪能储量约为 6. 5 吉瓦，但从可操作性和经济价值考虑，可开发 650 兆瓦。洋流发电目前基本商业化；波浪能发电正在开发各种装置；2014 年，江原道高城郡设置了温差发电设备(200 千瓦级)。

海洋旅游方面，2019 年韩国共有 267 所海水浴场，主要分布在江源(93 所)、全南(55 所)和忠南(33 所)。年间访问客流量最多的是釜山沿海，占 45. 2%。其次是江源沿海和忠南沿海。据统计，2017 年总体访问客流量的 86. 6%集中在以上 3 个沿海；2017 年，海洋旅游设施共有 202 所，主要分布在全南沿海(23. 3%)、庆南沿海(15. 8%)和济州沿海(9. 9%)。从设施种类来看，渔村体验村所占比重最大(55%)，其次是海岸体验路线(25. 7%)和海洋文化设施(19. 3%)；到 2018 年，已经投入使用的玛丽娜港口有 34 所(2 355 个船位)、正在开发的玛丽娜港口有 11 所(节点 6 所)。

海洋生态环境方面，韩国海岸线总长 14 963 千米，其中大陆海岸线(7 752. 5 千米)的 51%和岛屿海岸线(7 210. 3 千米)的 15%是人工海岸，大陆海岸线人工化的趋势尤为严重；2018 年沿海湿地总面积为 2 482 平方千米，比 2013 年减少了 5. 2 平方千米；岛屿共 3 348 座，其中无居民海岛为 2 878 座，可利用和开发的无居民海岛占其总数的 58. 3%；海洋保护区

---

① 东海指日本海。——译者注

② 西海即中国所称的黄海。——译者注

③ 南海是东达对马岛、西达黑山岛、南到济州岛的海域，中国所称黄海的部分海域。——译者注

共有 37 所，其中湿地保护区 14 所、海岸和国家海洋公园 4 所、海洋保护区域 15 所、环境保护海域 4 所。海域的生态水平良好，评为一级的生态系统占 55%。总体来看，济州海域和东海海域的生态等级高于西海。海洋水质也大体良好，2014—2018 年海洋水质一级（非常好）和二级（好）的比重共占 70%以上，2010 年以后开始对被损坏的滩涂进行恢复，已经对 5 处海水通道、2 处废弃盐田和养殖场进行恢复，也完成了 2 处滩涂环境改善工作，还有 6 处的恢复工作正在进行当中，目前共指定滩涂恢复区域 28 处，计划到 2023 年增加滩涂面积 1. 1 平方千米、扩大海水通道 1. 318 万米。截至 2018 年，共有国家渔港 110 处、地方渔港 291 处、渔村定港 621 处，贸易港 31 个、沿岸港 29 个。进出贸易港的船舶为 37. 317 万艘、总吨位为 40. 4 亿吨，分别比上一年减少 5. 1%和 1. 0%。贸易港吞吐量为 16. 208 7 亿吨，比上一年增长 3. 0%。

军事活动方面，海洋空间与国防安全息息相关，是军事基地和军事设施所在的空间及海上射击等军事活动的所需空间。海上射击训练区是使用面积最大的军事活动空间，是陆海空三军和国防科学研究所、海洋警备安全本部为了海上射击训练和武器系统试验划定的区域。

安全管理方面，根据《水上休闲安全法》第二十五条规定，包括 161 所海水浴场在内，全国 184 处划定为禁止水上休闲活动区域；根据《海事安全法》第三十四条规定，划定了海洋休闲活动禁止水域和许可水域；2013—2017 年，发生海洋事故的船只数量和人数分别增长了 300%和 218%，发生事故的主要原因是船只发动机损坏、碰撞和漂浮物缠绕等安全障碍。

沿海利用和开发方面，公共水域的围填海主要用于港口设施和农畜产业，不过 2001 年以后公共水域的围填海现象持续减少；截至 2017 年，公共水域的占用、使用许可总数为 2. 712 8 万件、许可总面积为 2. 415 8 万平方千米；2008—2018 年，海域利用协议件数增长了 87%。海域的利用和开发主要集中在沿海海域，主要开展养殖、渔业、港口建设、海运、旅游休闲活动、能源开发、海砂开采。专属经济区的利用行为，目前仅限于渔业、海洋资源勘探和海砂开采，但今后需求可能会扩大。

二、海洋空间的管理体制

目前，海洋空间依照 38 项法律、34 项国家规划进行管理。其中，内水和领海根据《沿岸管理法》适用沿岸功能区制度，而专属经济区则缺乏有效的管理手段，现行制度的实际执行效果有限；为了对海洋开发利用行为进行管理，适用公共水域占用、使用制度和海域利用协议制度。公共水域占用、使用制度是对公共水域占用、使用中的矛盾、环境影响和其他许可的冲突等情况进行评估的管理手段。海域利用协议制度是对海洋开发利用的环境进行评估的制度；规划的管理手段上，国家和地方自治团体根据法令制定规划，以此为基础实现空间和资源的管理。规划分为两类，分别是为特定政策目的和产业发展制定的部门规划和对海洋空间及资源管理基本方向作出规定的综合规划。

在海洋空间的管理方面尚存在不足和局限，如部门间对海洋空间的利用、保护和开发方面存在抢占行为，缺乏综合管理手段；海洋空间信息不足，生态价值评估具有局限性；海洋生态系统服务和未来价值的调查、信息搜集、评估体系尚不完善；各机关生产的信息，构建方法、目的、形式都不同，在信息的利用上存在困难；对海洋空间综合管理的认识有限，利益攸关方参与规划制定的基础不足。

三、海洋空间管理的国际动向

为应对“抢占式海洋利用”带来的问题，世界各国都在实行海洋空间规划，以向“先规划、后开发”的体制转化。为推动全球海洋空间规划，欧盟委员会和联合国教科文组织政府间海洋学委员会推出了联合路线图。世界各国在制定规划后，开始对海洋空间规划的政策效果进行评估。在相邻海域，通过国际合作推动跨国海洋空间规划等，用不同形式对海洋空间进行规划。

各国为了实现蓝色经济开发目标和包括沿岸、海洋生物多样性保护在内的可持续利用，实行海洋空间规划。例如，2009 年英国颁布《海洋与海岸带准入法》以后，委托英国海事管理机构制定各海域的海洋空间规划；中国公布了《海域使用管理法》和《全国海洋功能区划》；比利时在欧洲国家中最早制定《北海总体规划》，根据修订后的《海洋环境保护和海洋空间规划法》制定了海洋空间规划；德国通过修订《联邦空间规划法》，为专属经济区的海洋空间规划提供法律依据，并据此制定了海洋空间规划；2005 年荷兰制定第一部海洋空间规划，2015 年根据欧盟的海洋空间规划方针，荷兰制定了海洋空间规划；2015年加拿大针对北太平洋海岸，制定了4个海域的海洋空间规划。

海洋空间管理相关国际动向的启示如下：国际组织和沿海国家一致认为，海洋空间规划是有效管理多样化的海洋利用、开发行为的手段，因此各国应积极实行；在制定和实施海洋空间规划时，应充分考虑包括专属经济区在内的广域空间的海洋生态特性；为解决海洋空间管理中面临的问题，规划的推行应符合各国条件；各国应构建监测海洋活动的海洋空间信息和共同利用体系；在海洋空间管理决策过程中，应积极保障利益攸关方的参与和合作；为对海洋空间规划的制定和实施所需权限进行规定，应另设组织机构或制定法律。

四、未来的管理环境和面临的问题

目前，有关海洋空间的国家规划、政策共有42项。对其进行分析的结果显示，国家规划、政策中的海洋空间利用、开发、保护需求总共314项，其中港口、航行需求比重最大，为140项，其次是海洋旅游68项、其他（45项）、能源开发（40项）。

在海洋空间管理方面，各海域面临以下共同问题：随着海洋能源开发需求增长，与传统的海洋利用发生冲突；为确保海洋开发利用的可用空间，需要构建合理的空间分配体系；海洋资源、能源开发需求与渔业活动之间的矛盾，从沿岸海域扩大到专属经济区；随着海洋生态保护需求增长，保护和开发的矛盾凸显，船舶航行密度的增大，海洋安全管理政策的重要性加大；对领海和专属经济区进行综合管理的基础不足。

由于各海域的特性不同，亟待解决的问题也各不相同。西海中部海域（仁川、京畿、忠南），在确保新能源和再生能源开发的最佳空间方面存在局限性，仁川、忠南沿岸、专属经济区的海砂开采与渔业活动的矛盾将会加剧，随着滩涂、海豹保护政策的推行，与地区居民和利用开发主体有可能发生矛盾，船舶运行次数的增多加大了海上活动的危险性，利用岛屿资源的旅游开发项目和水产资源项目规模扩大；南海西部海域（全北、全南、济州），海洋能源开发和电力需求的扩大可能引发矛盾，古群山群岛的港口开发可能导致海洋环境变化，生态旅游发展与已有利用行为之间可能发生冲突；“济州蓝带”政策在推行过程中可能与地区居民发生矛盾，白化、赤潮、高水温、有害海洋生物流入等海洋生态系统的破坏和对渔业产生的影响将会持续下去，海上休闲旅游活动导致安全事故增多；南海东部海域（釜山、蔚山、庆南），随着海上风电工业园的建设与已有利用者发生矛盾，公共水域的填埋导致沿岸海域可用空间缩小，保护性利用的空间需求扩大，海洋利用行为的增加导致海上安全事故增多，洛东江下游的地区开发和休闲活动致使候鸟栖息地破坏的风险加大；东海中部海域（江原、庆北），海上风电工业园建设、渔港区内的海砂开采、海底矿产资源开采有可能引发矛盾，需要为各种海洋休闲体育和海洋旅游活动合理分配空间，需要为渔场环境恢复和养殖渔业的发展分配空间，北极航路节点港口和郁陵岛、独岛海上交通基础设施的扩大需求可能与海洋生态保护需要发生冲突；西海、南海专属经济区，海砂开采园设立与渔业活动之间发生矛盾；南海专属经济区和大陆架，需要设立海洋矿物资源调查和海洋观测站、保护洄游性海洋生物；日本海专属经济区，推进气田开发和浮式海上风电园区建设。

第三节 海洋空间基本政策方向

一、基本政策方向的确立体系

基本政策方向包括海洋空间展望、推进战略等内容，是今后十年海洋空间管理的政策实施框架和稳定推进的原则。通过分析海洋空间现状、管理条件、国际动向、未来展望和面临的问题，明确基本政策方向。

二、2030 年海洋空间展望和推进战略

2030 年，韩国将在管辖海域内实现如下愿景：保护国民多样化的海洋利用；共享海洋价值；通过部门间协调，将海洋价值最大化；事前预防矛盾和将矛盾最小化；基于海洋效益作出决策；空间管理要为国民经济发展做贡献。

未来 10 年的目标是搭建为海洋产业、经济发展做贡献的海洋空间规划体系，实现基于海洋生态价值的海洋空间可持续利用，通过自治团体的责任管理实现符合各海域特性的海洋空间管理。

政策方向包括以下五点。方向一：合理分配海洋空间管理资源。根据问题的优先管理顺序和解决的可能性科学分配管理资源；根据地方自治团体的海洋空间管理能力、可用资料和信息的状态、海洋空间分析技术的开发水平逐渐推进海洋空间管理。方向二：基于海洋生态系统的效益作出决策。科学评价海洋生态系统对国民社会经济活动的惠益，将其作为海洋空间管理决策中的关键资料。方向三：统合包容的伙伴型合作管理。通过相关机关、市道、市郡区的政策协调，维持海洋空间和资源管理的综合性和稳定性。从规划的制定阶段开始，落实利益攸关方的参与，建立具有现实性的海洋空间规划，增进空间管理的共同责任意识。方向四：加强海洋空间管理与国家经济发展的联系。通过增进海域利用开发利益攸关方的经济活动效率性、预测投资风险，使海洋空间规划体制为国民经济发展做出贡献。通过海洋可持续发展相关新技术开发和良好投资环境的营造，支持海洋国民经济发展。方向五：主动应对未来管理环境变化。构建及时应对海洋空间特性和利用环境变化的体系，持续投资与支持有效应对海洋空间管理政策环境变化的法律制度、管理指南、技术手段。

重点推进战略为构建主动适应型海洋空间规划体系、建立科学综合性海洋空间管理基础、构建和提升海洋空间信息体系、实现参与协作的海洋空间治理、强化海洋空间管理执行支援基础。

第四节　各战略的重点推进课题

一、构建“主动适应型”海洋空间规划体系

根据目前各海域的特性和制定规划的条件各不相同、制定规划所需具体资料和信息不足、在全海域同时制定和履行海洋空间管理规划的人力和财政资源等条件缺乏、海洋利用活动间矛盾增多、有关专属经济区空间资源可持续利用的中长期政策体系缺失、考虑未来社会经济条件和环境变化的功能区指定体系存在空缺、开发利用行为对海洋的影响评估和监测手段不足等情况，设定了 3 个方面的推进课题。

（1）海洋空间规划体系的早日构建和有效履行。制定全海域海洋空间管理规划，建立海洋空间综合管理基础，以解决各海域问题为中心，实行

海洋空间管理。规划中的海域与周边市、道相邻时，将相邻海域的一部分也包括在规划内。海洋水产部会同市、道，制定各海域的海洋空间管理规划，为提高海洋空间管理的执行效果，建立协同治理机制。市、道建立的海洋功能区管理体系，应考虑各海域的海洋空间特性。完善冲突预防及管理体系。为调解海洋空间冲突，定期更新海洋空间利用地图。为确保海洋空间管理规划与其他部门规划之间的联系和整体性，实行海洋规划评价制度。对海洋空间、资源变化和海洋空间利用情况进行监测。开发能够反映累积环境影响评价结果、海洋生态系统效益评价结果、有关实施效果事先预测的功能区划分方法。

(2)扩大专属经济区海洋空间和资源管理的支配能力。赋予海洋经济发展和管辖海域管理优先地位。根据海域特性和政策需求，划分管理区域，针对性制定海洋空间管理规划。扩大国家海洋基础调查，对专属经济区的海洋矿物资源加强调查研究并构建信息体系。对专属经济区的水产资源和渔业活动情况加强调查。构建国家管辖海域生态系统综合调查体系。

(3)构建主动管理体系，应对未来环境变化。开发海洋空间可持续评价指标，定期对全国和各海域的可持续性进行评价，并将结果应用于政策制定。对海洋空间管理情况进行检查，启动履行评价体系。分析各海域的海洋空间管理影响因素，开发科学分析手段，并将分析结果应用于海洋空间管理规划的变更。

二、建立科学和综合的海洋空间管理基础

目前，针对未来社会经济条件和环境变化的海洋空间特性评价方法和手段不足、综合有效海洋空间管理所需的政策手段不足、人类活动对海洋空间和资源产生的影响研究不足、沿岸管理体系和海洋空间规划间有关作用和功能分担体系不完善、海洋空间管理技术缺乏、存在以海洋生态系统效益为中心的管理体系的转变要求、海洋空间技术开发投资不足，根据以上情况设定了 3 个方面的推进课题。

(1)提升海洋空间特性评估体系，加强应用性建设。早日落实和提升海洋空间特性评估体系，开发海洋空间特性评价履行标准项目，实现海洋空间特性评价和海洋空间管理规划信息化。早日实施海洋空间适宜性协商制度，制定海洋空间适宜性检查科学、客观标准。

(2)强化海洋空间管理手段。在对利用、开发行为进行认定、许可申请时，严格检查是否符合海洋功能区的规定。为了将海洋功能区管理体系化，对指导方针进行更新。搭建海洋功能区准租税(负担款、使用费等)差别适用体系，开发和普及海洋功能区准租税计算、征收模拟系统。加强沿岸陆地国土规划功能区和海洋功能区的联系性。与自然海岸管理制度加强有机联系，制定指南对联系性和相符性进行检查。对于指定为保护区和单一功能区的海域及邻近海岸，尽量减少开发行为产生的影响。

(3)基于海洋生态系统开发海洋空间管理技术。构建国家海洋生态系统服务(效益)评价体系。为评价海洋生态系统服务对国民福祉的贡献程度，构建全海域生态系统服务评价结果利用、管理体系。为提高海洋空间利用的预测性和有效性，开发国民共享技术。落实以海洋生态系统服务和空间价值信息为基础的海洋空间规划体系。开发和应用基于预测方案和系统的决策支援体系。构建基于海洋生态系统服务的海洋政策效果评价、政策改善体系。为最大限度利用尚未指定用途的海洋空间，开发未来海洋利用前景分析技术，对于能够使不同性质的利用开发行为共存的技术进行投资。

三、构建和提升海洋空间信息体系

根据目前海洋空间信息利用方面存在困难，海洋空间信息的获取依赖法定调查和相关机关传统工作，专属经济区信息不足，各部门生产的海洋空间信息存在质量差异，海洋空间信息质量管理程序不完善，海洋空间相关社会、经济、文化数据不足，海洋水产信息的关注度大增等情况，设定了 3 个方面的推进课题。

(1)海洋水产信息综合管理基础的构建。为海洋空间信息的生产、联系、综合管理加强公用大数据平台运用。确立海洋空间信息分类体系，将基本信息标准化。确保海洋空间社会信息、海洋文化信息和海洋经济信息，提高综合解释能力。将海洋空间典型、非典型信息和人文、社会、经济信息大数据化。为确保连贯的三维海洋空间信息，开发和应用人工智能技术，为与现行海洋水产法定调查建立实质性联系，对海洋空间信息站点、项目、数量进行统合，对专属经济区等海洋空间信息不足地区扩大调查，从而构建全海域海洋空间规划支援体系。将海岸线和沿岸海域变化的监测体系化。

(2)海洋空间信息综合管理体系的构建。对海洋空间信息生产或利用主体间各不相同的信息管理项目进行整合，并制定标准指南。制定区块链海洋空间信息品质管理方案。为改善海洋空间信息品质，建立品质诊断自动化体系，确立海洋空间信息安保体系。

(3)为阶段性扩大民间开放，制作海洋空间基本图和主题图。对于利用率高的项目，制作海洋活动地图，开发海洋空间信息多维度应用服务。

四、实现参与协作的海洋空间治理

根据目前海洋空间利用、开发、保护相关政策的制定、实施过程中地方社会参与不足，海洋空间、资源的利用开发相关部门之间政策矛盾协调体系的缺失，中央机关、地方自治团体以及利益攸关方的政策沟通不足，专属经济区在海洋管辖权扩大和国民经济增长中重要性的提升，朝鲜半岛周边海域国际争端发生的可能性尚存等情况，设定了 2 个方面的推进课题。

(1)加强参与和合作治理。在海洋空间管理规划的制定、实施过程中，强化海洋空间管理地区协商会的作用。稳定运作海洋空间管理地区委员会，并加强其代表性和专业性。加强市、郡、区的地方社会参与和协同治理基础。

(2)为增强公共参与度，建立和运作信息平台。为强化地方自治团体能力和增进利益攸关方认识提供支援，推进跨国海洋空间规划示范项目，将长期性跨国海洋空间管理合作扩大到水产资源管理。对海洋空间管理技术开发和海洋空间管理制度方面国际合作加强支援。为可持续利用朝鲜半岛海洋空间，构建韩朝海洋空间管理合作基础，在相邻海域构建海洋空间管理体系，共同制定海洋空间规划。

五、强化海洋空间管理执行支援基础

根据目前海洋空间综合管理、执行机构缺失，系统处理海洋空间管理业务的专业性需求无法满足，支持地方自治团体海洋空间管理的专家不足，海洋空间管理教育不足和政府层面人才培养计划缺失，有关海洋空间综合管理政策的认识不足等情况，设定了 2 个方面的推进课题。

(1)强化海洋空间管理执行体系。扩大海洋空间管理专门组织，加强海洋空间规划评价专门机构的力量，并提升其作用，提高可持续性和公共性，确立负责任的海洋空间综合管理支援、管理体系，设立单一的专门机关，增强海洋空间管理相关效果。

(2)加强与增进海洋空间管理专业性和认识。推进专业人员培养工作，实行海洋空间管理相关国家资格制度，制定海洋空间管理专业人力薪酬基准和估价标准。开发培养优秀人才的高等教育项目。开发海洋空间管理专门教材。对于海洋空间管理规划、管理、评价业务从事者进行基础素养教育，实施海洋空间管理义务教育，对海洋空间利用者加强教育。制作网上教育网站，制作并发行宣传品，为增进国民对政策的认识和体会，定期进行问卷调查。

第三十三章　健康的海洋：新西兰实施海洋空间规划

2019 年 9 月，新西兰环境保护协会发布《健康的海洋：新西兰实施海洋空间规划》报告(以下简称“报告”)。报告提出了一个新的法律和政策框架，以支持新西兰实施海洋空间规划。报告回顾了美国、加拿大、澳大利亚、欧盟、丹麦、英国及苏格兰的 7 个立法体系，在吸取新西兰现行立法规定经验教训的基础上，对新西兰通过非法定和法定方案实施海洋空间规划做了广泛探索。该项工作对海洋决策者、管理者、顾问和海洋用户以及海洋环保人士具有重要意义。

第一节　现行海洋管理面临的问题

一、环保业绩不佳

在国家一级环境状况报告以及区域和地方评估中，环保业绩不佳尤为明显。某些环境价值面临着越来越大的压力，例如，21 世纪全球海洋酸化、气候变化导致的海洋变暖极有可能加剧；而其他环境价值仍处于低水平，例如，豪拉基湾的小龙虾和鲷鱼生物量。“一切照常”的海洋管理正在努力改善这些糟糕的环境，如果要保护并恢复沿海和海洋生态系统，就需要采用新的工具和方法。

二、海洋环境的复杂性

对新项目进行评估变得非常复杂，因缺乏科学依据，无法判定其造成环境不利影响的性质和程度以及对现有利益有哪些影响。现行政策对这些活动缺乏有效规定，将海洋管理人员置于招人怨尤的境地，他们不得不临时作出同意决策。

三、立法和管理的问题

新西兰立法分散，有的甚至已经过时、支离破碎。同时，各种立法框架间存在差距，各制度之间不能保持基本一致，各个机构往往未能就跨领域问题(如海洋生境保护)采取一致的行动，因此，海洋管理比较落后。

四、缺乏追求积极效益的法定授权

要在沿海海域实现积极效益，其中一个关键部分是将退化的生境恢复到可接受的状态。目前，《新西兰沿海政策声明》中的政策 14“恢复自然特征”和政策 21“改善水质”提到这一点。这些政策未能得到广泛实施，表明需要在立法中更明确地规定这一要求，还要提供专门规划和资金支持。

五、对累积效应管理不善

海洋环境中的多种活动会造成多种压力因素，而这些压力因素会产生累积效应。但是，对这些累积效应未能妥善管理。

六、实践中出现的海洋管理问题

海洋管理面临的挑战源于某些机构的海洋科学和规划能力有限、生物物理信息有限以及缺乏海洋管理专项资金。

第二节　现行立法与海洋空间规划的兼容性

一、《资源管理法》(1991 年)

《资源管理法》与海洋空间规划高度兼容。在管辖范围内，该法案已实现或正在努力实现对海洋环境及海洋与陆地边界资源和行业的综合管理。

《资源管理法》对渔业管辖权有限，阻碍了海洋空间规划根据该法实施海洋综合管理。在决策过程中，建立了一些立法联系，例如，要求渔业部长在制定渔业可持续性决策时，将《资源管理法》规划文件考虑在内；要求区域理事会在制定区域政策声明时，根据其他法案和渔业法规制定规划和战略。实践证明这些规定并没有效果，《资源管理法》与渔业制度之间几乎没有相互作用。

现行法律规定，区域沿海规划应包含一些条款，以控制更广泛环境中捕捞产生的外部效应，这代表《资源管理法》综合管理取得了进展，但它并未以常规或系统性方式加强《资源管理法》与渔业制度之间的相互作用。

二、《专属经济区和大陆架(环境影响)法案》(2012 年)

《专属经济区和大陆架(环境影响)法案》与海洋空间规划高度兼容。该法案规定，管理方法要与其他海洋管理制度相协调。

人们认识到海洋环境具有相互联系的性质，例如，《专属经济区和大陆架(环境影响)法案》管辖范围内受到相关活动的影响，但这些活动本身不在其管辖范围内，那么在制定法规时也应将其考虑在内。

《专属经济区和大陆架(环境影响)法案》还通过法规对空间规划做出规定，这些法规有可能像区域沿海规划一样运行，并且包括特定区域的要求、方法或技术标准。迄今为止，法规的实施尚未实现这种预期。

三、《渔业法》(1996 年)

在适用于新西兰的所有海洋管理法中，必须谨慎地将《渔业法》纳入海洋空间规划制度中。

该法案的规定涉及在最大可持续生产框架内对个别鱼类种群进行的狭义管理以及管理捕捞活动对海洋物种、生境和生物多样性产生的更为广泛影响，而前者在实践中占主导地位。渔业规划有可能实现综合管理和空间规划，从而弥合各种方法之间的差距。

四、区域海洋法案

《凯库拉海洋管理法》(2014 年)、《豪拉基湾海洋公园法案》(2000 年)、《峡湾海洋管理法》(2005 年)3 部新西兰区域海洋法案与《资源管理法》和其他保护立法密切相关，并为各自海洋区域的综合管理提供支持。从这个意义上讲，它们与海洋空间规划制度兼容。这些法案建立管理制度的主要进步是监督海洋区域管理团体或“监护人”。根据海洋空间规划制度体系，这些团体可以通过特殊参与、提供信息收集与共享，成为规划制定中的关键组成部分，还可以在规划实施和执行中发挥重要作用。

五、海洋保护立法

相关的保护立法包括《保护法》（1987 年）、《海洋保护区法》（1971 年）、《海洋哺乳动物保护法》（1978 年）。保护立法规定建立海洋哺乳动物保护区和海洋保护区；在更广泛的海洋空间规划进程中，两者同是重要保护工具。但是，海洋保护区受其空间应用的限制，它仅适用于领海，这为专属经济区建立类似的保护措施留下了法律空白。此外，如果海洋空间规划要实现生态、经济和社会目标，那么，当海洋保护区措施作为更广泛的海洋空间规划流程的一部分开始实施时，其狭义的目的——用于海洋生物研究——可能会限制海洋保护区可能实现的成果范围。

六、《怀唐伊条约》和协议立法

《怀唐伊条约》对《资源管理法》《保护法》和《渔业法》以及其他法案的运行产生了重大影响。海洋空间规划进程将需要维护毛利人的条约权利。

《怀唐伊条约（渔业索赔）协议法案》（1992 年）、《毛利人渔业法》（2004 年）、《毛利商业水产养殖理赔法案》（2004 年）共同处理了渔业和水产养殖的条约索赔。但是，毛利人传统权利以及条约中规定的海洋领域权利的索赔尚未得到充分解决，这使海洋管理的更广泛的立法改革变得复杂。

毛利部落和氏族团体对海洋空间规划进程的支持将是其成功的基础。如果毛利族原住民对条约存在很大的不满并参与解决方案协商——与利益攸关方团体合作可能不利于谈判，那么这种支持可能会受到破坏。

豪拉基湾尚未解决的条约主张使“海洋变革”的实施过程复杂化，但并未妨碍该项目取得圆满成功。该规划中包含一项条件，即规划的实施应确保当前和未来条约解决方案的完整性和价值。

这表明，尽管存在尚未解决的条约争端，但是仍可以实施海洋空间规划；海洋空间规划进程可能会得到（已获得解决方案的）毛利部落和氏族团体的更大支持。此外，条约协议方案本身产生的结果可能对海洋空间规划项目和更广泛地改善海洋管理具有重要价值。

七、《海洋和沿海地区法案》（2011 年）

传统权利可能会对海洋空间规划产生重大影响。在颁布任何国家海洋空间规划文件和区域海洋空间规划时，都需要与传统海洋产权组和享有受保护传统海洋权利的团体进行协商并考虑其意见。在编制海洋空间规划时，需要仔细考虑传统海洋产权组编制的规划文件，并要确保尊重其权利。此外，根据《海洋和沿海地区法案》规定，提出的现有申请需要一些时间才能得以解决，这增加了海洋空间规划进程的不确定性，并且需要申请组参与海洋空间规划进程。

八、《海运法》(1994 年)

《海运法》对海洋空间规划没有特别的限制。它确实潜在地提供了一些可用于实施海洋空间规划的有用工具，包括船舶航路措施和海事规则。

第三节　“海洋变革”项目的经验总结

“海洋变革”项目是新西兰第一个完全整合的海洋空间规划项目，横跨整个豪拉基湾海洋公园及其流域，并涵盖公园内的所有活动，包括渔业和海洋保护。“海洋变革”项目汇聚了新西兰不断完善的自然资源管理举措，包括建立政府–社区共同治理架构，运用多方利益攸关方协作流程以及整合毛利部落知识与科学方法。

2016 年通过一项共识流程完成了“海洋变革”项目规划，这在新西兰和国际上均是开创性的。据悉，国外尚未有通过共识流程来完成海洋空间规划的先例。虽然该项规划构想迅速投入实施，但在该项规划发布两年半后，其实施进展显然不顺。除了存在执行上的困难外，其他重要的薄弱环节包括公众参与、沟通不足以及机构在规划制定过程中参与不力。

“海洋变革”项目非常值得学习研究。未来项目可利用该项目的优势以及建立适当机制来解决其薄弱环节，从而从中获益。

第四节　国际司法管辖区概述

一、广义或狭义海洋空间规划立法

在审查的 7 个法律框架中，3 个法律框架主要基于海洋空间规划立法来规定海洋空间规划[美国：2008 年《海洋法》(马萨诸塞州)；欧盟：2014 年《海洋空间规划指令》；丹麦：2016 年《海洋空间规划法案》]，其他 4 个司法管辖区根据更广义的海洋和海岸立法来规定海洋空间规划[加拿大：1996 年《海洋法》；澳大利亚：2018 年《海洋与海岸法案》(维多利亚州)；英国：2009 年《海洋和海岸带准入法》；苏格兰：2010 年《海洋法》(苏格兰)]。

二、目的与原则

所有经审查的立法均记载了关于开展海洋空间规划或更广泛管理海洋海岸环境的目的、原则、职责或目标。

根据欧盟指令规定，海洋空间规划旨在促进海洋经济的可持续增长、海洋区域的可持续发展以及海洋资源的可持续利用。英文版丹麦立法(在欧盟指令颁布后两年通过)基本上重述了欧盟指令的规定。虽然提到了生态系统方法，并旨在促进环境养护、保护和改善，包括对气候变化影响的复原力，但海洋空间规划在这些司法管辖区的目标侧重于支持海事部门的可持续发展。这与澳大利亚维多利亚州《海洋与海岸法案》提出更环保的目标以及《海洋法》(苏格兰)规定的“职责”形成对比。

澳大利亚维多利亚州立法旨在“保护和加强海洋和海岸环境”，并“在合适的地区促进海洋海岸环境及其资源的生态可持续利用和发展”。其他目标是承认传统所有者群体的认知、权利及土地开发利用前景，并促进海洋海岸生态系统、社区和资产应对气候变化的复原力(除其他外)。

《海洋法》(苏格兰)没有规定具体的宗旨和原则声明，但对苏格兰各部长规定了两项基本职责：以最适当的方式采取措施，进一步实现可持续发展，包括保护和在适当情况下提升海洋区域良性发展，并以最佳方式采取行动以缓解和适应气候变化。

三、海洋空间规划的地理和行业范围

海洋空间规划的地理范围各不相同，除其他外，均反映出负责规划机构的管辖权。该管辖权通常并不包括流域。加拿大《海洋法》预期将制定涵盖河口、沿海和海洋水域的综合管理规划，跨越加拿大领海、专属经济区和大陆架。丹麦、英国和苏格兰的海洋空间规划框架也跨越领海和专属经济区。

马萨诸塞州《海洋法》规定制定一项单一的海洋管理规划，其近岸边界距海岸约0.5千米，向海边界通常离岸3海里，这反映出国家管辖范围的限制。澳大利亚维多利亚州《海洋与海岸法案》同样规定了海洋空间规划至维多利亚州沿海水域的外部界限(离岸3海里)，但是更全面地延伸至沿海水域(达到海洋的高水位线)。

所审查的立法针对所有海洋使用者的规划编制作出总体规定。然而，在所审查的一些司法管辖区内，实现所有行业的全面综合规划进程存在立法障碍。

针对陆海交界而言，所审查的立法通常授予海洋空间规划法律地位或权力，以达到平均大潮高潮面的陆地边界(除马萨诸塞州《海洋法》外，如上所述)。这意味着海洋空间规划并不直接控制基于流域的海洋开发。欧盟指令和丹麦立法明确规定，海洋空间规划不适用于成员国城镇和乡村规划制度范围内的用途。

大多数审查的法定框架均特别要求将陆地规划与海洋空间规划相结合。欧盟指令规定海洋空间规划应该“在海洋层面上整合一些沿海用途或行业活动”。为此，欧盟成员国在制定和实施海洋空间规划时必须考虑到海陆相互作用。这个过程可能是海洋空间规划过程的一部分，但如果不是，替代过程的结果必须反映在海洋空间规划内。此外，欧盟指令的丹麦立法要求海洋空间规划考虑海陆相互作用。

《海洋法》(苏格兰)也承认在海洋和陆地规划之间保持协调一致的重要性。公共机构(包括领土规划机构)在编制和通过陆地开发规划时必须“考虑到”海洋规划，并且必须采取“所有合理步骤”，以确保区域性海洋规划与任何毗邻地区的所有陆地开发规划相兼容。

四、负责规划编制的机构/部长

所有经审查的立法均明确规定负责领导或监督海洋空间规划编制的部长或政府部门(欧盟指令除外，该指令要求由成员国指定负责执行该指令的机构)。在所有情况下，应当由一位政府部长且通常是环境部长来负责，但丹麦是由其商业与经济增长部长负责，加拿大由渔业与海洋部长负责。

在一些司法管辖区，立法规定将编制海洋空间规划的职责委托给另一家公共机构。在英国,国务大臣已将其海洋规划权力下放给海洋管理组织,该组织负责为英国开发海洋规划系统。苏格兰各部长还将规划编制的职能下放给海洋管理局。

五、规划编制流程

所审查的立法根据海洋空间规划编制过程的规范性而各有不同。

《海洋与海岸法案》(澳大利亚维多利亚州)要求将海洋空间规划框架纳入该州的海洋和海岸政策,但是该项法案本身并未详细说明该框架内容、利益攸关方的参与过程,或任何后续海洋空间规划在法律上的地位。加拿大《海洋法》对海洋空间规划流程也制定了高水准的规则。加拿大渔业与海洋部制定了非法定政策以充实海洋空间规划框架。

美国马萨诸塞州、英国、苏格兰、欧盟和丹麦这 5 个司法管辖区针对程序相关事宜,例如,咨询机构的运用、内容要求、利益攸关方和公众参与均提出了具体要求。

六、科学的运用

《海洋法》(苏格兰)要求编制海洋规划期间,应评估相关海洋区域状况,并汇总该区域面临的重大不利因素。美国马萨诸塞州《海洋法》规定了一项"基线评估",作为第 1 份《海洋管理规划》的一部分,并要求至少每 5 年对这项评估进行一次审查和更新。2009 年基线评估对马萨诸塞州海洋水域的人类利用、自然资源和其他生态系统组成成分的当前知识状况进行了广泛编目。2015 年为《海洋管理规划》第 2 次迭代开展了最新评估。

海洋空间规划其他法定框架并未明确要求对海洋区域进行预先科学评估,但包含其他规定以确保科学研究为海洋空间规划或海洋管理提供更广泛的信息。

七、利益攸关方和公众参与

海洋空间规划的所有法定框架均规定公众应在一定程度上参与海洋空间规划的编制。

澳大利亚维多利亚州《海洋与海岸法案》的首要目标之一,就是在海洋与海岸规划、管理和保护方面与指定的原住民方、社区、用户群体和行业开展合作。加拿大渔业与海洋部长需要与广泛的利益攸关方“开展合作”以履行其规划职责。在美国马萨诸塞州，公众必须至少有 6 个月对规划草案发表意见的机会，公众评议期将包括至少在 4 个不同沿海地区至少举行 4 次公开听证会，并且必须从最终公开听证之日起至少持续开放 60 天。在丹麦，还需要 6 个月的规划草案评议期，但不要求举行公开听证会。英国《海洋和海岸带准入法》和《海洋法》(苏格兰)要求在编制海洋规划之前发表公众参与声明。

八、规划审批流程

大多数经审查的立法均要求海洋规划最终由责任部长批准，遵循公众咨询和其他程序要求。欧盟指令要求欧盟成员国指定负责执行指令的机构。

一些司法管辖区需要具体的通过程序。《海洋法》(苏格兰)规定，规划提案副本必须提交议会。议会有 40 天时间审议提案。如果议会通过与规划提案有关的决议，则苏格兰各部长必须向议会作出回应。苏格兰各部长在决定公布规划时，说明这项海洋规划获得通过(有或无议会程序要求的修正案)。

九、规划法律地位及与其他法案的衔接

美国马萨诸塞州、英国、苏格兰和丹麦的立法规定海洋空间规划的法律地位及其与其他法案的衔接。

在澳大利亚维多利亚州，海洋空间规划是区域和战略伙伴关系的成果，这种成果成为在《海洋与海岸法案》规定下具有法律效力的法定文件(即使该项法案没有明确提及海洋空间规划)。在决定海洋和海岸官方土地申请许可时，责任部长必须确保该许可符合海洋空间规划。官方土地管理者必须采取一切合理步骤，对代表官方管理的土地实施海洋空间规划。

十、监察及审查

几乎所有经审查的立法都载有审查海洋空间规划或其赋权立法的明确规定。但澳大利亚维多利亚州除外，目前正在制定其海洋空间规划框架细

节，并可能在适当时候引入一项审查规划规定。

审查海洋空间规划的时间框架各不相同，丹麦和欧盟指令的期限为 10 年，美国马萨诸塞州和苏格兰的期限为 5 年，英国期限为 3 年。加拿大《海洋法》要求加拿大渔业与海洋常务委员会在该项法案生效后 3 年内审查其行政监管事宜。

第五节　海洋空间规划框架的效益

新西兰现行的立法框架与海洋空间规划兼容性良好，但也存在一些法律上的障碍，其中包括缺乏法定机制来制定适用于不同海洋管理制度的共同海洋目标和政策以及总体海洋目标和政策。因此，在现有法定机制下，海洋空间规划进程在实现海洋和沿海管理的全面综合方法方面的能力最终将受到限制。

海洋空间规划有可能通过非法定程序推进，从而规避立法框架的缺陷，在规划制定完毕后再通过正式途径实施。要成功实施这样一项非法定规划，就需要有强有力的政治领导和利益，并需维持多年。对新西兰 3 年的政治周期而言，这可能很困难。非法定的海洋空间规划程序通常需要反复多次的公共程序（如咨询、听证会），导致规划丧失其统一性和连贯性，因为每一个法定程序只考虑整体情况的一部分。

目前，即使海洋环境中存在紧迫问题，包括严重的环境退化，也无法强制实施海洋空间规划。制定法定框架，对海洋空间规划的启动做出规定，为政府部门、毛利族原住民和利益攸关方制定指导原则和程序步骤，将有助于促进这一领域的努力。法定海洋空间规划框架可为新西兰带来相当大的社会、经济和生态效益。

海洋空间规划框架需要包括 6 个功能：提供全面综合的海洋管理方法；履行《怀唐伊条约》规定的官方义务，将毛利部落知识整合到沿海和海洋环境管理之中；保护和恢复海洋环境；设置明确而有力的环境底线；为新西兰目前和未来的海洋环境使用和享有作出规定；为战略规划提供便利。

第六节　新西兰海洋空间规划框架方案

一、主要相关要素

这些要素反映了海洋空间规划框架的“具体细节”，包括计划启动、资金筹措、科学、监测和审查等事项。各项关键设计要素的推荐方法详见表33-1。

表33-1　各项关键设计要素的推荐方法

设计要素	推荐方法
领导机构	环保局
海洋空间规划战略	由环境部制定并经环境部批准
海洋空间规划项目的启动	政府(在海洋空间规划战略中)和当地社区/毛利部落/利益攸关方确定海洋空间规划区域(通过向环境部长提出申请)； 根据一套标准选择备选海区。在环境严重恶化的情况下，自动启动海洋空间规划； 环保局负责正式启动海洋空间规划进程
项目组	项目组成员包括经过海洋空间规划培训的环保局专家，初级产业部、保育部和相关委员会的全职工作人员提供辅助。如果专业技能有需要，可以引进外部承包商
资金	海洋空间规划的资金由地方和中央政府分担，大部分资金来自中央政府，主要拨付给领导机构
项目治理	海洋规划合作协会管理规划制定过程。成员包括来自相关机构和毛利部落/氏族团体组织的高层或政治代表。毛利部落/氏族团体和机构的代表人数相等(即50:50)

续表33-1

设计要素	推荐方法
海洋空间规划编制	成立一个由毛利部落/氏族团体/利益攸关方和有关机构高级职员组成的协作工作组； 协作工作组在协商一致的基础上制定规划。机构工作人员参加审议，但不要求负责规划的批准
科学	在海洋空间规划进程的起始阶段，环保局编写一份对相关海域状况的正式评估报告，并简要介绍海区内所面临的重大压力和人类用途； 任命一名首席科学家加入项目组，承担科学信息和协作工作组之间的沟通职能
毛利部落知识	单独制定毛利部落知识工作流程，将毛利部落知识整合到海洋空间规划中。在协作规划进程开始之前就建立毛利部落知识工作流程。拟定保密和知识产权议定书
规划内容	海洋空间规划包括非管理性内容［如对海洋区域的健康状况、所面临的压力或问题的描述、愿景说明、目标和预期结果（包括环境底线）］。为取得预期成果而需要执行的任务行动计划，包括需要资金的方案（如海洋研究、生物安全、沿海基础设施供资和恢复）； 海洋空间规划也包含管理性内容（如旨在产生管制效力的规定）。这些可能是区域政策声明或区域沿海规划下的目标、政策或规则；《专属经济区和大陆架（环境影响）法》（2012 年）下的条例；《渔业法》（1996 年）下的条例或其他决定；或根据《海洋保护区法》（1971 年）和《海洋哺乳动物保护法》（1978 年）作出的决定
规划批准	海洋规划合作协会负责批准规划的预协商草案，并负责将规划提交给环保局。环保局公告规划草案，并接受公众提交的意见书； 协作工作组负责审查就规划的非管理性内容提交的意见书，并将建议提交海洋规划合作协会进行最后批准； 环境法院就海洋空间规划的管理性内容举行听证会，根据相关的授权立法，将所有管理性规定作为一个整体加以考虑； 环境法院发布其决定，就海洋空间规划条款的提出、修改或驳回提出建议

续表33-1

设计要素	推荐方法
规划实施	根据《资源管理法》(1991 年)执行：环境法院指示有关地方政府在不使用附表 1 程序的情况下修改《资源管理法》(1991 年)政策声明或规划(只可就法律事宜提出上诉)； 根据其他法律执行：环境法院向责任部长提出建议。责任部长必须执行环境法院的建议，或在规定时限内向众议院提交书面文件，说明其决定不执行法院建议的原因
监察及审查	环保局负责监督和协调监测方案，实际工作主要由区域理事会负责实施。环保局每 5 年对海洋空间规划作出一次正式评估

二、新西兰海洋空间规划框架的 3 种方案

新西兰可以通过法定或非法定框架实施海洋空间规划。这 3 种方案都可在制定海洋空间规划框架时发挥实实在在的作用(方案 3 中的设想)。因此，方案无论正确与否，每一种方案在已有的工作基础上继续完善。新西兰在这方面并不是毫无经验，目前正在推进“海洋变革”，虽然仍处在初始阶段，但已经为将来打下了坚实的基础。3 种备选方案概述见表 33-2。

我们的结论是，两套法定方案——方案 2 和方案 3——提供的方法是行之有效的，是实现海洋空间规划功能的重要方法。这两套方案采取了充分的综合性海洋管理措施，为新西兰在当代和今后利用及享有海洋环境指明了方向，推动了战略规划。这两套方案也有助于承认毛利族原住民在《怀唐伊条约》下所承担的义务，包括整合与海岸和海洋环境相关的毛利部落知识。最后，这两套方案也界定了明确的海洋环境底线，为海洋环境的保护和恢复提供了更为有效的手段。

表 33-2　3 种备选方案概述

方案 1	非法定海洋空间规划	管理制度或法律上没有变动； 创造契机，制定海洋空间规划程序非法定战略和最佳实践指南，更好地发挥关键效能； 创造契机，让相关机构进一步完善海洋空间规划相关技能； 可以取得立竿见影的进展，某些地区已经开始投入工作(目前“海洋变革”正在进行中)

续表33-2

方案 2	《空间规划法案》	通过《空间规划法案》，为海洋空间规划制定法定授权和程序； 空间规划在本质上是全局性的，高于其他所有的法律框架，具备强制执行的法律效力； 要求相关部门，特别是环保局，积极积累海洋科学和海洋规划技能方面的相关知识； 现有的海洋管理制度仍在各自独立的法律制度内保持其完整性； 该方案可在中期内(18 个月至 2 年)实施
方案 3	《海洋法》	改革新西兰海洋管理体系，通过新的《海洋法》； 制定完备、综合性和框架性的海洋空间规划，将其纳入整体性海洋管理法律(包括渔业管理、海洋保护区、海洋哺乳动物保护、航运、海洋污染和执法)； 设立新的海洋部门，进行重大的法律改革和体制改革； 该方案可长期(3~5 年)实施

第三十四章　新西兰南极局《意向声明(2019—2023)》

2019 年 10 月 21 日，新西兰南极局董事会签署《意向声明(2019—2023)》(以下简称“《声明》”)，从和平与安全、主权、环境、科学、国际影响力和经济 6 个方面阐述了南极洲和南大洋对新西兰的重要性，强调未来将在南极条约体系下确保对南极洲的有效治理，加强领导与合作，促进南极洲和南大洋的科学研究，保障南极洲活动的可持续性。

第一节　简　介

新西兰南极局的愿景体现出新西兰对南极洲和南大洋的关注、保护与认知，彰显了南极洲对新西兰的重要性，主要体现在以下方面。

第一，重视南极洲内在价值和科学价值，重视南极条约体系作为有效治理制度以确保未来南极洲成为专用于和平与科学的自然保护区。

第二，通过努力减少环境足迹、在保护区管理方面发挥领导作用，支持罗斯海地区人类遗产保护等措施，从而以最高质量的国际环境管理标准保护南极洲。

第三，认知南极洲气候变化和人类活动的相互作用及其对新西兰气候和海洋系统的影响至关重要。例如，预测南大洋鱼类种群变化造成的相关影响，海平面上升对海岸造成的影响以及气候变化对自然环境造成的影响。

《声明》为新西兰南极局日常工作提供了战略基础，并指导其实现外交部长的重要期望。为实现未来 4 年的战略方案，新西兰南极局将开展以下工作：继续完善健康安全系统、流程和标准，以巩固对安全的不懈关注和对零伤害的承诺；获得组织资金，以确保未来 50 年内斯科特基地设施的正常运转，确保新西兰在南极洲持续活跃且安全地存在；通过与新西兰国防军及其他机构合作，确保通往斯科特基地的海空通道畅通；支持对《南极和南大洋科学方向和优先事项(2010—2020)》的审查和更新工作;制定具有战略性、透明性和客观性的后勤分配流程,以支持需求大于供应的科学研究;主办南极科学平台,确保其研究与新西兰更广泛的南极洲和南大洋研究工作协调一致;支持南极办事处实施南极门户战略,以实现克赖斯特彻奇门户地位对城市和国家的价值;在有影响力的《南极条约》协商国会议中发挥领导作用,促进新西兰参与其他国家在罗斯海地区实施的国家南极计划并开展合作;建立和利用外联网络渠道,提高公众对新西兰南极活动价值的了解。

第二节 性质和范围

一、新西兰南极局

根据《新西兰南极机构法》,新西兰南极局于 1996 年 7 月 1 日成立,总部设在克赖斯特彻奇市。

根据《新西兰南极机构法》相关规定,新西兰南极局主要职责如下:制定、管理和执行新西兰在南极洲和南大洋,特别是在罗斯属地的活动;保持和提升新西兰南极科学研究质量;与同新西兰南极局具有类似工作目标的国内外其他机构和组织进行合作。

根据《新西兰南极机构法》相关规定,新西兰南极局应遵照以下要求履行职责:保护南极洲和南大洋的内在价值;为新西兰当代和后代人利益,积极而负责地管理罗斯属地;履行新西兰的国际义务;履行 1960 年《南极法案》和 1994 年《南极(环境保护)法案》的相关规定;尽可能地将人员所受风险减少到最低,使其达到合理范围。

二、新西兰南极局的愿景和价值

(一)愿景

新西兰南极局首要愿景是使南极洲和南大洋受到关注、保护与认知。

(二)价值

工作人员是新西兰南极局取得成功的关键,包括正式员工;固定期限和合同制工作人员；从新西兰国防军以及政府、科学界和其他国家南极计划的战略合作伙伴处借调的工作人员。新西兰南极局力求创建一个以共同信仰文化为基础的高性能组织：对工作充满热情；互相关爱，关心环境；共同开展工作；诚信行事；追求最高标准。

三、新西兰南极局主管部长

外交贸易部长主管新西兰南极事务。

第三节　工作环境

一、工作背景

新西兰与南极洲的密切联系始于100多年前，当时探险家和科学家离开新西兰港口，发现了这片辽阔的冰冷大陆，并前往南极。

1957年，埃德蒙·希拉里为支持英联邦跨南极考察建立了斯科特基地，该基地成为新西兰永久性的科学研究站。

二、南极洲对新西兰的重要性

南极洲和南大洋对新西兰至关重要，原因如下。

和平与安全：新西兰南极局重视新西兰南部的安全区域。

主权：自1923年以来新西兰一直主张拥有罗斯属地，并且是1959年签订《南极条约》的12个原始缔约国之一。

环境：新西兰南极局希望保护南极洲，使其成为一个专用于和平与科学的自然保护区。新西兰重视健康多产的南大洋，并致力于保护其生物多样性。

科学：认识南极洲在全球系统中的作用将有助于提高新西兰应对气候变化和其他环境挑战的能力。

国际影响力：通过发挥新西兰南极局在环境和政策方面的领导作用以及进行政策方面的相关合作，为新西兰建立良好声誉。

经济：新西兰毗邻南极洲，优越的地理位置为新西兰，特别是为作为世界上仅有的5个门户城市之一的克赖斯特彻奇提供了经济发展机会。

三、动态环境

新西兰南极局工作环境复杂多变，目前主要面对的机遇、挑战和风险包括以下方面。

(一)南极科学

南极洲和南大洋对全球气候系统至关重要，对新西兰气候也具有重要影响。开展南极洲和南大洋研究对于提高发现、预测和适应不断变化的环境的能力以及增强环境管理和保护水平具有重要意义。

新西兰南极局设立了一个 4 900 万美元的研究基金(南极科学平台)，为新西兰研究人员在全球范围内取得重大成果提供了稳定资金支持。

南极科学平台制定了一些研究计划，以促进认识南极洲对全球地球系统的影响以及认识在全球变暖情况下这种影响将如何变化。主要的研究项目将横跨多个季节，并作为新西兰南极研究计划的有力补充。

毛利人知识为认知监护要素提供了另一视角，这是重视和保护南极洲作为专用于和平与科学的自然保护区的核心。发展与毛利人的关系将有助于探讨南极洲研究的不同观点，并建立合作关系以将毛利人知识和《怀唐伊条约》原则纳入新西兰南极研究中。

(二)《南极和南大洋科学方向和优先事项(2010—2020)》

政府将在 2020 年对南极洲的科学优先事项进行审查和更新。

(三)斯科特基地的重建

斯科特基地的使用寿命即将结束，安全风险也在不断增加。新西兰南极局正试图开展斯科特基地的重建工作，以将其建造成为安全适用的专用设施，目前已获得 1 530 万美元资金用于完成详细设计和执行主承包商的采购流程。实施业务案例将在 2021 年预算中提交政府审议。

(四)新西兰的南极洲洲际运输能力

《战略性国防政策声明(2018)》将支持罗斯属地平民存在确定为新西兰国防军的主要职责之一。新西兰南极局正在参与更换 5 架大力神运输机，以加强新西兰和南极洲的业务联系。

新西兰皇家海军舰艇抗冰加固油轮计划于2020年投入使用，并将为新西兰南极计划提供支持。

（五）罗斯海地区活动的增强

在罗斯海地区开展的南极计划正进入一个支持科学活动的关键阶段，包括越来越多的国家在该地区开展业务、建设新基地、重建现有设施以及建造一条新的硬石飞机跑道。

新西兰在南极洲的旅游活动预计也将扩大，目前正在建造一些新的旅游船。

第四节　目　标

新西兰南极局已与部长协商确定了新西兰南极局的服务优先事项：

（1）加强领导与合作。与对南极洲感兴趣的其他国家开展有效密切合作；确保有效保护南极环境；支持新西兰继续在南极条约体系中发挥作用。

（2）推进新西兰南极洲和南大洋的科学研究，提升新西兰南极洲和南大洋科学研究的质量。

（3）保障南极洲活动的可持续性：

①通过斯科特基地的全年安全运营达到高环境标准，保持新西兰在罗斯属地的存在；

②部长还强调了推进斯科特基地重建项目的重要性；

③新西兰南极局将利用其关系，促进和确定克赖斯特彻奇作为南极罗斯海地区门户的机会；

④新西兰南极局将继续支持政府方针，开展国际合作。

（4）外交贸易部将领导新西兰政府制定及实施南极洲和南大洋的相关政策，并建立国际关系。新西兰南极局将通过其国际联系支持这些成果。

（5）新西兰国防军将提供资产和资源，维持新西兰南极局的运作。这对于与美国及在罗斯海地区开展其他南极计划的后勤共享安排至关重要。

(6)商业创新及就业部已与新西兰南极局签约承办南极科学平台。在2017年预算中宣布了对南极战略科学的资金支持。该平台将提供稳定的资金来支持南极洲和南大洋研究，最大程度保障新西兰的科学和战略利益。

(7)新西兰南极局将与科学机构紧密合作，以支持科学研究。新西兰南极局将与新西兰南极研究所(一个由新西兰南极局建立的慈善基金会)展开合作，旨在建立公私合作伙伴关系，以加强新西兰的南极研究工作。

(8)新西兰土地信息局将绘制新西兰感兴趣的南极洲相关地区地图，新西兰南极局也将协助新西兰海事局开展搜救协调工作。

(9)新西兰南极局将为南极遗产信托基金会提供后勤支持，旨在保护早期南极探险家曾居住过的小屋。

(10)新西兰南极局还将与克赖斯特彻奇及其南极办事处紧密合作，以支持克赖斯特彻奇南极门户战略的实施。

第五节　愿景概述

一、背景

新西兰将继续在监护南极洲和南大洋作为专用于和平与科学的自然资源中发挥重要作用。

二、愿景

新西兰南极局的愿景是：加强对南极洲和南大洋的关注、保护与认知。

(一)负责任地管理和保护

负责任地管理及保护南极洲和南大洋环境，包括其内在价值。

(二)高水准的科学认知

新西兰高质量的南极洲和南大洋科学研究提供了战略和科学影响。

三、做法

(一)加强领导与合作

与相关政府机构合作，审查和更新新西兰《南极和南大洋科学方向和优先事项(2010—2020)》。

促进新西兰参与其他国家在罗斯海地区实施的国家南极计划并开展合作。

(二)促进新西兰对南极洲和南大洋的科学研究

确保南极科学平台与新西兰更广泛的南极洲和南大洋研究工作相结合。

通过制定 4 年计划，确保科学、环境和后勤活动得到很好的协调。

(三)保障南极洲活动的可持续性

重建斯科特基地。

通过确保关键风险得到管理，加强斯科特基地的安全管理。

四、参与方与实施方式

为实施新西兰南极局战略而做出贡献的利益相关者包括：新西兰南极局工作人员，供应商和承包商，克赖斯特彻奇，科学界人士，中央政府组织机构人员，新西兰国防军，新西兰民众，其他国家南极计划。

通过以下方式投入资源并加强关系：加强组织文化；实施克赖斯特彻奇南极门户战略；促进与国际社会的联系；加强与公众互动。

第六节　新西兰南极局目标

新西兰将继续在监护南极洲和南大洋作为专用于和平与科学的自然资源中发挥重要作用。

60 年来，南极条约体系已被证明是南极洲和南大洋的有效治理制度。它以合作、开展科学研究和实施高标准的环境保护原则为基础，保障了该地区和平与安全。

作为南极领土声索国和地理上的邻国，新西兰在确保南极条约体系被继续作为该地区治理的适当机制方面有着重要的既得利益。

新西兰致力于负责任地管理南极洲和南大洋，为今世后代造福。

一、主要举措

新西兰南极局关注南极洲可持续发展、减少南极洲环境足迹、做出高水准的南极洲和南大洋科学研究，大大提高了新西兰在《南极条约》国家中的信誉。新西兰南极局寻求创新解决方案来应对环境管理挑战的做法也得到了高度评价。

新西兰南极局支持外交贸易部制定和执行新西兰政府南极洲和南大洋的相关政策，以增强新西兰在南极条约体系中的影响力。

新西兰南极局的两个主要中期目标有助于实现此目标。

二、指标与目标

（一）指标

新西兰在南极论坛、科学研究、业务和环境管理方面的工作情况。

（二）目标

新西兰在南极论坛、科学研究、业务和环境管理方面的表现有所提高。

第七节　新西兰南极局未来成就

一、负责任地管理及保护南极洲和南大洋环境，包括其内在价值

《关于环境保护的南极条约议定书（1991）》致力于“全面保护南极环境及依附于它的和与其相关的生态系统”，并制定了严格的规则，以尽量减少对自然环境的影响。

南极环境正面临着来自两方面越来越大的压力：人类活动的扩大(通过捕鱼、旅游和国家计划)以及更为重要的气候变化的影响。目前国际社会对南极科学和自然环境价值构成了威胁。

为支持新西兰政府继续在管理南极环境中发挥领导作用，新西兰南极局肩负着认知这些影响并确定适当管理和政策对策的重要责任。外交贸易部是政策领导机构。

新西兰南极局提出了南极环境门户网站的概念，以提供南极科学与南极政策之间的重要联系。该门户网站向南极环境保护委员会和所有《南极条约》国家提供基于科学的信息。从2019—2020年度开始，南极研究科学委员会将接管南极门户网站和坎特伯雷大学门户网站，并由包括新西兰南极局在内的多个组织提供资助。

(一)主要举措

通过以下方式为有影响力的南极条约协商国会议做出贡献：

(1)支持南极环境保护委员会工作，为其会议和闭会期间的工作提供高质量投入，并酌情争取在委员会内担任领导职务；

(2)与国内外研究团体密切合作，确保南极环境保护委员会可以利用现有最佳科学知识作为其决策和建议的基础；

(3)就有关环境和其他南极政策事项为外交贸易部提供高质量、及时的建议；

(4)促进与罗斯海地区合作伙伴的合作，确保采取合作的方式管理罗斯海地区环境。

(二)指标

表34-1　实现负责任地管理保护南极洲和南大洋环境成就的指标、现状与目标

指标	2019年现状	目标
新西兰南极研究成果为国家和国际政策制定者提供信息	南极环境门户网站提供了有关南极环境管理的可靠、科学的信息	新西兰南极研究成果纳入环境门户网站上以科学为基础的信息摘要中
新西兰在南极环境保护委员会中担任领导职务	新西兰南极局工作人员代表新西兰出席南极环境保护委员会年会	至少担任一个闭会期间联络小组领导或南极环境保护委员会副主席

续表34-1

指标	2019年现状	目标
斯科特基地重建项目的综合环境评估按照高标准进行筹备	目前正在起草综合环境评估草案，提交给2020年6月的南极环境保护委员会会议。最终版将于2021年6月提交	综合环境评估初稿和终稿在截止日期前提交给南极环境保护委员会，并受到与会人员好评

二、提高新西兰南极洲和南大洋科学研究质量

科学是《南极条约》的核心主题，《关于环境保护的南极条约议定书（1991）》将南极确立为“专用于和平与科学的自然保护区”。

南极洲和南大洋研究是促进认识南极洲内外环境变化影响以及认识这种变化对新西兰和世界其他地区影响的基础。加强对南极洲和南大洋生态系统和过程的了解，将提高发现、预测和适应不断变化的环境条件的能力，并为支持环境管理和政策制定提供依据。

新西兰南极局在南极科学领域的战略领导地位包括主办南极科学平台，与科学资助者密切合作以支持高质量的科学研究，确保研究与政府的南极洲和南大洋科学方向和优先事项保持一致。新西兰南极局将继续以政府和社会资本合作的形式支持新西兰南极研究所，作为吸引私有资金以增强新西兰南极研究工作的机制。

南极科学平台领导了多学科研究计划的发展，这将加深认识南极对地球系统的影响及全球变暖情况下这种影响可能如何变化。主要研究项目将作为新西兰南极研究计划的补充。

国际相关的出色研究奠定了南极条约体系的领导地位。新西兰南极局与新西兰研究人员一道，支持与世界领先水平的研究人员和国家南极计划建立国家和国际伙伴关系。由此产生的高质量研究成果有助于实现全球重大成果，并提高新西兰作为一个有影响力的《南极条约》协商国的声誉。

（一）主要举措

提供战略科学领导力：与相关政府机构合作，对新西兰《南极和南大洋科学方向和优先事项（2010—2020）》进行审查和更新；成功主办南极科学平台；与科学基金组织合作，支持促进最高质量的南极洲和南大洋研

究；确保南极科学平台与新西兰更广泛的南极研究工作相结合；促进各国针对在罗斯海地区实施的国家南极计划进行合作，制订合作计划，提高后勤保障的协调性和能力，扩大后勤保障的范围；建立合作关系，将毛利人知识纳入新西兰南极研究计划；确保新西兰研究工作符合政策和环境管理需求。

支持世界一流水平的南极洲科学研究：提供有效的后勤保障，使研究人员能够在南极洲实现野外目标；确保科学、环境和后勤活动在中期内得到很好的协调和规划；当支持科学的后勤需求超过供应时，根据战略性、透明性和客观性原则分配资源；提高后勤保障能力，为支持长期、世界领先水平的南极研究计划提供适当的服务；将未来科学需求作为拟议的斯科特基地重建计划的考虑因素之一，从而在未来 50 年提供安全、适用的设施；在斯科特基地重建过程中，实施实地调查研究计划和长期监测计划；检查支持计划所产出成果的数量和质量。

（二）指标

表 34-2　实现提高新西兰南极洲和南大洋科学研究质量成就的指标、现状与目标

指标	2019 年现状	目标
新西兰南极局成功举办南极科学平台	新西兰南极局签约主持平台，关键性能指标与新西兰商业创新及就业部达成一致	南极科学平台的关键性能指标达标
新西兰南极局支持的研究人员开展的南极研究的数量和质量均提高	2018 年基准：数量——新西兰南极局支持的研究人员在日历年内发表 62 篇同行评审的科学论文	同行评审的科学论文数量不断增加
	2018 年基准：质量——过去 6 年内引用了 5180 篇同行评审的科学论文（论文由新西兰南极局支持的研究人员撰写）	同行评审的科学论文的引用数量不断增加
新西兰南极局支持相关科学	将与相关政府机构合作，审查《南极和南大洋科学方向和优先事项（2010—2020）》	更新《南极和南大洋科学方向和优先事项（2010—2020）》
		新西兰的南极研究符合政府最新的南极和南大洋科学方向和优先事项

续表34-2

指标	2019 年现状	目标
加强国际科学联系	年内新西兰与美国在罗斯海地区至少开展两个重要的合作项目	与新西兰研究人员的国际合作次数不断增加
促进新西兰参与其他国家在罗斯海地区实施的国家南极计划中并开展合作	新西兰每年与他国针对在罗斯海地区实施的国家南极计划进行双边合作	新西兰与他国针对在罗斯海地区实施的国家南极计划就业务、科学和环境进行长期战略合作
斯科特基地设施能够满足当前和未来的科学需求	斯科特基地重建初步设计完成	斯科特基地设施适合未来50年使用，能够支持当前和不断发展的科学需求
		在斯科特基地重建过程中，实施实地调查研究计划和长期监测计划

三、新西兰南极计划具有可持续性

新西兰南极局的可持续发展意味着如下几点。

(1)健康与安全：健康与安全是新西兰南极局的核心价值观和最高组织优先事项。新西兰南极局相信，所有伤害和职业病都是可以预防的，并且卓越的业务与安全的结果息息相关。

严格的风险管理以及对健康和安全的明确承诺，有助于保护在该计划中工作的所有人员免受伤害。新西兰南极局将继续完善制度、流程和标准，以巩固其对安全的不懈关注以及对零伤害的承诺。

(2)环境：新西兰南极局致力于减少在南极洲的环境足迹，这极大地提高了新西兰作为南极活动国家的信誉，新西兰南极局为应对环境管理挑战寻找创新解决方案的方法也是同样如此。

新西兰南极局将继续高度重视环境实践的优良标准，健全环境管理体系，并获得了最高级别的 Enviro-Mark© 新西兰钻石标准认证。

同时，根据《南极(环境保护)法(1994)》开展的高标准环境影响评价，为最大程度减少对南极环境的影响提供了有效手段。

(3)社区：克赖斯特彻奇是世界上仅有的 5 个南极门户城市之一。南极相关活动是新西兰和坎特伯雷经济的重要支柱。2018 年，克赖斯特彻奇议会正式批准了《克赖斯特彻奇南极门户战略》。全市战略为克赖斯特彻奇成为南极门户城市建立了愿景，以实现其门户地位的价值，造福于城市和国家。

新西兰克赖斯特彻奇将通过其南极办事处率先实施该战略，并将与广泛的利益相关者密切合作，以确保克赖斯特彻奇成为出色的南极门户城市。新西兰南极局将为该城市提供机会，为南极计划提供办公室租金补贴，并于 2019 年在该市主办南极科学会议。

新西兰南极局维护国家间关系，特别是与美国南极计划的重要关系，以确保在克赖斯特彻奇维持现有的南极活动。

(4)财务：新西兰南极局将财务可持续性定义为具有履行当前和未来义务及承诺的财务能力，以满足利益相关者的合理期望，同时保持足够能力抵御冲击。

政府在 2019 年预算中为新西兰南极局提供了两年额外的 1 530 万美元资本支出，以推进斯科特基地重建项目。该项目旨在化解斯科特基地设计寿命即将到期，而新西兰南极局没有足够资源为重建工作提供资金的风险。

由于支持实地研究计划的后勤需求增加，新西兰南极局的财务可持续性仍面临进一步的风险。新西兰南极局正在评估此风险的全部影响。

(一)主要举措

(1)提高健康性与安全性：新西兰南极计划活动安全开展；健康和安全体系得到加强和认可；建筑物、设施和基础设施合理使用、符合目的。

(2)尽量减轻环境影响：减少或回收废物；环境管理体系得到加强和认证。

(3)改善与南极有关的经济机会：支持新西兰克赖斯特彻奇南极办事处，使南极相关网络更加有效；利用新西兰南极局在国际南极共同体中的知识和影响力，确定克赖斯特彻奇的经济机遇。

(4)确保新西兰南极局有足够资金开展工作：与外交贸易部、财政部合作，满足未来资金需求。

（二）指标

指标	2019 年现状	目标
新西兰南极计划安全实施	没有应通报的伤害、疾病或严重损害	没有应通报的伤害、疾病或严重损害
新西兰南极计划成为可持续发展的典范	获得了 Enviro-Mark© 新西兰钻石标准认证	维持 Enviro-Mark© 新西兰钻石标准认证
南极洲相关活动对直接经济影响总和两年增长	在新西兰达到每年 1.2%，在坎特伯雷达到每年 2.0%（基于 2018 年 6 月经济影响报告草案）	高于新西兰国内生产总值平均增长率
克赖斯特彻奇的南极门户战略为本市建立一个愿景，实现其南极门户地位的价值，造福于自身和国家	支持克赖斯特彻奇南极办事处将本市和新西兰作为重要的南极门户	发布克赖斯特彻奇门户战略行动计划
新西兰南极计划得到适当资助	政府已在 2019 年预算中提供资金，将斯科特基地重建项目推进到详细设计阶段	新西兰南极计划拥有开展工作所需的资源

第八节　组织的健康与能力

新西兰南极局为新西兰科学、环境导向和管理新西兰的南极利益提供了高质量成果。

新西兰南极局之所以能够做到这一点，是因为工作人员的才能和奉献精神，其中包括长期和定期的工作人员、承包商、新西兰国防军的借调人员以及新西兰南极局在政府中的许多战略合作伙伴。新西兰南极局认识到为了取得成功，员工在就业各方面都需要得到公平、合理的对待。新西兰南极局致力于成为一个好雇主。

一、员工反馈

新西兰南极局关心员工和承包商在组织中的经验，并花时间与他们联系获取反馈。所有员工都有定期与团队负责人进行高质量对话的机会，以审查绩效、认可成就、根据目标衡量进度、强调机遇风险。新西兰南极局每年都会开展一次参与度调查，帮助了解员工不同经历，促进讨论提高组织绩效的倡议。

二、斯科特基地季节性员工

由于斯科特基地在南极的地理位置偏远，新西兰南极局为其季节性员工提供5个月(仅夏季)或13个月(夏季/冬季)的定期工作时间。

新西兰南极局鼓励通过绩效管理系统确定业绩优异的斯科特基地员工在未来几个季度内重返工作岗位。

他们为组织带来的特定角色和南极知识是新西兰南极局成功的重要因素。新西兰南极局引入更好方法来支持归国员工在其脱产期间发展其他技能，并通过提供其他机会和项目工作发展这些技能，协助完成新西兰南极局的季节性计划工作。

三、领导责任与文化

共同的价值观构成了新西兰南极局高绩效文化的核心，在这里人们共同成长。新西兰南极局长期通过共同价值观、使用团队流程范式以及强烈关注责任建立一种共同文化。健康、安全和可持续性在新西兰南极局所开展的每件事情中都至关重要，新西兰南极局还致力于培养员工对毛利习俗和《怀唐伊条约》原则的理解并将其纳入工作中。

四、风险管理

新西兰南极局工作人员在高风险的自然环境中工作，地理位置偏远和极端天气条件只是在罗斯海地区工作中固有的一些危险。新西兰南极局致力于确保风险管理能够支持组织的绩效，并将其纳入业务体系中。有效的风险管理对于确保员工、环境和资产的安全至关重要。

五、业务流程改进

随着开展南极活动复杂性的不断增加，新西兰南极局一直在寻找优化业务流程的方法，以确保南极活动高效、有效地开展。

六、信息管理

新西兰南极局面临的最大挑战是设计和操作业务系统，这些业务系统必须在当前连接到斯科特基地的2兆/秒卫星链路上高效、一致地工作。新西兰南极局将继续寻找降低信息技术相关风险的方法，例如，弹性服务器基础设施和使用云服务。其他技术项目重点是提高卫星连接能力和改进核心功能系统。

新西兰南极局将继续改进记录管理系统，包括电子记录处理和员工培训，以满足《公共记录法》要求。同时，新西兰南极局也意识到有义务根据《隐私法》保护个人信息。

第九节　资产管理

斯科特基地物流链的长度和严酷的自然环境使其需要高度专业化的资产管理方法。

一、斯科特基地

斯科特基地于1957年建成，已建有11座建筑物，是容纳多达100名科学家和支援人员的办公场所和住所。有些人可能会在现场生活和工作长达13个月。基地最后一次重大升级是在20世纪80年代初，距今已过去40年。

如今，斯科特基地建筑、设施和系统已经过时或即将到期，不断退化的设施正在形成工作场所的健康和安全风险隐患，同时影响着科研能力。一份独立的状况评估报告强调，这些建筑物不能满足用户需求，存在中高度的合规风险，同时也给基地人员的安全带来风险。例如，供水系统现已超出其设计寿命20年，尽管关键组件发生故障后进行了维修，但仍极易受到损坏。

二、斯科特基地的重建

为应对这些风险，斯科特基地重建项目正在开展中，政府在2019年预算中拨款支持斯科特基地重建项目详细设计工作和首选设计方案的初始市场参与。根据实施业务案例的初步调查结果，斯科特基地重建项目全部成本提供资金的投标将纳入 2021 年预算。

在南极洲进行如此规模的重建项目面临着严峻的环境挑战、物流的复杂性和固有风险，包括短暂的夏季、运输的挑战以及必须将所有废物和物料运回新西兰的问题。

三、临时资产管理计划

由于新西兰南极局承诺重建斯科特基地，并且考虑到重建工作需要 8~10 年才能完成，因此目前正在制订一项临时资产管理计划，以应对与当前基础设施和资产相关的最紧迫风险。投资决策将基于风险并考虑到即将进行的重建工作，以确保成本效益。这项计划将涉及车辆等物品的日常更换以及基地 4 个主水箱等更重要物品的更换。

四、风电场

罗斯岛风能系统将在 2030 年达到其设计寿命，该资产的更换将被纳入重建项目和预算中。将进行进一步的可行性研究，以确保为此资产选择合适的处置方式，评估其使用寿命，并决定是否将其替换为具有相似产出或更高产出能力的资产。至于斯科特基地，临时资产置换决策将基于风险进行考虑，同时也考虑到 2021 年可能的置换决策。

第三十五章　2019年库克群岛海底矿产政策

2019年1月，库克群岛海底矿产管理局发布《2019年库克群岛海底矿产政策》(以下简称“《政策》”)，旨在为政府实施海底矿产资源的可持续管理提供方案指导，并推动该国海底矿产开发活动的良好管理。《政策》阐明了库克群岛在《2009年库克群岛海底矿产法》《2003年库克群岛环境保护法》《2013年库克群岛环境(许可与审批)条例》和《1997年库克群岛所得税法》中所涉及的有关海底矿产开发活动的主要问题，并表示政府未来将会把战略发展重心聚焦于海洋资源的开发，以期带动库克群岛国家经济的整体发展。

第一节　引　言

一、政策背景

库克群岛是位于太平洋地区的发展中国家，但随着该国海洋产值的不断增长，逐渐将自身视为“海洋大国”。库克群岛和许多太平洋国家一样，发展可持续经济和多样化经济的机会十分有限，只有依赖于海洋。为此，库克群岛遵循该国《2011—2015年可持续发展规划》第12项目标“对海洋、潟湖和海洋资源的可持续管理”，将战略重心定位于周边海洋资源的开发，包括对大陆架资源的开发。

过去40年的海洋测量表明，在大约75万平方千米的库克群岛大陆架上，蕴藏了100亿吨的锰结核资源。这些海底矿产资源为库克群岛社会和经济的可持续发展提供了重要机遇。政府已认识到保护海洋生态系统对保护库克群岛传统文化和提升人民生活质量的必要性。

《国家环境战略行动框架》中的环境管理战略探讨了《2011—2015年可持续发展规划》的主题。《国家环境战略行动框架》制定了通过对自然资源和环境的良好管理，进而实现库克群岛社会经济可持续发展的方针和指导原则。《政策》参考了《2011—2015 年可持续发展规划》和《国家环境战略行动框架》中的相关目标。

关于《联合国海洋法公约》中所规定的海底矿产资源的开发，除了上述国家政策可作为指导方针外，库克群岛的法律框架也作出了明确规定。《联合国海洋法公约》规定，在遵守《联合国海洋法公约》相关要求的前提下（包括与海洋环境保护相关的内容），库克群岛在其专属经济区内享有排他性权利。

二、政策目标

《政策》旨在提出相关的理念和构想，为政府对域内海底矿产资源实施可持续管理的规划与执行设定指导原则，推动国内海底矿产资源开发活动的良好管理。《政策》阐明了库克群岛在《2009 年库克群岛海底矿产法》《2003 年库克群岛环境保护法》《2013 年库克群岛环境（许可与审批）条例》和《1997 年库克群岛所得税法》中所涉及的有关海底矿产开发活动的法律规划等方面问题。《政策》所涉及的内容包括：一是库克群岛社区参与政府决策，共同谋划海底矿产资源开发活动的管理，确保实现全体国民利益最大化；二是私营企业部门在作出投资或参与海底矿产资源开发活动决策时，应确保其享有知情权；三是继续加强利益相关方对政府管理海底矿产资源开发活动的信心。

三、政策管理范围

《政策》涉及的海底矿产资源开发活动包括两个区域：一是在国家管辖区范围内；二是在“区域”范围内，不属于任何一个国家管辖区的全球海底区域，但《联合国海洋法公约》的缔约国均可以“采取措施”，从而管理和控制由企业开展的海底矿产资源开发活动。

四、政策愿景

从当前国民和子孙后代的利益出发，采用最佳的实践原则，通过高效的管理，努力实现库克群岛海底矿产资源的最优化利用。

第二节　政策面临的挑战与相应思考

一、将海底矿产资源产业作为前沿产业

截至2018年，仅有克拉里昂-克利珀顿区和少数几个国家开展深海海底勘探作业。海底矿产资源产业仍处在新兴阶段，库克群岛若想开展任何参与性的活动，都需要建立一套灵活的制度，使其成为一个高效、负责的参与者或资源所有者，从而最大限度保护该国在水下的利益。在海底矿产资源产业朝着可持续、负责和高效方向发展的过程中，还有很多未知的因素和法律难题有待解决。

二、对健康、文化和其他社会风险的管理

其他从矿产资源开发活动中获得大量财政收入的国家，不论是发达国家还是发展中国家，都经历了各类社会和环境挑战。这些挑战的成因各不相同，包括负面环境影响、资金快速流入当地经济、中长期内大量回国侨民和外国公民进入社区等。

三、专属经济区内海底数据的匮乏

海底矿产资源产业是一个新兴产业。当前，库克群岛关于管辖水域海底及相关海洋环境的数据仍较为匮乏，并在风险评估、环境评估和预防措施制定上存在技术问题。由于开展深海海洋科学研究的成本十分高昂，可允许他国专业公司根据《2009年库克群岛海底矿产法》的相关规定，在库克群岛海底矿区内进行勘探作业，同时所有数据均需向库克群岛进行反馈，并交由决策者进行审查。

四、对海洋环境保护的重视

当前，政府的优先事项仍保持不变，即海底矿产资源开发活动要遵循《2017年库克群岛毛利莫纳海洋公园保护法》，不得对海洋生态环境造成重大负面影响，且必须与国际规则、标准、原则、惯例和环保措施（依据为《联合国海洋法公约》和其他相关公约、条约和协议）相一致。

五、对政府执法管理能力的重视

库克群岛人口规模小、国家预算有限、地理位置偏远、海底采矿作业区距离本岛遥远，以上条件均对库克群岛管理海底矿产资源开发活动构成了挑战。利益冲突的管理也是对小国政府的一大挑战。对库克群岛国民进行执法能力培训，则是实现本国对海底矿产资源开发进行管理的必要条件。

第三节　海底矿产资源政策回顾

一、对海底矿产资源开发活动透明且负责任的治理

一个高效且负责任的库克群岛海底矿产资源行业，无论从其经济角度，还是从该行业的衍生利益，都将使国家产生重大变革。要确保这些利益实现最大化，就需要建立可持续的管理框架，加强透明且负责任的治理。

由于该行业涉及的资金数额巨大，所以在实际工作中，透明和负责任是两大必不可少的因素。换言之，政府在各个层级都要有高效的决策程序。为此，政府必须确保所有具有实质影响的决定(包括任命与审批)都与该目标保持一致。

定期的行业报告至关重要。由于该行业的商业信息非常敏感，因此对与行业规范有关的一切程序和活动都要进行说明。

对海底矿产资源开发活动进行透明且负责任的治理。政府应保证对所有海底矿产资源开发领域的岗位任命均经过透明程序，并进行充分的能力评估和社会公示；政府保证核发的许可证都应经过透明程序，公众均享有知情的权利；海底矿产管理局每年提交一次报告，报告中应包含决策制定和当年重大决策(任命及许可)。

二、政府和社区的参与及合作

(一)《2009 年库克群岛海底矿产法》的目标

“促进包括库克群岛政府和岛内社区共同参与的海底矿产开发管理合

作。”政府部门在海底矿产资源开发活动中的合作型管理（在各自的职权范围内），可以最大限度地提高行政管理效率。

社区参与海底矿产资源开发活动的管理，有助于保证海底矿产资源开发活动更好地为国家利益服务，最大限度减少政府或权利人在信息不充分的情况下作出决策，并减少社区因对政府海底矿产资源开发活动存在误解而产生的风险。库克群岛的海底矿产资源可被视为全体国民的共同资产，围绕海底矿产资源开发而产生的各类问题是跨领域、复杂的新问题。为此，政府采取的立场是将整个国家及国民视为一个“共同体”，均受到海底矿产资源开发活动的共同影响，在全体国民的参与下，政府将作出海底矿产资源开发的最优决策。

（二）政府支持社区参与管理的途径

（1）通过咨询委员会支持社区的广泛参与。

（2）就海底矿产资源开发活动与诸岛和不同团体（包括传统领袖和政治领袖）进行协商。

（3）邀请国际和地区利益相关方与捐助人参与。

（4）在媒体和海底矿产管理局网站公开海底矿产资源开发活动的相关信息。

（三）海底矿产资源开发活动管理的参与方式

政府将采取一切合理措施，确保在海底矿产资源开发活动的管理中融入政府相关部门及社区的参与和协商。

（四）有关库克群岛海底矿产资源开发管理中的合作措施

（1）库克群岛海底矿产管理局将雇佣专家顾问对许可申请进行评估，并与包括库克群岛国家环境保护局和毛利莫纳海洋公园管理局在内的相关机构进行协商。

（2）库克群岛海底矿产管理局将通过咨询委员会和其他渠道，主动就海底矿产资源开发活动与社区进行协商。

（3）海底矿产资源开发活动将根据《2003 年库克群岛环境保护法》和《2009 年库克群岛海底矿产法》的要求，采取包括公共协商在内的环境影响评估程序。

(4)政府将与社区就海底矿产资源开发活动有关的政策或法规进行协商。

(5)海底矿产资源开发活动将与毛利莫纳海洋公园的原则、目标和政策保持一致。

(五)强化区域合作

政府将就区域合作具体措施进行研究，促进库克群岛海底矿产开发行业的长期发展。

三、可持续的环境管理

《联合国海洋法公约》和一般国际法所订立的环保标准应适用于库克群岛的海底矿产资源开发活动。

(一)“最佳环境实践”

该标准将随时间的更替而作出改变，当前应包括(除预防措施以外)：

(1)严格的环境数据收集要求。

(2)环境影响评估中适用恰当的要求。

(3)遵守污染物限制，适用“污染者支付环境修复费用”的原则。

(4)采用“最佳可行技术”。

(5)利用适应性方式对环境问题进行管理。

(6)鼓励各国进行勘测而非勘探活动，视情况开展勘探作业而非开采作业。

(7)从生态系统的整体背景考察环境影响，不应将单个物种作为考察的对象。

(二)遵守国际环保标准

政府将遵守环保层面的相关国际法规，包括采用最佳环境实践和适用性预防措施。

(三)加强环境保护

(1)政府将努力对库克群岛的海洋环境进行可持续管理，从而免受海底矿产资源开采活动造成的不利影响。政府还将通过立法等方式，在国际环保标准的指导下，加强对海洋的保护。

(2)在追求该目标的过程中，国家环保局将代表政府行使国内环境政策和《2003 年库克群岛环境保护法》《2013 年库克群岛环境（许可和审批）条例》等法律赋予的权利。政府未来将根据实际需求采取补充性立法措施。

(四)最佳环境实践措施

(1)《政策》将有助于政府选择合适的海底区域划为海底矿产作业区，并协助政府制定关于控制区、缓冲区和海洋保护区的相关规划。

(2)申请从事海底矿产作业的权利人必须取得环保局核发的环境许可，并提前对可能造成的潜在影响进行环境影响评估。

(3)权利人应履行数据收集和数据汇报的义务，为环保局和海底矿产管理局实施的监控工作提供协助。

(4)在海底矿产开发作业过程中，实施恰当的环境影响缓和措施。

(5)履行登船检查制度。

(6)权利人有义务采取预防措施，并对其海底矿产资源开发活动所造成的环境损害进行补救；作业区关闭后，权利人仍应对潜在的环境影响承担责任。

(7)违法活动将面临重罚，包括刑事处罚和吊销权利许可。

环境因素对从事海底矿产资源开发活动的人员而言，也是一种特殊的风险和挑战，其中包括从事某种特定的作业活动所产生的后果等。

四、提高海底矿产资源开发的健康及安全标准

(一)海底矿产资源开发活动

海底矿产资源开发活动包括勘探作业和开采作业，由于海洋作业和重型装备操作方面的问题，其本质是一种具有风险的作业活动。库克群岛希望在海底矿产资源开发活动的各方面都适用最高标准，其中包括在库克群岛水域中从事海底矿产资源开发作业人员的职业健康和职业安全标准。

(二)海底矿产资源开发的健康及安全标准

政府保证在库克群岛水域的海底矿产资源活动将适用最高的健康及安全标准。

五、将海底矿产资源开发活动的负面社会影响最小化

人类已经从陆地矿产开发的经验中总结出了海底矿产资源开发活动可能对社会造成的影响，库克群岛部分国民对此有着不同程度的担忧。

(一)政府对消除和解决潜在社会影响作出承诺

政府仍然信守消除和解决潜在社会影响的承诺，与社区进行公开且透明的协商。政府保证，如果环境影响评估显示有关海底矿产资源开发活动可能产生负面社会影响，将驳回该活动的申请或要求相关责任人作出活动变更，以最大限度控制负面影响。

(二)缓解海底矿产资源开发活动的负面社会影响

(1)政府强调将及早发现和化解可能造成负面社会影响的风险。

(2)政府要求权利人按照相关国际规则，以负责任的方式开展海底矿产资源开发活动。

六、将海洋科学研究效益最大化

库克群岛有义务根据国际法的要求促进和推动海洋科学研究，努力实现海洋科学研究效益最大化。

(一)海底矿产资源开发活动中的海洋科学研究效益和科学数据

(1)探索有关海底矿产资源分布、数量和种类的信息。

(2)加深对深海环境的认识，提升应对由海底矿产资源开发活动引起的潜在环境问题的水平。

(3)发掘海洋环境中的其他资源、文化或经济价值。

(4)收集海洋空间规划工作所必需的科学数据。

海洋科学研究可以作为海底矿产资源开发活动中的连带工作开展，也

可作为其他专门海洋科研的一部分。政府要求从事海底矿产资源开发活动的人员必须开展海洋科学研究，并提供其所收集的科学数据。如有必要，还应当遵守相关保密要求。此外，这些数据还将用于协助政府完善环保方案。政府还将禁止权利人对其他人从事的海洋科学研究进行干扰。

（二）促进海洋科学研究

库克群岛将根据国际法的规定承担海洋科学研究义务，政府最大限度地收集海底矿产资源开发活动中的数据，禁止权利人干扰第三方实施的海洋科学研究活动。

由于海洋科学研究本身会导致环境退化，所以海洋科学研究活动要遵守《2003 年库克群岛环境保护法》制定的环境管理制度。

七、使海底矿产资源开发活动的非财政收益最大化

海底矿产行业可以创造出多种社会福利，除了增加库克群岛的国民收入以外，还将有助于消减国内贫困人口数量，并提高库克群岛国民的生活水平。

（一）潜在的社会福利项目

（1）政府与私营企业应提供相关培训的机会以及与海底矿产资源开发活动相关的职业能力建设机会。

（2）库克群岛国民应加强在与海底矿产资源开发活动（科学、法律、经济、工程、环境管理、船舶检验等）相关领域中的研究、培训和其他能力建设。对海底矿产资源开发活动中所采集的海洋科研数据应当善加利用。

（3）从事海底矿产资源开发活动的船舶将为当地港口、产品和服务创造新的需求，并带来可观经济效益。

（4）基础设施共享。

库克群岛海底矿产管理局也可以提出条件，要求权利人优先聘用具备相应资质的库克群岛国民，优先选用库克群岛的原材料和服务供应商。

由于海底矿产资源开发活动距离库克群岛本岛遥远，且大多数作业人员可能并不会入境，因此其他社会福利项目可能会受到限制。鉴于海底矿产资源开发活动的主要收益来自经济收入，政府认为如果要求权利人提供

社会福利，可能会削弱库克群岛在海底矿产行业中对投资方的吸引力。

（二）其他社会福利项目

政府将为库克群岛国民争取机会，通过相关教育、培训和职业发展及其他社会福利项目，使库克群岛国民从海底矿产资源开发活动中获得收益。

八、使库克群岛海底矿产资源开发活动收益最大化

库克群岛海底矿产资源的开采时间问题，将交由政府相关部门考虑。但政府有关人士仍然认为过早开发的风险可以通过以下方式进行控制：进行详细的环境评估、利用环境债券、拟订海底出让计划，将一些海底矿产收益潜力高的区域留待未来开发。然而，过早开发可以保证库克群岛不会"坐失良机"，特别是在其他国家将一些收益更高或开采条件更优惠的海底区出让的情况下。政府也提出通过管理"区域"内的海底矿产资源活动，来建设自身的海底矿产资源活动管理能力。

九、完善国家法制监管架构

海底矿产资源活动的其他方面由现行的法律法规进行规制，包括《2008年库克群岛海运法》《2012年库克群岛就业关系法》和《1998年库克群岛海洋污染防治法》。《2009年库克群岛海底矿产法》充实了与海底矿产资源开发活动有关的法律体系，加强了政府对海底矿产资源开发活动的整体行政管理。

（一）《2009年库克群岛海底矿产法》中的主要管理体系

（1）管理机构及其他职能的确立。

（2）标准化的权利核准体系，包括独立的勘测批准、勘探许可、保留许可和开采许可。

（3）区块的出让与保留程序，（通过授权）高效地向经验丰富的申请人分配区块。区块根据招投标程序或申请人自拟的计划及海底矿产管理局制定的申请评估标准进行分配。

（4）部长签订授权协议生效程序。

（5）权利人的权利要求：权利期保障、主权风险最小化、权利的转让应遵循特定条件。

（6）权利人的义务包括：认真行使权利、进行环境影响评估、开采区关闭义务、保险要求。

（7）监督或执行工具和违约制裁措施，如权利的撤销。

（8）海底矿产资源开发活动信息披露条款，但要注意保护商业机密信息。

（9）库克群岛政府可以宣布“战略预留区”——位于库克群岛专属经济区，可将其作为国家海底矿产战略资源加以保留，也可根据国家利益的需求做出特别安排。

政府承诺，根据政策的要求以可预期和透明的方式贯彻《2009 年库克群岛海底矿产法》，这就需要配备数量充足、具有资质、训练有素和经验丰富的公职人员，有关机构也需要充足的经费对远在本岛以外的海底矿产资源开发活动进行监管。

政府也承认，由于库克群岛是一个小国，在一些海底矿产资源开发活动管理中可能会产生利益冲突风险。透明机制和问责机制不仅反映了海底矿产资源开发活动管理中的连贯性，也反映了执法过程中公正的重要性。这些制度有助于保护社区在海底矿产资源开发活动中的利益，营造对外部投资有利的管理环境。

（二）透明度和问责机制

（1）积极主动公开有关信息以及加强协商机制。

（2）《2009 年库克群岛海底矿产法》中规定的审计和报告义务。

（3）《2008 年库克群岛官方信息法》中有关政府信息公开的条款。

（4）高等法院固有管辖权中的行政决策司法审查。

（5）咨询委员会代表社区利益。

（三）对海底矿产资源开发活动的管理

对于承担海底矿产资源开发活动的审批、监督和管理职能的机构，政府优先给予其足够的资源。

十、完善区域监管架构

（一）对资源开发的监督

《联合国海洋法公约》指出，区域内的海底矿产资源是“人类的共同遗产”，这些资源的开发应接受国际海底管理局的监督。库克群岛是《联合国海洋法公约》的缔约国，可以向国际海底管理局申请开发区域内的海底矿产资源，也可以帮助公司提出相关申请。《联合国海洋法公约》通过保留区体系，对于库克群岛等发展中国家给予优先开采权。

库克群岛作为东道国，有责任保证相关公司遵守国际海底管理局的规则。根据当前国际法的规定，政府需要对公司尽到监管义务，包括制定申请管理条款。

政府拥有区域内的海底矿产资源许可权，可以要求有关公司缴纳费用和出让金，并可要求从未来的海底矿产资源开采收益中分取一定份额，或从销售利润中抽取一定比例，以作为对海底矿产资源开发活动管理国的回报。

政府努力通过各种方式成为区域内海底矿产资源开发活动的东道国，目的是通过海底矿产资源开发活动征收费用、出让金和获得其他收入，并增加区域内海底矿产资源开发活动管理方面的经验和知识。这些经验和知识与在库克群岛大陆架实施的海底矿产资源开发活动的管理密切相关。

（二）在区域内发起的海底矿产资源开发活动

如果在区域内发起的海底矿产资源开发活动符合国家利益，包括增加该国经济收入或提升相关活动的管理能力，则政府将考虑参与相关活动。

第三十六章　佛得角蓝色经济一体化战略框架

2019年，佛得角政府在联合国粮食及农业组织和非洲开发银行的支持下，制定发布《佛得角蓝色经济一体化战略框架》(以下简称“《战略框架》”)，作为该国制订《国家蓝色经济投资计划》和《蓝色经济促进计划》的指导性文件。《战略框架》旨在采用综合、系统、包容和参与的方法，规划与海洋生态系统相关的活动和行为，并对蓝色经济进行重新定义，是佛得角政府旨在对外通过建立稳固的合作伙伴关系，对内通过政府与私营部门之间的密切合作，促进蓝色经济发展的战略文本。

第一节　佛得角蓝色经济发展背景

蓝色经济是在不对生态系统造成破坏的前提下，促进海洋经济增长、增值海洋和海岸资源及促进相关领域发展的新概念和新方法。渔业、水产养殖业、海洋和海岸环境保护、生态旅游业、海洋运输业、可再生能源开发、矿产资源开发和港口基础设施发展等构成了蓝色经济的基础领域。

蓝色经济目标与联合国可持续发展目标保持一致，旨在保护和可持续利用海洋及海洋资源，与其他可持续发展目标也有诸多联系，特别是可持续发展目标1、目标2和目标6中以贫困和粮食为重点的内容。

小岛屿发展中国家应被视为“机遇之岛”，可通过利用蓝色经济相关领域的发展适应国家发展需求，提升国家整体发展水平。蓝色经济的发展需要建立稳固的、具有实质性和可持续性的国内外合作伙伴关系，还需要妥善处理国家与私营部门的关系，以开拓更多效率高、持续性强且具有创新性的发展方式。

这种蓝色增长的新观念与蓝色经济本身的发展可能性有关。自2014年以来，联合国粮食及农业组织通过“蓝色增长计划”支持佛得角向蓝色经济过渡。

现行的增长模式意味着上述领域对国民经济的贡献常常伴随着对海洋生态系统和海洋整体健康的压力，这对海洋的稳定性构成了严重威胁和挑战。当前面临的挑战是巨大的，需建立有效和可持续的产品价值链，减少形势严峻的过度捕捞问题。

自2015年通过《蓝色增长促进宪章》以来，佛得角一直致力于向蓝色经济过渡，旨在通过各部门间的沟通合作，促进不同领域以及不同治理层次之间的团结和协同增效。

《战略框架》旨在通过在相关领域内采取措施和行动，实现海洋良治，并对蓝色经济进行重新定义。《战略框架》主张采用综合、系统、包容和参与的方法，规划与海洋生态系统相关的活动和行为，涵盖了蓝色经济中所有环境、社会和经济方面的活动和行为。

《战略框架》与佛得角《2017—2021年可持续发展战略计划》一脉相承。

一、地缘政治挑战

蓝色经济是已知或潜在新机遇的代名词，能否抓住机遇取决于国家对已知资源行使其权利的能力，作为创新领域的海洋资源更应该得到重视。蓝色经济的发展面临的挑战来自两个方面：一是国土资源规划，即在竞争为主题的国际背景下行使国家权利，其目的不仅在于确定国家能力，同时还在于为实现国家资源的增值创造条件；二是特别对于佛得角这样的小岛屿发展中国家，处理纵横交织的地方、国家和国际利益关系也是很大的挑战。

已开采、可开采或有潜力开采的资源分配通常涉及谈判、协议、公约、合作和伙伴关系等，国家治理必须与蓝色经济发展相协调，以取得可持续发展的最佳效果和利益。

面对地缘政治挑战，应将长期性作为国家战略和国际规划的准则，并制定相应的参考标准。

在该框架内，共用通用的蓝色经济概念，并在区域中推广使用（例如西非国家经济共同体、次区域捕鱼委员会、南大西洋和平与合作区、马卡罗尼西亚、非洲小岛屿发展中国家、马达加斯加以及其他组织），共同对法律、管理规定、投融资规定进行调整，建立新的财务机制，鼓励变革，并在区域范围内广泛实施。

最后，进行国土资源规划，考虑在公海采取联合行动，加强合作，建立伙伴关系，使签署的国际协定真正适应新挑战，发挥国际机制的带动作用，这是蓝色经济连接和引导领域发展的关键要素。

二、宏观经济考量

相对而言，海洋的经济贡献并不广为人知，在许多国家都出现被低估的情况。国民经济核算体系主要被石油和天然气、旅游业、滨海房地产等大型经济领域占据。同时几乎没有对非市场商品和服务的价值估算（如生态系统质量对发展的贡献、生态旅游、碳固存和生活质量等）。蓝色经济的贡献评估需要更加完备的经济和科学数据以及一些部门现有数据质量的提升，特别是渔业和资源部门。

三、战略重点

佛得角于2014年参与联合国粮食及农业组织“蓝色增长促进计划”，2015年通过《蓝色增长促进宪章》，并已经开展了许多与蓝色经济发展相关的工作，认识到蓝色经济的潜在优势，提出了一些与海洋资源和蓝色经济相关部门密切相关的具有借鉴意义的观点。原本零散的海洋发展领域被划分为11个主题领域，并辅以其他与蓝色经济相关的非优先主题领域，包括能源、交通、生态旅游、海上安全、空间规划、沿海基础设施建设等。

佛得角蓝色经济各领域价值必须通过实施针对各领域的重点战略以及《战略框架》要求的发展措施来实现，这些战略重点包括：通过激发群众的创业精神，实施促进就业的手段，特别是针对青年人和最依赖海洋资源卫生的居民来促进蓝色经济发展；改善私人投资的商业环境；鼓励创新，促进市场活动多元化，建立新型就业岗位；推动对公共和私营企业进行机构调整和能力建设，促进蓝色经济发展；通过促进有利于可再生能源发展的创新方式以及更具包容性和可持续性的生产和贸易体系，减少对环境的不利影响；改善应对和适应气候风险的条件；加强教育以及对教育、培训和实践方法的战略评价，以共同管理和创新的方式支持自然和环境资源的新评价方法；减轻贫困和粮食安全隐患，减少社会不平等，健全性别政策；基于蓝色经济可持续发展的前瞻性愿景，对公共政策的变化进行跟踪和评估。

与蓝色经济相关的战略重点采取的行动包括：对公共和私营企业的能力进行蓝色经济方向的培养、调整，并制定前瞻性愿景；支持大众创业、万众创新；通过新的融资渠道，对新产品、新市场和新就业岗位进行投资；减少对环境的影响，改善居民的生活条件。

四、框架的合理化和优先性

通过在时间和空间上进行均衡的规划应对所面临的挑战，发展优质的港口基础设施，对于蓝色经济发展至关重要。

港口是蓝色经济发展的关键基础设施，必须对“蓝色港口”进行重新整合和考量。

首先要解决的战略问题是优先考虑支持蓝色经济发展的投资，同时消除对通航、垂钓、捕鱼、水产养殖、生态旅游、粮食安全、海上安全、沿海住房地区保护等部门的限制，通过贸易、监测、检查、控制等方式进行管理。

港口问题应该从投资和治理的角度考虑，同时考虑到蓝色经济原则，引入有借鉴意义的国际新做法，尊重蓝色经济的特性，引入构成“蓝色港口”的元素（低环境影响度，平衡和安全的能源，包容性发展，采取措施打击非法、不报告、无管制捕捞行为，尊重性别政策，促进青年就业，创新水产业，发展新生产线，产品的可追溯性和生态认证等级等）。

第二节　佛得角蓝色经济发展战略

一、《战略框架》中的渔业

渔业是国民经济的关键，对于开发资源的多样性、为青年和妇女创造就业机会具有重要意义，对粮食安全、应对国际挑战、应对沿海地区的生态影响和与之相关的经济挑战等至关重要。

以下承诺用于支持战略的实施，以支持向蓝色经济过渡：促进渔业资源的管理和可持续利用；在促进出口和贸易平衡的前提下，加大对渔业部门的投资；使渔业和水产养殖产品的营销渠道更加现代化；实现渔业产品增值；加强与旅游、空间规划和环境等其他部门的管理和协调；为改善人民的粮食安全做出贡献。

该战略的执行将考虑到各地方的差距，促进创收活动，并组织捕捞经营者提升对该部门管理的参与度。

（一）加强海洋相关活动和科学研究

有必要提升对海洋知识和科研成果的重视度，并使发布的科学政策和资源监测制度化，即在国际专家的支持下，绘制成果图并成立专门的工作小组，使评估程序标准化，确定需要加强的研究方向。

（二）提升对捕鱼和其他活动的跟踪

目前，该项工作是通过网络发展来改善数据采样和完善分析方法，但须进一步改进结构，对所有岛屿的登陆活动进行系统调查，以便能够重新定义样本。这种重新定义涉及：国家级登陆点的覆盖范围和质量评估；数据处理，统计信息的收集和发布；进行详细的经济调查，以更好了解各个社区的捕鱼动态；开展生物多样性监测；添加经济数据以跟踪销售路径和价格；与自然资源和海事服务总局协商确定船队的型号和标准；提升数据发布的及时性。

（三）制定国家能力管理计划并加强执法

需特别注意评估和减少对能力的过度使用，对现有能力、获取条件以及现有措施的有效性进行及时评估，并创建一种适应性跟踪设备，采取切实可行的措施以减少对能力的过度使用。

就佛得角而言，有必要对手工捕鱼和工业捕鱼的数量以及所使用的技术进行调查，更新所有岛屿的数据，同时指出无效单元的数量。有必要通过加强打击非法、不报告、无管制捕捞行为的力度加强监视，特别是针对国外船队。这意味着需要加强在不同级别的捕捞、登陆和贸易活动中发挥监测的作用。

（四）支持基于渔业领域使用权的共同管理

在某些条件下，基于渔业领域使用权的共同管理模式有利于国家政策的持续实施。该模式意味着对沿海海域的地理分割问题进行规范，并明确定义了适用于共同管理方式的机构治理框架。

应考虑到共同管理模式可能造成的重复性工作，重点是：确定一项以复制其他地方或岛屿成功经验为主要内容，并与当地条件相适应的实施方案；分析这些举措的后续行动和后续行动需求；将根据仲裁规则定义的渔业资源纳入国家管理计划，分析法律的一致性，以应对区域冲突；确定实施共同管理模式的条件和手段（筹资、机构支持、能力建设、意识、培训、监测和评估）。

（五）国家渔业的新潜力

改善可持续性需要减少对环境的影响（海洋种群危机、海龟蓄意捕捞、栖息地破坏等）。同时要以提高渔业活动的获利能力和总体上提高渔民的生活和安全条件为前提，特别是在渔获量减少的海洋保护区内。

因此，除了提高对海洋保护区的认识和监测外，重要的是提高物种（例如海龟）的选择性，探索更多新的区域或新种群，调整船只的捕捞范围。

（六）对沿海手工渔业可利用资源潜力的评估

这些行动意味着要在可行性研究方面进行事先准备，同时要考虑到每个岛屿的资源特点和经济情况以及在培训渔民和获得信贷方面的重要配套措施。应根据诱饵的可用性、当地市场的潜力和出口市场的限制（竞争和认证），研究开发金枪鱼和剑鱼捕捞的发展条件。

（七）金枪鱼和小型远洋鱼类的国家战略

战略和公共投资方面的挑战是持续存在的，应根据对国际金枪鱼捕捞情况的分析做好在蓝色经济框架内，应对这一战略以及佛得角提高经济利益的可行性进行研究，对国际环境以及在建立国家船队方面的相对优势和劣势问题进行分析。

（八）鲨鱼、生物多样性、养护、管理计划

制订与国家养护计划相衔接的渔业管理计划；分析根据渔业协定确定的鲨鱼捕捞量的影响，并确定对这些协定的必要性调整，授权对佛得角专

属经济区捕捞价值进行评估；分析在国家渔业发展的背景下发展鲨鱼捕捞存在的问题。

（九）渔业产品价值链

关于登陆控制问题，建议不仅在登陆点设置价格监控系统，还应在零售市场上加强管理，因其与贫困、生存和粮食安全相关的工作和项目紧密相连。此外，须采取行动加强渔民协会和参与市场活动的妇女的能力，有必要分析发展公私伙伴关系的可行性，以便建立行业激励机制。

（十）水产加工

在对试点单位的运行和收益进行盘点后发现，电力成本是水产加工业的主要限制因素，有必要制订战略监测计划以支持此类单位的发展。同时，建议开展相关活动，提高人们对产品质量的认识，开拓新市场，加强国家捕捞部门的附加值，以改善贸易平衡。

（十一）与生产和废物处理有关的活动

当前冰生产和储存的方式严重受限，鼓励建立冰生产和分配单位。考虑到电力的成本限制，应分析开发光伏装置的潜力。

二、《战略框架》中的水产养殖业

在向蓝色经济过渡的过程中，水产养殖业必须支持三大可持续性发展要素，即环境、社会和经济，并促进适应国家特定条件和当地情况的更有效生产系统的形成。鉴于参与者之间的高度互动以及各个部门之间的相互联系，对水产养殖价值链的干预措施至关重要。

对资源使用者和社区的社会和经济考量是确定发展方法需考虑的关键要素。当地社区需要参与其中，并意识到运用综合管理方式对自然资源进行管理的多重好处，以期实现水产养殖项目的长期可持续性发展。

海洋化学、海洋物理学和海洋生物学中有一些与水产养殖研究密切相关的技术，可能会在需要时引入。应当支持国家对污染较少技术的相关研究和适用，根据要实现的结果，必须制定一项发展水产养殖的战略，并确保执行以下任务：在佛得角或在伙伴国家/地区提供专门的技术培训；之前对各单位进行的监测机制质量和能力水平应达到国际标准的要求；支持水产养殖单位管理的计划；获得相应资金；一些具体规定，如控制水产养殖场下游的废物和水质。

为确保行业发展的可持续性，建议将以下行动作为优先事项，以刺激该行业中新投资的出现：为水产养殖活动制定法律、行政和管理框架；研究制定水产养殖地图集，确定适合项目开发的区域，对其承载能力、与所有生产有关的参数以及对环境的影响做预先评估。该研究可能涉及之前已经研究过的物种、本地物种或已知并占优势的物种的引入，并对其进行风险分析；促进和吸引私人投资，向投资者提供预设的投资组合。

三、环境经济

(一) 加强海洋和沿海保护区管理

重要的是提高对所有海洋保护区和岛屿的认识和管理，并制定相关管理计划。应进行生态影响调查与评估，并考虑显而易见的单产损失，确定并开展二次转化活动或补充创收活动。

(二) 保护湿地和海滩

环境总局和湿地地区旅游负责人之间在管理方面存在分歧，鉴于此，有必要开展以下工作：批准并实施湿地保护计划；建立一个协调湿地活动的委员会；标记佛得角湿地公约站点；开展宣传运动；激励所有湿地管理参与者。

(三) 保护珊瑚礁

佛得角是拥有世界上最重要珊瑚礁的十个地区之一。这一地区的珊瑚礁大多位于海水温度最高的南部岛屿和海底山脉，在生物多样性中起重要作用。应通过珊瑚管理计划建立管理机构并制定文书，以确定控制和管理活动，建立持久使用珊瑚的职责和方式。应开展提高认识的培训和行动，加强研究和监测，以更好地规划保护、养护以及再生行动。

(四) 提高海龟保护意识

当前遇到的许多限制都应该通过更具约束力的新法规来解决。有必要加强同一个岛屿上的保护组织之间、岛屿之间以及与保护海龟或增强该物种可产生的生态旅游潜力有关的行为者之间的协调。更确切地说，建议为所有产卵区制定官方行为守则，以加强地方当局对保护运动的参与，并对其他物种开展科学调查，致力于管理动物的干扰因素和栖息地的完整性，并进行评估和采取控制措施。

（五）提高认识并加强对海洋动物的保护

有必要加强对鲸类种群和鲸类观赏活动的了解，以便向公众介绍其生态价值和经济价值，同时更好地了解其时空分布，推动生态旅游活动的开展。对这些物种的保护意味着生态系统的管理，以维持作为鲸类食物来源的种群，并减少其死亡和搁浅的可能性。

（六）海洋环境质量监测

当前面临的主要制约因素是废水处理厂运行中存在的问题以及缺乏适当的废水处理系统，为减少这些限制有必要开展以下工作：监测废水处理厂的运行；实施旨在控制溢油、海上转运、危险废物释放的国际公约以及其他最新公约；实施适用于化学品、农药、废油和压舱水泄漏的国家法规；制定环境应急计划和海洋政策计划；进行海水和海岸质量的研究。

（七）海洋、气候变化和海洋塑料污染

需继续开展提高消费者对一次性塑料制品污染认识的相关教育活动。避免使用非必要包装产品，并根据法律对生产公司进行整改。

海洋健康和海洋塑料问题涉及国家、民间社会和私营部门。鉴于海洋健康和塑料问题的全球性，佛得角必须与其他国际伙伴合作，以在蓝色经济原则的框架内寻求可持续解决方案。

四、蓝色旅游业

在旅游业发展要点实施框架下，蓝色经济可能会成为中长期旅游业差异化和增值的轴心。因从内部来看，蓝色经济在于其与手工捕鱼、海上娱乐、旅游、体育活动以及与环境有关的海洋资源与生物多样性活动等的联系。养护、保护和研究海洋动植物、海龟、鲨鱼、沿海和沿海生态系统以及盐田是增值的创新要素，可在旅游业发展框架内加强和提升地方和国家级的旅游业。另一方面，蓝色经济可能是岛屿增值、内生资源和人民利益的杠杆。

“发展可持续蓝色旅游的政策措施”将领土认同置于蓝色旅游战略的核心；该模式应用于蓝色旅游业需要强大的政治意愿、地方行为者的广泛参与、相关部门的协同作用以及推动转型的激励措施；改革蓝色旅游模式需要创建用于分析、预测和提升游客流量的工具；提高教育、意识和沟通能力；让当地居民参与向蓝色经济的过渡；促进和实施允许过渡的筹资形式。

五、包容性措施

（一）改善社区条件

有必要建立针对捕鱼社区的评估，主要针对 3 个方面：①与船上安全要求有关的工作条件；②渔民、商人协会以及活跃于社区的非政府组织协会的培训和能力建设需求；③该部门整合和潜在的补充活动。

（二）促进消费并提升渔业对粮食安全的贡献

应当制订一项收集和处理消费数据的战略计划，其中应包括营养价值、鱼类对粮食安全的贡献等信息，旨在加强对有利于市场发展和粮食安全做法的战略投资分析，特别是鱼类的消费。

（三）建立适应性的信用体系

普通信贷制度不适用于小额贷款的发放，即向渔民社区或一般的微型企业发放的小额贷款。考虑到支持部门活动的发展或培训的目标，并以强烈的意愿支持私营部门的倡议，获得信贷和信贷条件的问题是决定性的，因此应开展专门主题研究，评估所涉运营商的状况，评估当前的承诺水平，区分对应的信贷条款和条件以及由中间运营商提供的管理和监控系统，以提供管理建议，并确定可能的融资需求。

（四）增强与保护和生态旅游相关的工作潜力

蓝色经济可在环境保护以及某些相关的商业领域产生影响，并创造就业机会。这些工作与生态旅游、研究等环境保护相关的商业工作存在直接或间接的联系。除了与保护相关的工作以外，还可以考虑发展游客访问和编制生态旅游指南等工作，并注重对自然资源的观察。此外，考虑引入旅游配套服务和运输等工作岗位。行业的专业化与资源的观测有关，生态旅游不仅意味着进行参考和培训，同时意味着采取对频率和监测等的管理计划和手段。

（五）通过建立学校来提供培训支持

重要的是要制定一项全球性培训和推广战略，以协调该领域的行动并鼓励学校的专业化。通过学校拟定一项全球计划，使各种形式的生态系统方式和可持续发展的逻辑联系起来成为可能。在每次培训时应强调海洋专业的全球性和互动性以及资源节约和环境质量可能带来的经济影响。结合海洋学校的目标，加强支持生态旅游领域的活动，提高认识，支持培训和推广与物种和景观保护相适应的特定旅游产品。

（六）开展与海洋生态系统有关的体育活动

可以考虑与游客、学校和当地居民相关的几个方面：开发风筝冲浪站点，为仪器、体育用品、服装店以及与水上运动有关的衍生产品创造就业机会；提升专业化水准，提高游艇驾驶员的工作效率，并增加专门商店中的工作岗位；开展与民众习俗有关的活动，例如游泳课程、海滩小屋规划（不加剧侵蚀）或救生员培训活动。

（七）海洋生态遗产

加强与佛得角海洋生态系统相关的资源价值评估和保护，应该优先注意以下几个方面：传统医药中的海洋成分；与该国文化有关，并涉及当地资源的传统食谱清单；为佛得角居民的生活质量提升做出贡献的海岸或海洋要素。

六、海洋空间规划和沿海地区价值评估

佛得角是一个海洋面积大且经济性和社会性脆弱的群岛国家，经常遭受自然灾害，因此，建立法规、条例和目标愿景至关重要，应当为海洋空

间现在和将来的用途和活动制订计划，并注意同沿海地区管理部门的沟通合作，确保资源的保护和恢复、有效且可持续的利用，采取协调和跨部门工作的方法，提升海洋经济、环境和社会的重要性。

为促进蓝色经济发展，近期将要采取的政策措施如下：批准海洋规划的相关法令，制定并实施正确的、有动员性的可持续发展战略，使每个岛屿、每个居民都能切身参与其中，促进协同增效并提高各自的竞争力；有效执行城市和海洋规划的国家规定和指令，对岛屿和城市可持续发展所必需的管理计划等，特别是城市和岛屿的开发计划以及其他支撑计划；促进法律框架的建立，使城市土地和岛屿的使用和相关活动之间具有兼容性，推动更好地、更广泛地利用海洋空间；建立平台以协调政府和民间的行动，最大程度地减少人类活动对海洋环境的影响，确保发展的可持续性；重新审议国家国土空间规划的基本法则，以便在佛得角法律体系中纳入海洋空间规划，并将其与陆地领土规划进行整合，同时考虑到生态系统的平衡问题；将海洋空间规划计划进行整合，并纳入法律基础，对国家海洋的现状进行诊断，并对海洋空间的潜力作出判断；将海洋空间规划作为一项横向政策纳入佛得角的综合性海洋政策中；为海洋区划图的编制创造条件并采用新技术；建立土地监测系统，包括对土地管理和发展计划的执行和监测；制订和实施《国家海域规划和职业计划》；制订和实施旅游贸易投资规划。

七、交通与蓝色经济

道路运输和基础设施部门对蓝色经济产生影响的战略路线包括：从空间规划和经济发展的综合角度确保实施道路基础设施政策；与所有相关单位密切合作，共同制订适用于该部门的监管规则和道路网络的评价标准，以确保其在流通、安全保障等方面的重要作用；改善公路与其他运输方式之间的联系；提高知识水平，并加强科学研究，促进交通部门的技术进步，提高经济效益；促进对道路网络的养护和运营所必需的不动产等的征用；确保其他国内和国际机构以及中央和地方政府机构的参与和合作；在工程的建造和执行方面确定优先事项；在市政道路网的发展规划中支持市政当局的保护工作，特别是那些与向蓝色经济过渡相关的社区；在遵循环境评价原则的基础上，采用公私伙伴关系的方式为沿海地区的主要工程提供资金；保证所有公共工程的讨论过程和决议的公开性；在海上运输和平台建设方面，佛得角应在行业可持续性框架内，履行其作为沿海国、船旗国和港口国的国际承诺。

八、能源与蓝色经济

能源行业一直并将持续面临资源分配和消耗过程中的高额损失以及特许公司经营业绩不佳等问题。高额的能源成本导致公司和家庭的支出负担沉重。为此，政府鼓励探索和研究其他能源的现代化和开发方案，吸引可再生能源领域的私人投资。政府还将在适用蓝色经济原则框架内，引入横向能源政策的要素，以减少对蓝色经济部门的影响(主要是渔业、水产养殖、海上运输、旅游业和港口基础设施现代化建设等)。私营组织，即商会、旅游组织和民间组织，在实现向蓝色经济过渡的行动规划和实施中起着关键作用。在向蓝色经济过渡的过程中，将对一些社区采取特殊措施，可再生能源往往在定义当地居民的生活条件方面起着根本性的作用。

第三节　佛得角蓝色经济发展的体制机制建设

一、机制框架和管理

向蓝色经济过渡基于《蓝色增长促进宪章》，其协调和磋商结构，如投票委员会、咨询委员会等以及任命海洋经济部助理，与非洲开发银行和联合国粮食及农业组织签署三方合作计划，创建蓝色经济天文台，这些机制平台都为巩固蓝色经济项目做出贡献。

二、筹资机制和资源拓展

为促进蓝色经济的发展，有必要分析基础设施投资的相关性，通过公私伙伴关系、保护、研究与开发，加强机构和人员的能力，促进信息共享，改善现有基础设施的功能。新的资金来源包括南南合作、国际气候基金等。

对潜在环境和社会风险认识的提高促使许多投资者重视对自然资源的

合理管理，这意味着对发展与可持续性经济活动感兴趣的投资者在不断增加。应动员更多公共部门参与对研究、监督、价值链和教育的投资，以证明投资基础的坚实性，降低私人投资的预期风险。

三、加强行动伙伴关系

通过双边、区域和全球联系加强伙伴关系，重点围绕环境、社会和经济问题，提高小岛屿发展中国家应对气候变化的能力。

《2017—2021 年可持续发展战略计划》将佛得角的外交优先事项确定为创造政治和合作条件以使佛得角积极融入世界经济体系，深化与大西洋，特别是欧盟和欧元区、非欧盟成员国的欧洲国家(包括俄罗斯)、北美自由贸易协定(特别是美国)、西非国家(摩洛哥、毛里塔尼亚和西非国家经济共同体)以及南部非洲(特别是安哥拉和南非)的政治关系和合作。在大西洋地区以外，加强与中东(土耳其、埃及和以色列)、中国和东帝汶的政治与合作关系至关重要。

该战略计划是在行动伙伴关系框架内作出的构想，旨在在区域和国际层面进行设想，同时希望得到各方的支持。非盟、西非国家经济共同体、其他区域或次区域机构以及双多边合作等，例如支持拟定该战略的双多边合作，即与非洲开发银行和粮农组织的合作，为适应气候变化、保护海洋生态系统和沿海居民生计提供新的机会和渠道。

应认识到蓝色经济对国民经济的潜在贡献价值，在公共层面开展相关工作，考虑吸引相关投资，并在国际层面建立新的融资机制，巩固蓝色经济的可持续性。

第三十七章　萨尔瓦多国家海洋与海岸政策

2019 年 1 月，萨尔瓦多发布实施《国家海洋与海岸政策》，这是该国政府加强和确保国家战略资源管理、规划和调控的强有力措施之一，旨在将萨尔瓦多海洋与海岸转变为国家发展的战略轴心，通过对区域资源实施全面、可持续的管理，以生态、平衡、包容和公平的方式，促进萨尔瓦多经济和社会的发展。

第一节　萨尔瓦多海洋与海岸基本情况

一、人口

根据第四次人口普查的资料，萨尔瓦多 75 个城市的居民人数为 147 万人，男性占 49%，女性人口中有 45%的人不足 18 岁。在萨尔瓦多的总人口中，49.9%的人口集中在城市地区，平均人口密度为每平方千米 212 人。

二、贫困问题和定居点

尽管海洋和海岸地区拥有丰富的自然资源和巨大的经济发展机会，但贫困指数为 55.7%，高于全国平均水平(37%)。

海岸带的定居点分为两类：单一定居点(21%)，由单个住宅核心组成；复合定居点，由不连续的住房群组成，各住房群性质相同，在同一行政区域界线内可进行土地转移。复合定居点又分为两种形式：集聚型(77%)，围绕一个核心集聚分布；线型(23%)，住房集中带沿某一轴线分布，该轴线通常是道路或河流。根据定居点的特征，又可分为：集约化城市定居点(16%)，具有基础配套设施和服务；未集约化人口定居点(21%)，尽管没有足够的基础配套设施和服务，但有建筑物；农村定居点(63%)，受性质和位置制约，无任何基础配套设施和服务。大多数定居点受城市发展极的影响较为强烈，但位于边境地区的定居点因所处位置缺乏一致性和关联性支持，受到的影响较小。

住房和城市发展部进行的研究显示，影响海岸带发展的主要问题在于分散性过高、线性和城市集约化程度低。在松索纳特和乌苏卢坦等主要城市，这些问题更为凸显。经济增长导致城市扩张，但因其形态超出了市政界限，定居点界线未能明确划定。此外，在某些情况下，还占用了具有良好生产潜力的土地，甚至在缺乏控制的情况下，还出现了在受保护区域，或有山体滑坡和洪水危险的区域设立定居点的问题。

三、海洋和海岸地区基本服务

很难采用全面系统的方法扩大服务的覆盖范围，这充分表明，海洋和海岸地区缺少能以适当方式开发建设和能可持续地支持区域生产性经济增长的城市地区。

农村地区和一些城市中心区(存在若干由未集约化定居点产生的住宅)获得饮用水和体面住房的情况，是表明海洋与海岸带发展困难的另一个依据。这些地区通常位于无规划或未考虑城市规划相关规定的地区。此外，许多城市中心都有不受监督的排水和卫生系统，缺乏相应的关注和教育，在水网中产生了较高程度的污染，对人口健康和海洋生态系统造成严重的负面影响。

此外，还应考虑因缺乏适用规划法规导致的本地区海滩、私人住宅、酒店和/或定居点的无序增长问题。

四、海洋和海岸地区经济和生产

土壤分类系统以美国水土保持局的标准和原则为基础，按照该系统，萨尔瓦多海岸带54.3%的土地适合集约种植，44.7%的土地适合用于作物分散种植、牧场和森林用地。

根据环境和自然资源部编制的农业地图，海洋与海岸带是该国肥沃土地面积最大的地区，土地用途限制少，土壤性质优良，适于培育多种具有商业价值的物种和栽培任何类型的作物，但目前开发利用不足，被人类定居点逐步占据。

该地区土地最广泛的用途是种植基本谷物(18.6%)，但只有25.1%的谷物种植在适用土地上，49.7%的谷物种植在其他作物的适用土地上。

甘蔗是海岸带的标志性作物，且正在以减少其他作物、林地(特别是红树林)为代价进行扩张。甘蔗种植面积的增加，迫使粮食生产者将其作物种植到山坡上，进一步加剧了对该地潜在土壤侵蚀问题的影响。

目前，约有2万个家庭以手工捕鱼为生，在高度不稳定的条件下工作。其中，很多人生活在洪水高风险区，由于缺乏适当的管理、活动设施有限以及使用有害于海洋生物的捕捞方法，其收益微乎其微甚至没有。

海岸带渔业捕捞潜力巨大。工业拖网捕捞效率极低，正在逐步倒退。船舶均存在业务和技术落后等问题。以开发萨尔瓦多海洋鱼类养殖潜力，利用高商业价值捕鱼技术为目的的海洋研究活动开展不足，且缺乏海洋资源规划、利用和改善计划。

五、海洋和海岸地区环境

萨尔瓦多海洋与海岸带自然资源丰富，包括具有重要环境价值的物种和生态系统，其中一些在区域内乃至全球范围内都是独一无二的。除对保护的重要性外，其生物多样性也成为当地人生活和开展生产及商业活动的一个核心要素，因此，对当地其他企业的发展而言，这一地区蕴藏的资产潜力巨大。

海岸带陆域生态景观有3个生态区：中美洲热带森林、北太平洋沿岸红树林和丰塞卡湾红树林。位于该地区的生态系统有：沙丘、海滩植被、淡水海岸潟湖、海岸潟湖、河口、红树林、香蒲-芦苇塘、海草床、岩石海岸、农牧交错带、冲积森林(季节性饱和)、廊道森林、农业生态系统、农林业生态系统、热带潮湿森林和次山地地层等。

希基利斯科湾和拉乌尼翁的红树林以及洛斯戈瓦诺斯的珊瑚礁，都是维持中美洲太平洋大部分渔业生产的基本生态系统，特别是在危地马拉、萨尔瓦多和尼加拉瓜，因为它们是多种高商业价值甲壳类动物和软体动物的庇护所。

第二节　主要内容

海洋与海岸带有着重要的战略资源，有着宝贵的生态系统多样性，是国家粮食和财富的主要来源之一，对萨尔瓦多人民的生活意义重大。

这项政策要求在该地区将国家服务地区化，各执行机关在行动中承担共同责任，使其服务具有很大互补性，并对相应的联合行动进行协调干预。决定性措施包括：用地和其他规划、改善海洋与海岸带卫生健康情况的紧急措施、促进可持续的经济模式、创造就业机会、改善人民生活质量以及保护自然资源。该实施框架内，执行机关、相关市政府的制度措施以及公民的参与至关重要，应由各方共同负责战略和措施的贯彻落实。

国际层面，第14项、第15项可持续发展目标制定了明确的准则："保护和可持续利用海洋和海洋资源以促进可持续发展"和"保护、恢复和促进可持续利用陆地生态系统，可持续管理森林，防治荒漠化，制止和扭转土地退还，遏制生物多样性的丧失"。从该意义上讲，萨尔瓦多有责任保护其领海以外的其他海域，遵循国际共识，确保对地球的保护，这是一项普遍性原则。

5年发展规划(2014—2019年)提出，富饶、文明和安全的萨尔瓦多，是最高等级的公共政策工具。该规划从战略层面指导机构活动，确立首要任务，勾勒发展目标，致力于使萨尔瓦多成为一个包容、公平、繁荣、团结且人类发展指数较高的国家。规划内容重点围绕3个方面展开：①通过持续的经济增长模式创造生产性就业、包容性教育、社会公平和真正的公民安全；②确立了通过用地规划、水安全、促进环境卫生、恢复生态系统和减少对气候威胁脆弱性的目标等；③主张根据环境职责和生产潜力，通过包容性发展提升国家经济活力。5年发展规划的目标与可持续发展目标存在交叉、重叠之处，意味着能同时推进实现这两项目标。

海洋与海岸带全面发展战略也符合5年发展规划和可持续发展的目标，通过重要准则为该政策提供保证：

(1)根据先天条件提升、加强海洋与海岸带的生产与生产力，使其更加多样化。

(2)开发海洋与海岸带的物流潜力，促进其与主要河流、国内和国际经济交流系统的融合。

(3)改善人口对基本服务的接受利用、服务质量及其在平等条件下的生产就业机会。

(4)建立一个充满活力的中心区，形成可代表地区发展水平的沿海城市系统。

(5)实现海洋与海岸系统及当地发展的可持续性，促进实施适当的用地规划。

国家环境政策确定了扭转环境退化和降低气候变化脆弱性的总体目标，引起了广泛社会关注。最新研究和报告的结果证实了萨尔瓦多环境恶化的严峻形势以及气候变化带来的日益严重的威胁。具体而言，政策主张扭转对健康有害的不利环境，以可持续的方式管理水资源，从环境层面实施用地规划，恢复生态系统和景观，增强环境责任意识，培育环境合规文化，降低气候风险。

最后，根据国家捕鱼政策，将实施相应短期、中期和长期的战略框架，促进渔业资源最大限度的可持续利用，实现行业部门新规范制度系统化。为在这一框架内实现可持续发展，将重点加强捕鱼和水产养殖用地规划规范，以便对渔业资源进行适当管理。

2015 年 3 月，中美洲地区批准通过了《捕鱼和水产养殖一体化政策(2015—2025)》，主要目标是确保可持续利用水生生物资源，整合区域行动和加强中美洲地区的区域合作。政策还主张加强区域制度性，促进区域间和国际合作，协调各方行为者，促进研发，推动缓解和适应气候变化。

一、指导原则

(1)多行业整体愿景。确立了其系统对待问题的方式，环境、经济、社会、文化和地区子系统通过公民责任义务、公共和私人机构以及科技进步在地区资源开发利用与保护的和谐愿景中相互关联、交织，可实现陆地和海洋生态系统的可持续利用。

(2)共同责任和多层次协调。这是一项共同责任政策，政策要求并促进在横向、纵向层面协调各项行动和制度方案。此外，还鼓励各级政府和各地区不同部门行为者广泛参与，以避免在效率和效力方面出现行动、职能重复及协调反复的问题。

(3)适应性和动态平衡。鉴于领海和领土的性质，为维持有益健康的环境和生态平衡，该项政策将根据国家和全球环境的发展和变化以及对正在实施的计划和项目的评估和跟进情况而进行持续、动态调整。

(4)参与性和可持续性。对海洋进行全面管理，需要整个社会积极、持久和有效的参与，设计、执行、监督、评估和调整方面应具有系统性、共同负责性，确保相关方面的知情权、咨询权；在不损害未来几代人和其他生物权利和保障的情况下，满足当前需求。

(5)预防和戒备。面对可能对海洋与海岸环境造成破坏的科学不确定性以及当存在威胁或可能造成海洋与海岸资源损失的条件时，应首先识别预测和遏止这些退化和破坏的重要性以及认识到适应气候变化的重要性。

(6)法律支持。由政策产生的行动或措施，必须得到现有法规的支持和保障，应寻求法律文书的持续调整，确保实现其在执行和监督中的确定性。

(7)以科学、技术和创新为基础。该国家政策将利用科学、技术和创新作为实现其目标的有效手段。

(8)捍卫国家主权和海洋权益。保护领海、捍卫国家主权和海洋权益的责任义务，是该项政策建立的基础，也是政策内容，具体包括：海上运输、商业海事通信、海港和河港转运站、捕鱼、水上运动、船舶工业、海事人员开发和控制、可再生和不可再生海洋资源。

二、目标

《海洋与海岸政策》旨在以可持续的方式改善地区陆域和海域的状况，促进采取有助于萨尔瓦多经济、社会和文化发展的措施，同时不损害海洋与海岸带的自然遗产。政策具有全面性，推动实现经济、社会、安全和国际承诺方面的目标，且具有环境性，使其可成为指导经济生产、开发利用、应对和适应地区相关生态系统和人居环境所暴露脆弱性的工具。

(一)总体目标

努力将萨尔瓦多海洋与海岸带转变为国家发展的战略轴心，通过对其资源和财产实施全面、可持续管理，以生态、平衡、包容和公平的方式促进经济和社会发展。

(二)具体目标

(1)以公平、包容及与海洋与海岸环境可持续性相协调的方式，改善沿海居民的生活条件，鼓励和发展地区生产力和竞争力。

（2）保护并确保海洋与海岸生态系统结构和功能不会发生不可逆转的变化；并在适当情况下恢复和保持其弹性。

（3）根据海洋与海岸空间生态利用计划规划人类活动，以便长期保持生态系统机构和功能的完整性。

（4）加强和鼓励科学、技术和创新发展，强化对海洋与海岸综合知识的管理，提升机构能力和专业培训水平。

（5）确定萨尔瓦多国际议程的战略方向，与相关公共机构协调实施国际责任和义务。

（6）保障主权和领土完整，保护海洋权益，助力改善对海洋与海岸的可持续管理，维护萨尔瓦多国家海域的安全。

三、一般准则

一般准则作为首要指导方针，将支持和把控《海洋与海岸政策》的实施。

（1）加强海洋与海岸带管理相关机构及专业人员在该领域的能力。

（2）加强海洋与海岸带相关机构职权方面的法律和体制框架。

（3）进行职权审查，确保各机构之间以高效、互补和协作的方式履行职能。

（4）制定相关职权和能力提案，以便对海洋和海岸进行法律和体制规划。

（5）推动立法改革，支持有能力执行海洋权益保护行动机构的工作。

（6）提升国家海洋和海岸管理理事会各委员会的专业水平。

（7）利用国家和国际资源为海洋科研项目和技术开发创立基金。

（8）通过国家海洋和海岸管理理事会的成员机构，为实施海洋与海岸政策提供资金渠道。

（9）传播海洋与海岸政策相关知识。

四、目标、战略和行动计划

《海洋与海岸政策》有 6 个具体目标和 19 个战略及其相应的行动计划。

（一）目标 1

以公平、包容及与海洋与海岸环境可持续性相协调的方式，改善沿海居民的生活条件，鼓励和发展地区生产力和竞争力。

战略 1：促进生产和旅游产业链，针对在海洋与海岸带以可持续方式创造就业、增加生产价值或提供优质服务的企业实施激励计划。

(1)推动全面生产链支持计划(技术援助、培训、提供资金和装备)，鼓励沿海城市实现最具发展潜力和环境可持续性经济活动的多样化与现代化。

(2)根据船舶海上活动的需要促进海洋产业发展。

(3)基于多元化和创造附加值促进企业间协调开展工作。

(4)围绕主要价值链重组海洋经济：港口和海运；设备、建筑和船舶维修；海洋食品、休闲和海洋旅游；公海能源以及海洋的新用途和资源。

(5)推动萨尔瓦多商船海员培训和安置支持计划，使他们能够获得国际海事组织标准规定的工作技能，可在全球海运从业，改善萨尔瓦多家庭的生活质量。

(6)推动海洋与海岸带沙滩手工业发展，在最具潜力的旅游目的地提供服务，并促进其持续改善。

(7)发展沙滩旅游、海上旅游和水上运动。

(8)在沿海城市，推广良好的农业、旅游、服务和贸易规则，减少对含水层和注入海洋水流的污染。

(9)提供和推动以可持续方式吸引海洋与海岸带相关国内和国际投资的战略。

(10)同沿海社区协调设计与海洋相关的可持续旅游发展方案，特别是那些具有体育、娱乐和商业潜力的活动，通过发展和保护海洋与海岸带资源促进实现沿海社区的包容性和拨款。

(11)采用与沿海城市生产动态相关的可持续方法推动国际、区域和国家航行推广计划。

(12)在技术援助、培训、融资和设备方案的基础上，将手工捕鱼转为可持续工业捕鱼。

(13)推动旨在促进可持续海水养殖的综合计划。

(14)鼓励和支持鱼类制备与加工方面的企业业务。

(15)确定和实施海洋碳氢化合物及矿物勘探项目。

(16)通过建立海运公司，管理港口以及建造修理船厂，促进海上运输和贸易的发展。

(17)识别并利用领海的能量潜力，即海浪、潮汐、盐度和海洋温差。

(18)为海洋与海岸区域的旅游目的地设计并实施气候变化风险预警系统，以便在国内和国际范围内将其作为可应对脆弱性风险的旅游线路予以加强和定位。

战略2：与地方政府共同推动一项加强基础设施和服务的计划，以支持海洋与海岸地区的经济活动，为经济增长、卫生和生活条件改善创造良好环境。

(1)修筑支持海洋与海岸带现有经济生产活动的基础设施(码头、防波堤、旅馆、旅游景点、捕鱼基础设施、旅游基础设施、餐馆饭店等)。

(2)保持与生产和旅游活动相关的环境资产现状清单，确保后续进行适当监测和预防性照管，以避免恶化。

(3)在贸易、旅游、捕鱼、水上运动和人员过境服务方面实施维护和发展港口系统及港口基础设施的永久性项目。

战略3：推动制定沿海城市用地规划综合方案，以便提供优质的基本服务，更好地利用和有序发展现有的公共空间和由确定的景点产生的空间。

(1)为居住在沿海城市的人口获得和接受基本服务(饮用水、能源、健康和教育)提供便利。

(2)推动适应当地条件的海洋与海岸带人口居住环境计划。

(3)拯救、加强和调整海洋与海岸空间公用财产的特性，提高公众对教育、共存、娱乐和休闲领域的认识和使用。

(4)以协调的方式设计和实施与首要生产链相关的海洋与海岸带生态管理计划。

战略4：建立相应机制和工具，以便各级政府之间、国家机构之间进行协调以及社会加入和参与，从而促进围绕海洋和海岸带管理进行治理。

(1)建立空间和治理机制，促进民间社会参与海洋与海岸管理，确保将其纳入分析和决策过程。

(2)促进国家机构的公共体制融入海洋与海岸管理。

(3)加强和整合规定的领土治理空间，支持对话及其对海洋与海岸管理过程的影响。

(4)倡导保护和可持续利用海洋与海岸资源的文化。

(5)与倡导海洋文化的市政府共同采取措施。

(二)目标2

保护并确保海洋与海岸生态系统结构和功能不会发生不可逆转的变化，并在适当情况下恢复和保持其弹性。

战略1：监测海洋健康指数及与海洋和海岸带相关的可持续发展目标。

(1)调整、验证和实施海洋健康指数和可持续发展目标14和目标15。

(2)监测衡量海洋健康指数和可持续发展目标所需的指标。

(3)加强机构能力，改进海洋健康指数和可持续发展目标相关指标信息的生成。

(4)支持和促进市场当局和市政团体协会之间协调开展工作，以便生成海洋健康和可持续发展目标的相关信息。

战略2：设计和实施海洋和海岸生态系统的恢复系统，防止其发生不可逆转的改变。

(1)编制国家海洋和海岸生态系统清单。

(2)确定恢复海洋和海岸环境的机会。

(3)推动退化生态系统战略恢复计划，并实施保护海洋生物多样性及其生态系统服务的行动计划。

(4)制定激励、补偿和集约监督机制以改善海洋和海岸生态系统的健康状况。

(5)保持不断更新恢复战略中提出的监测系统。

战略3：全面管理造成海洋和海岸生态系统变化的人类活动。

(1)确定导致海洋和海岸生态系统变化的人类活动。

(2)制定人类活动综合管理计划，改变海洋和海岸生态系统。

(3)与市政府、市政团体协会和相关机构协调，设计和实施污水处理和固体废物处置卫生基础设施综合管理机制。

(4)与市政府协调，将减少环境影响的卫生系统纳入其发展计划。

(三)目标3

根据海洋与海岸空间生态利用计划规划人类活动，以便长期保持生态系统机构和功能的完整性。

战略 1：设计和实施海洋和海岸生态利用规划的方法和规定。

(1)创建海洋和海岸生态利用规划框架。

(2)设计并实施海洋与海岸生态管理政策。

(3)设计并实施《萨尔瓦多国家海洋与海岸生态利用规划》。

(4)设计并实施其他生态利用规划工具：国家海事地域信息系统、海事地域影响评估系统、特殊的海事和地域计划。

(5)将生态规划与用地规划、旅游规划和捕鱼规划相协调。

(6)描述海洋与海岸生态系统的特征，识别威胁，规划使用，并采取措施指导可持续利用资源，当地社区必须参与其中。

(7)设计并实施水文和海洋服务，使其作为海洋与海岸规划有关的不同机构决策的基础。

(8)推进萨尔瓦多国家地图修订工作，将海洋纳入领土范围。

战略 2：加强和阐明区划工具，保持中长期生态系统结构和功能的完整性。

(1)了解和分析复杂性较大的海岸带首要的多学科环境区划标准，以便制定用地规划和发展规划。

(2)确定并促进建立海洋保护区。

(3)绘制海洋与海岸资源、生态系统及其动植物的位置图以及渔业和非渔业资源的繁殖区域。

(4)对利用自然资源和生物多样性的工具等进行规范：渔业资源、生物多样性、生态系统和其他。

(5)协调区划，以发展不同的海事活动。

(6)协调海洋与海岸分区规划。

战略 3：使用沿海空间社会使用标准，支持在城市中实施城市发展计划，并制定沿海空间社会使用标准。

(1)确定或更新海岸带评估和使用的方法与标准。

(2)按照海岸带社会使用标准方法，协调和支持市政当局制订城市发展计划。

(3)设计或调整并实施沿海城市用地规划标准，为所有人建立通往公共场所的通道，同时寻求基本服务覆盖。

战略4：设计和实施海洋与海岸风险管理系统。

(1)保持敏感，并就减少人类定居点和威胁区基础设施风险与脆弱性的机制和实际措施，与市政府和地区领导开展协调，确保这些空间不被占用。

(2)为所有沿海城市制定和推广风险管理和适应气候变化的计划，降低因海平面上升和/或溢出，或其他气候变化影响造成的洪水条件下的脆弱性。

(3)提高意识，支持和协调地方政府设计和实施海洋与海岸风险管理计划，以便针对不同自然现象采取相应的保护和恢复措施。

(4)推动制定脆弱性诊断，以便在海洋与海岸地带设计适应方案和预警系统，特别是在人口密度最高的地区。

(四)目标4

加强和鼓励科学、技术和创新发展，强化对海洋与海岸综合知识的管理，促进增强机构能力和专业培训。

战略1：建立和加强机构基础设施和设备，以便为海洋和海岸地区协调开展相应行动创造条件。

(1)创建萨尔瓦多海洋虚拟平台，用于知识管理和公民使用。

(2)确定基础设施的状况以及和海洋与海岸相关机构的现状，以此作为加强研究和科学发展能力的基础。

(3)发展具有实验室或研究中心的海洋与海岸相关机构的基础设施和设备，并通过这些设施和设备生成信息。

(4)协调相关机构在海洋研究方面的行动。

战略2：在机构和国家层面产生人力资源的技术和科学能力，以实现海洋与沿海的可持续管理。

(1)在规定的重点领域设计与海洋科学相关技术和专业培训课程。

(2)正式建立与中美洲地区大学的合作框架，对保护活动和海洋资源利用主题相关的专门学术课程设计和经验开发进行交流。

(3)推动加入国际水道测量组织，培训水文学家和航海制图师。

(4)将阐述新一代与海洋相关知识和责任义务的内容纳入教育课程。

(5)确定与海洋战略资源相关的战略方针(确定海洋与沿海生物和非生物自然资源、能源生产、红树林和其他)，加强专业化程度。

战略 3：促进海洋和海岸科学研究的发展。

(1)加强技术研发，激励和促进海洋与海岸带清洁能源的开发利用。

(2)促进公共和私营部门之间的战略联盟，制定激励措施，促进私人投资科学研究，可持续利用海洋与海岸资源。

(3)促进在海洋与海岸带地区建立科学家网络。

(4)通过与拉丁美洲研究机构和世界其他地区的协议，制定科学研究计划。

(5)促进国内外大学之间建立海洋研究中心网络，加强海洋联合研究工作。

(6)研究基因库、用于药物制作和其他用途的海洋资源的丰富程度(生物修复)。

(7)加强机构间协调以及各机构的技术和财务能力，以促进海事信息系统的发展。

战略 4：加强体制环境以及专业、科学协调，促进海洋科学的发展。

(1)鼓励建立技术讨论空间和国家、区域与国际论坛，交流关于海洋与海岸全面管理的经验和良好做法。

(2)促进海洋相关知识和经验的交流，以便促进进步和学习。

(3)推动海洋与海岸专家职业教育认可、鼓励计划。

(五)目标 5

确定萨尔瓦多国际议程的战略方向，与相关公共机构协调实施国际责任和义务。

战略 1：协调推动海洋与海岸保护相关协议和条约的管理及执行。

(1)在各执行机关之间开展协调工作，规划和实施海洋与海岸相关国际协议。

(2)促进海洋与海岸相关国际承诺和协定的社会化及传播。

(3)审查和分析签署和/或批准国际协定和协议的便利性，注意不能对国家利益造成影响。

战略 2：确定萨尔瓦多同海洋与海岸相关国际议程的战略方向，整合并加强与国际承诺有关的公共政策、方案计划和项目。

(1)确定、审查和分析现有的国家和国际法律文书，并就相关规定义务的实施开展协调。

(2)加强国家的技术、政治、军事、外交和机构能力，履行和海洋与海岸有关的国家和国际承诺与协定。

(3)实施外交战略，就国家在海洋与海岸带的利益进行管理和谈判。

(4)设计促进实施国际协定和承诺的机构间机制。

(5)建立与邻近国家开展管理和谈判的促进机制。

(六)目标6

保障主权和领土完整，保护海洋权益，助力改善对海洋与海岸的可持续管理，维护萨尔瓦多国家海域的安全。

战略1：加强海洋与海岸相关机构的技术和财务能力，保障国家安全，捍卫主权和领土完整，保护海洋权益。

(1)根据国际协议和萨尔瓦多法律，在萨尔瓦多海军部队组织内创建和发展海岸警卫队服务。

(2)加强和扩大海军部队行使其权力的技术和财政能力，保证领土和主权完整，保护领海200海里范围内的海洋权益。

(3)根据对国家管辖权和主权的威胁、非法行为和侵略情况，通过海军力量确保有效监督和控制海洋环境的保护工作。

(4)提高海洋科学研究、开发和创新的能力。

(5)发展必要的能力，保证对海上活动的保护、监督和控制，实现生产和经济发展。

战略2：通过法律改革加强机构间协调，保证在领海范围内开展安全、权益等活动的良好秩序。

(1)修改相应法规，支持有能力保护海洋权益的机构的行动。

(2)根据各机构的能力和职权，在检查领海活动期间执行协调程序。

(3)协助安全委员会维持该地区的军事力量平衡。

第四篇

国际组织海洋政策

第三十八章　第四届联合国环境大会涉海决议

2019 年 3 月 11—15 日，第四届联合国环境大会在肯尼亚内罗毕召开，主题为“寻找创新解决方案，以应对环境挑战并实现可持续的消费和生产”。在大会通过的一系列决议中，有 4 项决议与海洋环境和海洋生态系统直接相关：“海洋塑料垃圾和微塑料”“保护海洋环境免受陆上活动污染”“为全球红树林健康而进行可持续管理”和“可持续管理珊瑚礁”。通过上述决议，各国承诺将加强国际合作、科学研究和能力建设，可持续管理海洋资源和生态系统，尤其是在联合国环境规划署内建立一个利益攸关方平台以加强协调与合作，并立即采取行动杜绝向海洋排放塑料污染物的行为。

第一节　海洋塑料垃圾和微塑料

联合国环境大会，关切地注意到海洋垃圾，包括塑料垃圾和微塑料，数量巨大且迅速增加，是全球范围内的严重环境问题，对海洋生物多样性、生态系统、动物福祉、社会、生计、渔业、海运、休闲和旅游以及经济产生不利影响。

又注意到在食物链中发现了微塑料，这些微塑料是被添加在产品中或在产品生命周期中产生的，可能对人类健康，包括食品安全产生的不利影响令人关注，这些方面需要进一步审查。

强调指出，必须长期杜绝向海洋排放垃圾和微塑料的行为，不让海洋生态系统和有赖于海洋生态系统的人类活动受到海洋垃圾和微塑料的损害，如联合国环境大会第 3/7 号决议所述。

又强调指出，必须防止和减少来源于陆地和海洋活动的海洋垃圾，包括塑料垃圾和微塑料，以实现联合国《2030 年可持续发展议程》及其可持续发展目标，还强调指出，必须在塑料的整个生命周期中进行更加可持续的管理，以加强可持续消费和生产模式，包括但不限于循环经济和其他可持续经济模式，并强调必须进行无害环境废物管理，提高资源效率，推行减量、再利用和循环，进行可持续的资源管理，实现相关技术的创新，以无害环境方式清理海洋塑料垃圾以及开展国际合作，以最有效地防止包括塑料垃圾和微塑料在内的海洋垃圾污染。

并强调指出，迫切需要在各级加强科学与政策的衔接，进一步开展工作，支持基于科学的方法，更好地了解包括塑料垃圾和微塑料在内的海洋垃圾的归宿和分布情况及其对海洋环境的影响，并促进在地方、国家、区域和全球采取行动，防止和杜绝垃圾，包括塑料垃圾和微塑料排入海洋。

着重指出，迫切需要考虑加强科学政策衔接以及全球协调、合作和治理，以更有效地执行联合国环境大会第 1/6 号、第 2/11 号和第 3/7 号决议。

注意到在现有相关国际协定和组织的任务范围内探讨处理海洋垃圾备选方案的重大事态发展，特别是：

(1)《巴塞尔公约》不限成员名额工作组建议缔约方大会第十四次会议，根据《巴塞尔公约》进一步审议各项方案，包括建立一个塑料废物伙伴关系。

(2)国际海事组织海洋环境保护委员会在《伦敦议定书》和《伦敦公约》的支持下通过了一项减少来自船舶的海洋塑料垃圾的行动计划。

赞赏区域海洋公约和方案为保护海洋和沿海环境开展的工作，再次邀请有关国际和区域组织和公约加强行动，防止和减少海洋垃圾，包括塑料垃圾和微塑料及其有害影响，并为此酌情开展协调。

确认需要通过统一方法来获取高质量的数据并开展有效监测，包括塑料垃圾和微塑料在内的海洋垃圾的陆地和海洋来源、垃圾的数量、归宿和影响以及对人类健康的潜在影响，这样才能采取更好和更有效的行动。

注意到海洋垃圾全球伙伴关系指导委员会 2018 年 10 月敲定了该伙伴关系的框架文件，概述了海洋垃圾全球伙伴关系作为一个所有利益攸关方自下而上自愿合作开展经验和信息交流以及项目合作配对等活动的平台的宗旨、职能和组织结构。

考虑到联合国环境大会第三届会议根据 UNEP/EA/3/7 号决议执行部分第 10 段设立的海洋垃圾和微塑料问题不限成员名额特设专家组的成果，特别是需要加强现有机制之间的一致、协调和协同作用，并加强合作和治理，以便在地方、国家、区域和全球一级更好地应对海洋垃圾和微塑料的挑战。

铭记联合国环境规划署根据1972年的任务规定负有特殊责任，即不断审查世界环境状况，以确保各国政府适当而充分地审议新出现的具有国际意义的环境问题：

（1）促请会员国和其他地方、国家、区域和国际行为体、私营部门、民间社会、学术界和其他利益攸关方利用现有的适当倡议和文书，凭借和依靠科学、国际合作和多方利益攸关方的参与，处理海洋垃圾和微塑料问题，优先采用整个生命周期方法和优先提高资源效率。

（2）请联合国环境规划署执行主任在现有资源范围内借鉴现有相关机制开展的工作，立即通过下列活动加强关于海洋垃圾，包括海洋塑料垃圾和微塑料的科学和技术知识。

①酌情根据会员国提出的意见，召集现有的相关科学咨询举措为第3段和第7段所述活动建言献策；

②汇编现有的科学数据和信息及其他相关数据信息，起草一份评估报告，评估垃圾的来源、路径和危害，包括塑料垃圾和微塑料污染及河流与海洋中的这类污染，关于生态系统遭受不利影响的科学知识，可能对人类健康产生的不利影响以及无害环境的技术创新；

③与相关国际组织合作，提出统一监测、报告和评估方法的指标，同时考虑到包括塑料垃圾和微塑料在内的海洋垃圾的主要来源；

④收集信息，以便在考虑到塑料整个生命周期的情况下，提供信息以制定政策和采取行动，制定无害环境的技术创新方案和措施，以减少包括塑料垃圾和微塑料在内的垃圾排入海洋环境的风险，支持地方、国家、区域和全球行动。

（3）决定在现有资源范围内借鉴现有的举措，在联合国环境规划署内建立一个多方利益攸关方平台来加强协调与合作，立即采取行动通过采用生命周期方法长期杜绝向海洋排放垃圾和微塑料的行为。平台可有以下职能：

①起论坛的作用，让各国政府、行业、学术界、民间社会和其他利益攸关方定期或临时交流经验和协调行动；

②起资料库作用，以收存关于国家、区域和国际社会如何处理陆地和

海洋来源的海洋垃圾，包括塑料垃圾和微塑料的评估报告，为各国政府、组织和私营实体从各方面处理海洋垃圾问题提供的概念和实用指导材料以及旨在促进、加强和支持采取行动防止向海洋环境排放垃圾，包括塑料垃圾和微塑料的现有行动计划、管理实践和指导方针；

③针对各国政府、决策者、资源管理人员、教育工作者、私营部门实体和公众等广大受众，提高全世界对这一问题的认识；

④建立和维持一个关于海洋垃圾的技术和科学信息数据库，例如，向海洋环境进行排放的清单、科学研究报告和处理海洋垃圾的创新办法；

⑤促进现有相关科学机制间合作，为获取现有的科学数据和信息提供便利，推广合理的科学实践，例如，海洋宏塑料和微塑料的取样和分析准则，并提高研究的政策相关性；

⑥在现有资源范围内推动在区域海洋公约和方案中采取行动，通过行动计划、议定书、伙伴关系和其他活动处理海洋垃圾问题。

（4）回顾关于海洋塑料垃圾和微塑料的决议（UNEP/EA. 2/11），并进一步邀请会员国与私营部门密切合作，以：

①减少排入海洋环境的微塑料，包括尽可能逐步淘汰含有微塑料的产品；

②促进产品设计的创新，减少陆地和海洋来源的微塑料二次排放，必要时改进废物的管理；

③防止初级微塑料、特别是预生产颗粒（薄片和粉末）的损失，防止其在整个制造链和供应链中溢漏到环境里。

（5）请执行主任通过《可持续消费和生产模式十年方案框架》详细制定塑料的使用和生产准则，以便向消费者提供信息，包括标准和标签的信息，激励商家和零售商致力于使用可持续方法和产品，支持各国政府推动信息工具的使用和推广激励措施，以促进可持续消费和生产；

（6）邀请所有会员国、联合国系统相关组织、其他相关国际和区域组织以及私营部门、民间社会、非政府组织和个人在所有相关场合，包括利用世界环境日和世界海洋日等机会：

①审议其在协助处理海洋垃圾，包括塑料垃圾和微塑料问题过程中的作用；

②就可能产生海洋垃圾，包括塑料垃圾和微塑料的产品，根据关于实

现可持续消费和生产的创新途径的第 4/1 号决议，提高对可持续消费和生产重要性的认识，鼓励可持续消费和生产；

③根据第 3/7 号决议第 4(h)段促进无害环境的废物管理和海洋塑料垃圾回收。

(7)决定在第 3/7 号决议设立的海洋垃圾和微塑料问题不限成员名额特设专家组以往工作的基础上，将专家组的任务期限延长至环境大会第五届会议，以便：

①评估各国政府、相关全球和区域文书以及国际组织、私营部门、非政府组织和其他相关捐助方目前为长期杜绝向海洋排放废物的行为、减少海洋塑料垃圾和微塑料而开展的活动和行动；

②确定技术和财务资源或机制，以支持各国处理海洋塑料垃圾和微塑料问题；

③鼓励建立防止海洋垃圾、包括塑料垃圾和微塑料的伙伴关系并加强这方面的合作，开展编制来源清单、改进废物管理、提高认识和促进创新等活动；

④分析各级处理海洋垃圾和微塑料问题的现有和潜在应对方案和活动的效力，确定对解决这一全球性问题的贡献。

(8)邀请环境管理小组参加海洋垃圾和微塑料问题不限成员名额特设专家组的工作并做出贡献，包括提供列有与海洋垃圾，包括塑料垃圾和微塑料有关的所有相关联合国机构、方案、举措和专业人员的图表。

(9)请执行主任向联合国环境大会第五届会议报告执行本决议的进展。

第二节　保护海洋环境免受陆上活动污染

联合国环境大会，注意到沿海和海洋生态系统具有社会、经济和战略价值，对环境和人类生活具有各种功能和惠益，这取决于其中蕴含的资源，还注意到实现可持续性与健康的沿海和海洋生态系统的必要性。

指出沿海和海洋地区极易受到各种陆上活动污染的影响，这些活动可能导致沿海和海洋环境质量下降。

注意到 2012 年《关于进一步执行保护海洋环境免受陆上活动污染全球行动纲领的马尼拉宣言》，其中确定养分、废水和海洋垃圾为海洋污染的重点来源类别，并注意到2018年《保护海洋环境免受陆上活动污染的巴厘宣言》。

注意到处理陆上活动所造成沿海和海洋区域的威胁和问题的各种举措，这些活动可能对海洋和沿海生态系统产生不利影响。

指出沿海和海洋资源对经济具有重大贡献，保持高质量的沿海和海洋环境可提供生态系统功能和服务，支持《2030年可持续发展议程》目标，养护和可持续利用海洋和海洋资源。

认识到成员国和其他利益攸关方一起为解决源自陆上活动的沿海和海洋区域威胁和问题所做的努力和采取的行动。

肯定各国在处理海洋和沿海生态系统问题方面取得的进展，即建设人力资源和体制资源的能力，制定和实施养护和可持续利用沿海和海洋环境的健全环境政策。

注意到联合国环境规划署和独立能力中心的存在是为了解决陆基污染源问题，还注意到印度尼西亚正在巴厘建立一个独立区域能力中心的举措；

认识到与海洋和沿海生态系统的养护和可持续利用有关的供资挑战。

又注意到多方利益攸关方伙伴关系(包括公私伙伴关系、联合国机构间伙伴关系、政府间伙伴关系)在履行推进可持续发展目标行动的政府间承诺方面所做贡献的重要性：

(1)加强将保护沿海和海洋生态系统纳入各项政策的主流，特别是应对养分、废水、海洋垃圾和微塑料增加所造成的环境威胁的政策，以支持将《2030年可持续发展议程》作为可持续发展框架。

(2)加强能力建设、专门技能、经验教训和知识共享，具体通过协作和伙伴关系，让各国政府、金融机构、私营部门、民间社会以及专家在区域和全球两级参与保护沿海和海洋生态系统免受陆上活动和污染源污染。

(3)改进与成员国就陆源陆基污染问题开展工作的协调、接触和支持；促进与“区域海洋”、其他相关平台和国际举措的联系，以便以综合方式有效开展工作。

(4)鼓励在负有相关责任和具有相关经验的政府机构及组织、社区、私营部门和非政府组织之间交流信息、实际经验、科学和技术专门知识、进行合作和协作行动及建立伙伴关系。

(5)邀请成员国主动采取行动，在国家和区域两级保护海洋环境免受陆上活动的影响，为此应考虑到协作及技术合作、按相互商定的条件自愿转让技术、加强能力建设并交流最佳做法。

(6)请联合国环境规划署执行主任在现有资源范围内，通过区域海洋方案、海洋垃圾全球伙伴关系、“全球废水倡议”和“全球行动纲领”的全球养分管理伙伴关系等提供技术援助。

第三节　为全球红树林健康而进行可持续管理

联合国环境大会，注意到联合国大会在关于海洋和海洋法的 A/RES/71/257 号决议中指出红树林在提供生态系统服务方面发挥的重要作用，这些服务提供了包括可持续生计、粮食安全、保护生物多样性和保护沿海在内的多种惠益。

又注意到关于湿地的《拉姆萨尔公约》是保护和管理沿海湿地、包括红树林和其他沿海生态系统的相关政策框架。

认识到爱知生物多样性目标以及可持续发展目标中的一些具体目标与保护红树林生态系统相关，并可从保护红树林生态系统中受益，包括在复原力和粮食安全方面。

注意到联合国可持续发展大会题为“我们希望的未来”的成果文件，其中认识到红树林极易受到气候变化、海洋酸化、过度捕捞、破坏性捕捞和污染的影响。

赞赏联合国教科文组织宣布了“保护红树林国际日”。

认识到红树林是一个重要但脆弱的生态系统，具有宝贵的生物多样性，其提供的宝贵生态系统服务，有助于到 2020 年实现可持续发展目标 2、目标 13 以及具体目标 14. 2 和目标 15. 5，并承认水质退化对红树林的生存及其所支撑的生态系统造成直接影响。

又认识到红树林提供支持性和调节性生态系统服务，包括发挥天然过滤系统的功能，可控制各种形式的污染，并在维持水质方面发挥关键作用。

还认识到红树林的碳汇和碳库功能以及红树林对减少气候变化不利影响的贡献、作为天然过滤系统的能力、在捕集沉积物方面的重要性、稳定海岸线以抵御不断加大的侵蚀压力的能力和作为陆源与海源污染的吸储库的作用。

认识到红树林在应对气候变化、发展和污染造成的影响以及在提供保护以免遭热带风暴、飓风、海啸和海岸侵蚀等自然灾害方面的重要作用。

承认世界上数以百万计的居民依靠红树林及相关生态系统的健康来获得可持续的生计和发展，因为红树林是其食物和收入的主要来源。

认识到红树林生态系统在实现"国家自主贡献"目标方面可适时发挥的作用。

注意到"2017 年巴厘行动呼吁宣言"：

(1)鼓励会员国与其他利益攸关方一道，采用基于生态系统的方法来保护、恢复和可持续管理红树林；

(2)鼓励会员国和利益攸关方加强和制定政策，防止在红树林生态系统中弃置废物，并最大限度地减少人为造成的热、化学、养分和油污染；

(3)鼓励会员国改进关于红树林及相关生态系统可持续管理与恢复方面的研究、教育、公众认识和能力建设，并考虑通过各种方式就此目的为发展中国家调动资源；

(4)邀请通过各项国家、区域和全球倡议开展合作和作出承诺，以加强生态系统服务管理和资源管理方面的社区伙伴关系；

(5)邀请会员国采取行动防止红树林用途转变，加强各项措施以维护红树林的完整性，并优先保护剩余的天然红树林区；

(6)鼓励会员国依据科学信息制订多用途的红树林管理计划；

(7)邀请会员国承认和保护与红树林有关的传统知识和最佳做法，以维护红树林生态系统；

(8)请联合国环境规划署与其他利益攸关方合作，在现有资源范围内，通过合作和共同制作关于生态系统服务及相关最佳管理做法的研究、绘图和估值，来推动会员国之间的合作。

第四节　可持续管理珊瑚礁

联合国环境大会，回顾联合国大会在关于"为可持续生计和发展保护珊瑚礁"的第 65/150 号决议中敦促各国在本国管辖范围内、并敦促各主管国际组织按照各自的任务规定在各级采取一切实际步骤，为可持续生计和发展而保护珊瑚礁和相关生态系统，包括立即在全球、区域和当地采取协调一致的行动，通过减缓和适应等措施，应对各种挑战并克服气候变化以及海洋酸化对珊瑚礁和相关生态系统的不利影响。

又回顾联合国环境大会关于珊瑚礁可持续管理的第2/12号决议提出的有关重要性，并着重指出仍需要在国家和区域层面加强执行工作。

还回顾联合国可持续发展大会题为“我们希望的未来”的成果文件指出，“我们还认识到珊瑚礁对经济、社会和环境的重大贡献，对岛屿和其他沿海国家而言尤其如此。我们也认识到，珊瑚礁和红树林极易遭受气候变化、海洋酸化、过度捕捞、毁灭性捕捞、污染等影响。我们支持国际合作养护珊瑚礁和红树林生态系统，实现其社会、经济和环境惠益，促进技术协作和信息自愿共享”。

考虑到爱知生物多样性目标10旨在尽量减少人类对受气候变化或海洋酸化影响的珊瑚礁和其他脆弱生态系统的多重压力，以便维持其完整性和功能，深为关切2015年最后期限仍未实现。

强调必须全面落实《生物多样性公约》缔约方大会第十二届会议通过的相关优先行动，以实现关于珊瑚礁的爱知生物多样性目标。

铭记2015年联合国可持续发展首脑会议题为“变革我们的世界：2030年可持续发展议程”的成果文件。

认识到珊瑚礁的退化和丧失阻碍可持续发展目标的实现。

又认识到海礁渔业、特别是“活海礁食用鱼贸易”既有益处也有潜在的负面影响，需要整合、实施和执行渔业和珊瑚礁保护政策。

注意到目前有18个国家和地区签署了涵盖全世界50%以上珊瑚礁的《珊瑚礁生命宣言》。

赞扬国际珊瑚礁倡议倡导的国际珊瑚礁年得到全球参与，取得了巨大成果，包括编写了材料，并在从国际组织到乡村儿童的各个层面举办了活动，又赞扬部分会员国作出努力，通过建立保护区、采取其他有效的区域养护措施、进行海洋空间规划和采用其他办法来养护珊瑚礁。

回顾各国、私营部门、非政府组织和多边组织在2018年巴厘岛举行的“我们的海洋”会议上作出了与关于可持续的珊瑚礁管理的第2/12号决议相符的保护珊瑚礁和海洋生态系统的承诺，因为该决议呼吁国家、区域和国际社会采取措施、开展合作和作出承诺，养护和可持续管理珊瑚礁。

注意到国际珊瑚礁倡议 2018 年 12 月第三十三届大会期间通过新的 2018—2020 年行动计划，其中包括四个主题：推行有效和适应性强的解决办法，以改进珊瑚礁保护工作；了解珊瑚礁的……趋势；处理“活海礁食用鱼贸易”问题；有利于减少人类对珊瑚礁的威胁。

又注意到根据第 2/12 号决议编写的关于全球和区域保护和可持续管理珊瑚礁政策工具和治理机制的分析报告的结论和建议，注意到所提出的可持续管理珊瑚礁的政策途径，并确认“一切照旧”不是一个可持续管理珊瑚礁的可行选择。

认识到珊瑚礁有可能恢复，但恢复具有不确定性，并确认正在作出努力和取得迅速进展，注意到国际珊瑚礁研究学会关于气候变化和珊瑚褪色的共识声明深为关切近几十年来由于当地因素和全球气候变化的综合作用，50%以上的已知活珊瑚已从珊瑚礁消失。

认识到珊瑚礁每年至少提供价值 11.9 万亿美元的商品和服务，并通过渔业和旅游业等活动至少支持全世界 5 亿人的生计，改善珊瑚礁健康状况可为私营和公共部门带来可观的经济回报。

认识到健康的珊瑚礁生态系统可减少 97%的波能，具有抵御风暴的屏障作用，是全球数百万人防止灾难性侵蚀、洪水和破坏的第一道防线。

认识到珊瑚礁常常被视为“21 世纪的药箱”，珊瑚礁生态系统未来可以成为包括癌症在内的各种疾病的医治、营养补充剂和其他商业产品生产日益重要的来源。

认识到有许多与珊瑚礁有关的国际政策，推动采用综合性养护政策和做法对珊瑚礁生态系统进行可持续管理是有益的。

(1)呼吁进一步精简和协调众多有助于养护和可持续管理珊瑚礁生态系统的国际政策文书，尽可能利用现有的区域机制，如区域海洋和国际珊瑚礁倡议。

请联合国环境规划署执行主任在现有资源范围内，与国际珊瑚礁倡议合作，在可能的情况下利用现有的区域机制，如区域海洋方案和珊瑚恢复联合体，协助汇编珊瑚恢复的最佳做法，以酌情维持生态系统服务，包括海岸防护及鱼类育苗区的恢复。

(2)注意到 UNEP/EA. 4/23 号文件，确认会员国可以在努力以可持续方式管理珊瑚礁生态系统的过程中考虑这些结论，并进一步指出，会员国和相关珊瑚礁组织也可以审查 UNEP/EA. 4/INF. 6 号报告的结论。

(3)鼓励会员国和其他实体参加国际珊瑚礁倡议的全球珊瑚礁监测网，包括参加区域网络和采用通过该监测网提出的指标和最佳做法，以便在 2020 年编写关于珊瑚礁状况的全球报告。

(4)请联合国环境规划署执行主任与国际珊瑚礁倡议协作，根据全球珊瑚礁监测网的实施和治理计划继续开发和加强该监测网，包括进行综合监测和采用新技术，以了解和通报全球珊瑚礁的现状和趋势。

(5)鼓励会员国与联合国环境规划署、国际珊瑚礁倡议和其他伙伴合作，在 2018 年国际珊瑚礁年取得成功的基础上再接再厉，继续努力提高对珊瑚礁和相关生态系统的生态、经济、社会和文化价值以及珊瑚礁和相关生态系统面临的严重威胁的认识。

第三十九章　全球海洋观测系统 2030 战略

2019 年 5 月，全球海洋观测系统发布《全球海洋观测系统 2030 战略》（以下简称"《战略》"）。《战略》指出，在当前全球变暖和海洋灾害频发的背景下，对全球海洋观测的需求大大增加，需要建立一个全面而综合的全球海洋观测系统。《战略》提出，未来将建立更广泛的全球合作伙伴关系，加强对大气和海洋变化过程的监测，开发创新技术，降低观测成本，推动信息数据的共享，努力在 2030 年前建成一个反应灵敏、可持续发展的综合海洋观测系统，以满足终端用户的需求。《战略》的制定将会为各国设计、构建及拓宽观测系统和信息系统的应用提供必要指导，并深化全球海洋观测系统的整体应用范畴。

第一节　《战略》呼吁开展全球海洋观测行动

海洋和沿海地区对地球上生命的延续和发展至关重要，随着"蓝色经济"迅速发展，预计年产值将达到 3 万亿 ~6 万亿美元。然而，气候变化、经济发展、污染和过度捕捞的影响不断累积，给海洋环境带来了巨大压力。人类已经认识到这些变化及其造成的破坏正在威胁着地球的未来发展以及生活在这个星球上的所有生物。

国际社会通过《2030 年可持续发展议程》《联合国气候变化框架公约》以及其他众多的国际、区域和国家级倡议，作出确保未来可持续性发展的郑重承诺。

为了在全球、区域和地方层面实现可持续性发展，人类需要全面了解海洋和沿海地区的现状并预判未来状况。另外，人类还需要跟踪监测政策和管理举措所带来的影响。

随着全球气候变暖，洪水、干旱和强风暴等自然灾害也将接踵而至。因此，为了提升针对这些自然灾害的早期预警能力，人们需要扩大海洋观测范围和提高观测能力。蓝色经济的可持续发展是以海洋信息为基础的，并且是未来就业和经济增长的主要来源。

在过去30年中，虽然全球海洋观测和人类的认知能力都有了显著提高，但目前的工作还远未达到要求。《战略》为设计、构建及扩展观测系统和信息系统的应用提供了必要的指导。

《战略》的实施需要科学界和用户群体间逐步改变合作关系、提高合作效率，加大全球合作力度，开展相关人员的能力建设以及跨学科间观测系统建设。如果要建立全面、综合的全球海洋观测系统，应对创新性挑战，仅依靠政府间的和当地政府的资助，即便是最发达国家，也是远远不够的，还需要私营部门提供支持和专业知识以及慈善人士提供创新性支持。总之，国际社会共建海洋观测系统亟需所有利益攸关方的参与。

第二节　《战略》制定背景

海洋的健康和安全能从根本上影响人类的生存和生活方式。海洋调节着地球的气候并提供氧气。海洋还可提供食物、水上航运和水上娱乐活动的空间。全球一半以上的人口居住在沿海地区，社区经济、居民健康和生活都依靠于海洋资源。

海洋是人类共同的资产，人类应对全球海洋安全负有共同的责任。海洋还有广阔的区域人迹罕至，同时也孕育着奇迹与创新的可能性。

一、海洋面临的压力日益严峻

气候变化使冰层覆盖面积缩减，海洋温度升高，进而导致海平面上升，海洋酸化，海洋大面积脱氧以及极端天气和气候灾害频发。

人类活动的压力导致动植物的栖息地退化、塑料垃圾和其他污染物增加、过度捕捞导致珊瑚礁大面积退化及海洋生物多样性大幅下降。

随着世界人口不断增长，人类继续向沿海地区迁徙，如果不采取协同应对措施，未来几十年人口压力将进一步加剧。与此同时，政府、政策制定者、投资者和社区居民，特别是小岛屿国家中的利益相关群体，都在追求海洋食品安全的提升和经济的发展。

极端天气和自然灾害造成的经济损失已达新高，预计由此产生的经济损失将随着气候变化而继续增加。极端天气情况、自然灾害以及无法缓解和适应的气候变化已被各国视为未来 10 年面临的三大主要风险。

二、实现蓝色经济的可持续发展

长期的全球海洋观测能让人们更好地了解气候变化及其发展规律，并对气候、天气、海洋状态和环境危害及其影响进行更好的预测。提高人们获取全球和沿海地区相关信息的能力对于满足当地需求和实现海洋恢复力至关重要。

海洋信息有助于决策者制定合理政策并随时掌握管理举措的有效性，这可为制定适应性对策以及可持续发展提供支持。

海洋知识和信息不仅有助于海洋的可持续发展，还能为海洋经济创造更多利润和就业机会。截至 2030 年，在旅游业、海水养殖和可再生能源发展的推动下，海洋经济预计将会在各国的国家经济中占据更大比重。

为了更好了解气候变化及其规律以及对海洋、天气和环境的危害，人们还需要通过持续观测获取更多相关知识。海洋信息对于支持可持续发展过程中的循证决策至关重要。

三、世界各国需要在海洋观测方面进行变革

在过去 30 年里，全球科学界在海洋观测工作的推进和协调方面取得了很大进展。目前，获取的观测结果为海洋和天气预报提供了支撑，并使人们了解到海洋在全球气候系统中发挥的作用以及气候对海洋的影响。

为满足日益增长的需求，区域和国家观测系统的数量和规模也在持续增长，同时，人们也认识到全球观测网发挥的重要作用。一方面，应鼓励此种海洋观测能力的提升；另一方面，为满足决策者、私营部门用户和公众日益增长的需求，需要在海洋观测的广度和范围上进行变革。

需要建立一个全面而综合的全球观测系统，这样可以获取从全球到局地的重要沿海信息，包括基本的物理、化学、生物和生态海洋特性等信息。获取的数据应能够免费用于支持人们开展一系列评估、预测以及数据产品和服务开发。

四、行动就在当下

为满足广大用户的需求，迫切需要扩大全球海洋观测系统的应用范

围。无论是在资源开发，还是能力建设方面，都将面临重大的挑战。

应对挑战需要科学界、政府、私营部门合作伙伴和公众开展紧密合作。而在 1991 年全球海洋观测系统建立之初，这种广泛的合作还未形成。

现在越来越多的人已经认识到气候变化所带来的巨大威胁，这为动员世界各国采取行动带来机会。如果未按照计划扩展全球海洋观测范围，那么实现可持续发展、提高应对气候变化的能力和促进蓝色经济增长的目标也仅仅停留于猜想阶段，而无法落到实际。

第三节　《战略》的远景展望

建立一个全面而综合的全球海洋观测系统可为人类可持续发展、安全、福祉和繁荣提供所需的基本信息。

《战略》要求，到 2030 年，建立一个全球海洋观测系统，以满足终端用户的需求。该系统提供的信息将涉及气候、业务需求、海洋生态系统健康以及对人类的影响。这些信息都将来自实地测量以及针对物理和生物变化的远程测量。

加强对大气和海洋重要过程及其相互作用的监测和了解，将提高季节性预报的准确性，且有助于改善农业、建筑业、保险和公共卫生等领域的规划工作并提升水资源、生态系统和林火管理水平。

新型低成本技术将大幅提升海洋观测能力。滑翔机、自主式水下航行器、Argo 浮标、系泊设备和研究平台组成的观测网都配备了低功率传感器和人工智能技术，可向开放式数据库发送实时或近实时的测量数据，补充海洋表面的卫星观测数据。部分采样系统可自动调整，以适应不断变化的需求。

公众获得的信息应与决策者保持一致。公众可直接参与到实地观测中并可获取大量信息。这将大大丰富公众观测经验，并支持海洋观测活动。

同步进行的重大海洋能力建设项目，如《联合国海洋科学促进可持续发展十年计划 2021—2030》，将大幅提升各国生成及利用海洋观测数据的能力。

海洋观测促进国民经济价值的增长，也鼓励各国共享在各自海域收集的基本海洋变量数据。

通过缔结新型合作伙伴关系，所有国家都能参与其中。全面而综合的2030年海洋观测系统将提供人们所需的关键海洋信息，以便缓解和适应气候变化，形成一系列更为精确的环境预报，维护海洋健康并支持可持续发展。

全球海洋观测系统在协调分散在世界各地的海洋观测系统方面已经发挥了重要作用。未来，全球海洋观测系统还将与更广泛的海洋观测地区合作，继续推动全球综合观测系统的发展，特别是确保系统满足更多终端用户的多样化需求。

要实现这一远景目标，不仅需要科学界的参与，也需要公共和私营部门等其他许多领域的共同努力，相互协调全球和局部区域内的海洋和空间观测工作，共同发展。未来全球海洋观测系统将在这方面发挥重要作用。

第四节　全球海洋观测系统战略目标

一、全球海洋观测系统简介

全球海洋观测系统是一个全面而综合的观测系统，提供的海洋信息涵盖3个主要应用领域，包括：业务化服务(气候预测、天气预报和海洋预报)、气候领域(强风暴预警、沿海地区洪水预警、海啸预警、灾害风险评估)和海洋健康领域(有害藻华、环境风险、海洋健康评估)。

二、全球海洋观测系统的功能

全球海洋观测系统可以领导分布于全球的海洋观测区域，并缔结合作伙伴关系，以建立全面的、响应迅速的和可持续的观测系统。

为了实现远景目标，全球海洋观测系统将在未来10年内不断发展，提供包容性的全球治理方针，并汇集专业知识，提高人们的参与度，促进各方沟通和观测能力建设。全球海洋观测系统还将与现有的和新的伙伴合作，以支持《战略》的实施。

观测系统治理和协调机制的发展将简化观测系统的设计、实施、数据和产品的交付及性能评估。在这一领域，需要加强配合和协调机制，在海洋观测需求及如何造福社会方面进行交流，并集中力量将终端用户的参与度从区域提升至全球层面。由于用户对海洋信息和预报的依赖日益增长，建议向全球海洋观测系统每个组成部分提供长期资金支持。

《战略》致力于打造综合观测系统，其中，海洋信息涵盖的内容包括业务化服务、气候和海洋健康 3 个应用领域。该系统将连接本地、国家和全球项目，监测从沿海地区到公海区域的物理、化学和生物特征数据。另外，全球海洋观测系统还将服务于整个海洋观测价值链，从测量到数据管理和建模等，并为最终用户提供从气候到海洋健康的所有信息。

全球海洋观测系统将所有利益相关方视为一个整体，鼓励其参与到系统建设中来，达成共识，为获取更多资金和提升参与度提供有力支持。这些需要人们在观测工具和技术、数据共享、信息系统、预测和科学分析等方面进行合作。此外，各国还应分享在观测系统领域的最佳实践和创新做法，这一过程可促使每个独立部分更好地完成自身职能。为了指导沿海社区以及当前现有和未来的合作伙伴，《战略》提出了全球海洋观测系统的 11 项战略目标及关键活动领域。

三、全球海洋观测系统的 11 项战略目标

全球海洋观测系统的目标是建立综合观测系统，为业务服务、气候和海洋健康 3 个关键应用领域提供重要的海洋信息支持。11 项战略目标如下。

(一) 深化交流并扩展影响

深化交流和建立合作伙伴关系，改善从观测到最终应用的进程，推进观测结果的应用并深化其影响，提高效益。

(1) 加强合作伙伴关系，改进预报产品的交付、服务和科学评估工作。

(2) 通过与重要用户和国家资助者进行沟通，与利益相关者合作提高宣传力度和影响力。

(3) 定期评估观测系统影响力，评估是否“符合应用要求”。

(4) 加强服务和产品相关的信息交流，促进本地认知水平的提高。

(二) 观测系统整合与交付

根据《海洋观测框架》所阐述的系统方法，建立综合且“符合应用要求”

的观测系统。

（1）为综合观测系统的设计、整合不断发展的需求和确定差距，提供权威指导。

（2）通过全球海洋观测系统和社区合作伙伴，维持、加强和扩大观测系统的应用，推广适用标准和最佳实践，并制定衡量是否成功的指标。

（3）确保全球海洋观测系统的海洋观测数据和信息的可查性、可访问性、可交互操作性和可重复使用性，并确保数据的质量和使访问延迟保持在适当范围。

（三）共建未来

通过创新、能力建设以及不断提升管理水平以打造美好的未来。

（1）支持观测技术和网络的创新。

（2）加强观测能力建设，使更多的利益相关者参与其中并从中受益。

（3）扩大系统性观测，了解人类对海洋的影响。

（4）与合作伙伴和利益攸关方一道，倡导建设行之有效的全球实地和卫星观测网。

第四十章　深海观测战略科学与实施指南

2019 年 5 月，深海观测战略项目发布《深海观测战略科学与实施指南》(以下简称"《指南》")，介绍了深海观测战略项目的目标、任务和科学挑战，包括深海观测中的海底压力、海洋湍流、海洋声学、生物地球化学等基本海洋变量以及深海观测平台、传感器等基础设施建设。深海观测战略项目将利用《指南》指导发起者和利益攸关方重点关注基础科学、技术、数据和示范项目，从而形成一个全球综合的系统网络，有效观测深海，支持科学、政策和可持续海洋规划。

第一节　深海观测战略的目标、任务和科学挑战

一、深海观测战略的愿景和目标

深海观测战略项目旨在协助建立一个持久的全球综合网络系统，以便能有效观测深海，加快人们对深海变化的了解，从而支持高端科学和政策以及可持续海洋规划。深海观测战略重点关注主温跃层(>2000 米)以下海洋，同时关注透光层(>200 米)以下影响着更深层海洋但采样率低的浅水层过程与机制。

深海观测战略的目标：一是评估与深海相关的和正在形成的全球海洋观测系统基本海洋变量，并针对深海提出额外的新基本海洋变量建议，加强对深海状态的了解，以表征现状，量化对气候变化和人类干扰的响应；二是确定解决关键科学问题和社会需求的方法，确定知识差距，并在适当情况下设计和评估观测系统、示范项目和过程研究；三是力求成为深海观测领域的中心枢纽，提供一个平台协助深海研究领域与政策制定者更好进行接触，并提供决策所需资料。

二、深海观测战略项目工作范围

2016 年深海观测战略研讨会提出了深海观测战略项目的工作范围，随

后在其2017年的创立会议上获得深海观测战略指导委员会批准。深海观测战略项目工作范围包括如下方面。

(1)建立对最重要观测内容的认识：为利益相关者确定重要的科学和社会问题及相关变量；确定深海观测的最优先过程和现象。

(2)提供机会整合中心：作为代理机构，协调现有跨学科深海观测活动，形成一个系统、持续的深海观测系统；发挥整合作用，为相应的研究机构、政府、行业、管理和融资机构建立联系，通过科学实现深海观测社会目标；在科研界确定的多用途、多学科地点鼓励进行观测活动，展现不同的关键生物地球化学和生态状况和问题。

(3)协调观测：利用现有平台开发新传感器，或整合物理、生物地球化学和生物传感器来提升观测效率；记录深海观测状况；确定深海观测的标准和最佳实践。

(4)确定深海观测要求：确定特定深海环境的基本海洋变量，并将深海观测规范添加到现有全球海洋观测系统基本海洋变量中；确定关键科学和社会问题相关的差距(知识、地理、变量、技术、数据)以及新兴系统。

(5)做好观测技术和方法准备：推动新技术开发，评估其适用性，以解决关键科学问题、管理问题，或对海洋灾害/极端事件进行早期预警；培养使用技术的能力，推动向发展中国家转让技术。

(6)促进深海数据的可用性、可发现性和适用性：推广适用于目标的数据。

(7)为深海观测制定业内共同的科学实施指南/计划：倡导深入观察，特别是科学实施计划中所概括的观察。

三、深海观测的利益相关者

深海观测战略的利益相关者包括科学家、自然资源和技术行业以及区域、中央和地方政府、非政府组织和政府间组织。

(一)科学家

在从事研究和监测的利益相关者中，改进后的深海观测作为全球海洋观测系统的一个组成部分，将使从事深海观测项目(如Go-SHIP、Argo、OceanSITES、OOI、ONC、DONET)的科学家获益。

(二) 行业

可能从深海观测战略获益的行业包括：深海观测仪器制造商，其产品会因使用获得宣传效益；海洋数据的生产者，提供基础资料或进行影响评估(例如渔业、采矿、石油和天然气作业)；海洋数据用户，用于规划或指导成功作业(例如航运、海底电信电缆、海洋遗传资源)。

(三) 政府

深海观测战略将与各国政府、联合国机构、政府间组织和非政府组织合作，利用深海信息为监管和政策提供信息和指导。

(四) 其他利益相关者

深海观测战略的能力建设工作将使海洋文化、教育、公众宣传、STEM发展、技术进步和技术转让领域的其他利益相关者受益。随着深海观测战略项目的发展以及人类对深海新用途的开发，很可能会出现新兴的、意想不到的利益相关者。

四、与全球海洋观测系统和其他国际倡议的关系及贡献

(一) 与全球海洋观测系统的关系

作为全球海洋观测系统的项目，虽然深海观测战略独立于全球海洋观测系统进行管理，但其活动和优先事项以海洋观测框架作为核心指导程序和原则来协调。深海观测战略与全球海洋观测系统指导委员会及 3 个学科小组相互作用。深海观测战略与专家小组合作，评估全球海洋观测系统开发的基本海洋变量清单(以及全球气候观测系统或全球气候观测系统支持的相关基本气候变量)，确保对基本海洋变量规范进行修订，以便从深海视角进行充分考虑。深海观测战略通过全球海洋观测系统项目和网络开展工作，来促进最佳实践展示和技术开发。

(二) 与其他深海观测工作的关系

深海观测战略目前与现有的深海科学网络有着重要的关系，如深海管

理倡议、国际深海生态系统科学调查网络以及其他组织。深海观测战略通过制定深海生物多样性观测收集方面的协议和标准，为海洋生物多样性观测网络和地球观测小组“蓝色星球”做出了贡献。此外，深海观测战略还与政府间海洋委员会的海洋最佳实践工作组展开合作。

（三）对深海观测的总体益处

广泛参与成熟的国际团体和组织，将推动正在进行的协调不同观测系统的重要工作，从而促进更广泛的认识和协作。

五、科学挑战

（一）物理气候挑战

深海物理科学挑战包括深海通风和环流及其变异性、经向翻转环流、深海变暖、对海平面上升模式的影响以及地热供暖。这些挑战不仅反映了需要更好地描述这些深海进程，并且需要在气候变化的背景下开展行动。

（二）生物地球化学挑战

深海在全球生物地球化学循环中发挥至关重要的作用。深海生物地球化学挑战包括：海洋碳存量、海洋酸化、生物碳泵、缺氧和营养动力学。需要长期观测，以评估与氧和营养盐有关的深海生物地球化学条件的变化，包括跨季节至10年时间尺度的物理和生态驱动因素以及深海的长期趋势。

（三）生物多样性和生态系统挑战

包括深海在内的全球海洋中，三大海洋观测领域中的生物和生态是最需要协调和完善的。在观测、基本海洋变量和新技术方面的许多驱动因素均集中在填补知识差距。有必要监测生物和非生物关键变量的长期趋势和自然变化，以便预测生物多样性和生境变化能如何改变深海生态系统的功能及其提供的服务。

第二节　基本海洋变量

基本海洋变量是深海观测战略在海洋观测框架中概述原则基础上提出的专门概念，与全球海洋观测系统使用的确认流程和规范流程一致。深海观测战略正在解决基本海洋变量的问题，在现有基本海洋变量的基础上增加深海视角，并增加额外的深海所特有的基本海洋变量。海洋物理（气候）、生物地球化学（碳）和生物多样性（生态系统）的多学科专家小组编写了《深海观测战略咨询报告》，并经过了团队审查，从而开始对深海观测战略中的基本海洋变量进行初步选择。

一、物理学基本海洋变量

深海观测战略项目成立了一个由外部专家和相关深海观测战略指导委员会代表组成的物理学基本海洋变量工作组。

（一）可用于深海的基本海洋变量

次表层的温度、盐度、海流和海面高度。海面高度是一个综合（全水体）测量，与海底压力和深海温度、盐度（密度）测量密切相关。次表层的温度、盐度和海流是描述深海的关键因素。工作组将根据深海的独特需求和要素对现行基本海洋变量规范进行修改，并提交海洋气候观测小组审议。

（二）提出的新深海基本海洋变量

海底压力、海洋湍流和海底边界通量（主要是地热通量），这三者都需要充分论证运动方程及其相关的边界条件。另外，深海观测战略生物学和生态学工作组已建议将海洋声音作为深海基本海洋变量。

1. 海底压力

海底压力测量可以在全球范围内检查海洋环流。绝对海底压力观测结果通过促进质量和空间/热含量效应的分离，有助于了解海平面上升的原因。海底压力可以补充重力恢复和气候实验卫星的数据。海底压力传感器可以提供能够告知流域范围现象的数据。海洋气候观测小组已批准将海底压力作为新的基本海洋变量，并建议深海观测战略着手制定基本海洋变量规范表，考虑进行区域性试点研究，并对全球阵列的开发和支持进行规划。

2. 海洋湍流

海洋湍流在过程研究中是重要的、有用的，但是持续观测的要求和方法尚不明确或者不完善。目前使用温度、盐度和压力的参数化来估计海洋混合数量级的空间模式。在全球直接观测海洋湍流的可行性和成本效益尚未确定。海洋气候观测小组认为将海洋湍流作为基本海洋变量的条件还不成熟，需要进一步开展工作来证明全球持续观测和各种方法已准备就绪。

3. 海底通量

与其他深海物理学基本海洋变量相比，海底和海水之间的质量通量（水和盐）和热量是最不成熟的。专家组对测量方法、热量所起的作用是否显著变化以及持续长期监测的合理性感兴趣。海洋气候观测小组认为将海底通量作为基本海洋变量的条件还不成熟。但这是一个很好的提议，可以成为一个重点研究提案，形成将海底通量概念发展成基本海洋变量的基础。

4. 海洋声音

海洋声音作为成熟、多学科的变量已经纳入基本海洋变量中。虽然海洋声音属于生物学和生态系统，但是在地震声学方面与物理学有很大的交叉。地震声学用于远程描述包括地震和火山喷发在内的海底过程。在海底定位、通信、海洋声学层析成像和许多其他应用中使用海洋声音也很普遍。

二、生物地球化学基本海洋变量

深海观测战略项目成立了一个由深海生物地球化学观测专家小组组成的生物地球化学基本海洋变量工作组。

（一）可用于深海的基本海洋变量

生物泵具有特别强的深海成分的关键过程，可以添加到深海新基本海洋变量以及多学科观测。瞬变示踪剂有助于评估有机物质的来源、输出有机物再矿化时释放的溶解无机碳的去向及其在深海中的逗留时间。其他已确定的生物地球化学基本海洋变量(颗粒物、溶解有机碳、氧气、营养盐、无机碳)对于从深海角度进行审查也至关重要。海底不稳定有机物的可用性和海底群落呼吸的观测，将有助于对生物碳泵及其驱动因素进行全面评估，包括海底氧气、营养盐和有机物的动态。

(二)提出的新深海基本海洋变量

深海科研界提出了将其他几个生物地球化学变量作为潜在的深海基本海洋变量，这项工作目前仍在考虑之中。其中包括海底流体和气体通量(包括温室气体)、垃圾和微塑料、氧化还原敏感元素分布和氧化还原潜力。

三、生物学和生态系统基本海洋变量

深海观测战略项目成立了一个生物学和生态系统基本海洋变量工作组，该工作组由来自基本海洋变量中主要学科的专家组成，还包括全球海洋观测系统生物和生态小组的一些成员。

(一)可用于深海的基本海洋变量

海洋声音基本海洋变量覆盖了深海中观察到的信号，这些信号对回答一些关键的深海观测战略科学问题有重要贡献。硬珊瑚覆盖范围和组成、浮游动物生物量和多样性、鱼类丰度和分布、微生物生物量和多样性(新兴)以及底栖无脊椎动物丰度和分布(新兴)可以发展以涵盖深海相关环境。受到强烈自然或人为影响的深海特定地区，需要对底栖生物生境的物理和地质特征及其覆盖范围的相关信息进行时间序列观察。

(二)提出的新深海基本海洋变量

体积大小被认为是一个生态理解的关键特征，是当前理论的基础，如生态学代谢理论和动态能量预算理论。不同地点之间的物种连接性和使连接性成为可能的生活史特征(繁殖力、深海幼虫存活时间、幼虫行为、幼虫死亡率和幼虫扩散)，已成为确定受海底采矿影响区域在埋葬或移走大面积海底生物后如何恢复的关键变量。

第三节 深海观测平台和传感器

全球海洋观测系统旨在广泛覆盖全世界的海洋观测，深海观测战略试图促进整个覆盖范围内的深海观测。深海观测面临的挑战是扩大全球观测系统，确定现有传感器和平台的适当组合，同时部署新的固定和自主传感器及平台。

一、平台

一系列的固定和移动平台可以搭载传感器进行深海观测。理想的平台是可以在全球范围内使用的平台，包括研究船、系泊设备、远洋和深海滑翔机、深海自沉浮式剖面探测浮标(Argo 浮标)、声学追踪浮标、海底电缆上的传感器、海底着陆器和海底生态观测站。这些平台中有许多较为成熟，并且已纳入全球海洋观测系统中，而某些平台的深海版本还处于概念或者试点阶段。今后的工作可以结合物理海洋学、生物地球化学和生态系统的需要使深海平台更具兼容性。

(一)浮标和滑翔机

为了提高深海的全球采样覆盖范围，必须组合地部署一些深海自沉浮式剖面探测浮标和深海滑翔机。深海自沉浮式剖面探测浮标和深滑翔机都是现有技术的扩展。深海自沉浮式剖面探测浮标每 10~15 天能测量完整单位水柱(6000 分巴)的温度-盐度-压力。部分深海自沉浮式剖面探测浮标装有氧气传感器。正在建立重复滑翔机轨道，旨在提高船上测量的时间和空间分辨率。部署自主组合设施可实现理想的覆盖范围，深海滑翔机能够在强边界流和可变边界流中以高分辨率重复测量。

(二)系泊设备

持续自主系泊、系泊阵列和直接连接互联网的系泊(即 OOI 区域电缆阵列)目前正在多个关键位置对整个水体进行取样。改进自主系泊技术，以便进行更长期和更深入的测量。开发传感器以便在可变的深度(即强大的垂直分析)，延长系泊设备配置的使用寿命(包括能源供应)，提高传感器校准的稳定性和准确性，降低硬件和部署成本以及允许连续或临时遥测支持数据。

(三)海底着陆器

海底着陆器是能够搭载一套水道测量、生物地球化学、光学和声学传感器以及生物测量设备的移动设备。着陆器是相对不成熟的平台，不常用于观测站。自主水面航行器可以通过充当通信网关来促进海底着陆器的使用，并且可能最终有助于其部署和回收。在未来，大规模生产标准化海底着陆器和制定有效的维修程序可能将具有成本效益，但目前还不具备这些能力。

(四)船舶

深海物理、生物地球化学和生物变量的参考测量主要在船上测量时进行。然而，由于此类观测的资源密集性，所收集的样本有限。由于这一限制，时间采样较为稀疏，航迹之间有很大的间隙，通常为数千千米。由于这是一种成本非常高的样本取集方法，为了扩展船基数据，必须优化现有船舶的使用。

(五)站点

在深海处，对世界多个海洋盆地的特定站点进行了海底生物群落和过程的时间序列研究。

(六)有缆海底观测站

永久的有缆海底观测站提供的电力和通信带宽远远超过无缆系泊设备和海底平台。电缆所支持的实时、双向通信和数据流有助于提高事件响应能力以及在水体和海底进行重复、有针对性的采样和分析。预期将通过使用有缆观测站进行重大革新，特别是在生物海洋学和生态学领域。在过去的20年里，各种各样用于海洋观测的有缆海底系统已经安装并投入使用。

(七)电信电缆的环境传感

在跨洋商业电信电缆系统中增加环境传感器是概念阶段的一项新工

作。此类系统每 50~100 千米有一个中继器，可以提供适度的电力和通信。目前的计划要求在此类中继器上部署带有三维地震加速度的海底压力和温度传感器，以监测海洋环流、气候、海啸和地震。海洋中的电缆每 10~15 年更新一次以适应新技术，可能会增加其他传感器，例如，盐度、被动声学、反向回声探测器/声学调制解调器、生物光学等的传感器。

（八）深海潜水器

进行深海过程的本地研究和许多基本海洋变量的高分辨率表征，需要遥控潜水器和载人潜水器。这些载具系统对于维护现场观测基础设施至关重要。对于深海而言，则需要合适的自主水下航行器进行采样和维护任务。开发能够通过有缆系泊站维持在海底的常驻自主水下航行器，将提高其对深海观测的整体效用。未来 10 年，预计远程自主水下航行器将能够在搭载不同传感器有效载荷和进行重复观测的同时，对整个海洋深度进行观测。

二、传感器的现状与发展

过去 10 年，传感器和平台的成熟发展取得了相当大的进步，包括多个传感器（用于测量许多基本海洋变量）供应商以及多个自主水下航行器、滑翔机、系泊设备、漂流浮标和具有创新动力和光源的水面航行器制造商。未来仍然需要开发自主平台和机器人支持的传感器，因为其成本比船舶低几个数量级。除了常规的传感器之外，还可以考虑传统上不包含在海洋观测系统中的多个元素。

（一）物理和气候观测

船舶、系泊设备和有缆观测站等平台上用于测量深海物理变量（如温度、盐度和速度）的传感器相对成熟，可以部署在深海浮标和滑翔机上。

远程声学全球卫星定位系统可提供长期、高时间分辨率的浮标跟踪（速度基本海洋变量），远程自主水下航行器/滑翔机导航（包括在冰下）以及层析成像（温度基本海洋变量），声学全球卫星定位系统在技术上已经成熟。

(二)碳和生物地球化学观测

无机碳的船基观测(碱度、二氧化碳分压和 pH)处于成熟阶段，但目前在其他平台上部署时处于概念或试验阶段。无机碳样本和经认证的 DIC 和 TA 参考物质的分析方法已得到了很好的发展，并满足了长期准确度要求。

氧传感器在船舶上已经成熟，可以通过安装在传导率、温度、深度组件上的传感器进行精确测量。

光学工具(包括叶绿素荧光、光学反向散射、全息和光场成像)正处于新兴阶段，可用于剖面模型，以确定时间或空间中的粒子类型和尺寸分布。

(三)生物多样性和生态系统观测

生物需氧量(即再矿化率)观测技术正处于跨越平台成熟的试验阶段。通过监测生物光学仪器、生物发光或通过被动或主动水下声学测量收集的声音，可以评估一些分类群和生产能力。

多个生物多样性和生态系统基本海洋变量仍处于观测平台的概念阶段。例如，船基采样方法、浮游动物图像现场采集系统。

由于存在观察和取样方面的挑战，多样性基线和周转化研究很难。基于基因的快速生物多样性评估已经取得了一些进展，如元基因组学和 DNA 条形码，可以用来反映不同生态系统的状况和健康，并可以提供早期变化的预警。

有一些新兴的观测技术(在发展成熟后)可以提供新的测量，例如，不断发展的基因组学方法、自主海底爬行器平台。

三、校准和验证

深海中的信号往往比近海面深度小几个数量级。这提出了两个挑战：一是传感器精度需足以观测这些较小的变化；二是数据质量控制需足够精细以发现难以识别的异常值或其他有问题的测量。目前用于深海基本海洋变量观测的技术大多还不成熟，因此需要学习曲线来建立绝对传感器精度、故障模式以及漂移行为。因此需要一个考虑到低信噪比的全面校准和验证程序。此外，处理此类数据的数据管理系统必须能够处理质量控制标志、多个版本和随着新校准和验证信息可用而更新的数据记录以及适当的元数据注释，以记录对数据的处理及原因。

第四节　数据和信息基础设施

一、必要性声明和定义

（一）必要性声明

海洋观测的基本输出是数据，对深海的全球性认识需要综合许多观测站和研究项目的数据，要求数据和支持数字产品具有良好的档案记录、可编程性和已知来源。保存、信任和广泛访问深海数据至关重要。

（二）范围和术语的定义

深海观测战略将数据定义为能够支持数据且由此派生出的数字产品套件，包括原始数据、派生数据产品、元数据、模型、软件、工作流、算法和其他相关代码。为方便起见，在本指南中使用术语“数据”和“信息产品”作为所涵盖的人工产品套件的简写。

二、深海信息基础设施现状

由于已经存在大量和有价值的全球和深海信息基础设施，深海观测战略的目标不是现有资源的重复生产，而是致力于在全球与深海观测行业信息基础设施内部及其之间发现并抓住进步的机会。

“深海观测清单”的结果表明，在许多情况下，深海观测站所收集的数据会保存下来，且更大的群体可以免费在线访问。采用一些机制可以提高现有数据的互操作性。同时，仍有需要改进的地方，包括提升不熟悉观测程序的用户发现数据的能力；能够在中心位置进行一次搜索，而不是在单个存储库中进行单独搜索的能力；广泛采用互操作性机制，以方便将多个来源的数据聚合为更大的数据库；系统获取数据的全部来源和处理历史以及数据（模型、处理代码等）之外的信息产品的适当描述和共享。此外，某些基本海洋变量（通常是不太成熟的基本海洋变量）具有更多的异构实践和较少的标准化、全面化的数据监管。

三、深海观测战略的数据和信息基础设施优先活动领域

深海观测战略确定了下列与数据有关且对深海至关重要的活动。

(1)推动和促进 FAIR(可查找性、可访问性、互操作性和可重复利用)描述的当前和历史深海数据的实践指导原则，特别是处理深海观测战略优先流程和现象所需的数据。

(2)向深海观测战略观测站的操作员团体传达全球海洋观测系统数据和信息产品建议及海洋观测框架，并就深海数据的任何特别考虑事项向全球海洋观测系统提供反馈。

(3)识别、评估、采用和推荐数据、元数据和技术的适当最佳实践和标准，特别是在深海数据具有独特需求的情况下。

(4)记录深海数据保存的状况，确定差距，评估可用性。

(5)促进全球深海数据和信息管理的能力建设和知识转移，特别是在深海数据具有独特需求的情况下。

(6)协助科学家确定深海数据的使用者，包括其需求和优先事项。

(7)开发从数据使用者到深海数据收集者和管理者的反馈机制。这些活动将需要培养、扩大服务以及与若干目标群体联络。

(8)海洋学家和其他科学家利用深海数据和数据产品提高对现有资源的认识，并就未满足的需要和要求征求意见。

(9)深海观测战略内部的科学任务团队和深海观测战略领导层支持与数据相关的活动。

(10)深海观测项目的操作员和管理者要对数据和信息基础设施资源和方法进行盘点，了解挑战，推广最佳实践(包括全球海洋观测系统建议)，并传达科学家的要求。对于数据和信息基础设施管理人员，深海观测战略还将确定并寻求进行能力建设的机会。

(11)仪器开发人员促进与科学家就深海数据和仪器的任何特殊注意事项进行沟通。

(12)具有现有深海信息基础设施的项目和计划，须确保深海观测战略不会做重复工作，而是在更大的论坛上倡导深海群落的特定利益和需求。

(13)在深海和海洋观测管理以及治理机构工作并在其中收集数据的行

业，促进行业数据的更广泛可用性和业务的透明度。

第五节　深海观测清单

在深海观测战略的初步规划期间，开发了一种在线群体范围的清单工具，来评估深海观测的现状，并向深海群体分发了一份清单调查表，征求关于规划性和学术性研究、数据收集和传感器特定变量的标准作业程序、数据存档、传播、扩展和合作机会的信息。清单特别用于评估水深、平台、传感器、测得变量、时间和地理范围等方面的深海观测状态。深海观测战略的制定需要识别潜在的合作伙伴，对要求进行统一说明，制定持续的全球深海观测初步战略。该清单考虑了所有基本海洋变量、区域、技术和社会需求，以在未来5~10年内提高优先级、可行性和全球海洋观测系统适用目标，并确定在深海地理覆盖范围、水深和基本海洋变量方面的差距。

分析回复的清单，大多数程序范围内的采样发生在较大的深度范围（200~6 000米）和空间范围（>1 000千米）。最常用的观测平台是研究船测量、瓶式采样器和系泊设备；最常见的仪器是温盐深仪、氧传感器以及声学多普勒流速剖面仪。采样的最常见成熟基本海洋变量为温度、盐度、溶解氧和碳酸盐体系。调查对象普遍认为，深海观测战略包括的其他关键变量为初级生产力、水流速、无机营养盐以及物种丰度和多样性。其中许多已经以基本海洋变量的形式存在。

根据清单结果，创建了一个交互式地图（请参见深海观测战略项目网站）以提供在全球和不同深度进行的观测工作的情况。通过清单获得的数据将用于全面的深海观测战略任务，以汇集所需的广泛专门知识，确定挑战并寻求解决方案，维持深海功能和服务并增进对其了解。随着数据的修改和新清单答复的提交，地图每季度更新一次；更新清单和差距分析是深海观测战略的持续目标。

第六节　深海观测战略示范项目

深海观测战略寻求开展并支持以下类型的示范项目：持续深海观测的

可行性、用于深海观测的技术、深海观测对工业、政策和管理的影响和作用。以下是正在考虑中的3个示范项目。

一、克拉里昂-克利珀顿区

克拉里昂-克利珀顿区是热带北太平洋东部的深海平原，是进行深海观测战略观测示范研究的最佳位置。克拉里昂-克利珀顿区位于东太平洋中部的一个断裂带上，具有多金属结核开采潜力，面积达600万平方千米，水深为3 800~6 000米。17家在克拉里昂-克利珀顿区具有勘探权的深海采矿承包商必须收集物理、化学和生物数据，并提供给国际海底管理局。尽管该地区已有3年的海洋系泊历史，但缺乏长期的观测基础设施。作为一个示范项目，如果与承包商正在进行中的研究、联合规划倡议海洋项目及其他工作良好结合，可以给克拉里昂-克利珀顿区当前的环境管理计划提供数据，并有助于评估结核采矿的影响。在克拉里昂-克利珀顿区或附近持续观测一系列基本海洋变量（从海面到深海海底）将有助于解决与热带太平洋观测系统项目、深海观测战略碳循环研究、深海生态系统对缺氧和酸化及人类活动影响相关的主要科学问题，并为理解深海采矿的影响提供一个基线。

该示范项目及所得出的数据将至少使14个在克拉里昂-克利珀顿区拥有海底采矿勘探权的国家受益，协助发展中国家的能力建设（如汤加或瑙鲁），创建新的合作机会以促进外交。在这些位置进行的深海观测战略研究可能包括对洋流底栖边界层和深水柱、垂直颗粒有机碳、质量流量（深层泥沙捕集器）、浊度（泥沙侵蚀/沉积）、氧气、pH、温度、盐度、海底生境条件、动物行为的延时成像、生物扰动、远洋和底栖生物群落结构/功能生物多样性、底栖生物群落耗氧量以及其他关键的物理、地球化学和生物参数的长期测量。

二、亚速尔群岛

亚速尔群岛是位于东北大西洋的火山群岛，处在北美、欧亚大陆和非洲板块之间构造活动频繁的交界处，周围环绕着3 000米深的深海平原。该区域有许多海山、深断裂区、海沟以及大西洋中脊的巨大延伸和深海区域。该区域位于北大西洋副热带环流的东北边缘，其海洋学条件受大西洋经向翻转的影响，后者被认为是地球气候系统的一个重要组成部分，但人们对此知之甚少。除广泛分布的硬底和软底生境外，该区域的主要脆弱海洋生态系统还包括深海热液喷口、海绵团聚体、冷水珊瑚林和珊瑚礁以及大量藻类。

亚速尔群岛处于测试生物多样性和生态系统基本海洋变量的战略位置，而深海领域的这些方面仍处于概念阶段，包括在多个尺度上收集关于生态系统功能、连通性和生物多样性(分类学、功能多样性)以及大西洋盆地(大西洋两岸种群连接)和大规模迁徙的数据。这里同时是深海蓝色增长机会(渔业、生物勘探和采矿)增加的区域，该项目提供了在全球(升温、酸化、缺氧、颗粒有机碳变化)和局部(渔业、采矿)压力的累积影响下监测/测试基本海洋变量的可能性。

亚速尔群岛独特的地理、海洋和生物特征及其丰富的基础设施相关资源，可以在建立深海观测示范地的背景下进行整合，同时测试所开发技术的水平，并应用到世界其他地方。使其成为拟议的深海观测示范地点的关键位置。

三、东北太平洋(加拿大海洋观测网络/美国海洋观测计划)

卡斯卡迪亚大陆边缘和胡安德富卡板块为技术先进的跨学科海洋观测提供了机会。美国国家科学基金会海洋观测计划区域连接数组和加拿大海洋观测网络海王星观测站的结合，为全球重要海洋过程的10年时间序列观测的深入区域研究提供了前所未有的机会，包括生物地球化学循环、渔业和气候强迫、海啸、海洋动力学、从海底到水圈的碳通量、极端环境中的生命和板块构造过程。海底电缆观测站的海洋深度从25～2 900米不等，包括约1 700千米的高功率和高带宽光纤电缆、14个海底终端以及30多个位于关键试验地的次级接线盒。这些基础设施为数百个海底仪器和最先进的系泊设备提供电力和通信，仪器化剖面仪以光速将数据传输到岸上。

美国海洋观测计划和加拿大海洋观测网络涵盖的不同环境和技术提供了一个战略性试点，通过海底和整个水柱上数以百计的电缆仪器所做的测量，为推进海洋科学、测试和评估基本海洋变量在空间和时间上的变化提供了观测机会，并利用这些结果指导其他深海观测战略和全球海洋观测系统计划。

四、深海观测战略项目的标准

如果符合以下标准，则鼓励各团体与深海观测战略联合：

(1) 该项目收集深海数据(一般定义为 200 米以上，最好为 2 000 米以上)。

(2) 该项目解决一个或多个深海观测战略科学或社会问题。

(3) 该项目符合为进行海洋观测的全球海洋观测系统框架，并测量一个或多个全球海洋观测系统的基本海洋变量。

(4) 该项目收集的环境数据存于已建立的数据存储库中，并公开自由可用(在可行的情况下为收集后 2 年)，并向深海观测战略发送这些数据的链接。特别关注数据(如濒危物种的位置)可申请除外，但必须在深海观测战略认可前说明。

(5) 该项目有助于持续的深海观测或大规模的长期深海了解。如果项目为地方/区域规模，时间范围有限(如试点研究)，或侧重于新技术发展，则需要确定其全球贡献。

第七节 未来发展

一、深海观测战略将促进自愿承诺的履行，以实现可持续发展目标 14

(1) 促进基本深海观测(物理、生物地球化学、生物学和生态系统)的便利和开放，开展研究进一步了解深海的基线条件，并通过空间和时间为基于生态系统的管理和空间规划提供信息。

(2) 与政府间海洋学委员会、深海管理倡议和深海生态系统科学调查国际网络合作，通过以下措施促进监测深海及其生物多样性的状况和健康：协助定义基本海洋变量；推动深海观测新技术的发展；建立稳定、长期的深海观测支持；支持协调现有跨区域、跨学科的深海观测项目。

(3) 通过推广 FAIR 原则，在全球范围内提高深海数据的可访问性。到 2025 年，可以提高小岛屿发展中国家和最不发达国家管理深海生态系统的科学和技术能力。

(4)深海观测战略将努力在海洋科学十年(2021—2030 年)的可持续性范围内，在倡导和协调深海观测方面发挥重要作用。

二、深海观测战略目前正在研究海洋观测中几个潜在的新方向

(1)了解海洋观测对工业活动的价值，以推动技术进步和发现未开发的数据储存库。

(2)与负责管理深海资源或保护区的联合国机构合作，加强公民深海科学认知。

(3)加强教育和培训项目。

(4)促进数据管理。

(5)加强数据交换中心并开发新的数据处理工具。

第四十一章　全球海洋酸化观测网实施战略

2019 年 4 月，全球海洋酸化观测网第四届国际研讨会在杭州召开。会上发布《全球海洋酸化观测网实施战略》（以下简称“《战略》”），提出了实施《全球海洋酸化观测网需求和治理计划》的途径和目标，包括扩大海洋酸化观测范围，缩小人员能力和技术差距，促进区域和全球科学家沟通与合作以及通告海洋酸化的影响，在考虑各区域可能存在不同要求和障碍的同时提供指导，使整个网络具有可比性。

第一节　确定问题框架

海洋吸收的二氧化碳导致海水碳酸盐发生化学变化，包括海水 pH 值降低和溶解的碳酸根离子浓度降低，二者统称为“海洋酸化”。二氧化碳浓度增加和 pH 值降低可以阻碍或促进海洋生物的内在生理过程。实地考察和实验室研究表明，海洋酸化可对包括珊瑚、鱼类、浮游生物和贝类在内的海洋动植物产生一系列不良影响，使全球的食品安全和生计面临风险。因此，有必要量化海水的化学变化，从而确定可能发生最大变化的位置，以及当地海洋资源会受到怎样的影响。

由于世界各大洋的酸化条件存在巨大的时空差异，因此需要开展国际合作来量化海洋的化学和生物变化。全球海洋酸化观测网通过三大目标来实现这一诉求：一是提高对全球海洋酸化情况的认识；二是提高对生态系统应对海洋酸化的认识；三是获取和共享数据和知识，优化海洋酸化模型及其影响。

2018 年，海洋酸化被纳入“全球气候指标”，并因此得到进一步的认可。“全球气候指标”是已经提交给《联合国气候变化框架公约》的包含 7 个参数的一套指标，主要用来描述不断变化的气候以及避免将气候变化简化为气温变化。这些指标包括与气候变化最相关领域的关键信息，如大气成分、能源、海洋、水体和冰冻圈。如可持续发展目标 14.3.1 指标方法指出的，将海洋酸化纳入“全球气候指标”发出了一个强烈信号，表明认识到实现海洋酸化观测全球一致性的指导的重要性。

第二节　区域中心和能力建设

《全球海洋酸化观测网需求和治理计划》确定了全球在观测海洋酸化和相关生物反应的集体能力方面的严重不足。为此，需要在几个方面进行能力建设：物理基础设施、海洋酸化专业知识、分析能力、数据管理和质量保证/质量控制以及显示出的持续运营和维护能力。

全球海洋酸化观测网采用两种概念方法提高全球能力，在区域范围内创建行之有效的实践社区。首先，建立区域地理中心作为全球海洋酸化观测网子网，按照地理位置进行分层，使研究人员能够进行区域合作以提高集体能力。其次，全球海洋酸化观测网致力于提升人员和技术能力。全球海洋酸化观测网的成员在各种组织机构支持下，积极参与培训和辅导项目。前一种方法在全球海洋酸化观测网的帮助和支持下，促进了区域中心自身组织能力的提高，后一种方法则基于特定要求和需求，更有针对性地建立了科学家个人以及区域/地方能力。

一、全球海洋酸化观测网区域中心

全球海洋酸化观测网鼓励科学家成员建立明确的区域中心，以促进区域协调、协作和共享海洋酸化监测专业知识。迄今为止，已在非洲、欧洲、拉丁美洲、西太平洋、太平洋群岛、北美、地中海和北极地区建立了半自治和自治中心。

如果全球海洋酸化观测网成员所在地区目前没有区域中心，则鼓励他们自行建立区域中心，或加入现有区域中心来满足需求。各区域中心都在全球海洋酸化观测网框架下运作，致力于建立合作关系，并帮助人们理解本区域海洋酸化的威胁以及生态系统的反应。

(一)拉丁美洲海洋酸化网

拉丁美洲海洋酸化网覆盖拉丁美洲和加勒比海地区，成员来自阿根廷、巴西、智利、哥伦比亚、秘鲁、厄瓜多尔、墨西哥和哥斯达黎加。该网络于 2015 年 12 月在智利康塞普西翁举行的首届研讨会上正式启动。2018 年 8 月，拉丁美洲海洋酸化网在不同地方、国家、区域和国际机构支持下，举办了 2018 年加拉帕戈斯海洋酸化学校，召集了各区域的科学家利用罗卡雷东达岛的二氧化碳喷口自然实验室进行培训，以提高区域海洋酸化研究能力。此外，2019 年 1 月，在海洋基金会和其他全球海洋酸化观测网合作伙伴的支持下，哥伦比亚、厄瓜多尔和墨西哥的几位科学家收到了“盒式全球海洋酸化观测网”监测设备，接受高级培训，并在拉丁美洲海洋酸化网区域启动了海洋酸化观测活动。该区域主要经济动力包括贝类水产养殖、珊瑚礁管理、旅游、底栖和远洋渔业。许多区域的环境需要关注，包括开阔海域、海岸、河口、上升流区、沿海底栖生态系统和珊瑚礁。

在拉丁美洲海洋酸化网内部，各个国家的能力建设需求均不相同。对于使用现有自动传感器或离散样本进行海洋酸化观测的国家和使用二氧化碳平衡系统进行生物实验的国家，特别是对于那些有兴趣进行二氧化碳系统测量以实现气候数据质量目标的国家而言，需要进行对比性和相互校准实践方面的持续培训。对于没有基础设施进行海洋酸化监测的国家，需要努力进行能力建设、采购实验室材料和现场测量仪器。未来几年中，面临的主要挑战将是扩大拉丁美洲国家参与，让所有拥有沿海区域的国家参与其中以提高整个区域的知识水平。

(二) 非洲海洋酸化网

2015 年 11 月，国际原子能机构海洋酸化国际协调中心在南非开普敦举办海洋酸化培训课程，经初步讨论，于 2016 年成立非洲海洋酸化网。目前，非洲海洋酸化研究的主要经济动力包括有鳍鱼类捕获、贝类生产以及旅游业。尽管这一区域中心的成员遍布全球各地，国际化程度较高，但目前海洋酸化相关的研究活动仅局限于少数成员国，包括埃及、毛里求斯、莫桑比克、纳米比亚和南非。虽然一些国家的政府支持海洋学研究，但一些非洲海洋酸化网成员通过国际原子能机构的 INT7019 项目“支持全球海洋酸化网络以提高发展中国家参与度”获得支持。国际原子能机构的其他技术合作项目通过提供培训和设备来加强能力建设。海洋基金会已向毛里求斯、莫桑比克和南非 3 个非洲国家提供了“盒式全球海洋酸化观测网”设备套件和培训。2018 年，西印度洋海洋科学协会启动项目，重点在西印度洋开展海洋酸化观测和实验室实验。

大多数国家都需要额外资金推动海洋酸化监测项目的启动和维护。此类需求多种多样，涵盖设备、培训和专家交流等方面。2019 年 3 月，在利比里亚举办的“蓝色海洋会议”上，非洲海洋酸化网主办会外活动，展示了在非洲各地开展的海洋酸化研究和加强认知方面的工作。会议结束后，非洲海洋酸化网指导委员会举行了面对面会议，以确定推进非洲海洋酸化监测的优先事项和机遇。

(三)东北大西洋区域中心

东北大西洋区域中心成立于 2018 年 11 月，成员来自大西洋(包括北海和波罗的海)沿岸国家。该中心目前拥有来自葡萄牙、西班牙、法国、比利时、荷兰、德国、丹麦、英国、爱尔兰、冰岛、挪威和瑞典的科学家，着重研究开阔海域、深海、沿海和陆架海洋底栖和远洋生态系统中海洋酸化的化学和生物学问题。

该中心覆盖的海洋区域为数百万人提供广泛的商品和服务，涵盖食品、运输、能源和便利设施等领域。与海洋有关的产业和服务是该区域经济的重要组成部分，其中沿海旅游、渔业和航运是最大的经济和就业支柱。该区域密集的人类活动给海洋环境带来巨大压力。因此，确定该区域海洋酸化的影响至关重要。

2019 年 3 月，东北大西洋区域中心举办首次研讨会。该中心的宗旨和任务是推动海洋酸化监测信息的共享，开展实验、建模和地球观测活动，支持与全球海洋酸化观测网目标一致的社区最佳实践，推动能力建设和培训活动的开展，促进区域一体化。

(四)北美区域中心

北美区域中心由来自加拿大、墨西哥和美国的成员组成。该中心旨在加强该区域跨国生态系统的研究合作，为成员国海洋酸化研究制定通用标准，并提升能力以服务利益相关群体，帮助他们更好地使用海洋酸化研究的信息。该区域最为依赖海洋酸化观测信息的利益相关群体有水产养殖者、渔民、科学家、资源管理者和政府。经济动力包括贝类水产养殖、渔业、旅游、娱乐和文化保护。

第一届北美区域中心网络虚拟会议于 2017 年 9 月举行。2018 年 10 月，哈卡伊研究所在加拿大维多利亚州举办首次面对面研讨会。与会者讨论多个议题，包括开发合成产品，促进数据交换，改进观测系统，制定统一的质量分析/质量控制程序，为决策者和其他利益攸关方提供海洋酸化信息。成员列出近期几个优先事项：简化向国家数据中心和全球海洋酸化观测网数据门户报告数据的过程；协调即将进行的研究巡航活动；为重要物种制定生物指标以及加强各领域研究人员之间的沟通。该中心已确定的需求包括举行研讨会确定标准化方法、进行数据管理的能力建设以及推广最佳实践。数据通常会提交给数据中心，并且可以公开访问，但通常不易找到。

（五）西太平洋区域中心

西太平洋及其邻近地区的区域网络概念化于 2014 年成形。通过联合国教科文组织政府间海洋学委员会西太平洋分委会与全球海洋酸化观测网的紧密合作，西太平洋区域中心成立并逐渐发展壮大，主要开展“监测和研究海洋酸化对珊瑚礁生态系统的生态影响”的东南亚海洋观测系统（SEAGOOS）项目。

鉴于西太平洋是世界上珊瑚礁覆盖面积最广、海洋生物多样性最丰富的地区，SEAGOOS 项目旨在为本区域的个人、机构和国家之间建立海洋酸化监测和研究网络，并在现有珊瑚礁监测工作基础上，进一步提高其监测和研究珊瑚礁生态系统受到生态影响的能力。

许多国家和机构积极参与 SEAGOOS 项目的开发和实施。自 2015 年初以来，已举办 4 次地区性研讨会，制定一套监测海洋酸化对珊瑚礁生态系统影响的标准作业程序，并应用到参与国的 20 多个试点。同时，还在地区和国家范围内，开展了碳酸盐化学和生物测量方面的针对性实践培训。

（六）太平洋群岛和领地海洋酸化网

2018 年 8 月，夏威夷大学马诺阿分校举行太平洋群岛高级海洋酸化监测研讨会。9 月 14 日，太平洋群岛和领地区域中心举行首次虚拟会议，成员选出指导委员会，确定区域中心名称，并讨论海洋酸化网的初步目标。

太平洋群岛和领地海洋酸化网由来自斐济、巴布亚新几内亚、帕劳、萨摩亚、托克劳、图瓦卢、瓦努阿图和新西兰的科学家组成。由于珊瑚在维持渔业稳健发展和促进当地旅游业方面发挥着关键作用，本区域大部分海洋酸化监测工作都在珊瑚礁生态系统中进行。目前，已有22名成员获得全球海洋酸化观测网的设备套件并接受先进的海洋酸化培训，并对各自所在岛屿和地区进行持续监测。由于成员在各自国家启动了新的海洋酸化观测活动，为此他们计划将该区域中心作为一个协调和支持系统。

（七）地中海海洋酸化中心

地中海海洋酸化中心网将对地中海海洋酸化有兴趣并进行研究的地中海科学家联结在一起。该中心在早期形成阶段的目标是：促进地中海海洋酸化中心成员之间的沟通，通过合作和开展项目更好地研究和了解海洋酸化及其对地中海区域的影响；推广符合全球海洋酸化观测网要求的社区“最佳实践”；通过能力建设和培训支持地中海海洋酸化社区的发展；作为社区整体，相互合作，为政策制定者和公众提供海洋酸化相关信息。目前，该中心已有来自本区域包括埃及、法国、希腊、意大利、黎巴嫩、摩洛哥、西班牙、突尼斯和土耳其9个国家的科学家。

（八）北极中心

根据目前的观测，北冰洋的海洋酸化速度最快，几项重要的生理学和地球化学指标已经超过临界值。北极水域正在发生碳酸盐化学变化，这些变化可能对生态系统造成重大影响，并导致社会生态和经济层面的严重后果。在挪威科学家的领导下，北极中心刚刚开始创立。该区域的主要经济动力是自给自足的社区经济，易受海洋酸化相关生态系统变化的影响。该区域的当务之急是制定并实施国际协调的海洋酸化监测项目。虽然该中心尚未形成，但一些现有的区域伙伴关系都设有海洋酸化工作组。

二、能力建设

全球海洋酸化观测网致力于促进成员的多样性，推动跨学科、国界、社会经济地位、性别和种族的多样化科学研究。全球海洋酸化观测网成员背景不同，但都明确承诺会完成观测网任务。目前，大部分正在进行的海洋酸化观测和研究工作集中在少数国家，世界其他地方的知识水平和能力与之相比存在很大差距，特别是在南半球、小岛屿发展中国家和最不发达国家。因此，需要开展能力建设工作，特别是在资源贫乏地区，主要通过以下两种方式开展：一是提供培训以及现场和实验室设备；二是开展点对点科学辅导项目。后者由全球海洋酸化观测网执行委员会指导，前者通常由全球海洋酸化观测网联合其他机构组织开展。

（一）培训和设备供应

自 2014 年以来，已在资源贫乏的国家为学生和早期职业研究员举办了许多海洋酸化培训研讨会，并提供海洋酸化监测和实验培训。这些研讨会由众多机构和国家主办、组织或资助，包括联合国教科文组织政府间海洋学委员会、国际原子能机构海洋酸化国际协调中心、海洋基金会、美国国家海洋与大气管理局海洋酸化项目以及美国国务院、瑞典国际发展合作署和未来地球海岸计划。全球海洋酸化观测网与上述组织合作开展一系列活动，包括通过成员网络提供专家规划和培训，支持规划和实施工作的开展。

在某些情况下，会向研讨会参与人员提供实验室设备和现场传感器，以便他们直接收集海洋酸化数据并进行实验。这些传感器套件通常称为“盒式全球海洋酸化观测网”，可以用来收集“天气质量”数据，这些数据可通过提交到地区海洋数据中心向公众公开，并有助于将海洋酸化观测覆盖范围扩大至全球。其他支持传感器设备分配项目的国家包括新西兰、瑞典、德国和英国。此外，国际原子能机构还通过技术合作项目和海洋酸化国际协调中心，引导了设备和基础设施差距的评估，并为其成员国的科学家提供了科学技术专业知识。

为了实现项目间的设备和方法的标准化，国际原子能机构于 2016 年 10 月在位于摩纳哥的国际原子能机构环境实验室召开了海洋酸化研究方法专家会议。此次会议的目标是推进协议简化和海洋酸化“入门套件”开发的讨论，特别是针对那些基础设施和能力有限的研究机构。

（二）点对点科学辅导项目

为促进成员多样化，推动知识交流和国际合作，全球海洋酸化观测网创建了点对点科学辅导项目，让高级研究人员与从事初期研究的科学家进行配对，从而提供专业指导和技术支持。点对点科学辅导项目是全球海洋酸化观测网能力建设活动的组成部分，将有助于提高全球海洋酸化观测能力，并最终推动项目任务的完成及多元化。截至 2019 年 3 月，122 对研究员完成配对，其中 87 对正在积极合作开展从实验室访问到提案和手稿撰写等活动。截至 2019 年 3 月，点对点科学辅导项目拥有来自 53 个国家的 120 名学员和来自 20 个国家的 71 名导师。

全球海洋酸化观测网通过多种方式为点对点导师和学员提供帮助，包括撰写支持信以说明他们的贡献，发布月简报分享相关方面的详细信息，为所有全球海洋酸化观测网成员提供互动共享平台，以“海洋酸化信息交换”形式交流海洋酸化研究相关的信息和问题。点对点项目得到了由海洋基金会协调的奖学金支持，该奖学金最初由瑞典国际开发合作署等机构捐赠。截至 2019 年 3 月，已向南非、阿根廷、哥斯达黎加、科特迪瓦、尼日利亚、菲律宾、智利、瓦努阿图和希腊的项目颁发了 9 项奖学金。

上述能力建设工作有可能继续使海洋酸化研究的时空范围和涉及的个人产生变化。但是，如果没有明确的衡量成功的标准，这些工作的影响和价值将无法量化。虽然个人能力建设项目可能有协助精简和协调工作的时间表和目标，但全球海洋酸化观测网将根据执行委员会和广大成员的建议，制定总体能力建设目标和以结果为导向的标准，作为评判成功的依据。

第三节　测量质量

全球海洋酸化观测网目标 1 是确保测量数值具备应有质量，并且在站点间具有可比性。测量质量目标可能因站点而异。为实现高质量测量，需要根据每个采样点的条件调整抽样策略及观测手段。建议在提供海洋服务或海洋产品且易受海洋酸化影响的地点建立新的海洋酸化观测站点。在开展新的海洋酸化观测时，建议在那些进行长期水质监测的站点增加酸化观测，以提供背景资料，并有效利用现有基础设施。在制定抽样策略过程中，应考虑观测的预期结果、地方限制和机会、数据需求以及可用的方法和仪器。海洋酸化观测结果将可能有助于评估海洋酸化影响、改进预测。

科学基础设施、财政资源、人力资源和站点可访问性的限制是需要考虑的重要因素。数据需求将根据海洋化学及其背后驱动因素的自然变化而变化，而这些驱动因素将决定抽样数量、时间和地点。所需方法和仪器在可持续发展目标 14. 3. 1 指标方法中进一步描述，该方法提供有关抽样策略、标准操作流程、数据和元数据要求的指导。

《全球海洋酸化观测网需求和治理计划》定义了 2 个数据质量目标：气候和天气。基于测量不确定性的增加，这 2 个质量目标在海洋酸化测量中的含义现更新见表 41-1。

表 41-1　气候和天气质量目标的测量不确定度推荐值

参数	气候不确定度	天气不确定度
二氧化碳总量	2 微摩尔/千克	10 微摩尔/千克
总碱度	2 微摩尔/千克	10 微摩尔/千克
二氧化碳分压	2 微标准大气压	10 微标准大气压
酸碱度	0. 003	0. 02
文石饱和度	0. 04	0. 2
方解石饱和度	0. 06	0. 3

气候质量目标要求在一个相对标准不确定度为 1%的特定地点，预估溶解的碳酸根离子浓度变化。碳酸根离子浓度采用 4 个碳酸盐系统参数中的 2 个进行计算，包括酸碱度、二氧化碳分压、总碱度和总溶解无机碳。气候质量目标意味着酸碱度不确定度约为 0. 003；总碱度和总溶解无机碳测量值为 2 微摩尔/千克，并且二氧化碳分压中的相对不确定度约为 0. 5%。这种精度目前只有少数实验室可以实现，即使使用最好的自动传感器，通常也不能使所有参数达标。

天气质量目标要求碳酸根离子浓度(用于计算饱和状态)的相对标准不确定度为 10%。这意味着酸碱度不确定度约为 0. 02；总碱度和总溶解无机碳测量值为 10 微摩尔/千克，并且二氧化碳分压相对不确定度约为 2. 5%。这种精度可在先进的实验室中实现，也可以通过最好的自动传感器实现。

通过全球海洋酸化观测网及其成员和相关项目进行的观测活动，不管数据质量目标如何，都需要依照认可的参考材料进行校准，并报告相应的不确定度参数的数值。

根据《全球海洋酸化观测网需求和治理计划》，以下 5 个参数是对所有海洋环境进行目标 1 的级别 1 测量的最低配置：基于至少 2 个参数的碳系统约束，可通过多种方式实现，通常用参数化方法（在适当时）将直接测量值和预估值相结合；温度；盐度；水压（测量所在地的水深）；氧气浓度。

此外，如果平台适合且传感器可用，还可添加荧光和辐照度参数。将这两个参数考虑在内，是因为生物过程（主要是光合作用/呼吸作用）可能影响海洋酸化的化学状态及其潜在机制属性。全球海洋酸化观测网设备套件的受援者以及大部分国家还处在海洋酸化观测项目早期开发阶段，没有对氧气、荧光或辐照度进行测量，因此通常都达不到目标 1 的级别 1 的要求。

第四节　生物需求

全球海洋酸化观测网的目标 2 要求更好地理解生物学影响，并对此项研究进行充分协调。2015 年，全球海洋酸化观测网成立生物工作组，专注于为实现全球海洋酸化观测网目标 2 提供相关建议。生物工作组有 3 项任务：向化学监测项目通报生物需求；评估生物监测项目的需求和要求；建立理论框架，将化学变化与生物反应联系起来。为此，全球海洋酸化观测网将基于该工作组的成果发布额外指导，并在发布时链接到任务中的产品。

一、生物学所需的化学监测

为确定海洋酸化对生物/有机体的影响，有必要对上述生物体在时间和空间维度上进行海洋酸化监测。通常海洋生物生活的环境条件变化较大，并且由于迁徙、不同生命阶段中环境变化或对其生态位的操控而经历更广泛的变化，因此有必要了解和监测海洋酸化在时间层面上对生物的影响，包括以小时和天为单位的“海洋天气”变化。需要更好地监测这种变化涉及的所有内容，例如，预测生物体敏感性，对未来情景进行设定，确定适当的实验室处理方法，监测生物体每年的酸碱度状态，包括极值。

二、全球海洋酸化观测网的生物测量方法

海洋酸化对海洋生态系统产生不均衡的影响，目前尚未对此影响有足

够了解。除已知的海洋酸化对生物钙化产生的影响，酸碱度、二氧化碳分压和其他碳酸盐化学参数的变化也会影响营养化学、生物摄取效率和代谢过程，加强或弱化海洋生态系统中的不同组分。要建立对海洋酸化的一致性理解，需要采用一套统一的专门针对海洋酸化且适用于全球沿海和海洋系统的评估系统。全球海洋酸化观测网采用最新和已公认的原理描述生物系统的生理和生态反应，并推荐了一种策略方法，可以对不同生态系统中海洋酸化影响进行直接对比。全球海洋酸化观测网提出了 5 个基本假设，作为可以在所有海洋生态系统中进行测试的指导框架。这些假设讨论海洋酸化是否：导致自养生产增加；导致异养生产减少；导致群落结构和生物多样性发生根本变化；改变远洋和底栖系统中无机碳与有机碳的比例；导致物种和群落适应速度发生变化。全球海洋酸化观测网提出了明确的抽样策略，这些策略均从基本观测出发，并可以扩展以涵盖更多的细节和专业知识，最大程度地发挥了欠先进和先进观测平台的数据收集潜力，以便在全球范围内完成这些假设的测试。挑选的目标生态系统流程和策略既可作为早期变化的“哨兵”，也可作为进行持续观测所需的衡量标准，以量化未来海洋酸化对海洋生态系统的影响。

第五节　预测海洋酸化及其影响所需的数据

全球海洋酸化观测网目标 3(为优化海洋酸化及其影响的预测模型而获取和交换所需的数据和知识)有两个主要目的：一是提供空间和时间层面的化学和生物数据，用于开发模型，进行社会分析和预测；二是利用通过模型获得的改良知识，以迭代的方式指导目标 1 和目标 2。

模型需要与模型比例尺(网格大小和时间分辨率)相关的信息，可以通过高密度测量或使用缩放算法的(最佳)插值获取。虽然观测受到空间或时间层面限制，但模型可用于识别观测所述有机体、生态系统或工业活动的最佳空间和时间。

然而，模型需要的不仅仅是水文和生物地球化学数据。抓取功能、生产力以及包括生态系统物候学在内的生物多样性的要求，都需要改良后的生物信息，从而更好地表征功能群过程。模型生物信息描述的“粗糙度”将决定该信息是否需要精确到细胞或过程级别。由于计算需求成本高昂，把控和最大化重点流程的相关维度十分重要。这涉及相关的空间、深度或时间维度，涵盖生命阶段发展、收获前生长期和生态系统边界研究等领域。

反之，模型预测需要与生物体的规模相关。地球系统模型的分辨率通常过于粗糙，无法将流域生态系统相关信息传递到局部层面。然而，这些信息有必要通过理想的嵌套区域模型的边界，来揭示全球能源、盐、营养物和碳发展方向。

使用全球模型指导区域模型并非最佳选择。为使该方法奏效，需要根据需求开发一系列嵌套模型。在沿海地区，可以将陆地和底栖模型进行耦合。在每次降尺度之前，需要对照相关数据集评估供体模型的性能，主要是在需求边界对接受体模型评估。如果观测值和模型数据之间有抵消，则表明边界信息需要调整，转而采用更高分辨率的模型。边界调整可以使用绝对误差或百分比误差的增量变化形式。用百分比误差可以避免负值。

第六节　数据管理

全球海洋酸化观测网支持并旨在提供可查找、可访问、可交互操作、可重复利用的数据。自由和开放的信息获取是科学进步的重要推动力，数据的可访问性有助于确保科学成果的可复制性和可信度。目前，已有研究海洋酸化及碳循环和预算所需要的海洋碳酸盐系统数据，但难以访问。究其原因是因为变量的复杂性，各个国家和国际数据中心之间、观测网络、数据产品和相关项目之间缺乏交互操作性。

一、全球海洋酸化观测网数据门户和资产清单

全球海洋酸化观测网数据门户旨在提供参与平台数据和元数据的便捷访问来解决此类问题。它包含原始数据源的信息和链接，并同时提供全球海洋酸化观测网成员提交的海洋观测资产地图。全球海洋酸化观测网数据门户并不仅限于存档功能，存档应由数据发起人负责。相反，数据门户包含元数据信息以及与数据供应商和数据的链接(如有)，以协助查找数据。全球海洋酸化观测网门户网站上的数据来自不同的海洋生物地球化学网络、志愿观测船、时间序列站、全球海洋数据中心以及洋面二氧化碳图集

项目和全球海洋数据分析项目的地图数据合成产品。

数据门户为全球海洋酸化观测网的元数据资产清查开放了网络、平台和传感器的元数据访问权限，用来观测碳酸盐化学变化。此清单包含提供了常用词汇、联系人信息和确认资料的详细元数据以及数据源链接。此清单以通过设置地区、平台类型，变量等过滤器，进行交互式搜索。可通过填写在线全球海洋酸化观测网平台调查表，对平台进行添加或修改。对于固定式海洋平台子集(系泊设备、固定的海洋和沿海时间序列等)，数据门户还提供时间序列可视化以及对近实时或延迟模式数据的直接访问。

在固定式海洋平台提供可视化和直接访问时间序列数据的能力，需要数据中心或其他数据供应商提供随机分布且组织有序的数据，并加以整合。该能力建立在为全球海洋酸化观测网资产清单提供的元数据基础之上，但仍需要额外的元数据、信息和数据提供能力，包括文件格式、可用数据传输机制和详细的数据编码文档。全球海洋酸化观测网数据门户为用户提供便捷、连贯、一致的时间序列访问服务。为便于整合，提供的时间序列数据应使用国际上广泛接受并明确记录在案的数据分发工具、协议和标准。

总而言之，数据集必须包含至少一个碳酸盐系统变量，但其他重要的辅助变量如温度和盐度，也应通过相同数据访问机制提供。近实时模式和延迟模式的长时间序列都可以整合到数据门户中。将优先考虑建设通过单一、通用机制(包括通用惯例)对多个平台进行访问的数据分发点。

二、海洋酸化生物反应数据门户

关于海洋酸化对海洋生物和群落影响的调查研究每年都在增加。但由于碳酸盐化学数据和辅助数据通常没有采用统一的单位和标尺进行汇报，也未使用相同的常量集进行计算，因此很难对这些研究结果进行比较。为解决该问题，海洋酸化国际协调中心联合中国厦门大学以及法国的 Villefranche 海洋学实验室，开发了访问生物反应数据的门户网站。通过该网站，用户可以基于一组过滤器，访问用于研究生物反应的数据集。

第七节　产品整合和推广

海洋酸化的持续观测和建模，可以更好地为决策者和海洋产业提供海洋酸化和相关的生物反应信息，评估其适应性和缓解策略。如何在小范围内调节海洋酸化、海洋条件变化与生物影响的关系（包括当海洋酸化变化的幅度超过自然环境变化幅度时导致的生物学后果）以及与政策行为的关系，都依赖于全球海洋酸化观测网的稳步发展。观测网络的日趋壮大、数据管理以及上述能力建设活动为数据传递和整合产品提供了框架。全球海洋酸化观测网的发展，包括以下方面：对照环境变化，观测海洋酸化的长期发展趋势；将海洋酸化作为气候指标；联合国可持续发展目标 14 和“海洋科学促进可持续发展十年”；与其他观测网络整合，获得综合效果。

第四十二章　拉丁美洲和加勒比区域海洋酸化行动计划

2019 年 2 月，全球海洋酸化观测网发布《拉丁美洲和加勒比区域海洋酸化行动计划》(以下简称“《行动计划》”)，提出应对该区域海洋酸化问题的 3 个优先事项：一是调集资源开发和支持必要的科学技术能力；二是扩大讨论和审议海洋酸化问题的范围；三是充分利用区域海洋酸化网络中科学家的专门知识。此外，《行动计划》还提出了加强区域合作与协调，并为海洋酸化相关倡议提供资金支持。

第一节　概　览

2018 年 3 月 19—21 日，来自拉丁美洲和加勒比区域 14 个国家的代表们参加了国际海洋酸化参考用户组第一次地区性会议。会议由位于圣玛尔塔的哥伦比亚海岸带研究所主办，得到了阿尔贝二世亲王基金会资助以及国际原子能机构、世界自然保护联盟和拉丁美洲海洋酸化网的支持。会议旨在将世界和区域范围内相关海洋产业、环境保护与管理领域领先的科学家、专家以及民间代表汇聚一堂，实现该区域的阶段性变革，应对现今的海洋影响带来的挑战。会议共有 50 多名特邀代表参加，并由哥伦比亚海岸带研究所在脸书网和哥伦比亚国家公园频道对会议进行直播，在 3 天会议期间，吸引了线上观众超过 8 000 人次。

对于海洋正在发生和预测将要发生的变化，会议确认了该区域应对能力中的诸多不足之处。《行动计划》探讨了 3 个主要类别中的 17 个议题，并阐述应对海洋酸化需要优先解决的关键性问题：一是科学差距及相关行动优先事项，区域标准化，设备、设施、资源与资金，数据与模型的供应与使用，区域/亚区域范围内类似“共同”群体/类群的确定，与优先领域的融合，现实世界研究背景，区域性和全球性海洋酸化观测网的完善与利用；二是沟通与外联差距及相关行动优先事项，信息传递的性质与重点，对科学/政策交流进行规范，海洋酸化知识与可及性，海洋酸化沟通的支持者；三是政策差距及相关行动优先事项，政策相关性与认可，政策承诺，政策关联，认知与知识，公共/私人合作关系，培训与能力建设。

为实现这一目标，《行动计划》认为，需要利用多方面资源以开发所需能力并提供支持，需要在绿色气候基金支持下，扩展讨论与思考的范围，应对海洋酸化问题，还要利用拉丁美洲海洋酸化网，在整个区域内针对《行动计划》所涉及的议题开展工作。

第二节 《行动计划》简介

在过去几年中，人类逐渐认识到自身的未来福祉不仅与陆地情况息息相关，也与海洋变化相关。海洋调节气候，为地球物种提供了绝大部分生存空间，并且默默为人类受到的气候变化引发的最恶劣影响提供缓冲。人类的主要精力集中于将陆地条件保持在合理参数范围内，长期忽视海洋健康，导致海洋情况不断恶化，反过来威胁到人类重视且视为理所当然的诸多利益。人类过量排放二氧化碳，使得海水变暖，海水储氧能力降低，并引起海水酸化，损害其支撑海洋生物生存的能力。

人类都依赖于健康并有效运转的海洋。因此，迫切需要达成下列目标：更好地理解海洋中目前发生的变化并对其进行量化；了解这些变化对生态系统和社会的影响；更好且更快地将这些信息传递给相关人士；确保政治家、决策者和政策制定者能够了解最新情况，以帮助他们根据日益严重的情况进行最佳和最为大胆的决策。

国际海洋酸化参考用户组的第一次地区性会议期间制订了《行动计划》。通过制订《行动计划》，会议为拉丁美洲和加勒比区域应对当今海洋影响所带来的挑战提供了阶段性变革的支持。

会议确认该区域在处理、测量与管理当前及预测的未来海洋变化的能力方面存在诸多差距，并确定今后的主要优先事项。所确定的行动根据资金、科学、沟通、外联以及政策制定和相关执行战略等主题进行分组。对于差距与优先事项的分析即为《行动计划》的主要内容。

第三节　海洋酸化与其他压力源

进入工业化时代，随处可见的矿物燃料燃烧、森林砍伐和水泥生产共向大气排放5000多亿吨二氧化碳(其中约一半为近30年排放)。

矿物燃料燃烧和土地用途变迁所产生的二氧化碳，约有27%被海洋吸收。排放到大气中的剩余二氧化碳溶解于海水中，引起若干化学变化，统称为“海洋酸化”——也称“其他二氧化碳问题”。二氧化碳溶解于海水，提高碳酸浓度，将海水的化学环境逐渐变为酸性。在过去的200年间，海水酸度升高了30%。如果二氧化碳排放量仍然居高不下(即“照常排放”情景下)，预测显示到2060年，海水酸度将比前工业化时代增加120%。

自20世纪70年代以来，海洋还吸收了地球90%以上的多余热量，导致海洋变暖和含氧量降低。1900—2016年间，全球海水表面温度平均升高了0.7℃，随着大气中温室气体含量的持续升高，在某些海域，这一变暖趋势很可能仍将继续。在温度较高的海域中，特别是热带海域，海水较少发生混合，意味着难以将营养从养分充足的深层海水输送到养分缺乏的表层海水中。由于海水混合推动着海洋生产力，因此上述情况将显著降低这些海域的渔业产量。变暖的海水还对海洋生物的生理机能造成直接影响，导致某些物种向较冷海域迁徙，而固着生物，如珊瑚将无法逃离变暖或酸化的海水。因此，这些生态系统在气候变化条件下面临着巨大风险。

当海洋酸化、海水变暖和含氧量降低共同发生作用时，对海洋生物及其提供的产品与服务造成的威胁比起单一压力源作用时加倍增长，尽管此类交互作用很可能非常复杂并有待全面研究。越来越多的证据表明，在二氧化碳高排放情景下，这些压力源中的一个或几个将改变许多生态系统和食物网，给脆弱区域的渔业和贝类养殖业带来较高或极高风险。当二氧化碳排放量较低时(遵守《巴黎协定》规定，将全球温度升高控制在2℃以下)，上述风险将大大降低，但并不能完全降低；例如，即便在低排放情况下，珊瑚生态系统所面临的风险仍然较高。这意味着，虽然抓紧减排是根本任务，但同时也离不开生物适应性的提高，并需要立即采取行动。

第四节　拉丁美洲和加勒比区域的海洋酸化

拉丁美洲和加勒比区域包含了所有极易受海洋酸化影响的生态系统与海洋资源的例子。岩石和砂质海岸、河口、红树林、沿海潟湖、珊瑚礁、红藻石床、海草草甸、盐沼、上升流海域及峡湾等结构与功能，为海洋生物的关键生命阶段提供必不可少的栖息地。在这些生态系统中，海洋酸化的影响可能因当地因素而加剧。例如，过去的17年间，在所有加勒比区域岛屿中，海水碳酸盐饱和度每10年降低约3%。

珊瑚礁及相关动植物种群广泛分布于加勒比海、墨西哥湾海岸和热带东太平洋，这是重要的生物多样性热点地区，为沿海社区提供了多种多样的生态系统服务，如渔业和旅游业。在热带东太平洋，珊瑚礁不仅被认定为生物多样性热点地区，而且是生态系统已经适应沿海上升流系统导致自然状况下高二氧化碳条件的显著例子。根据预测，海洋酸化导致的珊瑚骨骼钙化降低、生物侵蚀增加，将降低珊瑚礁结构上的完整性，使得沿海社区面对海浪冲刷与风暴潮来袭时变得越发脆弱。

沿南美洲西岸，秘鲁寒流的上升流提高了渔业生产力，维系着地球上产量最高、最为重要的渔场和水产养殖业之一。墨西哥和中美洲绝大部分国家在太平洋和加勒比海沿岸均有渔业活动。该区域占全球水产养殖业总量的3%，在过去10年间，其渔业活动呈现出重要的增长态势。在该区域各国中仍有10万多个家庭从事小规模水产养殖。智利、巴西、厄瓜多尔和墨西哥以水产养殖而闻名，很大程度上依赖于丰富的贻贝、扇贝、虾、牡蛎和蛤等资源。

在智利北部的上升流区域，海洋酸化加上海水温度较低，使得贝壳钙化能力降低，导致扇贝养殖增长率降低了25%。智利在孵化条件下具有扇贝养殖能力，秘鲁的扇贝养殖则依赖于自然种群的种苗供应，而自然种苗供应又高度依赖环境条件，这里的环境条件时常受到海洋酸化和上升流海域海水温度较低的威胁。有研究表明，由于巴塔哥尼亚水域的海水酸化，这里的贻贝养殖产量将减少20%~30%，该区域小规模与产业规模的水产养殖均依靠自然种群的种苗供应。这些社会-生态系统的适应性依赖于其在不同目标物种、装备类型和养殖策略之间转换的能力。但是，如果相关物种易受海洋酸化的影响，则上述转换能力将大大减弱，特别是当自然种群在海洋酸化的压力条件下种苗供应不足时。

海洋酸化加上其他压力源的影响，将使食品生产、加工及分配的成本增加。最后，随着区域性过度捕捞、环境质量降低以及拉丁美洲和加勒比区域海洋资源和生态系统受到日益增加的社会和经济压力影响，也将出现上述后果。

第五节　确定差距并商定优先事项

一、背景介绍

国际海洋酸化参考用户组会议的与会者制订了《行动计划》，还讨论了如何为海洋酸化新项目提供更多支持。未来的项目建议可考虑探索更广泛的科学(如同位素技术和核技术)及管理(如海洋空间规划)应用，以扩大潜在资助方类型(如增加来自国际原子能机构的支持)。

《行动计划》的结构是基于与会者确定的差距与优先事项分析，根据科学、沟通与外联以及政策主题进行分组，并以充足的长期资金需求为支撑。

当前状况很好地说明了对于有效长期资金的需求。海洋观测是了解整个区域海洋酸化总体变化情况的基础，而因为资金的短期性、不充分性和不安全性，海洋观测覆盖的范围极不完整。在此基础上进一步对资金的整体需求进行评估，并建立更大规模、更长期、更为持续和完整的资助制度具有极为重要的意义。

在现有资助之外，还存在一系列关键性的优先事项需要处理，以扩大整个区域的资金来源，包括调动各方资源，尤其但不仅限于多边资金源(如全球环境基金)和区域性资金源，以建设海洋酸化监控能力以及发展强有力的科学-政策-社会交流与互动；在绿色气候基金支持下扩大讨论与思考范围，以确定支持应对海水酸化问题行动必要性；利用拉丁美洲海洋酸化网在整个区域范围内集中财政资金，用于《行动计划》所列优先事项。

二、科学差距与相关行动优先事项

在探讨差距并确定科学优先事项时，重要的是评估并考虑到拉丁美洲内部的巨大差异。不同国家在其行动框架内实现可持续发展以保护海洋服务与资源方面，往往具有不同的生态、科学和社会经济背景。获取正确的科学信息至关重要，因为如果没有关于区域性海水酸化情况的准确科学信息，就无法得知采取何种行动才能缓解海洋酸化的影响。在下一代科学家身上进行大量投入，将使该区域更有能力处理目前已经感知以及预计未来几十年内将遭受到的海洋酸化后果。

会议全程传递出一个明确的信息，即重视多学科行动，以应对海洋酸化及其他压力源的影响范围和复杂性。这就意味着研究重点不应局限于单纯的生态视角，而应将更为宽泛的社会价值及后果考虑在内。现已确认 7 项关键差距及其优先事项。

(一) 区域标准化

优先事项：

加强国家间合作，提供共同办法、方法和研究重点，特别是统一监控与数据标准，以实现区域间的对比。

(二) 设备、设施、资源与资金

优先事项：

(1) 采用与拉丁美洲环境相关的分析设备与设施，从基本采样设备到具备生物化学测量功能的开阔海域浮标。

(2) 鼓励拉丁美洲国家进行设备开发，以供应和支持拉丁美洲的研究，其中包括技术设施的构建方案，以便经济地采用本区域内的部件建造监测与实验设备。

(3) 发展从基础行动到高级行动的海洋酸化监控和管理的区域最佳做法。

(4) 为拉丁美洲提供设备校准与廉价的有证标准物质。

(三) 数据与模型的供应与使用

优先事项：

(1) 在全球海洋酸化观测网培训过程中采用一致的数据验证方法。

(2) 改进拉丁美洲国家数据评估与分享方法，包括支持区域性评估。

(3)使区域与国家海洋科学数据更易获得，如国家海军收集并持有的数据。

(4)建立区域数据档案，以保存公开的海洋酸化数据。

(5)改进沿海观测及所需最低数据质量标准的相关准则。

(6)从现有和过往时间序列挖掘数据以确定趋势与变化，用于区域数据汇集或易用产品，如地图或地理信息系统数据库。

(7)填补加勒比/哥伦比亚-厄瓜多尔太平洋区域的关键性数据缺口。

(8)开发建模(多种压力源与连通性)和预测能力，以应用于整个区域。

(9)对海洋酸化数据采用可找寻、可获得、可解释与可再利用原则。

(四)区域/亚区域范围内类似“共同”群体/类群的确定

优先事项：

优先对类群进行认定，以便在全拉丁美洲范围内不同的实验和观测中调查类似物种和群体。共同群体和类群的使用不应妨碍研究方向，但它们对于研究海洋酸化的区域性影响与效果具备明显优势。在物种的选择过程中，需要考虑下列因素：经济与生态意义和重要性；作为生态系统和物种的“基石/哨兵”作用；从目前实验中采用的典型物种扩展至生态系统组分其他营养级中的重要物种，如浮游植物；如果某些群体或类群的存在将降低或有助于改善海洋酸化影响与后果，如蓝碳、碳酸盐吸积生物，则考虑将其纳入到群体/类群之中。

(五)与优先部门的融合

优先事项：

与经济上重要的用户、生物多样性管理部门、国家机构、大学和政府部门进行合作，例如：加强与政府部门、海洋用户和企业的合作，以扩大持续观测的范围；在国家层面采取措施，将海洋保护区监控与监测以及自然公园整合到全球海洋酸化观测网中，以提供参考站点，在更为广阔的临海和开阔海域环境中提供环境变化信息。

(六)研究背景

优先事项：

(1)进行研究并利用研究成果，包括：确认并了解多物种及多种压力源条件的复杂性，同时考虑到(东岸)淡水河流和(西岸)上升流的特征；提高海岸带研究能力，加强对自然变化的了解；了解特定的生态系统反应(如上升流系统、红树林、珊瑚礁、红藻石床等)；了解生态系统特征及其复原力和连通性；采用多学科方法了解生态因果关系和社会经济优先事项。

(2)对热带地区直至南极洲的各生态系统和经济脆弱性进行标准化评估，包括生物多样性热点地区。

(3)对当地和区域性关键物种的适应性进行量化。

(七)区域性和全球海洋酸化观测网的完善与利用

优先事项：

(1)提高整个拉丁美洲对于全球海洋酸化观测网和拉丁美洲海洋酸化网的参与度——每个临海国家均须派遣科学家加入这两个网络。

(2)更好地利用网络数据来了解整个区域的自然变化和离岸至近岸区域的情况。

(3)在更广泛的社会范围内进行数据采集，包括各行业与公众科学。

三、沟通与外联差距及相关行动优先事项

沟通与外联是连接科学知识与政策、行动的基本桥梁。如果没有有效的沟通，即使是世界最先进的科学成果，所能带来的影响也会非常有限。这是一个投资就有回报的领域，并且也存在以下差别，是由媒体记者对科学研究结果进行解释，还是确保将相关后果与影响的正确信息传递给社会。

触及人类心灵与思想的路径同时也是触发政坛和私人企业对科学及其未来进行投入的路径。对海洋酸化议题进行重新定位，将其纳入私人部门与企业的背景下，对实现这些行业更大范围、更深入的参与起到关键性作用。建立起基于解决方案的议事日程，以便私人部门与企业能够积极投资，将成为未来沟通议程的关键内容。此外，通过沟通，在志同道合的部门之间(如红树林与更为广阔的蓝碳群落之间)建立更强大的伙伴关系，有利于获得更多的基层支持并更快满足一些潜在的科学需求。

应当探索新的沟通方式，以带来更大影响，包括音乐、传统、讲故事

和线上游戏。在经济条件较差、家庭无法拥有电视机的国家，应探索线上社交媒介，将海洋酸化问题与脆弱沿海社区连接起来。

投资于有效沟通就是投资于行动。应尽一切努力在现有能力与机遇基础上进行建设，如培训和教育计划中的“酸性海洋”倡议。了解受众，并根据其需要对信息进行度身定制非常关键，困难之处在于确定目标受众的优先顺序，其中可能包括儿童或教师、公众、政治人物、渔民及各行业人员。

会议确定了 4 个方面差距，需要采取适当优先行动进行弥补。

(一) 信息传递的性质与重点

优先事项：

(1) 将正确的信息与正确的受众连接起来——采用受众的语言进行沟通，帮助其理解科学信息，以便与社区其他因素共同作用，获取交叉收益。

(2) 在创建信息过程中，确保其简单易懂，最好是积极性的信息，尝试以某种方式与受众产生情感、文化或其他方式的连接，以有效吸引受众。

(3)（可能通过工作组）编制其他地方采取的成功策略的信息，以便将海洋酸化带来的挑战和影响以最佳方式传递给受众，最好将这一信息上传到拉丁美洲海洋酸化网的网站。

(二) 对科学/政策交流进行规范

优先事项：

(1) 了解自身关注焦点——确定政治与科学方面的关键接触点，以实现更多互动与沟通。

(2) 在国家和地区层面建立科学/政策沟通机会，以确定社区中海洋酸化议题的拥护者。

(3) 确保科学/政策交流以最有效的方式进行，为沟通网络提供最新的科学信息，使之能够随时获得和使用。

(三) 海洋酸化知识与可及性

优先事项：

(1) 在现有议题中的更加广泛的气候变化问题之外，还要确保海洋酸化问题更好地得到确认和体现。

(2)在所有海洋酸化研究项目规划中纳入通信包。

(3)更好地利用社交媒介、新闻、信息图表及其他方式，大幅提高民间对于海洋酸化信息的获取能力。

(4)将现有关于拉丁美洲海洋酸化的科学信息汇集成册，并出版西班牙文特刊，以提高可见性与可及性(最好通过一个新的拉丁美洲海洋酸化网工作组进行)。

(5)提供机会对科学家进行培训，以便更有效地将复杂的科学信息以简单易懂的方式传递给大范围的外部受众。

(6)与对海洋酸化问题具有一定科学知识和兴趣的骨干记者合作，加深其理解，使其更加努力地将海洋酸化的发展情况报告给大众。

(四)海洋酸化沟通的支持者

优先事项：

确定海洋酸化使者(如著名歌星、演员或政治人物等)，以支持整个区域内国家层面的沟通工作。

四、政策差距及相关行动优先事项

整个拉丁美洲区域迫切需要将海洋酸化方面的科学知识与政策措施和行动更为有效地结合起来，以在海洋资源可持续利用方面取得更大进步。《2030年可持续发展议程》、可持续发展目标，特别是可持续发展目标14.3呼吁全球社会“最大程度降低并解决海洋酸化带来的影响，其中包括在各个层面加强科学合作”，为加强海洋酸化观测与科学合作提供了政治框架。可以通过多种方式实现这一目标。

会议确定了六方面差距，需要采取适当优先行动进行弥补。

(一)政策相关性与认可

优先事项：

(1)鼓励在国家与地区战略中加强海洋酸化观测，以支持可持续发展目标的指标14.3.1：“在商定的代表性取样站测量的平均海洋酸度(酸碱度)”。

(2)提出相应论点与证据，使人相信海洋酸化影响与公众健康、财富和福祉之间息息相关，以更好地动员政治家采取行动。

(3)加深各行各业与公众对于社会经济影响和脆弱性评估的理解，强调亟待解决的问题，以便在政策和决策的制定过程中更好地认识海洋酸化问题。

(4)与志同道合的行业与部门建立更强大的全球联盟，以加深对科学知识的了解，加快行动步伐。

(二)政策承诺

优先事项：

(1)加强政治承诺，以确保为可持续发展目标的指标 14. 3. 1 提供国家数据。

(2)确定拥护者，使政府在可持续发展目标 14. 3 框架下主动作出更多海洋酸化相关承诺。

(3)在支持《巴黎协定》的“国家自主贡献”框架下，更大程度地认可保持沿海生态系统健康(如基于自然的解决方案)的需求，以适应并减弱气候变化和海洋酸化的影响。

(4)采取渐进措施，制定更多关于海洋酸化的国家政策，并鼓励更多的信息流动，以便在基层实现目标。

(5)提高必要的认识并创造机会，以确保更多关于海洋酸化的国会议案(在没有国会的国家，可以是同等立法机构的议案)被立法或纳入国家行动计划。

(三)政策关联

优先事项：

(1)提高对区域海洋机构需求的认知，认识到对海洋酸化问题采取行动的紧迫性和重要性。

(2)确定那些一旦实施将对海洋酸化治理造成阻碍的政策，并进行游说，以期改进。

(3)将海洋酸化影响的国际经验与区域案例研究相结合，以促进关于这一议题的政策与决策行动。

(4)在区域范围内创造机会，扩大海洋空间规划倡议的范围，将海洋酸化目前所造成的影响以及预计未来将造成的影响纳入考虑范围。上述行动十分必要，以减少活动及政策利用陷入误区并付出经济与社会代价的风险。

(5)将海洋酸化研究与海洋保护区的实践相结合，以最大限度地将海洋保护区作为参考站点，将气候变化与海洋酸化问题纳入各海洋保护区的设计以及海洋保护区网络的整体设计当中。

(四)认知与知识

优先事项：

(1)采取措施将海洋酸化纳入国家和区域各部议程，如教育部、渔业部和财政部议程，包括各国对于实现《2030年可持续发展议程》所作出的承诺。

(2)将科学信息转换成为目标受众度身定制的简明易懂的信息，以便更好地将最新的认知、社会经济影响及海洋酸化与其他海洋压力源和气候变化之间关系的进展传递给受众。

(五)公共/私人合作关系

优先事项：

创造机会，发展更多的公共/私人合作关系，重点支持海洋酸化研究，并实施有效且符合目标的监控、适应与缓解活动。

(六)培训与能力建设

优先事项：

对人员进行培训，使之能够有效且高效地在科学/政策层面进行工作，促使决策者在海洋酸化问题上采取更有效的行动。

第六节　下一步行动

《行动计划》为该区域提供了重要的新资源，其中包含一些特定生态系统，包括热带及南大西洋西部、南太平洋东部和加勒比的海洋区域。通过建立优先行动框架，将有助于跨越科学、沟通与外联的界限，针对海洋酸化问题，促进更多协调合作机会，并为关键行动提供资金支持。

国际海洋酸化参考用户组会议期间，与会者主动作出了一些重要承诺，以推动《行动计划》的开展。具体内容请见第七节。希望这一措施将激励更多人在将来主动作出更多的承诺。

上述框架将使各国有能力采取共同的区域性措施，将其所取得的成就与未来需求挂钩，以应对海洋酸化问题。同一框架与语言将有助于加快行动。《行动计划》还应为其他遭受海洋酸化类似影响的地区提供有益模式。

第七节　主动承诺

一、世界自然保护联盟

继续为国际海洋酸化参考用户组提供支持。在其项目中开展更多海洋酸化相关活动，如渔业与水产养殖以及海洋空间规划项目。开发海洋酸化知识产品。在《生物多样性公约》及《联合国气候变化框架公约》的缔约方会议中提出海洋酸化问题。与世界保护区委员会和其他世界自然保护联盟下属委员会共同合作，传播有关海洋酸化的信息。

二、全球海洋酸化观测网

在拉丁美洲扩大点对点科学辅导项目，以此加强拉丁美洲海洋酸化科学家与全球科学家的联系。

三、联合国教科文组织政府间海洋学委员会

将《行动计划》译为法语。2019 年，在全球海洋教师学院框架内，筹备并展示海洋酸化过程时支持哥伦比亚海岸带研究所。支持拉丁美洲国家采集并报告海洋酸化数据以及可持续发展目标的指标 14. 3. 1 相关信息。

四、哥伦比亚国家公园

通过拉丁美洲国家公园和野生动物保护区网络，激励区域内所有国家全面参与海洋酸化工作。国家公园与哥伦比亚海岸带研究所及其他组织（如保护国际基金会和世界自然基金会）共同合作，确定海洋酸化对于保护

区保护价值的影响以及海洋保护区在缓解海洋酸化和其他气候变化影响中的作用。将《行动计划》译为西班牙语。

五、曼彻斯特城市大学与卡塔赫纳大学和哥伦比亚海岸带研究所的合作

将哥伦比亚海洋酸化网络的发展及其链接推广到拉丁美洲海洋酸化网。在卡塔赫纳大学建立海洋酸化实验室，以提供海洋酸化现场实验与非现场实验的课程和实习机会。

六、拉丁美洲海洋酸化网

更新拉丁美洲海洋酸化网的网站页面，以便于拉丁美洲和加勒比地区国家的加入。建立成功沟通策略的案例库。

七、尤金(Eugenio Carpizo-Ituarte)

在2019年夏季于墨西哥科利马州的曼萨尼约召开的第十届墨西哥珊瑚礁年会上，与拉丁美洲海洋酸化网共同召开一次海洋酸化边会。在双语期刊《海洋科学》(*Ciencias Marinas*)出版关于拉丁美洲海洋酸化研究的特刊。

八、尼基塔(Nikita Gaibor)

代表厄瓜多尔国家渔业科学研究所，将建立国家级工作组，审查厄瓜多尔关于海洋酸化科学知识的现状，特别是对于政策制定者和国内、国际机构来说有用的知识，并认定其中存在的不足。

九、莱蒂西亚(Leticia Cotrim da Cunha)

将《行动计划》译为葡萄牙语。

第四十三章　欧盟海洋空间规划跨境协商

2019年6月，欧盟发布《海洋空间规划跨境协商》报告（以下简称“《报告》”）。《报告》指出，目前各国正式采用海洋空间规划的区域较少，因此在全球或欧洲范围内开展海洋空间规划跨境协商的经验有限。欧盟成员国在欧盟《海洋空间规划指令》的合作机制以及项目合作背景下，已在跨境海洋空间规划领域展开接触，为今后达成有效协商奠定了基础。鉴于欧盟海洋空间规划并非“通用”方法，《报告》旨在对跨境协商活动的规划和实施提供一些可参考的实践案例、重要建议和指导原则，但内容不具有普适性。

第一节　前　言

一、背景

根据欧盟《海洋空间规划指令》所述：“成员国之间应协商并调整本国规划，同时应与相关第三方国家管理机构开展合作……”。根据第6条所述，下述两项条款与邻国协商相关。

第11条：作为规划和管理过程的组成部分，沿海成员国之间应开展合作，确保海洋空间规划在相关海域内保持协调一致。合作应考虑跨境特性。

第12条：成员国应根据国际法和公约，利用现有国际论坛或地区性机构之间的合作，在相关海域与第三方国家开展海洋空间规划方面的合作。

建立和开展合作与协商的方式由欧盟成员国决定。由于各国正式采用的海洋空间规划区域较少，因此全球或欧洲范围内开展海洋空间规划跨境协商的经验有限。但在当前的合作机制以及项目背景下，欧盟成员国已在跨境海洋空间规划领域展开接触，这为今后形成有效的协商流程奠定了基础。

在此基础上，《报告》研究了成员国如何与邻国进行有效协商，制定一致的海洋空间规划。《报告》为清楚阐明研究目的，重点区分了协商与合作的不同含义：协商是指"国家或管理机构之间的正式商议进程……与某项特定规划的协商进程相关……"；合作是指海洋空间规划过程中"更为开放的非正式筹备程序"。

《报告》侧重于正式的跨境协商，同时承认上述两个概念之间存在着密切关联。具体来说，当前的项目开展和合作机制经验可为具体的协商实践提供支持。《报告》所述跨境协商的原则和实践以当前的正式协商及非正式合作的信息和经验为基础。

二、目标

《报告》旨在说明跨境协商活动的制定和执行情况，以便提供和获取与制定海洋空间规划相关的信息，或收集和提供规划草案的反馈意见。《报告》意在为跨境协商活动的制定和执行提供支持，也可为响应协商请求提供建议。

《报告》提出供跨境协商相关方考虑的建议原则和具体实践，这有助于建立"协调一致的海洋空间规划"信息库。由于欧盟的《海洋空间规划指令》未对"协调一致"作出定义，《报告》将其理解为，根据欧盟《海洋空间规划指令》中的要求，海洋空间规划需考虑跨境协同效应，以防止当前或今后发生冲突。《报告》未研究实现协调一致规划的技术解决方案，而是重点讨论了各国在海洋空间规划方面的相互作用以及如何促进协调和合作。欧盟于2018年编制的《解决海洋空间规划中的空间需求冲突》报告介绍了领域间冲突的调查结果以及与海洋空间规划有关的潜在解决方案。

由于海洋空间规划并非通用方法，并且欧盟《海洋空间规划指令》并未对如何进行跨境协商进行详细定义，因此《报告》所述原则和实践并不具有规定性，而是强调在制定或响应协商请求时需考虑的要点。欧盟成员国可自行决定协商过程中需选取的步骤，并谨记《报告》所述应遵循的法律要求。

第二节　协商的必要性

跨境协商的需求以履行国际协定和欧盟立法规定的法律义务为基础，

但根据当前的协商经验，上述法律义务仅为最基本要求。如本节所述，存在下述促成协商的实际原因。

一、法律需求

数份与海洋空间规划相关的法律文件规定，应就海洋空间规划与邻国协商，虽然这并非促成跨境协商的唯一理由，但这些法律文件中都列出了若干可为协商活动提供依据的考虑事项。

二、欧盟立法和国际协定

根据欧盟《海洋空间规划指令》所述，“成员国之间应协商及调整本国规划，同时应与相关海域的第三方国家管理机构开展合作……”。根据第6条所述，下述两项条款与邻国协商相关。

第11条：作为规划和管理过程的组成部分，沿海成员国之间应开展合作，确保海洋空间规划在相关海域内保持协调一致。合作应考虑跨境特性。

第12条：成员国应根据国际法和公约，利用现有国际论坛或地区性机构之间的合作，在相关海域与第三方国家开展海洋空间规划方面的合作。

虽然《海洋空间规划指令》相关条款未明确规定跨境协商必须实施，但指令序言所述的“协商与合作”表明了两者之间的密切联系。协商可提供正式的信息和意见交流机制，为达成海洋空间规划的一致性（或避免目前或今后的冲突）提供支持，并作为确保邻国之间合作的工具。同时，《报告》编写人员就相关内容做了调查采访。部分受访者介绍了正式协商请求如何从国家间的当前合作中获益，这些合作是指项目等非正式合作。因此，尽管上文引述的《海洋空间规划指令》中并未明确规定需与邻国进行协商，但可将其视为成员国和第三方国家展开合作的关键因素。

欧盟《海洋空间规划指令》同时规定，“如果海洋空间规划可能对环境产生重大影响，则应遵守《战略环境评估指令》”。《战略环境评估指令》要求进行战略环境评估，以确保在制定规划和方案时考虑环境因素，为各国就海洋空间规划与邻国协商提供了重要的现行正式法律依据。

其他相关国际协定包括涉及公众获取环境信息的《在环境问题上获得信息、公众参与决策和诉诸法律的公约》以及界定了海上边界的《联合国海洋法公约》。部分与海域相关的公约和议定书也可能与如何进行协商相关，而其他公约和议定书则可能涉及具体问题。

三、国家规划法

各国根据欧盟《海洋空间规划指令》制定或修订本国法律，与邻国就上述边界以外的环境影响加强协商。部分国家还制定了与国家法律配套的官方指南，其中规定了跨境协商的范围和流程。例如，瑞典制定的《海洋空间规划路线图》和爱尔兰的《国家海洋空间规划路线图》，描述了如何将环境和经济影响纳入协商过程。

四、实际原因

虽然相关法律规定了跨境海洋空间规划协商的最基本标准，但与邻国进行协商还存在其他原因。具体来说，根据《埃斯波公约》和《基辅议定书》相关规定进行的协商工作仅涉及对环境的负面影响，这会使海洋空间规划的协商范围仅限于环境问题，而其他经济或社会问题则以欧盟《海洋空间规划指令》为基础，通过海洋空间规划过程进行协商。此外，以前的协商是以满足《埃斯波公约》和《基辅议定书》规定为重点，往往在海洋空间规划过程较晚阶段才通过正式渠道进行协商，因此限制了整个海洋空间规划过程中信息交换的连续性。

除环境问题外，调查访谈中还涉及针对包括经济活动在内的其他类型影响进行协商，如跨境基础设施建设（如航运路线、电缆和管道），对捕捞区设置限制的“Nature 2000”自然保护区网以及靠近国界的海上风电场。

此外，部分受访者表示，跨境协商符合本国和邻国的最佳利益，主要原因为，无论是协商发起方还是回应方均希望避免当前和今后发生冲突。受访者还表示，希望制定可充分进行信息共享的“良好”规划，涵盖邻国信息。部分来自波罗的海国家的受访者还提出，应自愿遵守赫尔辛基委员会海洋空间规划工作组制定的《跨境协商、公众参与和合作指南》，为特定海洋空间规划的跨境协商过程和合作提供建议。该指南的最终目的是所有波罗的海国家均采用该指南，并根据共同惯例以及指南所述内容进行跨境协商。指南可确定其他海域进行跨境合作和就协商原则达成一致的过程。

第三节　协商对象

海洋空间规划管理机构在寻求邻国意见时，应首先考虑可与哪些国家进行协商，如那些受海洋空间规划影响的国家，并应考虑规划过程中还存在哪些利益相关方(涉及其利益或可对其造成影响)。

一、法律需求

应首先回顾上一节所述的相关法律文件，以确保将正式协商议题纳入考虑。根据《埃斯波公约》，应与相关国家就海洋空间规划的战略环境评估进行协商。在公众参与方面，《奥尔胡斯公约》赋予公众参与跨境环境相关决策过程的权利。

除国际公约规定外，当前的实践经验表明，直接与受海洋空间规划影响的国家机构进行协商较为有利，通常指具有法律地位的海洋空间规划管理机构。

为明确与哪些管理机构进行协商，也可参考其他法律规定以及相关的双边组织。此外，也可通过大使馆及在合作项目中设立的联系机构指明和确定，这种情况特别适用于非欧盟成员国。合作项目中设立的联络点还可作为非正式沟通途径，以填补信息空白，简化规划过程。

二、协商对象国

在进行初步背景评估时，可考虑与欧盟成员国和第三方国家进行协商。评估工作开始时，应确定与哪些国家共享海上边界以及哪些国家可能会受到海洋空间规划的影响。海上边界无法限制某国规划对环境或社会经济造成的影响，而这些影响可能会跨越边界。规划可能会对某国海域产生影响，应确定哪些国家需随时掌握海洋空间规划过程信息，而哪些国家需提供空间规划的反馈意见。

实际上，迄今为止大部分协商过程仅涉及共享边界的邻国。部分波罗的海国家已将非邻国的海洋空间规划管理机构纳入考虑中，例如，波兰邀请爱沙尼亚、立陶宛和芬兰针对其海洋空间规划草案提供反馈意见，因其规划草案可能对整个海域产生影响。该案例与应用赫尔辛基委员会的跨境协商指南相关，为涉及整个海域范围的协商方法提供了参考。

三、可与其他国家中的哪些人员进行协商

根据当前协商经验，为与其他欧盟成员国进行协商，邻国的合法海洋空间规划管理机构是海洋空间规划协商相关联系机构。根据《海洋空间规划指令》，所有欧盟沿海成员国均设立了海洋空间规划管理机构。可通过多种渠道获取国家海洋空间规划管理机构的联系信息，包括成员国海洋空间规划专家组的参与名单。

在进行与海洋空间规划相关的战略环境评估协商时，应联系与跨境协商具有较强关联的联络点。此外，负责外交事务的外交部因其在处理跨境事务上具有丰富经验，也可在海洋空间规划协商中发挥作用。

根据对波罗的海规划范围和项目的研究，海洋空间规划管理机构所在部门可能会影响管理机构在其海洋空间规划中的侧重点，这可体现在规划目标中，也可体现在与其他国家进行海洋空间规划协商时。掌握海洋空间规划的不同观点和优先事项通常是跨境海洋空间规划项目的目标之一，受访者认为这对于在海洋空间规划管理机构之间建立合作十分重要，是进行有效跨境协商的基础。对于不同类型海洋空间规划的讨论和介绍见下节。

除一级联络点外，还可能存在需参与协商过程的二级联络点，如地方管理机构或其他政府机构(部委等)。理论上，通过一级联络点与邻国相关部委、管理机构以及利益相关方取得联系，可确保制定合适的议定书，并提升跨境协商过程的效率(见下文“多层级协商”中的相关论述)。可通过审查已获取的国家信息确定二级联络点，其中包括跨境海洋空间规划项目中的部分信息，或已从海域相关组织获取的信息。

当前实践经验表明，与一级联络点就二级联络点及相关联系流程展开协商具有重要意义，特别是当存在多个具有海洋空间规划管理能力的机构时，或多个海洋空间规划管理机构负责不同领域时。在理想情况下，上述信息根据情况不同可能说明各部委和机构的责任与作用，以便掌握其在海洋空间规划过程中承担的具体职责。当所有信息均由邻国的海洋空间规划管理机构负责传递时，上述信息也可发挥作用。信息传递属于“提供和接受”双向流程，不仅涉及信息提供，同时还应酌情反馈意见。

此外，经验表明，欧盟海洋空间规划管理机构之间通过项目和工作组

开展非正式合作，有助于建立联系和学院式工作关系，可推动针对部分有争议问题的讨论。通过非正式合作，可在协商会议以外的非正式环境中展开对话，有助于提供特定跨境信息。例如，通过波罗的海区域的一系列海洋空间规划项目，可就海洋空间规划进行正式协商，还可为相关管理机构之间创造非正式交流渠道(目前通过泛波罗的海规划范围项目的跨境合作规划论坛展开)。此外，地中海地区过往和正在开展的跨境海洋空间规划项目，使海洋空间规划机构按照自身海洋空间规划过程和具体问题组织非正式研讨会。海洋空间规划项目也有助于建立正式的合作组织。爱尔兰和马恩岛的海洋空间规划机构在凯尔特海合作项目的基础上，成立了“6 个行政组织”。

四、跨境合作框架

受访者提及数个已正式建立的跨境合作平台，可就海洋空间规划事宜进行非正式交流，包括正式协商流程范围以外的海洋空间规划反馈。表 43-1 概述了此类按照地理范围组织的合作框架。有关此类组织的信息，请参见欧盟海洋空间规划平台网站的海域相关内容或其他海洋空间规划相关内容。

表 43-1　海洋空间规划跨境合作框架

地理范围	合作框架
欧洲	欧盟成员国海洋空间规划专家组
大西洋	奥斯陆巴黎委员会
波罗的海	赫尔辛基委员会海洋空间规划工作组波罗的海周边区域愿景和战略欧盟波罗的海区域战略
黑海	黑海反污染保护委员会
地中海	欧盟环境项目欧盟亚得里亚海-伊奥尼亚海战略
北海	北海委员会奥斯陆和巴黎委员会

其中包括专门讨论海洋空间规划的小组，如欧盟成员国海洋空间规划专家组和赫尔辛基委员会海洋空间规划工作组，这些小组都提供了经验交流平台，但通常不涉及海洋空间规划的具体技术内容。

其他类型的跨境组织可能并未正式负责海洋空间规划事务，但仍为海洋空间规划的跨境合作提供支持。其中包括宏观地区战略，如欧盟亚得里亚海-伊奥尼亚海战略，旨在提高各国对当前海洋空间规划法律和流程的认识，为沿海和海洋环境中的经济活动规划提供支持，特别是通过其专设指导小组。还有为在特定区域开展跨境对话而设立的机构，如索尔威湾湾口伙伴关系，或德国与波兰政府地区和跨境合作委员会设立的空间发展委员会。

受访者表示，上述平台的价值在于提供了非正式讨论的正式框架，使国家间就框架内的跨境合作可展开更高层级的政府间信息交流，同时提供相应机会，设计和执行促进跨境海洋空间规划的具体项目，或实现相关概念。亚得里亚海-伊奥尼亚海地区的“绿色和蓝色走廊”项目旨在改善整个亚得里亚海和爱奥尼亚海岸沿线的自然海岸和海洋生态系统的保护，并恢复生态关联性。目前，负责项目环境保护的工作组正在讨论如何通过海洋空间规划和海岸带综合管理实施跨境规划。

五、欧盟周边国家

海洋空间规划相关的合作和协商必须在当前地缘政治环境下进行，无法凭空展开，同时国家间的关系会受到外部因素的影响，特别是与欧盟邻国进行协商时。

对于第三方国家，应先确定是否存在已有海洋空间规划；曾经或现在参与空间规划进程的各方；是法定过程还是无约束力的试点进程。

如已存在明确的海洋空间规划管理机构的法定进程，可采取与欧盟邻国协商相同的方式进行跨境协商。而如果缺乏法定海洋空间规划进程，那么可能同时会缺乏法定的海洋空间规划管理机构。在此情况下，可通过国际公约和条约设立的组织机构来确定哪些部门或机构最适合作为正式协商的唯一联络点。如果跨境合作框架的目标与海洋空间规划相关，也可通过该框架推动与相关管理机构的联系。

对于已存在非法定或试点规划但缺乏正式海洋空间管理机构的第三方国家，可向跨境项目或倡议的参与方寻求相关信息，确定哪些政府机构可参与协商。也可通过涉及第三方国家的跨境项目联络机构征询。在上述情况下，可通过项目会议分享海洋空间规划过程相关信息并确定协同合作。在这些情况下均未进行正式协商，而是主要通过非正式交流获取反馈信息。虽然并非正式协商，但通过项目建立联系机构有助于与政府机构就规划的未来发展开展协商。

六、多层级协商

如前所述，在跨境协商过程中，可从不同层级(地区、国家、地方)以及不同机构(政府、行业、非政府组织)的多个角度进行考虑。根据项目研究结果以及访谈所获取的实践经验，明确一级联络点(通常为具有法律效力的国家海洋空间规划管理机构)后，应与其确定二级联络点与利益相关方如何参与协商，使国家海洋空间规划管理机构对其他层级联络点进行“审核”。

根据过往经验，在正式协商过程中，邻国的国家海洋空间规划联络点通常负责提供国家层面和国家二级层面(区域和地方)(如二级联络点)以及非政府利益相关方的海洋空间规划反馈信息。上述经验适用于国家规划和国家二级规划，如下所述。

- 北海比利时海域空间规划作为国家海洋空间规划协商实例，其中荷兰渔民通过荷兰国家海洋空间规划联络点向比利时海洋空间规划管理机构提供了针对海洋空间规划草案中捕捞限制区的意见。

- 爱沙尼亚派尔努湾海洋空间规划的制定是国家二级规划的示例，要求拉脱维亚国家海洋空间规划管理机构提供来自国家二级(地方)和国家一级以及非政府利益相关者的反馈。

- 英国的实践经验属其他类型。其海洋空间规划管理机构分布于不同层级的行政部门。因此，通过联系国家管理机构和最近邻国的国家二级管理机构，在多个管理层级上就英国内陆海域(如英格兰和苏格兰边界)的领海区域国家二级海洋区域规划进行直接协商。

第四节 协商过程中的现实问题

跨境协商所涉及的问题根据背景、参与方及其相关利益而有所不同。根据欧盟《海洋空间规划指令》对于跨境合作的要求，“旨在确保海洋空间规划协调一致”(第11条)，协商问题可能与海域使用方面的潜在冲突或协同效应相关。

一、法律需求：环境影响

《埃斯波公约》从跨境协商的法律角度出发，规定协商应考虑负面环境影响。因此，海洋空间规划中通常以战略环境评估为基础，来确定跨境协商过程中需解决的问题，通常包括规划对跨境生态系统功能的影响。以《埃斯波公约》为基础展开的协商还应考虑规划活动的备选方案。

二、协商主题：规划框架和规划内容

由于海洋空间规划范围较广，除环境影响外，协商主题还与其他经济、社会及文化问题相关，特别是规划今后可能影响到跨司法管辖区其他领域的经济活动。例如，航运路线、边境区域海上风电场、电缆和管道以及鸟类迁徙等环境问题。赫尔辛基委员会《跨境协商指南》建议应就“所有与邻国相关或对邻国活动可能产生影响的问题”进行协商。《欧盟海洋空间规划指令》第 8 条包括一份可能与海洋空间规划相关的“潜在活动、应用及利益”清单，因此也需经过跨境协商。

研究表明，如果各国不首先了解如何在其邻国进行规划，而将协商主题限制在海洋活动上，则可能影响其响应协商请求的能力。因此，本节论述了两项重点协商议题：

第一，与规划框架相关的议题，包括制定规划方法的相关法律要求；

第二，与规划内容相关的议题，如跨多个管辖区(如航运、电缆、管道)的关联性，海上边境附近活动热点区域，跨境活动或跨领域冲突产生的累积环境影响。《报告》仅简要介绍上述问题，深入讨论见其他相关研究。

三、规划框架：海洋空间规划的不同方法

海洋空间规划管理机构通过不同方式制定其规划具有重要意义，可反映不同的法律规定以及各国不同的规划传统。例如，部分海洋空间规划具有指示性，规定了海洋活动发展的广泛标准(如英国的海洋规划)，而另一些则具有规定性，规定了海洋活动的精确位置坐标(如德国)。此外，海洋空间规划执行的管理可能存在较大差异，在国家级或国家二级开展，由不同政府部门负责执行。

在进行协商时，海洋空间规划管理机构应注意邻国的管理机构在方法和组织上可能存在不同。协商管理机构应争取了解协商安排，从而掌握如何明确展示本国规划，增进邻国的理解。方法之一是在规划初始阶段前往邻国就规划方法展开非正式交流。此类非正式交流会及介绍可形成对于规划框架的相互理解。

政策和策略文件也可影响国家规划方法，即规划方案是否旨在明确优先应用区域，或旨在建立限制某些应用的限制区，或两方面兼有。几位受访者提到，在早期明确规划方法对于邻国在参与协商时理解规划草案具有重要意义。表 43-2 总结了欧盟成员国至今为止采取的不同类型海洋空间规划方式。

表 43-2 欧盟成员国海洋空间规划类型

规划类型	示例	介绍
国家空间规划	北海比利时海域海洋空间规划	规划规定了比利时领海和专属经济区管理的原则、目标、目的、长期远景以及空间政策选择
国家综合规划	爱尔兰海洋财富利用——海洋综合规划	为政府愿景、高层级目标以及跨政策、管理和业务领域的综合行动制定了路线图，从而开发爱尔兰具备的海洋潜力。本规划的实施将使爱尔兰逐步形成综合的海洋政策和方案规划体系
多层级规划	瑞典	由同一国家主管机构负责制定的 3 个不同区域规划，分别覆盖基线外 1 海里领海及专属经济区；沿海地区同时有权制定 12 海里范围内的规划

四、确定协商主题并收集背景信息

虽然上述示例均来自现有的规划经验，但其背景各不相同，因此需要收集信息从而明确潜在的跨境协商主题。在正式协商开始前，收集和审查邻国提供的数据和信息，是确定协商问题范围、掌握邻国立场和利益的重要准备阶段。建议在评估阶段，除收集本国活动和环境条件信息外，还可从邻国收集相关信息。

可从了解邻国当前的海洋空间规划出发，掌握正式协商中应提出的问题，从而解决当前争端，同时避免今后发生冲突。这一步骤可在前文所述的规划方法交流阶段完成。仅针对邻国海洋空间规划进行案头研究会导致误解，与之相比，上述非正式会议可能更为有效。早期阶段的面对面交流可使参与协商的国家主动分享其利益，防止关键问题被忽视，特别是在规划方法和已知领域问题方面存在差异时，如前所述。当正式协商开始后，参与协商的国家可向其邻国提出具体问题，因为它们不但了解了本国规划的潜在影响，还掌握了邻国的利益。

国家利益相关方协商活动也可能产生与跨境海洋空间规划影响相关的背景信息。例如，拉脱维亚航运和能源领域的利益相关方在制定方案时指出了与邻国相关的影响，并在制定规划草案前，在非正式跨境协商过程中分享了形成的几种方案。

五、联合实情调查和规划解决方案跨境合作

通过跨境海洋空间规划合作项目，各国有机会在正式协商之前或同时就关键问题进行非正式调查，这对于掌握邻国海洋空间应用和活动背后的驱动因素具有重要意义，特别是包括面向未来的观点。上述项目还可使其他国家在正式协商之外，在非正式环境中让邻国了解其关注的具体问题。涉及已明确的跨境规划区域或"热点"区域项目提出的问题，可供单一国家的规划以及潜在的跨境规划解决方案参考。

与正式协商过程相比，国家和利益相关方在项目中共享数据和信息，可更详细地研究问题。同时有助于形成共同的规划依据，以便在正式协商过程中制定和提出共同的解决方案供审议，对于波罗的海规划范围项目中的战略环境评估以及《埃斯波公约》中的环境影响评估具有特别重要的意义。除多用途数据门户外，多个跨境海洋空间规划项目已开发集成式数据门户，用于促进海洋空间规划跨境数据共享。上述成果表明，需集中资源将原始数据协调至可供多个国家使用的数据门户，但由此形成的输出图表可促进对具体问题的讨论。

除电子数据和信息交换外，部分跨境海洋空间规划项目还组织了专门讨论具体问题的研讨会，供出席会议的海事空间规划方和利益相关方(如船东协会、环境非政府组织)共享信息和利益。这种非正式交流渠道使各国能够表达不同的观点，并在国际规划正式协商范围外展开交流，有助于促进相关国家的规划制定。

第五节　协商的有效方式

跨境海洋空间规划协商可作为信息交流过程，可就本国海洋空间分配规划向其他国家提供相关信息，并寻求反馈意见。邻国间的相互交流可通过多种方式进行，从而确保获取有针对性的反馈意见以及对关键背景因素进行考虑。

一、法律需求

《埃斯波公约》对协商中的部分过程作出了规定，包括向受影响各方发出相关活动的书面通知，编制关于影响和备选方案的相关文件，答复时间表以及就确定协商国(受影响方)和考虑因素的最终决定进行沟通。由“制定方”的国家联络点启动协商进程，并向“受影响方”的国家联络点发出通知。受影响方要在规定的时间范围内作出回复，表明其是否参与评估过程。随后，受影响方可根据是否需要与其他部委机构协商，确定本国对于协商请求的正式答复立场。之后，在答复记录中汇总相关立场，以形成最终决定，说明如何向制定方作出解释说明。

为满足基本法律要求，建议在海洋空间规划战略环境评估的协商过程中对《埃斯波公约》规定的流程进行审查。《埃斯波公约》以及《埃斯波公约实际应用指南》中对于确保满足法律要求作出了进一步论述。

二、通过沟通促进相互理解

虽然通过书面形式进行正式协商可满足对于文件记录的法律要求，但根据过往经验，通过持续交流建立相互理解有利于协商过程的推进。在向邻国征求反馈意见时以及在准备对协商请求作出回应时，为避免出现误解和冲突，需重点考虑术语和语言相关问题。确保协商双方对彼此共享或表述内容的理解，这对解决跨境协商中的利益和意见相关问题具有重要意义。

(一)语言

邻国间的语言差异可能是跨境协商过程中最突出的问题之一，导致跨境海洋空间规划更为复杂。语言对于信息交流具有重要意义，因此，建议应消除多元文化、跨境及决策框架背景下存在的语言障碍，确保各方均在公平环境下进行协商。即使是经验最丰富的规划专家，在使用协商过程选定的语言进行交流时也可能存在理解方面的障碍。

在缺乏共同语言的跨境环境中，有时需将海洋空间规划翻译成邻国语言，通常为英语，因其作为“国际通用”语言，有别于任何参与国家的母语。受访者指出，投资培养经验丰富的翻译人员具有重要意义，尽管规划方由于不懂外语，可能难以确认翻译是否准确。将规划翻译成多国语言还需要以当前的资源为基础，而请求进行协商的国家将承担翻译费用。此外，在缺乏通用语言能力的情况下，通过地图和其他形式的可视化材料有助于传达规划信息，如图表和图形，特别适用于展示内陆海域和邻国海域的跨境相互作用，及其动态变化和地理范围。

（二）术语

除语言问题外，对海洋空间规划术语的错误解读也是当前协商实践中存在的问题之一。作出协商回应的国家表示，必须掌握他国规划的法律含义，才能作出适当回应。

对于解释和交流海洋空间规划技术术语，避免错误解读，确保准确阐明目标、意见和工具，赫尔辛基委员会《海洋空间规划指南》中提出了相关建议。虽然可通过书面形式完成，但在实践中，需要持续地开展双边交流以便对术语解释达成共识。受访者表示，术语解释是进行有效协商的另一个重要前提条件，可了解邻国对术语的理解是否与本国不同，并就利用多国语言表达的误导性术语达成共识。在每次会议开始阶段，或在介绍规划文件时，重复或再次确认对规划术语的理解是有利的。

非政府利益相关方对于海洋空间规划的特有技术术语也可能存在理解问题。因此，制定一份术语表将有助于利益相关方在国家协商过程中理解规划术语，同时将术语表翻译成另一门通用语言将有助于邻国的利益相关方更好地理解术语定义。

三、共享规划资料

通过不同形式展示已完成或进行中的正式协商过程的规划材料，最常见的是完整的规划草案译文。在某些情况下，最初几轮协商中分享的是规划摘要内容的译文，而随着规划愈发完善以及对跨境影响了解越深，将在后期提供完整版本译文。对波罗的海规划项目进行的分析指出，共享规划摘要内容会导致信息分享不平衡，因此可能导致部分信息在其重要性不明确的情况下出现遗漏。分析还提到在部分情景中通过“预协商”可指出哪些国家考虑进一步发展其海洋空间规划。对协商请求作出过回应的国家表示，共享过往协商会议记录，有助于掌握已提交的供审议的内容，并了解在修订后的规划草案中如何对上述意见进行考虑。

其他资料格式包括可显示规划信息的地图，可在协商会议期间使用，促进交流并将其他特征纳入考虑范围。为国家海洋空间规划绘制的地图通常与国家规划的比例尺相同，有助于在更大比例尺规模下展示信息以及跨境相互作用。

四、相互作用形式

在大部分情况下，过往的正式跨境协商活动在开始后，将进入正式的政府间协商流程，各国相关部委或海洋空间规划管理机构将收到一封正式函件。随后通常会与邻国代表举行一轮或多轮会议，这有助于促进沟通，特别是阐明信息以及避免对规划内容产生误解，同时讨论规划含义。除规划相关人员外，邀请更多的利益相关者团体参加会议有助于在相同环境下收集与规划草案相关的各种观点。

在当前协商过程中组织不同类型的会议：在两国间展开双边交流，在多国间展开多边交流。

研究表明，在举行双边和多边会议时没有标准模式。在某些情况下，会针对正式协商请求的书面回复中提出的主题组织双边讨论。而在另一些情况下，则会预先安排一次多边协商会议，随后再单独组织双边会议。

部分国家与邻国在正式协商范围外组织非正式“研讨会”进行信息交流。例如，在制定国家海洋战略时，法国与意大利、西班牙和葡萄牙组织了非正式技术研讨会，讨论各国对海洋空间规划的理解，同时讨论仍处于编制中的文件初稿以及已经与国家利益相关方交流过的文件。在海洋空间规划过程中持续举行此类研讨会，有助于在各国海洋空间规划中协商整合更多跨境要素。

收集针对性反馈意见的技巧包括：主要问题展示、小组讨论、绘制地图以及一对一会谈。同时在今后的协商活动中可能采用在线互动式参与工具，以便在地图上进行评价和标注，特别是在一对一会谈时。

五、处理反馈意见

最后受访者表示，虽然会议属良好的交流方式，但重要的是获取书面协商回复意见，用于正式记录邻国立场，以便对其进行正式说明并用于达成《埃斯波公约》所要求的最终决定以及在必要时制定跨国协定。通常以信函形式将回复意见提供至海洋空间规划管理机构，详细说明对于海洋空间规划的关注和反馈的具体内容。

可将收集到的反馈归为不同类别，从而明确推进方向，这与对国家公共协商过程的回复方法相似。可归类为：

第一，在修订规划草案时可使用的反馈意见；

第二，需进一步研究或可以在今后的跨境海洋空间规划项目中解决的反馈意见；

第三，在今后几代规划中可以解决的改进型反馈意见。

随后可根据《埃斯波公约》编制书面回复，以记录最终决定。书面回复应对提供的评论意见进行说明，并汇总在所有评论和回复的正式记录文件中。例如北海比利时海域 2014—2020 年海洋空间规划的协商结果中包括邻国提交的评论和回复以及比利时的答复。

六、后续行动

通过正式协商过程可能形成一系列针对调整或实施海洋空间规划而组织的行动。在决定采取后续行动时，建议从更广泛的跨境背景考虑国际问题和关系，甚至是与海洋空间规划没有直接关系的领域。

例如，以书面交流为基础可能形成正式协定，以记录参与各方对共同解决方案的承诺。例如，数个波罗的海国家之间已通过协商过程就跨境环境影响评估达成了正式的双边协定(如爱沙尼亚和芬兰、德国和波兰)。

通过协商还可识别跨境“热点”区域，在此区域内需就某些特定问题单独达成国际协定，可能是为特定领域制定的未来联合或跨境规划，随后，修订国家规划时将其纳入进来。例如海洋生物保护区项目，该项目在尊重现有经济活动的基础上，尽可能开展具有生态价值的协商活动，在地中海海域设立了横跨法国、意大利和摩纳哥等国的海洋保护区。

第六节　结　论

《报告》论述的协商经验和建议考虑的要点为如何进行跨境协商，并为回复协商请求提供了一系列可选方案。《报告》关于整个咨询过程的总体结论可作为跨境海洋空间规划的指导原则。

国际协定和欧盟立法规定的法律要求可被视为进行海洋空间规划协商的基本标准，将协商范围限定于环境问题上，并且要求对战略环境评估进行正式协商。从上述法律要求以外的层面进行考虑，可获得潜在的益处，包括获取针对更广泛问题范围的观点以及通过持续沟通，避免信息共享中出现“空白”。然而，在考虑应采取哪些信息时，建议在获取及分享相关知识同反馈意见之间寻求平衡，避免获取的相关信息在协商过程中超出可处理的范围，这主要取决于请求协商和回复协商双方所具有的资源和能力。

在开展了一系列跨境海洋空间规划项目协商后，海洋空间规划管理机构将愈发熟悉邻国情况和相关进程，并且形成专门的联络网。上述跨境协商结果为规划各方之间形成有效的跨境认识提供了支持，参与各方已熟知规划相关方法、内容和问题。结论与议题相关的其他研究相一致。研究结论表明仅通过正式协商无法形成协调一致的规划，而是应该建立在海洋空间规划管理机构间持续开展的交流活动的基础上。

《报告》认为，虽然在大部分情况下，海洋空间规划管理机构之间的交流是应法律要求的，并且对有效协商至关重要，但同时还应特别考虑与二级联络点和非政府利益相关方的交流。到目前为止，一种通用做法是在回应协商请求时，规划管理机构作为一级联络点，负责使本国的二级联络点和利益相关方参与进来。在此过程中，《报告》建议，协商请求的回应国应详细记录二级联络点和利益相关方提出的问题和观点。

虽然非正式合作有助于有效协商，但需通过书面形式正式记录相关立场，形成立场信息库，同时形成正式的承诺和协定。数名受访者提出，可收集到邻国书面声明是正式协商的主要作用之一。这些文件能记录已根据法律要求进行的协商活动，并对关键问题的立场形成正式协商决定，便于开展后续活动，同时为今后可能加入规划实施以及修订过程的新进人员提供可用文件记录。

展望未来，欧盟成员国和第三方国家之间的合作和协商将变得愈发重要。因为根据欧盟《海洋空间规划指令》的最后期限，将会有越来越多的海洋空间规划于2021年前获得通过，而这些规划的后续实施还需要开展持续的交流活动，以有效执行通过协商形成的规划规定和协定，同时可建立在过往合作成果(如联合数据门户、工具开发等)的基础上。根据海洋空间规划管理原则所做的调整，优先顺序、用途和环境条件等因素预计将会发生变化。因此，需在正式海洋空间规划协商范围以外开展持续交流，从而在国家和跨境层面上作出响应并适应上述变化，特别是在规划需要进行修订时。而且，海洋空间规划相关合作机构为定期交流提供平台，不仅可支持制定海洋空间规划过程中的协商活动，还可支持海洋空间规划的实施和修订工作。

第四十四章　东盟印太展望

2019年6月，第34届东盟峰会通过了《东盟印太展望》（以下简称“《展望》”）。《展望》概述了东盟对改善互联互通、加快海上合作以及采用包括法治和放弃以武力威胁或使用武力的原则指导发展的愿景。《展望》有4个重点，包括强调印太地区的地位、重申东盟在塑造地区安全与经济架构方面的积极作用、重申东盟不选边站队、重申东盟希望与大国建立全面平衡的关系。

第一节　背景与依据

（1）亚太和印度洋区域几十年来是世界上最具活力的区域之一，也是经济增长的中心，因此这些区域持续经历地缘政治和地缘战略的转变。这些转变既带来了机遇，也带来了挑战。一方面，该区域的经济增长为减少贫困和提高数百万人的生活水平开辟了合作的可能性；另一方面，随着经济和军事等物质力量的崛起，需要避免不信任、误判和基于零和博弈的行为模式的加深。

（2）东南亚处于这些具有发展活力的区域中心，是通往这些区域的重要通道和门户。因此，东盟的利益在于主导其经济和安全架构的形成，并确保这种发展活力将继续为东南亚以及更广泛的印太区域和印太各国人民带来和平、安全、稳定和繁荣。

（3）东盟几十年来一直致力于发展具有包容性的区域架构，需要不断发挥集体领导作用，形成和塑造印太区域更密切合作的愿景，并继续保持其在东南亚及其周边区域不断演变的区域架构中的核心地位。东盟还需要在利益竞争的战略环境中继续充当诚实的中间人。

（4）在此背景下，东盟领导人同意进一步讨论一项加强以东盟为中心的区域架构倡议，即《东盟印太展望》。这一展望的目的不是建立新的机制或取代现有机制，而是旨在加快东盟共同体建设进程，加强和赋予现有东盟主导机制新的动力，使其更好地面对挑战，抓住当前和未来地区和全球环境变化带来的机遇。此外，该展望计划在理念和建议方面具有包容性。

(5)《东盟印太展望》将东盟的中心地位作为推动印太区域合作的根本原则，东盟主导的东亚峰会等机制是印太合作对话和实施的平台。此外，东盟还可适当同亚太和印度洋地区其他区域和次区域机制就共同关心的具体领域开展合作，以补充有关倡议。

第二节　东盟对印太的展望

根据东盟几十年来在发展和塑造东南亚及其他区域架构方面的作用，以及《东盟宪章》和其他东盟相关文件所载的东盟规范和原则，东盟设想的东盟印太展望包括以下关键要素：

(1)将亚太和印度洋区域视为一个领土并不相邻，但高度融合和紧密联系的区域空间，东盟发挥着核心和战略作用；

(2)一个对话与合作而非竞争的印太区域；

(3)一个人人享有发展和繁荣的印太区域；

(4)海洋领域和视角的重要性在不断演变的区域架构中愈发突出。

第三节　目　标

(1)从鼓励进展的角度来看，东盟的印太展望应支持印太区域当前的活力，并成为印太区域发展的压舱石。因此，东盟还应提升现有区域安排的价值。所以，东盟印太展望的目的是：①指导该区域合作的前景；②帮助营造有利于本区域和平、稳定与繁荣的环境，以应对共同挑战，维护以规则为基础的区域架构，并促进更密切的经济合作，从而加强东盟国家间的信任；③加强东盟共同体建设进程，进一步加强东盟主导的机制，例如东亚峰会；④落实东盟其他优先合作领域，包括海洋合作、互联互通、可持续发展目标以及经济和其他可能的合作领域。

(2)东盟关于印太的展望涉及进一步加强和优化东盟主导的机制，包括东亚峰会、东盟地区论坛、东盟防长扩大会议、东盟海事论坛扩大会议以及相关的东盟+1机制。

（3）东盟的印太展望旨在为维护和平、自由和繁荣做出贡献。

第四节　原　则

（1）东盟的印太展望基于以下原则：加强东盟的中心性、开放性、透明性、包容性、基于规则的框架、善治、对主权的尊重、不干涉、与现存合作框架互补、平等、相互尊重、互信、互利以及对国际法的尊重，如《联合国宪章》、1982 年《联合国海洋法公约》和其他相关的联合国条约和公约、《东盟宪章》、东盟各项条约和协定以及《东亚峰会互利关系原则宣言》（2011 年）。

（2）认识到《东南亚友好合作条约》40 多年来对持续维护该区域和平与稳定的重要性、相关性和积极贡献，东盟印太展望将遵循《东南亚友好合作条约》的宗旨和原则，其中包括和平解决争端、放弃使用武力或以武力相威胁以及促进法治，以期进一步促进印太区域各国之间的友好与合作。

（3）东盟印太展望将有助于形成在该区域建立战略信任和合作共赢的趋势，东盟重申《东南亚友好合作条约》的这些宗旨和原则，并通过一份适当的东盟文件等方式，促进这些宗旨和原则在整个印太区域国家间关系中的应用，从而进一步加强该区域的战略信任和互利合作。

第五节　合作领域

为实现东盟印太展望的关键要素，东盟将在以下领域开展广泛合作。

一、海洋合作

（1）印太区域各国面临的现有和正在出现的地缘政治挑战以海洋问题为中心，如有可能发生公开冲突的海洋争端。此外，海洋资源的不可持续开采和海洋污染也日益成为主要问题。有必要以更集中、更和平和更全面的方式预防、管理并最终解决这些问题。

（2）根据普遍公认的国际法原则，包括 1982 年《联合国海洋法公约》，海洋合作领域可进一步加强：

①合作以和平方式解决争端；促进海上安全和安保以及航行和飞越自

由；打击跨国犯罪，包括人口、非法毒品贩运、海盗行为和武装劫船等。

②合作促进海洋资源的可持续管理；继续促进海洋互联互通；保护沿海社区的生计和支持小型渔业社区；发展蓝色经济和促进海上贸易等。

③合作处理海洋污染、海平面上升、海洋垃圾，保护海洋环境和生物多样性；促进绿色航运等。

④开展海洋科学合作方面的技术合作；推动研究和开发；交流经验和最佳做法、开展能力建设、管理海洋灾害、海洋垃圾、提高对海洋和海洋相关问题的认识等。

二、互联互通

（1）第二个合作领域是互联互通。印太区域现有和未来的互联互通倡议应补充和支持《东盟互联互通总体规划 2025》。东盟关于互联互通的愿景，即实现一个无缝、全面连接和一体化的区域，将提升竞争力、包容性和共同体意识。在第 6 届东亚峰会上通过的《东亚峰会关于东盟互联互通的宣言》应指导东盟关于印太区域互联互通的展望。印太国家间日益一体化和相互联系，需要投资和努力建立基础设施互联互通，包括物质基础、制度基础和人员往来。必须考虑到互联互通建设对环境和生态的影响，以确保这些举措的长期可持续性。

（2）互联互通包括：

①探讨加强现有的《东盟互联互通总体规划 2025》的关键优先合作领域，并促进印太区域的繁荣与发展；

②制定区域公私伙伴关系发展议程，为互联互通项目，包括印太区域的基础设施项目调动资源；

③探讨与次区域框架的潜在协同增效作用，如环印度洋联盟、环孟加拉湾多领域经济技术合作倡议、东盟东部增长区、湄公河次区域合作框架，包括伊洛瓦底江、湄南河及湄公河经济合作战略组织等；

④致力于建立东盟无缝天空，将东盟空域作为一个无缝的空域，采用协调和可互操作的程序和业务，以提高空中交通管理能力和效率，同时加强安全性；

⑤通过学术、商业的合作、协作和交流，实现人员之间的互联互通；

⑥通过东盟智慧城市网络倡议应对快速城市化挑战。

三、联合国 2030 年可持续发展目标

（1）联合国可持续发展目标与《2025 年东盟共同体愿景》以及东亚峰会更广泛的愿景一致。实现《东盟印太展望》下的可持续发展目标，将是本区域对国际社会的重要贡献。

（2）实现可持续发展目标的活动可包括：

①促进实现可持续发展目标，包括利用数字经济；

②加强互补性，使区域发展议程与《2025 年东盟共同体愿景》、联合国《2030 年可持续发展议程》等可持续发展目标保持一致；

③促进与东盟可持续发展研究和对话中心及该区域其他相关机构的合作。

（3）经济和其他可能的合作领域：

①南南合作，包括南南三角合作；

②贸易便利化及物流基础设施和服务；

③数字经济和跨境数据流的便利化；

④中小微企业合作；

⑤科技研发与智能基础设施；

⑥气候变化与灾害风险降低与管理；

⑦智慧老龄化与创新；

⑧深化经济一体化，确保金融稳定和复原力，并通过支持执行《东盟经济共同体蓝图 2025 年》和包括《区域全面经济伙伴关系协定》在内的其他自由贸易协定，加强和促进贸易和投资；

⑨开展合作，为第四次工业革命做准备，包括就如何从数字革命中获益和应对挑战，促进经验和专业知识的分享；

⑩进一步探讨私营部门，包括中小微企业的发展，使其能够参与区域和全球价值链。

第六节　机　制

（1）《东盟印太展望》为东盟在亚太和印度洋区域的参与提供了指南。

（2）《展望》还认识到，在东亚峰会等东盟主导的相关机制基础上，通

过创新、跨学科和互补的方式，与亚太和印度洋地区其他区域机制就共同关心的问题开展合作的潜力。

（3）在东亚峰会、东盟+1机制、东盟地区论坛、东盟防长扩大会议等东盟主导的机制下，可以就这一问题进行战略探讨，开展务实合作。

第四十五章　东盟海洋垃圾行动框架

2019 年 6 月，为更好地落实《曼谷宣言》，东盟各国在第 34 届东盟峰会上还达成了《东盟海洋垃圾行动框架》(以下简称“《框架》”)。《框架》提出将从政策支持与规划，研究、创新与能力建设，公众意识、教育和推广，私营部门的参与 4 个优先领域开展行动。东盟成员国将在《框架》基础上制定本国的海洋垃圾处理政策。

海洋垃圾问题超越国界，需要地区间的整体合作。在东盟地区，除了采取强有力的国家行动外，加强国家间的战略合作也显得尤为重要。如不立即采取行动，海洋垃圾将会给海洋生物多样性、环境、健康、社会和经济带来负面影响。

东盟成员国已经意识到采取行动的必要性，并在处理海洋垃圾方面取得显著成效。

《东盟海洋垃圾行动框架》是在 2017 年 11 月东盟会议上提出的采取行动减少海洋垃圾建议的基础上发展而来的。该建议主要是考虑到 2017 年 9 月在巴厘岛召开的东亚峰会上提出的减少海洋塑料垃圾要求。

2019 年 3 月 5 日，在泰国曼谷举行的东盟海洋垃圾治理部长级特别会议上，就处理海洋垃圾问题提出一份《海洋垃圾行动框架》，以期提交第 34 届东盟峰会讨论通过，受到东盟成员国主管自然资源和环境的部长或代表的欢迎。

该框架包括 4 个优先领域：一是政策支持与规划；二是研究、创新与能力建设；三是公众意识、教育和推广；四是私营部门的参与。每一个优先领域都包括在东盟地区和东盟及其伙伴间处理海洋垃圾采取的行动或建议中。

表 45-1　东盟及其伙伴拟议的下一步将讨论的行动计划清单

框架/行动	行动建议
框架一：政策支持与规划	
A. 通过信息和知识共享，加强区域协调，促进关于预防和减少因陆上和海上活动产生海洋垃圾的区域政策对话	1. 定期举办关于处理海上垃圾问题的区域政策对话/讨论会

续表45-1

框架/行动	行动建议
B. 在单个国家和东盟的发展议程和优先事项中采取多部门合作的政策措施处理海洋垃圾问题	1. 制定和实施处理海洋垃圾的长期、强有力战略，包括建立防止污染的综合废弃物管理系统和循环经济方式。 2. 制定并实施扩大生产者责任制度，包括环境设计、押金退还和回收再利用。 3. 鼓励政府和企业合作，实施产品可持续性和循环性标准，以刺激可持续性产品和二次原料市场，同时解决一次性塑料产品的不可持续利用和处置问题。 4. 制定/加强陆上污染物（包括一次性塑料）和海上污染物（如幽灵网、渔船废弃物、海上运输和海洋旅游产生的废弃物）的上游政策。 5. 通过东盟主导的各种机制，加强部门间合作，以有效处理海洋垃圾。 6. 鼓励国家和地方政府将海洋垃圾问题纳入优先事项
C. 鼓励东盟成员国执行与废弃物管理相关的国际法和协定，如《国际防止船舶造成污染公约》中附件五船舶产生的垃圾污染、《巴塞尔公约》和联合国环境大会关于海洋垃圾和微塑料的第3/7号决议	1. 将与废弃物管理有关的国际法和协定纳入地区管理平台。 2. 为执行国际法和相关协定创造条件。 3. 通过在线研讨会或巴塞尔公约亚太区域中心开展定期对话
D. 利用综合的陆海政策，制定一项在东盟地区处理海洋垃圾的区域行动计划	1. 成立东盟处理海洋垃圾行动计划特别工作组。 ①交换关于处理海洋垃圾的现有政策资料； ②为区域行动计划奠定基础； ③根据国家和地区情况编制区域行动计划。 2. 审查和分析地区处理海洋垃圾的最佳方案。 3. 组织关于东盟处理海洋垃圾协定的协商会。 4. 就设立东盟海洋垃圾处理中心进行可行性研究。 5. 为东亚峰会制订处理海洋塑料垃圾行动计划做出贡献

续表45-1

框架/行动	行动建议
框架二：研究、创新与能力建设	
A. 编制东盟海洋垃圾情况和影响的地区底线	1. 审查和分析关于东盟海洋垃圾状况和影响的资料及数据，并编制地区底线报告。 2. 评估信息和数据差距，确定弥合差距的方法
B. 加强地区、国家和地方政府制定和执行国家行动计划/倡议的能力	1. 根据已经建立的协议，探讨监测海洋垃圾的方法标准。 2. 在适当的时机评估东盟成员国处理海洋垃圾的现有能力和需求。 3. 在东盟成员国间开展处理海洋垃圾的培训，同时也支持包括外部各方开展的海洋垃圾管理和监测培训
C. 加强科学知识建设、海洋技术转让和科技创新能力，以处理海洋垃圾问题	1. 支持东盟成员国之间科学知识、技术和创新发展的研究和共享，包括邀请研究机构、公私部门、国际合作伙伴和其他相关利益攸关方。 2. 促进各研究机构之间的合作和伙伴关系，以方便收集和交流相关数据信息，开展海洋垃圾处理合作，包括国家和国际间的会议和交流访问等。 3. 认同各城市为处理海洋垃圾实施的创新解决方案。 4. 加强对海洋垃圾包括塑料和微塑料的研究和学习。 5. 探讨建立一个海洋垃圾数据和信息共享网络的可能性。 6. 在处理海洋垃圾时，开发研究环保替代品
D. 促进科学知识的整合和应用，在海洋垃圾管理和预防方面加强科学决策	1. 加强科学家和政策制定者之间的交流，提升政策和信息的科学性。 2. 通过各种交流渠道传播科学知识，如刊物、会议和大众传媒等。 3. 适时鼓励科学家参与决策过程，以便为政策的制定提供证据支持。 4. 鼓励科学家将多种观点，尤其是政策制定者的观点，纳入研究设计、实施和沟通(过程中)

续表45-1

框架/行动	行动建议
框架三：公众意识、教育和推广	
A. 提高公众对海洋垃圾和微塑料的认识	1. 结合基于科学的信息，编制关于海洋垃圾状况和影响的交流材料。 2. 通过先进的交流平台、大众传媒和公众活动，向市民传播信息/资料
B. 加快制定宣传战略/方案，以改变处理海洋垃圾的行为方式，同时将海洋垃圾问题纳入东盟的预防文化倡议	1. 制定沟通交流方案，提高公众意识，促进行为方式改变。 2. 调整和应用能够成功改变行为方式的最佳实践活动。 3. 分享可预防和减少陆上与海上垃圾产生的替代解决方案。 4. 将关于海洋垃圾的状况和影响纳入到宣传战略/方案。 5. 使包括青年、公共和私营部门以及政府机关在内的利益相关方参与到处理海洋垃圾的宣传活动中
C. 为处理海洋垃圾，促进建立知识共享平台，创新解决方案和最佳实践	1. 组织专家交流平台和/或学习培训计划。 2. 建立东盟信息平台，交流信息，共享创新方案和最佳实践
框架四：私营部门的参与	
A. 促进私营部门与行业协会的合作，落实处理海洋垃圾的措施	1. 支持私营部门采取措施解决海洋垃圾问题
B. 鼓励私营部门在处理海洋垃圾问题上作出投资和贡献	1. 鼓励私营部门参与到循环经济、产品生命周期管理、可持续生产和消费以及3R原则的活动中。 2. 私营部门鼓励研究和创新，如通过项目融资，将企业社会责任重点聚焦在处理海洋垃圾问题上。 3. 增加私营部门在重新设计产品/包装和替代材料方面的投资。 4. 鼓励利益相关方建立促进机制/建设基础设施，提高废物回收利用率

第四十六章　处理东盟地区海洋垃圾问题的曼谷宣言

2019 年 6 月，在第 34 届东盟峰会上，东盟 10 国领导人通过了《关于处理东盟地区海洋垃圾问题的曼谷宣言》(以下简称“《曼谷宣言》”)，承诺将采取共同行动减少区域内海洋垃圾。《曼谷宣言》是东盟成员国达成的治理海洋垃圾的第一份协议，强调 2025 年的东盟共同体愿景，关注生物多样性、自然资源保护和可持续发展蓝图。

2019 年 6 月 22 日，东盟国家元首/政府首脑，即文莱达鲁萨兰国、柬埔寨王国、印度尼西亚共和国、老挝人民民主共和国、马来西亚、缅甸联邦共和国、菲律宾、新加坡、泰国和越南社会主义共和国(以下简称“东盟成员国”)在曼谷召开第 34 届东盟峰会。

峰会强调了 2025 年东盟共同体愿景，特别是东盟共同体生物多样性和自然资源保护、可持续发展蓝图。东盟各国表示将合作采取从陆地到海洋的相关措施，并加强公私部门合作以及国际合作，以应对海洋环境污染，防止和减少海洋垃圾的产生。

东盟成员国的共同愿望是实现联合国《2030 年可持续发展议程》，尤其是实现可持续发展目标 14：即保护和可持续利用海洋和海洋资源以促进可持续发展；目标 14. 1：在 2025 年之前，防止和显著减少所有类型的海洋污染，特别是陆上活动造成的污染，包括海洋废弃物污染和养料污染。

认识到《东盟共同体愿景 2025》与联合国《2030 年可持续发展议程》的互补性；回顾了联合国实施可持续发展的会议。

可持续发展目标 14：保护和可持续利用海洋和海洋资源以促进可持续发展。这就需要采取行动预防和减少各种海洋污染，包括与利益相关者合作处理塑料和微塑料的生产、销售和使用。

注意联合国环境大会关于海洋垃圾和微塑料的第 3/7 号决议，尤其是第 7 款(C)联合国环境规划署应成员国要求促进地区和国家建立和实施预防和减少海洋垃圾和微塑料的行动计划。

确定东盟成员国在东亚峰会上发表的关于处理海洋塑料垃圾的声明是2018年11月15日召开的东亚峰会关于处理海洋垃圾的具体行动，尤其是在加强国际和地区合作，探索可能的区域行动计划和指导方针，提高支持国家发展行动计划的力度等方面，达到防止、减少和管理海洋塑料垃圾的目的。

重申东盟国家高度关注不断增加的海洋垃圾，尤其是海洋塑料垃圾对海洋生物多样性、生态系统、动物健康、渔业、海上运输、娱乐和旅游、当地社会和经济、食品安全和人类健康的负面影响。

注意到2017年9月6—7日在巴厘岛举行的东亚峰会关于处理海洋垃圾的主要成果、经验教训和未来发展方向以及2017年11月22—23日在普吉岛举行的东盟峰会上关于减少东盟地区海洋垃圾的建议。

又注意到2018年10月31日至11月1日在巴厘岛举行的《保护海洋环境免受陆地活动影响全球行动纲领》政府间审查会议第四次会议的讨论情况。

认识到多方利益相关者合作、知识共享、技术转让、提高公众意识和创新宣传在处理海洋垃圾方面的重要性。

认识到有必要加强东盟成员国在保护海洋环境和确保海洋资源可持续利用方面的合作。

全方面支持东盟与其伙伴间的合作，增强合作的可持续性。

接受2019年3月5日在曼谷召开的东盟部长级特别会议上提出的处理海洋垃圾的建议和行动框架。

特此声明，处理海洋垃圾，即：

(1)强化国家级行动，通过东盟成员国与其伙伴的合作行动，防止和减少海洋垃圾的产生，尤其是通过陆上活动产生的垃圾；

(2)鼓励采取陆海一体的综合行动防止和减少海洋垃圾的产生，加强相关法律的执行，增加地区和国际性合作，保持经常性政策对话和信息共享；

(3)提高东盟各部门间的协调性，以更有效地处理海洋垃圾污染带来的多方面和深远的消极影响；

(4)加强多方利益相关者之间在处理海洋垃圾方面的协调与合作，包括落实应对这一问题的联合行动；

(5)鼓励私营部门参与和投资预防和减少海洋垃圾产生的活动，包括通过各种机制和奖励措施促进公私部门间的合作；

(6)通过优先考虑循环经济和3R(减少、再利用、再循环)等方法，研究创新解决方案，提高塑料价值和资源利用率，同时，欢迎东盟成员国之间就能力建设和最佳实践进行交流，并欢迎东盟外部伙伴对此方面的支持；

(7)加强在处理海洋垃圾方面的研究能力建设和科学知识应用，特别是支持科学决策和政策；

(8)加强教育，加大宣传力度，提高公众意识和参与度，从而改变行为方式，以防止和减少海洋垃圾；

(9)欢迎2019年3月5日在曼谷举行的东盟海洋垃圾特别部长级会议提出的《东盟海洋垃圾行动框架》的建议，鼓励东盟成员国及时落实该框架。

2019年6月22日《曼谷宣言》在曼谷通过，英文正本一份。

第四十七章　中西太平洋小岛屿发展中国家海洋生物资源可持续管理战略行动计划

2019年2月，太平洋岛国论坛渔业局发布《中西太平洋小岛屿发展中国家海洋生物资源可持续管理战略行动计划》（以下简称“《战略行动计划》”），重点面向包括15个太平洋岛屿国家的相邻领土、群岛水域、专属经济区和国家管辖外地区在内的大面积海洋区域。承诺执行《战略行动计划》的15个小岛屿发展中国家为：库克群岛、密克罗尼西亚联邦、斐济、基里巴斯、马绍尔群岛、瑙鲁、纽埃、帕劳、巴布亚新几内亚、萨摩亚、所罗门群岛、汤加、图瓦卢、瓦努阿图和托克劳。

《战略行动计划》旨在向中西太平洋小岛屿发展中国家及其伙伴方提供一个清晰的路线图，帮助应对海洋生物资源养护等跨界问题。《战略行动计划》规定了相关养护行动的优先次序，以解决先前完成的跨界诊断分析中所确定的优先问题。同时，《战略行动计划》还强调要加快体制机制改革，重视渔业监测及评估程序，以衡量该进程的成果和效力。

第一节　《战略行动计划》背景

太平洋岛国论坛渔业局是一个政府间机构，成立于1979年，旨在促进成员国在渔业政策方面的区域合作和协调，并积极养护和善用海洋生物资源，特别是高度洄游鱼类资源。

太平洋岛国论坛渔业局在中西太平洋渔业委员会的支持下，积极促进并协助成员国之间进行讨论，向该委员会提出各项渔业资源养护和管理措施、管理决议和其他倡议。在太平洋岛国论坛渔业局的努力下，中西太平洋渔业委员会基于《关于渔业监测和执法合作的纽埃条约》以及最低准入条款条件，基本确定了关于渔业资源养护的规范标准。

由联合国开发计划署和联合国粮食及农业组织设立的全球环境基金项目，为小岛屿发展中国家、太平洋岛国论坛渔业局成员国以及中西太平洋渔业委员会成员国提供着必要支持。1997 年，全球环境基金推行了“南太平洋国际水域战略行动计划”项目，内容涵盖海洋渔业管理和综合海岸水域管理。此后，全球环境基金开展了 3 次干预行动，以支持域内国家及整个南太平洋区域执行这一行动计划项目，并通过一项有效条约，管理和保护包括西太平洋暖池等大型海洋生态系统在内的可持续海洋渔业。

“南太平洋国际水域战略行动计划”项目的重点是积极引导太平洋小岛屿发展中国家履行全球和区域海洋渔业公约及相关法律规定。该项目的其中一项要求是对海洋渔业进行全面跨界诊断分析，并更新海洋渔业管理行动计划。执行跨界诊断分析旨在衡量大型海洋生态系统中跨界问题的来源，并确定可能需要采取的预防和补救措施。跨界诊断分析提供了“跨界”国家商定技术和事实资料，这些国家及其他利益相关者可据此进行协商并制定行动计划，作为解决跨界问题所采取的一系列行动的正式依据。此外，该项跨界诊断分析作为“海洋渔业管理项目Ⅱ”的一项活动，完成于 2018 年，并在 2018 年 5 月经太平洋岛国论坛渔业局官员批准，正式作为该项目的指导性报告。

《战略行动计划》是根据跨界诊断分析的结论制定的，明确了跨界诊断分析中提出的问题及其根本原因，确定了小岛屿发展中国家及其域内伙伴国为解决上述问题而采取的一系列优先行动。

第二节　《战略行动计划》总体目标

目标 1　改进和加强生态系统及海洋生物资源的管理战略和机制

(1)改进现有管理方法。加强太平洋区域内和公海区域的延绳钓管理；改进对围网的管理；改进太平洋区域内和分区域管理战略、加强行政机构之间的合作；加强国家金枪鱼管理计划的实施；加强各科学研究机构之间的合作；改进相关国际条约及其支持项目的合规情况；强化太平洋岛屿发展中国家的主权权利，通过法律确定现有的永久性管辖基线，以加强对金枪鱼资源的有效管理。

当前的优先事项是加强对延绳钓的管理。相对于围网渔业来说，对延绳钓的管理要难得多，因为围网捕捞很大程度上是在专属经济区内进行，而延绳钓则可在公海区域内进行。此外，在延绳钓船队或在其转船的运输船上，观察人员数量非常有限，因而缺乏充分的信息和报告来支持有效的鱼类种群评估和后续管理决策。通过对渔获量进行更好核算及对渔获战略过程的支持来改进监测，对于改进此类渔业的管理至关重要。采用电子监测和电子报告方式等现代技术很可能是解决方案的核心。

(2)制定新的管理方法。根据《联合国鱼类种群协定》规定的预防措施采用有效和积极主动的适应性管理机制；从单一鱼种管理转向基于生态系统的渔业管理，并纳入多鱼种管理战略；随着近海渔业的衰退，应制定新的社区生存和小型商业渔业管理战略。《渔获战略计划》在中西太平洋渔业委员会的工作计划中被列为优先事项。

目标 2　加强科学监测以提高对中西太平洋区域生态系统及海洋生物资源的管理力度

(1)改进现有监测方法。为中西太平洋渔业委员会渔获物文件计划建立标准，并在国家层面制定可操作的渔获物电子文件计划系统；通过扩大监视范围以及广泛应用电子监测技术，增强海上捕捞活动的监测力度，提高报告水平；加强海上监测合作，以减少非法、不报告、无管制捕捞活动；加大对气候变化、沿海社区灾害防御数据的监测力度，提升数据收集、预测性建模和适应性管理的能力；监测及评估废物、排放物对海洋环境的影响。

(2)支持适应性管理的新型监测和数据处理测量。分析生态系统产品，以支持和证明适应性管理的改进；了解生态系统内部的相互作用，了解其对整个生态系统的可持续性影响；开展生态连通性研究，以了解海岸变化与近海海洋环境之间的关系；加强对国家管辖范围以外区域的管理。

目标 3　加强《中西太平洋渔业公约》区域生态系统及其海洋生物资源监测和管理的能力建设和培训

(1)改进管理和行政的能力建设和培训。加强处理增加的行政和体制负担的能力，以便更有效地进行适应性管理，并增强渔业官员的专业知识以避免报告差异；支持太平洋岛屿国家以区域捕捞努力量取代外国船只；

支持太平洋岛屿国家扩展生计来源和业务范围，以适应供应、销售和加工远洋鱼类的需求。

(2)改进执行及合规的能力建设和培训。改进监测信息管理和分析的能力、培训和准则；提高小岛屿发展中国家旗船管理成效，包括在区域和分区域计划中更优先地考虑支持作为船旗国和沿海国的小岛屿发展中国家。《战略行动计划》还确定了实现主要目标的战略。

拟议措施确定了太平洋岛国论坛渔业局的作用。该机构在中西太平洋渔业委员会和《中西太平洋渔业公约》的框架内，为《战略行动计划》的各方提供区域协调。这些措施强调有必要采取更为积极的适应性管理方法，包括谈判和商定捕捞战略等，以此作为更有效的鱼群管理方法。《战略行动计划》进一步确定在国家、分区域、区域甚至全球各级加强渔业管理的必要性，还强调要与有关机构、正式授权机构之间增进协调与合作。

第三节 《战略行动计划》内容

一、改进原有管理手段，制定新的管理方法

完善“区域内”和公海延绳钓管理；改进围网管理；加强区域和分区域管理战略、行政机构和其他潜在伙伴之间的协调；促进国家金枪鱼管理计划的实施；加强鱼类和海产品的生态标签制度，以便通过消费者驱动的激励措施实现可持续发展；增强各科学研究活动之间的协调；改进对其他相关国际条约及其支持活动和项目的合规情况；强化太平洋岛屿发展中国家的主权，以有效控制和确保不断获得金枪鱼资源，特别是通过法律确定现有的永久管辖基线以加强有效管理。

根据《联合国鱼类种群协定》的预防性措施，采用有效和积极主动的适应性管理机制；从单一鱼种管理转向基于生态系统的渔业管理并纳入多鱼种管理战略；随着沿海渔业的衰退，制定新的社区生活保障和小型商业渔业战略。

在国家层面采取下列行动：对区域内的所有国家和港口实施逐程和特定船舶的数据采集；实施港到港监察以及对监察和合规性信息的共享访问；改善港口转运设施，加强对转运的管制和监察；力求消除公海转运，

以加强对误报和过量副渔获物的管制（并支持禁止割鲨鱼翅法令）；引入质量保证审查体系，以便在发生严重不符合养护和管理措施和可能的系统性问题的情况下协助中西太平洋渔业委员会成员；就与造成社会经济影响的较大渔业国家的“利益冲突”进行国家级评估并提出建议；向金枪鱼管理“薄弱”的国家提供援助，帮助其更新和实施金枪鱼管理计划；对潜在的海事管理和补给区进行国家级审查，就区域可行性评估提供建议等。

二、加强科学监测

为中西太平洋渔业委员会渔获登记制度建立标准，并在国家层面建立可操作的渔获登记制度电子系统；通过扩大观察员覆盖面和更广泛地使用电子监控/报告技术，加强对船上捕鱼活动的监控和报告；通过更广的覆盖面、更好的技术及电子信息系统，改进对目标和非目标鱼种的渔获物、努力量、副渔获物、卸货和转运信息的获取；以减少和消除非法、不报告、无管制捕捞活动为明确目标，提高协同监测、控制和监视计划及相关数据分析能力；加强和扩大数据采集、预测建模和评估以及后续与气候引起的变化和社区恢复力需求相关的适应性管理建议；监测及评估废物/丢弃材料及排放物的影响等。

在国家层面采取下列行动：采用电子渔获登记系统；为国家渔获登记系统的有效运作和管理提供资源；《中西太平洋渔业公约》区内的所有国家承认并采用太平洋岛屿区域渔业观察员标准；将电子监测和电子报告纳入国家行政程序和港口国实践中；支持国家渔业机构和负责分析视频和传感器数据的现有分区观察员项目；增强国家和分区观察员方案，以减轻国家级培训和后勤负担，并通过审核流程确保质量；制定和执行观察员和电子监测成本回收机制，以确保有效的监测能够长期持续下去；为区域范围内的基本气候变化数据采集计划提供国家级援助；增进各成员国对气候变化影响和缓解策略的理解；根据各太平洋岛屿国家和地区及其情况，就缓解气候变化对渔业和社会经济的相关影响提供建议等。

三、加强能力建设和建立培训机制

更有效地进行适应性管理，并增强渔业官员的专业知识；支持太平洋岛屿国家，尤其是小岛屿发展中国家创造机会扩展生计来源和业务范围，适应以当地供应、销售和加工远洋鱼类为重点的渔业变化；支持数据处理和管理的能力、加强专业知识培训；建立并完善区域内高等教育方案和课程；改进检查、执行、监测、控制和管理与分析监视信息的能力，加强相关培训。

在国家层面采取下列行动：必要时重组管理部门，以更好地反映业务系统并加强信息管理；在国内提供更有效的科学分析并将分析转化为管理和政策策略及相关培训；在国内提供关于立法过程的培训，以支持更有效的渔业管理并提高合规性；加强对国内船队发展的激励和投资，以增加国内船队创造的效益；加强对国家级机构的支持力度，使其发挥"卓越中心"作用；提高国家对悬挂船旗的船舶的管理和管制能力；在国家层面提供船旗国合规培训，涵盖所有相关部门等；推广电子监测示范工作。

第四节　《战略行动计划》实施

为使《战略行动计划》得到有效实施，各项活动及时完成以及保障《战略行动计划》的全面实施得到监督，需要落实行政和管理流程或在该区域现有安排的基础上加以修改和扩充。

一、体制建设

太平洋岛国论坛渔业局为其成员国提供了一种机制，对中西太平洋渔业委员会会议上讨论或提出的问题采取联合措施。在过去20年中，通过全球环境基金及其两个执行机构(联合国开发计划署和联合国粮食及农业组织)的支持，一系列海洋渔业管理项目逐步发展，进一步促进和支持了"南太平洋国际水域战略行动计划"。太平洋岛国论坛渔业局在太平洋小岛屿发展中国家利益与中西太平洋渔业委员会利益之间起着主要的纽带作用，这种作用需要维持，并可能需要多样化和进一步发展。

太平洋岛国论坛渔业局将在中西太平洋渔业委员会和《太平洋岛国论坛渔业局公约》的框架下工作，负责《战略行动计划》的区域和各方间的协调。该机构也将收取并管理小岛屿发展中国家实施《战略行动计划》的支持资金，并将提供与中西太平洋渔业委员会就《战略行动计划》相关目标和活动进行互动和交流的正式渠道。

《太平洋岛国论坛渔业局公约》第八条明确了渔业局的法律地位，例如，缔约能力、服务和设备采购等。

在可能和适当的情况下，太平洋岛国论坛渔业局将利用本局和中西太平洋渔业委员会内部的现有科学小组和技术机构，处理关切领域和有关活动的问题。

目前已有一些国家机构建立了与《中西太平洋渔业公约》和太平洋岛国论坛渔业局的联络途径，作为国家联络机构发挥最适当的作用，为在国家层面采取行动实施《战略行动计划》提供帮助，太平洋岛国论坛渔业局将通过这些机构获得国家参与和援助，并为其提供支持和资金。

二、适应性管理和预防性措施

《联合国鱼类种群协定》要求将预防性措施广泛应用于跨界鱼类种群和高度洄游鱼类种群的养护、管理和开发，以保护海洋生物资源和海洋环境。该协定还提供了关于在跨界鱼类种群和高度洄游鱼类种群的养护和管理中应用预防性参考点的附加准则，并具体指出：

“管理战略应力求使被捕捞种群以及必要时使伴生物种或依附物种的数量维持在或恢复到先前协定的预防性参考点水平。根据这些参考点，采取事先协定的养护和管理行动。管理战略应包括当接近预防性参考点时可以实施的措施。”

渔获战略是预先商定的框架，规定了渔业中针对特定鱼种事先协定的管理行动，以实现协定的生物、生态、经济和社会管理目标。协助设定配额，并制定一套基本要素，即监测计划；渔业状况和健康指标；所选指标价值评估方法；根据关键指标是否接近或超过参考点采取自动管理行动的渔获管控规则。

管理行动通过协定的“渔获管控规则”预先定义。针对相关鱼类和渔业定制的候选渔获管控规则，在通过计算机模拟实施之前进行试验。基于分析结果，管理者选择最能规避定义的极限参考点的策略，这些参考点指示可能导致生物问题的较小种群量，相反其旨在将种群保持在目标水平，以在不同管理目标之间达到所需的平衡以及对主要不确定性保持鲁棒性。

渔获战略计划在中西太平洋渔业委员会工作计划中被列为优先事项。考虑到渔获战略制定过程的反复性，该项工作计划将持续数年。一旦全面实施，渔获战略方法将摆脱中西太平洋渔业委员会针对主要金枪鱼种群和渔业制定的管理决策的临时性质。

中西太平洋渔业委员会通过《关于制定中西太平洋主要渔业和鱼类渔获战略的养护和管理措施》，同意为委员会职权范围内的每一种主要渔业或鱼类制定并实施渔获战略，具体如下：

“渔获战略被认为是渔业管理决策的最佳实践方法。渔获战略具有主动性、适应性，并提供了框架，以便获得有关鱼类种群或渔业的最准确信息，并应用一种基于证据和风险的方法确定渔获量。渔获战略提供了一个更加确定的作业环境，其中，与渔业或鱼类种群有关的管理决策更加一致、更易预测、更加透明。根据该养护和管理措施制定的渔获战略应规定必要的管理行动，以实现渔业中确定和协定的生物、生态、经济和社会目标。每项渔获战略应包括一项具有针对性的程序，以便对渔业的生物、经济和社会条件以及管理渔业或鱼类种群的预定义规则进行评估，从而实现各项目标。”

因此，支持《战略行动计划》作为国家优先目标之一，采用“渔获战略”机制作为一项适应性管理措施，包括预防性管理办法，并利用快速和积极反馈机制调整管理实践，以反映保持渔业可持续发展的迫切需要。

三、协调联动

实施《战略行动计划》需要在国家、分区域、区域甚至全球层面进行有效的协调与合作。

(1)国家层面：各部门之间需要联动协作，确保有协调一致的方法实施《战略行动计划》和实现国家目标。如果需要实现多项目标，这种协作还需要延伸到私营部门。

(2)次区域层面：需要密切配合现有或新的次区域管理协定(如《瑙鲁协定》)，以确保其与《战略行动计划》的目标及太平洋岛国论坛渔业局成员国的要求尽可能地相辅相成。这一协调过程还应认识到，太平洋岛国论坛渔业局及其机构或许能够从次区域机构和协定中吸取教训并采取最佳做法。

(3)区域层面：《中西太平洋渔业公约》提供了《战略行动计划》实施活动所依据的运作框架。这些活动将由太平洋岛国论坛渔业局成员进行指导、实施和管理。在太平洋岛国论坛渔业局、中西太平洋渔业委员会和其他区域条约、协定及其支持计划之间，存在着加强协调的机会并适时发展为正式化协调机制。这些活动还考虑了交叠或邻近行政辖区或利益，如南太平洋区域渔业管理组织、多边条约、南方蓝鳍金枪鱼保护委员会、南极海洋生物资源保护委员会、泛美热带金枪鱼委员会等。在区域活动层面，太平洋区域组织理事会也可以发挥重要作用。

（4）全球层面：需要协调全球倡议和公约/条约。联合国粮食及农业组织、联合国环境规划署、国际海事组织等联合国机构和其他机构将有兴趣参与《战略行动计划》实施的某些方面。全球私营部门机构，包括代表航运业的机构以及海洋管理委员会等全球非政府组织，也将成为协调对象。

第五节　能力建设与培训机制

为实现《战略行动计划》的目标和成果，必须加强能力建设，建立培训机制，特别是在国家层面，以确保进行有效的实施、定期和可靠的监测以及后续的数据采集。在区域层面也可能需要增加或提高建模、预测和预报等方面的技能，特别是在生态系统层面，需要应对气候变化的广泛影响。《战略行动计划》将能力建设和培训需求作为其优先目标之一。

一、能力建设和培训优先事项

为开展具有成本效益的能力建设和培训活动，需要评估和优先考虑整个区域的培训需求。一旦确定了这些优先事项，就可以确定和通过切实可行的培训及能力建设计划。这一计划需要考虑各国需求与该区域需求之间的平衡，并考虑如何最有效地进行培训并提高能力。在某些情况下，支持选定的个人改善其在特定领域的专业知识可能是最为有效的方法。其他情况可能需要短期的研讨式培训，可以在区域级或国家级层面开展。因此，需要与专业培训机构建立伙伴关系；通过专业机构、非政府组织和国际资助机构为培训确定资助资金；确保议定并提供培训后的长期指导，以便受训人员可以向专家寻求指导；明确合适人员选拔标准，以便他们在实施《战略行动计划》目标和使用指标时可以充分利用所学知识；确定是否需要完善或改进讲授渔业管理和相关学科的高等教育课程。

二、卓越中心

确定区域内外能够支持《战略行动计划》的具体目标、成果和指标的卓越中心将具有重要价值。应通过签署正式协议与这些中心建立伙伴关系。这些中心还可以提供上文所述的一些培训和能力建设服务以及为《战略行动计划》的实施提供必需的科学、技术和政策支持。区域还可能希望设立新的卓越中心，以解决新出现的或尚未得到有效处理的问题。

三、海洋科学交流中心

有效实施适应性管理，需要可靠的科学数据和分析的支持。理想情况下，还需要在分析阶段结合一些科学、技术技能和学科。卓越中心即海洋科学数据和信息的交流中心，设立此类交流中心已经得到太平洋共同体会议的正式批准，目前正投入运作。如果该太平洋共同体海洋科学中心能够成为基础机构，为更广泛的同行评审过程提供科学数据和信息，这对《战略行动计划》和全面适应性管理流程的实施将具有巨大价值，从而积极推动管理决策以及确定研究需求的优先级。

第六节　《战略行动计划》实施的监测与评估

《战略行动计划》需要一个平行的监测和评估过程审查计划的设计和实施情况，并确定指标和数据收集过程，从而确定是否达到指标、取得成果，实现这一点最简单的方法之一就是通过一项成果框架。该框架将考虑每一个目标及其预期成果，并确定具体的指标和可以确定这些成果是否实现的确证指标。

负责国家和区域一级《战略行动计划》实施的机构将至少每 12 个月举行一次会议。会议将审查监测和评估信息，以评估每项成果及战略的进展情况，并处理任何制约因素、挑战以及差距。这些信息还将用于审查计划和规划，以了解成果和战略与实现计划目标的相关性，包括在实施期间需要作出的任何改善或改进。会议还将审议与“联合国可持续发展目标”的 14 项目标和指标之间协调的相关问题以及在实现这些目标和指标方面取得的进展和存在的任何限制。会议还将审议已出现或可能出现的任何可能危及成果和总体目标落实的风险。此类风险可能具有政治、经济或社会性质，并可能包括区域以外和中西太平洋渔业委员会无法控制的事件。

第七节　伙伴关系与资金支持

一、伙伴关系

当今已有大量伙伴及其以正式或非正式方式与《中西太平洋渔业公约》联系在一起的机构协议。此外，在本区域还有大量其他补充举措，目前正处于联合国粮食及农业组织、世界自然基金会、皮尤慈善信托基金会、太平洋岛屿金枪鱼渔业协会、国际海产品可持续发展基金会、绿色和平组织等的监督之下。

伙伴关系对《战略行动计划》的实施过程很重要，因而，太平洋岛国论坛渔业局还将与私营部门、学术机构、科研机构及非政府组织进一步建立伙伴关系，并将通过各种方式鼓励、建立和维持这种伙伴关系。

二、潜在的资金支持来源

实施《战略行动计划》不仅需要太平洋岛屿国家和地区自身的资金支持和财政资源，还需要国际捐助机构等其他的资金支持来源，这些机构包括联合国机构（如联合国开发计划署、联合国环境规划署、联合国粮食及农业组织）及全球环境基金、绿色气候基金、欧洲复兴开发银行、亚洲开发银行等其他资助机构，还可以从该区域中发达和财政稳定的国家获得更多资金。资金支持和实际资金承诺将在《战略行动计划》实施的初始阶段确定。

第四十八章　国际北极科学委员会战略计划(2018—2023)

2018 年 6 月，为鼓励和促进整个北极研究界的合作，国际北极科学委员会(IASC)在其年度会议上批准了《国际北极科学委员会战略计划(2018—2023)》(以下简称“《计划》”)，并在之后，在 IASC 副主席杨惠根、弗拉基米尔·帕夫连科和《北极公报》的帮助下，发布了《计划》的中文版和俄文版，以将该文件分享给更广泛的北极研究人员。

第一节　《计划》序言

国际北极科学委员会(IASC)是一个非政府科学组织，它鼓励和促进北极研究的所有方面、从事北极研究的所有国家和在北极地区的所有领域之间的合作。

IASC 促进和支持跨学科研究，以增进对北极地区及其在地球系统中作用的科学理解。IASC 创始的初衷是为了提供科学和技术咨询，促进与其他国家和国际组织的合作和联系，并定期审查北极科学的发展状况。IASC 的第三次审查是一个为期两年的自下而上的过程，它也形成了于 2015 年发表的第三届北极研究计划国际会议(ICARP III)报告“整合北极研究——一份通往未来的路线图”。

《计划》以 ICARP III 的主要优先事项和重要信息为基础，为知识产生、交流、行动的必要进展提供方向。

考虑到目前北极地区发生的重大变化，需要对该地区及其在地球系统中的作用有更多的科学认识。重要的是，这些信息必须传递给政策制定者和决策者。

IASC 的战略计划将有助于这一努力。

Susan Barr(苏珊·巴尔)

IASC 主席

第二节 《计划》执行摘要

IASC的核心任务是鼓励和促进整个北极研究共同体的合作。因此，IASC在2015年出版了“整合北极研究——一份通往未来的路线图”，这是通过ICARP III自下而上过程产生的，由IASC发起，涉及27个国家的700余名科学家参与。

ICARP III路线图突出了3个关键的科学优先事项：

(1)北极在全球系统中的作用。

(2)观测和预测未来的气候动态和生态系统响应。

(3)了解北极环境和社会的脆弱性及恢复力，支持可持续发展。

《计划》以ICARP III路线图为基础，并确定了IASC今后5年的工作方向。该计划基于3个核心，并将通过实施这3个核心来实现。

核心1 促进北极研究合作

(1)促进和提升前沿的跨学科研究；

(2)支持持续和协调的观测；

(3)促进数据和信息管理及共享。

核心2 促进参与

(1)北极研究能力建设；

(2)支持土著和当地居民参与科学活动；

(3)培育和扩大IASC合作伙伴关系。

核心3 确保知识交流

(1)鼓励高质量科学产出；

(2)将知识传递给政策制定者和决策者；

(3)增加北极科学的教学、推广和交流。

ICARP Ⅲ的主要科学优先事项：

(1)北极在全球系统中的作用：北极的加速变化尚未被完全理解，但串联在各个全球气候系统中。为了解决当前的差距和全球联系，我们需要一种跨越学科、(大)规模和多样化知识系统的未来研究活动方法。

(2)观察和预测未来的气候动态和生态系统响应：预测北极变化和发展适应性行动，而非仅仅响应，这一点至关重要。为此，必须加强监测和持续观测，并结合新型和创新性的建模方法，向北极居民和决策者提供更及时的信息。

(3)了解北极环境和社区脆弱性及恢复力，并支持推动可持续发展：加强北极圈群体和生态系统恢复能力的可持续基础设施发展及创新，需要来自所有学科的科学家以及社会、政府和工业代表进行协作。

ICARPⅢ建议通过能力建设、结合传统和地方知识以及交流等措施使这些科学优先事项受众更大，且更有意义。

第三节　关于国际北极科学委员会

IASC于1990年由8个北极国家的代表建立，目前已经发展成为北极的主要国际科学组织，其成员包括23个参与北极研究的国家。

IASC的使命是鼓励和促进北极研究各个方面的合作。IASC的主要科学工作机构由5个工作组组成：大气层工作组、冰冻圈工作组、海洋工作组、人文社会工作组及陆地科学工作组。这些工作组负责制订其工作计划并开展跨学科合作，向IASC理事会提供咨询，确定和制订科学计划，确定并推进研究重点，鼓励科学主导的项目，并促进培养未来的北极科学家。

总的来说，IASC促进和支持前沿跨学科研究，以便建立对北极地区及其在地球系统中作用的更深入的科学理解。

IASC工作内容包括：

(1)协调北极科学现状的回顾来确定研究重点。例如，其领导的ICARP每10年举办一次(1995年、2005年和2015年)；

(2)促进主要的国际研究项目，如北极气候研究多学科漂移观测站和极地预测年(Scapp)项目；

(3)与当地合作伙伴一起召集和共同组织年度北极科学高峰周(ASSW)会议、与战略伙伴一起举办两年一度的北极观测峰会(AOS)，并通过其工作组举办科学研讨会；

(4)通过支持北极可持续观测网络和北极数据委员会(ADC)，促进观测、监测和数据管理；

(5)是北极理事会的一个被认可的观察员和科学顾问，对北极理事会

科学合作工作队等活动做出贡献;

(6)提供科学建议，比如为诸如北极淡水合成(AFS)、北极人类发展报告(AHDR)以及北极雪、水、冰和冻土报告(SWIPA)的合成做出贡献;

(7)通过IASC奖学金项目和提供差旅资助来支持年轻的北极学者。

第四节 行动策略

IASC的活动将支持基础研究和回答与北极社会相关问题的应用研究。IASC鼓励所有与该组织相关的人员遵守社会道德行为标准。

IASC的战略建立在3个科学核心之上，以确保IASC增加北极科学的拓展和影响，加强北极科学界内部的联系，并仍然是协调国际北极研究的主要推动者。

一、核心1 促进北极研究合作

(一)促进和提升前沿的跨学科研究

(1)专注于长期存在的跨学科的社会相关的问题，帮助工作组之间的跨领域互动。

(2)通过其工作组，扩展工作组之间及与其他科学组织的跨学科合作，包括发起涉及ICARP III主要优先事项的跨学科国际项目。可持续性和适应性的主题将有助于确定优先事项。

(3)继续推动俄罗斯北极国际科学倡议。

(4)继续与成员国和伙伴合作，支持和扩大国际北极科学合作。

(二)支持持续和协调的长期观测和监测

(1)继续努力发展持续的北极观测和监测，重点是IASC和北极理事会的北极监测和评估方案的联合倡议。

(2)帮助SAON实现其目标，即建立一个整合良好的北极观察系统集成路线图，促进北极观测数据的免费获取和使用，并确保北极观测系统的可持续性。

(3)鼓励对国际观测网络进行投资和贡献，包括平台、资源和项目。

(三)促进数据和信息的管理和共享

推广数据归档、管理和共享的最佳实践，并将支持北极数据委员会(ADC)建立北极数据组织持久联盟的目标。

(四)IASC 工作组的科学焦点

IASC 的科学工作组为 IASC 活动提供科学的建议、指导和推动。工作组今后 5 年优先考虑的一些事项如下：①通过对改良的耦合过程理解，提高长期北极气候建模能力；②北极大气污染：追踪气体和气溶胶的压力、社会和生态系统影响及气候反馈；③提高北极地区日变化到季节变化可预测性的卫星和建模活动，包括极端事件；④联系：北极在全球气候系统中的作用；⑤大气-冰川-海洋相互作用及其对北极冰川物质平衡的影响；⑥极端冰冻圈事件的形成、发展、频率、强度和影响；⑦提高与冰雪有关的跨学科知识；⑧北冰洋盆地地质历史；⑨海冰变化下的生物生产力；⑩北极气候系统的地质气候记录和未来响应预测；⑪冰盖减少对北极碳循环的影响；⑫气候变化中海洋、陆地、冰、大气和空间之间热和动量交换变化的结果；⑬水循环的变化及其对北极系统的影响；⑭北极的历史、人类对北极表征的认知；⑮自然资源和土地利用、开发和发展：过去、现在、未来；⑯北极社会生态系统的长期影响、脆弱性和恢复力；⑰人类健康、福祉和生态系统变化；⑱专注于极端生态环境中的物种相互作用与生态系统科学；⑲景观动态和干扰机制；⑳冻土和基础设施，包括传授适应变化的专业工程知识。

二、核心 2　促进参与

(一)建设北极研究能力

(1)通过鼓励、支持和投资早期职业研究人员来进一步推动其奖学金计划，并将继续贡献至少 30%的科学基金以支持早期职业研究人员及其能力建设活动。

(2)在本机构内部进一步提供辅导机会，并将继续加强与极地早期职业科学家协会和北极大学等组织的合作。

(3)促进 IASC 社区的包容性及不同性别、不同民族更加平衡的参与。

(二)支持土著居民和当地居民参与科学活动

(1)继续与北极原住民和当地居民合作，并将继续资助原住民参加 IASC 的讲习班和会议。IASC 关于原住民参与行动小组的建议将是这项工作的基础。

(2)推动社区观测计划，通过对当地社区开展培训促使其参与研究项目。

(三)培育和扩大 IASC 合作伙伴关系

(1)产生切实的合作成果，例如增加信息交流、联合会议以及现有和未来的谅解备忘录和协议书的倡议。

(2)扩大与南极科学研究委员会和其他相关的极地科学团体的伙伴关系以及确定和处理国际极地优先主题。

(3)根据为解决这一问题而设立的 IASC 行动小组的建议，加强与工商界的合作。

三、核心 3　确保知识交流

(一)鼓励高质量的科学产出

(1)继续为北极科学综合、白皮书、报告、同行评议的期刊文章和特别问题进行指导和推广。

(2)进一步加强 ASSW 作为建立伙伴关系、加强合作、分享和传播北极研究成果的手段。

(二)向政策制定者和决策者传递知识

(1)继续为北极理事会这样的机构及其工作组和相关国际行动小组等机构提供科学咨询和专门知识。

(2)将科学认识和信息转化为政策相关信息。

(3)IASC 行动小组的建议“连接北极科学家和政策制定者”将是这项工作的基础。

（三）增加北极科学教学、推广和交流

（1）通过 ASSW 和其他活动，更有目的性地向媒体、教育系统和更广泛的公众宣传北极科学。

（2）通过 IASC 理事会和工作组，为成员所在国搜集和提供有关 IASC 倡议和机会的信息。

（3）作为传播媒介，引起北极科学界对国家科学优先事项的注意，突出需要通过国际合作实施的行动。

（4）在财务和实际可能的范围内，通过其成员在有关研讨会和论坛中积极努力展现 IASC 科学优先事项。

（5）通过加强其在相关社交媒体和网络平台上的存在，增强 IASC 传播的范围。

第四十九章　北极海洋环境保护工作组工作计划(2019—2021)

2019年5月，北极理事会北极海洋环境保护工作组(PAME)在第11届北极理事会部长级会议上提交了《PAME工作计划(2019—2021)》(以下简称“《计划》”)，供会议审批。《计划》以PAME的任务、经高级北极官员(SAO)和北极部长批准的优先事项和建议、北极部长级宣言及北极理事会项目和《北极海洋战略计划(AMSP)(2015—2025)》建议为依据，制定了相应的项目及活动。

第一节　《计划》序言

PAME重点关注北极理事会的海洋工作议程，并且为各方提供了一个独特的论坛，旨在通过各方合作，开展以保护和可持续利用北极海洋环境为目标的广泛活动。

PAME活动的基础是处理海洋政策措施以及与北极海洋和沿海环境的保护和可持续利用相关的其他措施，以应对陆地和海洋活动带来的环境变化，包括非紧急污染防治措施，如协调战略计划、发展计划、评估和指导方针，所有这些措施都旨在补充北极海洋环境的保护和可持续发展。

PAME为广泛的北极海洋环境合作提供了一个独特的论坛，由负责各自国家工作的北极国家代表和永久参与方北极原住民组织代表组成。此外，其他北极附属机构、北极理事会观察员和其他北极利益攸关方也参与了PAME的当前工作。

PAME通常每年召开两次会议，评估进展并推进其工作。PAME由一名主席和副主席领导，分别由北极国家轮流担任，并由设在冰岛的秘书处提供支持。PAME向SAO汇报，并通过SAO向每两年会见一次的北极理事会部长汇报。《计划》由SAO和部长批准。

第二节　《计划》制订依据

《计划》制订依据是：

(1) PAME 的授权；

(2) 经 SAO 和北极部长批准的，由北极理事会附属机构编制或协商的报告和安排中确定的优先事项和提出的建议；

(3) 部长级宣言中提供的指示；

(4) 对北极理事会项目和 AMSP 的建议进行跟进，其中概述了北极理事会保护北极海洋环境的总体方向以及对北极理事会科学评估和其他相关评估的政策跟进。

第三节　《计划》项目和活动

2019—2021 年期间，可以根据确认的牵头或共同牵头的承诺和融资，在《计划》规定范围内提出其他项目的建议。

一、与“AMSP：目标 1”相关的项目和活动

提高对北极海洋环境的认知，继续监测和评估当前及未来对北极海洋生态系统的影响。

（一）背景

随着气候变化、人类活动增加以及对该地区的不断开发，人类对有关北极环境的可靠信息的需求与日俱增。

事实证明，北极理事会是一个重要的科学评估提供者，包括传统知识和地方性知识。正确的政策决定取决于对北极海洋环境和变化驱动因素的进一步了解，这需要精确和可获取的基础科学数据，如地形、水文、海洋和气象信息以及其他海洋空间数据、传统知识和地方性知识。

（二）北极海洋运输

项目 1　北极航运活动产生的黑碳排放及黑碳减排技术的发展

1. 项目说明

本项目的目标是加强协调，促进北极理事会成员国、永久参与方和北极理事会观察员之间开展关于研究各种燃料和废气处理方法、船舶发动机有害气体减排方法的对话与合作。

使用 PAME 的北极船舶交通数据库(ASTD)汇编北极水域航运活动产生的黑碳排放数据，以更好地了解该地区的黑碳排放分布和程度；促进 PAME 成员、行业、专家和其他技术开发人员进行对话和信息共享，包括北极航运活动黑碳减排的成本效益方法和其他相关因素的信息。

最终项目提案可酌情考虑国际海事组织(IMO)的相关工作，并可由项目通信组基于互补性进行相应修订。

2. 项目的领导者及合作伙伴

冰岛-芬兰。

项目 2　北极航运状况报告

1. 项目说明

本项目将利用 ASTD 系统开发有关北极航运信息的易于使用的说明性资料表，以突出北极航运活动的重要发展。项目将以说明性的方式编制和传达信息，例如使用故事地图或其他类似的线上阐述方式。

2. 项目的领导者及合作伙伴

美国-PAME 秘书处。

项目 3　轻质和中级燃油在寒冷水域中泄漏时所带来的环境毒性与灾害

1. 项目说明

本项目的目标是收集知识并解释轻质和中级燃油环境毒性的巨大差异。这是 PAME 和北极理事会突发事件预防准备和响应工作组(EPPR)的联合项目提案。

PAME 希望在闭会期间与 EPPR 协调和磋商，最终确定和批准本项目提案。

2. 项目的领导者及合作伙伴

挪威-可能的工作组合作伙伴：EPPR。

项目 4　北极海洋旅游：北极的发展和实现真正的改变

1. 项目说明

本项目遵循“北极海洋旅游项目(AMTP)(2015)：最佳实践指南”中的建议，包含以下两个主要的活动：

(1)利用PAME的ASTD数据库汇编北极旅游船的数据，以更好地了解最新发展，找出数据中的差距，探索IMO规定无义务的船舶使用和携带自动识别系统绘图的可行性；

(2)总结游客乘坐海上观光船和游船参观北极近岸和沿海地区现有特定场所的详细指南。

最终将提出一份包含下一步建议的总结报告，以便于2021年5月获得部长的批准，并建立一个为本项目收集信息的线上存储库。

2. 项目的领导者及合作伙伴

冰岛-加拿大。

项目5　制定一份不具约束力的PAME-ARHC谅解备忘录

1. 项目说明

本项目的目标是通过制定一份不具约束力的谅解备忘录，以正式确定PAME与北极区域海道测量委员会(ARHC)之间的关系。谅解备忘录的目的是促进两个机构之间进行更多交流，并加强在共同关心的项目上的协调与合作。

2. 项目的领导者及合作伙伴

美国-加拿大。

项目6　北极水下噪声——了解影响和制定管理解决方案——第一阶段

1. 项目说明

本项目的目标是使用PAME的ASTD中的信息，更好地了解和评估目前北极商业航运偶然产生的水下噪声排放情况，并酌情与北极理事会动植物保护工作组(CAFF)合作，推进北极海运评估(AMSA)报告建议II(G)的实施。主要活动(第一阶段)包括：

(1)更好地了解和评估目前北极航运产生的水下噪声排放情况；

(2)识别北极理事会确定的航运水下噪声区域和生态或文化区域的重叠区；

(3)根据得到的结果，认识到高级分析固有的局限性，研究可能的缓解战略选择，以减少北极航运偶然产生的水下噪声的影响。此类选择中将参照专家意见、传统知识及地方性知识。

2. 项目的领导者及合作伙伴

加拿大-世界自然基金会。

项目7　北极航运事故简编(CASA)：后续行动

1. 项目说明

本项目的目标是制定一份“北极航运事故简编(2005—2017)”及一份总结报告，以更新2009年AMSA报告中的相应信息。

这项工作将使用GIS绘图工具把CASA信息纳入PAME的ASTD，并进行进一步的分析和报告，以确定事故原因和降低此类事故风险的潜在选择。

2. 项目的领导者及合作伙伴

美国-工作组合作伙伴：EPPR(联合项目)。

项目8　收集、报告和审查原住民和当地社区陆上使用重油(HFO)的信息(HFO阶段IVb)

1. 项目说明

本项目的目标是编写一份报告，总结2018年和2019年实地调查中收集的有关原住民和当地社区陆上使用HFO的信息以及这些原住民和当地社区对使用以HFO为燃料的船只运输物资的依赖程度。审议一个或多个北极国家向IMO污染预防与应对工作组委员会第7次会议提交的报告。

2. 项目的领导者及合作伙伴

美国-AIA-CCU-工作组合作伙伴：SDWG。

项目9　收集、总结有关北极国家安全和低影响海洋通道倡议的信息(继续之前的工作计划)

1. 项目说明

本项目的目标是收集有关北极安全和低影响航运通道最佳实践的信息，并帮助加强海上航行安全。

收集和总结有关北极国家安全和低影响海洋通道倡议和计划的信息，并帮助加强海上航行安全，以便向PAME提交最终报告。

2. 项目的领导者及合作伙伴

挪威-可能的工作组合作伙伴：EPPR。

项目10　观察员系统地参与航运相关事宜的框架(继续之前的工作计划)

1. 项目说明

本项目的目标是确定一种方法，让观察员更系统地参与PAME的航运相关工作，并确定观察员为此类工作作出贡献和提供支持的机会。PAME将在两年期内召开一次或多次研讨会，以推进本项目。

2. 项目的领导者及合作伙伴

美国-韩国-意大利-波兰-北方论坛(待定)。

项目11　更新PAME的航运优先级和建议(更新AMSA建议)(继续之前的工作计划)

1. 项目说明

本项目的目标是最终确定部长批准的2009年AMSA报告建议的最新情况，供北极理事会审议和批准，并编写一份关于提议变更的解释及理由报告。

2. 项目的领导者及合作伙伴

美国-加拿大。

项目12　北极船舶交通数据(继续之前的工作计划)

1. 项目说明

本项目的目标是进一步完善ASTD中包含的信息。

进一步增加和完善ASTD中包含的信息，并增强其分析和报告生成功能。ASTD于2019年2月7日公开发布，本项目将根据实践经验和用户反馈，继续加强和调试数据库。

2. 项目的领导者及合作伙伴

美国-挪威-PAME秘书处。

项目13　北极航运最佳实践信息论坛(继续之前的工作计划)

1. 说明

本项目的目标是推广北极航运最佳实践信息论坛门户网站。召开年度参与方会议，继续发展和扩大论坛的门户网站(arcticshippingforum. is)。

该门户网站包含与IMO《极地规则》相关的关键信息的链接，并作为信息、指南和指导方针的资源中心，以帮助参与北极航运的决策者和与《极地规则》相关的海上活动影响的人。这符合北极航运最佳实践论坛(2017)的职权范围。

2. 项目的领导者及合作伙伴

冰岛-美国-加拿大。

项目14　概述北极国家和观察员国对《极地规则》的解释

1. 项目说明

审议通过《极地规则》是确保北极航运安全和可持续的第一步。为了确保《极地规则》的成功，需要努力在适用的情况下促进《极地规则》的实施和执行的一致性。

本项目的目标是根据北极国家和观察员国的意见，将海洋管理机构对《极地规则》的解释进行全面的总结。这项工作将有助于建立解释的“共同基础”，并概述剩余的挑战。

2. 项目的领导者及合作伙伴

挪威。

(三)外来入侵物种

项目1　ARIAS战略和行动计划的实施计划(继续之前的工作计划)

1. 项目说明

PAME主席将与CAFF主席和现有的实施协调工作组(ICG)成员合作，提出实施ARIAS的新方法。实施行动将由不同的北极国家、永久参与方、工作组和其他北极理事会附属机构领导。

本项目的目标是通过制定和实施早期发现、报告、识别和阻断引入途径的共同措施以及共享监测、根除和控制的最佳实践与技术，减少外来入侵物种的威胁。

任何联合项目都需要得到CAFF和PAME以及CAFF的批准。

2. 项目的领导者及合作伙伴

由CAFF和PAME共同领导的ICG。

(四)北极海洋污染

项目1 海洋垃圾区域行动计划

1. 项目说明

制定北极海洋垃圾区域行动计划(RAP-ML)，应对海洋和陆地活动问题，重点关注北极特定的海洋垃圾来源和途径，这对于北极国家为减少海洋垃圾(包括微塑料)对北极海洋环境的不利影响而努力进行的管理工作发挥着重要作用。RAP-ML可在之后两年中更新，以处理新出现的信息和优先事项。因此，需要一个现实可行且适应性强的框架。

与其他北极理事会工作组就海洋垃圾活动开展合作，确保在第一版“区域行动计划”中充分反映这项工作。

2. 项目的领导者及合作伙伴

加拿大-丹麦-芬兰-冰岛-挪威-瑞典-美国-AIA-OSPAR-与其他工作组合作。

项目2 海洋垃圾区域行动计划：交流和宣传活动

1. 项目说明

制作支持RAP-ML项目的交流和宣传材料。

(1)海洋垃圾研讨会/会议。

(2)塑料瓶。

(3)项目视频。

(4)北极海洋垃圾竞赛。

(5)PAME网站上用于宣传的海洋垃圾图片。

2. 项目的领导者及合作伙伴

与RAP-ML相同。

(五)战略性文件

项目1 2019—2021年AMSP实施状况报告

1. 项目说明

跟踪AMSP四十项战略行动的实施进展情况，与北极理事会其他工作组合作制定2019—2021年第3次AMSP实施状况报告，并提交2021年北极理事会部长级会议审议。

2. 项目的领导者及合作伙伴

PAME HoDs-PAME 秘书处-与其他工作组合作。

二、与“AMSP：目标 2”相关的项目

保持和保护生态系统功能和海洋生物多样性，以增强恢复能力并提供生态系统服务。

(一)背景

北极海洋生态系统正面临着来自气候变化、海洋酸化、远程污染、外来入侵物种和人类活动增加等多重压力。这些压力都对北极海洋生态系统的健康和可持续的生存能力构成了挑战。压力通常会彼此叠加，导致累积影响放大，再加上压力源具有复杂性和跨界性，这意味着解决方案通常需要国际和区域合作。

北极生态系统服务具有地方性、区域性和全球性的重要意义。采用生态系统管理方法(EA)可以增强海洋和沿海生物多样性的恢复能力，有助于保护海洋生态系统及其功能，使人们能够继续从健康生态系统的服务中受益。

PAME 的总体目标是通过跟进 2013 年 EBM 海洋相关建议，同时考虑到大型海洋生态系统(LMEs)以往的工作以及正在进行的 EA 新的跨领域活动，继续将生态系统方法纳入评估和管理中。

(二)生态系统方法管理

项目1　关于北极管理实施生态系统方法的第二届国际科学与政策会议

1. 项目说明

通过跟进 2013 年 EBM 海洋相关建议，同时考虑到 LMEs 的以往工作以及正在进行的 EA 新的跨领域活动，继续将生态系统方法纳入评估和管理中。本届会议的标题是“北极海洋生态系统管理的生态系统方法：在 EA 实施框架内整合不同规模的信息”。

需要解决的主题包括综合生态系统评估、生态质量目标、海洋保护

区、北极国家 EA 的实施以及北冰洋中心区。虽然重点是北极 EA 的实施，但主题范围总体上都是常规和普遍的。

会议将于 2019 年 6 月 25—27 日在挪威卑尔根举行。

2. 项目的领导者及合作伙伴

美国-挪威，与 EA 专家组密切合作。

项目 2　第 7 届 EA 研讨会

1. 项目说明

本项目的目标是通过跟进 2013 年 EBM 海洋相关建议，同时考虑到 LMEs 的以往工作以及正在进行的 EA 新的跨领域活动，继续将生态系统方法纳入评估和管理中。

2020 年第 7 届 EA 研讨会将重点关注 EA 框架的第五个要素：重视生态系统产生的文化、社会和经济产品及服务。

2. 项目的领导者及合作伙伴

美国-挪威，与 EA 专家组密切合作。

项目 3　关于确定或设定生态目标的进展报告

1. 项目说明

本项目的目标是通过跟进 2013 年 EBM 海洋相关建议，同时考虑到 LMEs 的先前工作以及正在进行的 EA 新的跨领域活动，继续将生态系统方法纳入评估和管理建议。

在国家和国际进程中实施 EA 的背景下，报告确定或设定生态质量目标的进展。

2. 项目的领导者及合作伙伴

美国-挪威，与 EA 专家组密切合作。

项目 4　北冰洋中心区的综合生态系统评估(IEA)

1. 项目说明

本项目的目标是就北冰洋中心区未来渔业的前景、对航运活动的敏感性和脆弱性等问题提供科学建议。有助于在北冰洋中心区实施 EA。

继续强调 IEA 的发展。继续报道 ICES/PICES/PAME 综合生态系统评估工作组内部和国际海洋考察理事会(ICES)关于 IEA 的其他活动及关于北冰洋中心区鱼类资源的科学专家会议和其他相关活动的进展。

2. 项目的领导者及合作伙伴

美国-挪威，与EA专家组密切合作。

(三)海洋保护区(MPA)

项目1 模拟北极海洋连通性，进一步开发PAME MPA工具箱

1. 项目说明

持续的气候变化可能有助于增加进入北极地区的机会及潜在的新经济机遇，但也可能给北极海洋和沿海环境带来潜在的威胁。更加综合的北极海洋管理方法，包括考虑协助北极环境保护和可持续利用的MPA网络。

活动将包括开发模型，作为帮助决策者设计MPA网络并确定多个可能的MPA的最佳网络工具；计算最佳网络和界限；协调与其他相关的北极理事会工作组的会议和合作，特别是与CAFF及其北极圈生物多样性监测计划(CBMP)相关的合作。

2. 项目的领导者及合作伙伴

瑞典。

项目2 北极保护区和重要区域

1. 项目说明

CAFF和PAME将共同努力更新"北极保护区指标报告(APAI)(2017)"，以纳入自2017年以来建立的保护区。

APAI数据将与联合国环境世界保护监测中心管理的"保护行星"数据库中的北极数据进行比较，以确定两个数据库之间的差异并相应地更新每个数据库。

2. 项目的领导者及合作伙伴

PAME和CAFF秘书处，与MPA专家组合作。

项目3 制定两份关于变化中MPA的情况说明书

1. 项目说明

制定两份关于变化中MPA的情况说明书，目的是利用和综合北极理事会在这一主题工作中所得到的事实信息，并向决策者和公众传达，促进在共同主题上的跨工作组合作。

第一份情况说明书将综合关于变化中的MPA的事实信息以及MPA在

建立恢复能力方面的作用。

第二份情况说明书将综合关于这些变化对原住民影响的事实信息。优先事项是将情况说明书翻译成北极国家的官方语言和原住民语言。

2. 项目的领导者及合作伙伴

美国-挪威，与EA专家组密切合作。

项目4 MPA网络工具箱的扩展和改进(继续之前的工作计划)

1. 项目说明

继续加强PAME在泛北极海洋保护区网络方面的工作，并促成泛北极MPA网络框架和“AMSP战略行动”7.2.10中列出的一些近期行动。

根据2019年3月19—21日在加拿大努纳武特剑桥湾举行的第四届MPA研讨会的成果，扩展MPA网络工具箱。

2. 项目的领导者及合作伙伴

美国-挪威，与EA专家组密切合作。

三、与“AMSP：目标3”相关的项目

考虑累积的环境影响，促进海洋环境的安全和可持续利用。

(一)背景

更好地利用北极、国家和地区的优先事项以及全球对自然资源不断增长的需求正在推动资源开采、航运活动以及对海洋生物资源的兴趣增长。安全和可持续利用生物和非生物海洋资源应促进生态系统结构功能和维持生产力，运用EBM并提供经济机遇。北极地区的经济发展潜力巨大，当地社区和北极国家将从中获益。

北极海洋环境的污染主要来自该区域之外。该区域内经济活动增加，加上气候变化、海洋酸化和远程污染的影响，给生态系统造成了累积的影响。采矿、油气活动、航运、北极定居点、军事基地和矿山等遗留地点以及陆地活动是目前和潜在的北极地区海洋污染源。

(二)资源勘探与开发

项目1 原住民和当地社区参与的MEMA信息手册

1. 项目说明

制定一份信息手册或参考指南，作为原住民和当地社区参与的实用工具，引导原住民和当地社区参与有意义的海洋活动(MEMA)项目。

2. 项目的领导者及合作伙伴

美国-加拿大-AIA-ICC-萨米理事会，与REDEG专家组密切合作。PAME已邀请SDWG参与本项目。

项目2　北极国家当前近海油气活动的最新/现状报告

1. 项目说明

本项目的目标是根据各国提交的信息，包括相关立法、法规和惯例，描述北极国家目前的油气活动。

编写北极国家当前近海油气活动的最新/现状报告。为此，REDEG将开发一个模板，方便各国提交信息。

2. 项目的领导者及合作伙伴

美国与REDEG专家组的密切合作。

项目3　跟进石油污染防治框架计划(FP-OPP)

1. 项目说明

EPPR将与PAME合作，继续报告FP-OPP的实施情况。关于实施情况的现状报告确定了支持框架计划目标的后续活动，报告将包括其他北极理事会工作组和相关利益攸关方的意见以及正在进行的活动。

2. 项目的领导者及合作伙伴

美国-加拿大，与航运专家组的密切合作。

工作组合作伙伴：EPPR。

四、与“AMSP：目标4”相关的项目

增强北极居民(包括北极原住民)的经济、社会和文化福祉，并加强他们适应北极海洋环境变化的能力。

(一)背景

北极原住民和当地社区的健康、福祉和适应能力与他们的食物、商业和文化需求所依赖的海洋生态系统的健康息息相关。全球气候变化、外来

污染物以及其他压力源导致的海洋生态系统变化可能会影响原住民和当地社区获取传统食物的途径和食物的质量。采用传统生活方式的人很可能最容易因气候变化相关问题而出现身体健康问题。

（二）能力建设、信息交流与合作

项目1　能力建设、信息交流与合作

1. 项目说明

（1）加强与国际和区域组织的信息交流和合作，培养原住民社区和其他北极居民的协作能力。

（2）与相关组织、计划（例如联合国环境规划署区域海洋计划）和其他区域计划保持联络和交流信息。

（3）鼓励永久参与方的活动和提案。

（4）努力开展PAME活动的交流和宣传工作以及计划（例如通过更新PAME主页、小册子、易拉宝、其他宣传材料）。

2. 项目的领导者及合作伙伴

PAME主席-PAME秘书处。

第五十章　北极企业航运承诺

2019 年 10 月，海洋保护协会发布《北极企业航运承诺》，号召广大企业加入该承诺，避免使用北冰洋的航运线路，并成功邀请美国耐克公司、瑞士地中海航运公司、瑞典 H&M 集团等多家企业加入。该承诺是主要针对消费品公司和航运物流公司的自愿性承诺，旨在要求加入承诺的企业避免使用北极运输航道，减少影响北极脆弱的生态系统，以帮助保护地球和北极。

北极变暖的速度是地球其他地区的 2~3 倍，北极变暖导致夏季海冰减少，以人类前所未有的方式重组海洋生态系统，生活在北极的人们面临着巨大的不确定性。北极航线上船舶运输量的增加带来了具有更大影响的额外风险。北极地区的本地和区域航运对北方经济体和土著社区很重要，但通过新北极航线(北极运输航道)来转运集装箱船上的全球货物开始被视为传统的非北极航线的替代方案。

作为在全球范围内运输货物的公司，我们承认，全球航运产生的温室气体排放正在破坏北极，即使我们避开北极运输航道，该状况也仍将持续。因此，我们将继续探索减少全球航运排放的途径。作为深切关注气候风险已经影响或威胁北极人民、海洋生物和生态系统的公司，我们拒绝增加具有更大影响的风险，并承诺如下。

1. 避免使用北极运输航道

(1)对于消费品公司：认识到潜在的影响，我们承诺，避免使用“北极运输航道图”(图 50-1)所示的北极运输航道运输产品。同样，我们合作的海运公司或货运代理商不得将我们的产品装在正在或计划驶往北极转运航线的船舶上。

(2)对于物流服务提供商：认识到潜在的影响，我们承诺在提供服务或运营我们的船舶时，避免使用“北极运输航道图”所示的北极运输航道。

2. 强化预防北极航运的措施

我们除了承诺避免使用北极运输航道，并认识到某些公司可能拒绝作出这一承诺外，我们还支持发展预防北极航运的措施，以加强与当前和未来北极航运相关的环境和人类安全。①

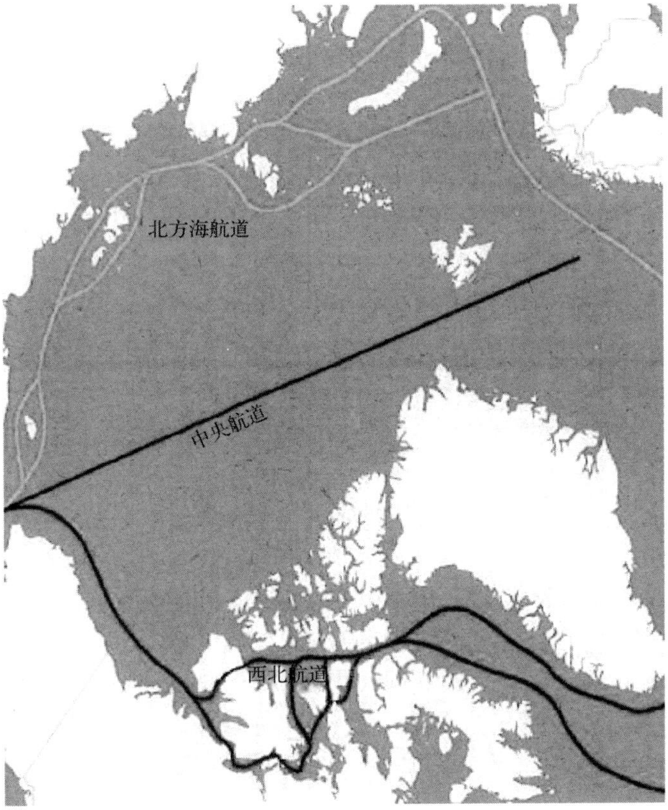

图 50-1　北极运输航道

① 这些措施可能包括：禁止在北极水域使用和运输重燃料油[见清洁北极联盟，《北极承诺》(2017 年 1 月 25 日)，https：//www. hfofreearctic. org/en/arctic-commitment/)]；国际海事组织将北冰洋中部指定为特别敏感海域[见史蒂文森、托德·C.、杰里米·戴维斯、亨利·P. 亨廷顿和惠特·谢尔德，“对北冰洋中部跨北极船舶航行路线的调查”，《海洋政策 100》(2019 年 2 月 1 日)：83-89，https：//doi. org/10. 1016/j. marpol. 2018. 11. 031]；对保护重要生态和土著文化地区的低影响航运通道进行评估[见《美国与加拿大关于气候、能源和北极领导的联合声明》(2016 年 3 月 10 日) https：//pm. gc. ca/en/news/statements/2016/03/10/us-canada-joint-statement-climate-energy-and-arctic-leadership]；采取严格的污染控制措施[见海洋保护协会(2017 年)，“向北航行：北极船舶运输的环境风险评估”，安克雷奇，AK，https：//oceanconservancy. org/wp-content/uploads/2017/06/Arctic-Vessel-Traffic-Report-WEB-2. pdf]。

参考文献

[1] Department of Defense Arctic Strategy, U. S. Department of Defense, June 2019, https://media. defense. gov/2019/Jun/06/2002141657/- 1/- 1/1/2019 - DOD - ARCTIC-STRATEGY. PDF.

[2] UnitedStates Coast Guard Arctic Strategic Outlook, United States Coast Guard, April 2019, https: //content. govdelivery. com/accounts/USDHSCG/bulletins/240150c.

[3] Canada's Arctic and Northern Policy Framework, Crown-Indigenous Relations and Northern Affairs Canada, Nov18, 2019, https: //www. rcaanc-cirnac. gc. ca/eng/1560523306861/1560523330587.

[4] A Ten-Year Projection of Maritime Activity in the U. S. Arctic Region, 2020-2030, U. S. Committee on the Marine Transportation System, Sep, 2019, https: //www. cmts. gov/downloads/CMTS_2019_Arctic_Vessel_Projection_Report. pdf.

[5] Southeast Asia Strategy Act, The Congress, Sep. 2019, https: //www. congress. gov/116/bills/hr1632/BILLS-116hr1632rfs. pdf.

[6] Coordinated Strategic plan to Advance Desalination for Enhanced Water Security, The White House, March 2019, https: //www. whitehouse. gov/wp-content/uploads/2019/03/Coordinated-Strategic-Plan-to-Advance-Desalination-for-Enhanced-Water-Security-2019. pdf.

[7] Marine Plastic Litter and Microplastics, Fourth session of the United Nations Environment Assembly, March 2019, http: //wedocs. unep. org/bitstream/handle/20. 500. 11822/28471/Chinese. pdf? sequence=2&isAllowed=y.

[8] Protection of the Marine Environment from Land-Based Activities, Fourth session of the United Nations Environment Assembly, March 2019, http: //wedocs. unep. org/bitstream/handle/20. 500. 11822/28475/Chinese. pdf? sequence=2&isAllowed=y.

[9] Sustainable Management for Global Health of Mangrove, Fourth session of the United Nations Environment Assembly, March 2019, http: //wedocs. unep. org/bitstream/handle/20. 500. 11822/28476/Chinese. pdf? sequence=2&isAllowed=y.

[10] Sustainable coral reefs management, Fourth session of the United Nations Environment Assembly, March 2019, http: //wedocs. unep. org/bitstream/handle/20. 500. 11822/28477/K1901065. pdf? sequence=2&isAllowed=y.

[11] Bangkok Declaration on Combating Marine Debris in ASEAN Region, ASEAN, June 22, 2019, https: //asean. org/storage/2019/06/2. -Bangkok-Declaration-on-Combating-Marine-Debris-in-ASEAN-Region-FINAL. pdf.

[12] ASEAN Framework of Action on Marine Debris, ASEAN, June 22, 2019, https: //asean. org/storage/2019/06/3. -ASEAN-Framework-of-Action-on-Marine-Debris-FINAL. pdf.

[13] ASEAN Outlook on the Indo-Pacific, ASEAN, June 23, 2019, https: //asean. org/asean-outlook-indo-pacific/.

[14] Kelsey Serjeant and Raewyn Peart, Healthy Seas: Implementing marine spatial planning in New Zealand, Environmental Defence Society, September 2019, https: //eds. org. nz/our-work/publications/reports/healthy-seas-implementing-marine-spatial/.

[15] Cross-border Consultation on Maritime Spatial Plans, EU, June 2019, https: //ec. europa. eu.

[16] The Global Ocean Observing System, UNESCO, May 13, 2019, http: //www. unesco. org/.

[17] DOOS-2019-Science-and-Implementation-Guide, Deep Ocean Observing, May 31, 2019, https: //deepoceanobserving. org/wp-content/uploads/2019/05/DOOS-2019-Science-and-Implementation-Guide-2019-05-31-V3. pdf.

[18] Strategic Action Programme for the Sustainable Management of Living OceanicResources by the Small Island Developing States of the Western and Central Pacific, Pacific Islands Forum Fisheries Agency, Feburary 2019, https: //www. ffa. int/system/files/Oceanic%20Fisheries%20Management%20in%20the%20Pacific%20-%20Strategic%20Action%20Programme%2015%20October%202018. pdf.

[19] Cook Islands National Seabed Minerals Policy, Ministry of Finance &Economic Management Government of the Cook Islands, Janurary 2019, http: //www. mfem. gov. ck/old-site/index. php/mfemdocs/amd/756-cook-islands-seabed-minerals-policy/file.

[20] Global Ocean Acidification Observing Network: Implementation Strategy, The GOA-ON Executive Council, 15 April, 2019, http: //www. goa-on. org/documents/general/GOA-ON_Implementation_Strategy. pdf.

[21] Regional OA Action Plan for Latin America and the Caribbean, Regional OA Action Plan LAOCA Regional Hub, 12 Feb 2019, http: //www. invemar. org. co/documents/10182/14479/INVEMAR+ACIDIFICACION+INGLES-FRANCES+366090-011+BAJA. pdf/949c49ce-7ae5-450d-a161-e075857043cd.

[22] Draft National Flood and Coastal Erosion Risk Management Strategy for England,

Gov. UK, May 24th2019, https://www.gov.uk/government/consultations/draft-national-flood-and-coastal-erosion-risk-management-strategy-for-england.

[23] Arctic Corporate Shipping Pledge, Ocean Conservancy, October 2019, https://oceanconservancy.org/wp-content/uploads/2019/10/Arctic-Corporate-Shipping-Pledge.pdf.

[24] IASC Strategic Plan 2018-2023: Enhancing Knowledge and Understanding of the Arctic, International Arctic Science Committee, June 17, 2018, https://iasc.info/strategic-plan.

[25] PAME Work Plan 2019-2021, Protect of the Arctic Marine Environment, May 2019, https://www.pame.is/shortcode/pame-work-plan/445-pame-work-plan-2019-2021/file.

[26] Natural Capital Committee advice on marine and the 25 year environment plan, May 14th, 2019, https://www.gov.uk/government/publications/natural-capital-committee-advice-on-marine-management.

[27] Marine Planning Policy Statement (Consultation Draft), June 7, 2019, https://www.housing.gov.ie/sites/default/files/publications/files/marine_planning_policy_statement.pdf.

[28] Indo-Pacific Strategy Report: Preparedness, Partnerships, and Promoting a Networked Region, The Department of Defense, June 1, 2019, https://media.defense.gov/2019/Jul/01/2002152311/-1/-1/1/DEPARTMENT-OF-DEFENSE-INDO-PACIFIC-STRATEGY-REPORT-2019.PDF.

[29] U.S. Coast Guard Mulling More Operations in Oceania, United States Coast Guard, October 22, 2019, https://news.usni.org/2019/10/22/u-s-coast-guard-mulling-more-operations-in-oceania.

[30] ASEAN Outlook on the Indo-Pacific,, ASEAN, June 23, 2019, https://asean.org/storage/2019/06/ASEAN-Outlook-on-the-Indo-pacific_FINAL_22062019.pdf.

[31] France and Security in the Indo-Pacific, France Armed France, May 2019, http://www.andrewerickson.com/wp-content/uploads/2019/06/France-Security-in-the-Indo-Pacific_2019.pdf.

[32] United States Coast Guard Arctic Strategic Outlook, United States Coast Guard, April 22, 2019, https://content.govdelivery.com/accounts/USDHSCG/bulletins/240150c.

[33] Report to Congress Department of Defense Arctic Strategy, U.S. Department of Defense, June 6, 2019, https://media.defense.gov/2019/May/31/2002139210/-1/-1/1/DOD_INDO_PACIFIC_STRATEGY_REPORT_JUNE_2019.PDF.

[34] Review of Maritime Transport 2019, United Nations Conference on Trade and Development, October 2019, https: //unctad. org/en/PublicationsLibrary/rmt2019_en. pdf.

[35] WMO confirms 2019 as second hottest year on record, World Meteorological Organization, 15 January 2020, https: //public. wmo. int/en/media/press - release/wmo-confirms-2019-second-hottest-year-record.

[36] Choices made now are critical for the future of our ocean and cryosphere, Intergovernmental Panel on Climate Change, 25 September 2019, https: //www. ipcc. ch/2019/09/25/srocc-press-release/.

[37] WMO addresses high - level segment of COP25, World Meteorological Organization, 10 December 2019, https: //public. wmo. int/en/media/news/wmo - addresses - high - level-segment-of-cop25.

[38] Implementation of the decision of the Council in 2019 relating to the reports of the Chair of the Legal and Technical Commission, International Seabed Authority, February 2020, https: //www. isa. org. jm.

[39] Statement by the President on the work of the Assembly of the International Seabed Authority, International Seabed Authority, July 2019, https: //www. isa. org. jm.

[40] Status of contracts for exploration and related matters, International Seabed Authority, February. 2020, https: //www. isa. org. jm.

[41] Draft text of an agreement under the United Nations Convention on the Law of the Sea on the conservation and sustainable use of marine biological diversity of areas beyond national jurisdiction, United Nations, August 2019, https: //www. un. org/bbnj.

[42] Statement by the President of the Conference at the closing of the organizational meeting, United Nations, August 2019, https: //www. un. org/bbnj.

[43] Arctic Strategic Outlook, The United States Coast Guard, Apr. 22, 2019, https: //content. govdelivery. com/accounts/USDHSCG/bulletins/240150c.

[44] Arctic Strategy, Department of Defense, June 2019, https: //media. defense. gov/2019/Jun/06/2002141657/-1/-1/1/2019-DOD-ARCTIC-STRATEGY. PDF.

[45] China's Activities in the Polar Regions Cannot Go Unchecked, March 2019, https: //www. usni. org/magazines/proceedings/2019/march/chinas - activities - polar - regions - cannot-go-unchecked.

[46] The Implications of U. S. Policy Stagnation toward the Arctic Region, May 3, 2019, https: //www. csis. org/analysis/implications-us-policy-stagnation-toward-arctic-region.

[47] The Cost of Doing Nothing: Maritime Infrastructure Vulnerabilities in an Emerging

Arctic, May 8, 2019, https: //www. csis. org/analysis/cost-doing-nothing-maritime-infrastructure-vulnerabilities-emerging-arctic.

[48] Coast Guard Focused On Being Sea-Based In Arctic As Merits Of Deep-Water Port Debated, U. S. Naval Institute, October 16, 2019, https: //news. usni. org/2019/10/16/coast-guard-focused-on-being-sea-based-in-arctic-as-merits-of-deep-water-port-debated.

[49] Navy May Deploy Surface Ships to Arctic This Summer as Shipping Lanes Open Up, U. S. Naval Institute, January 8, 2019, https: //news. usni. org/2019/01/08/navy-may-deploy-surface-ships-arctic-summer-shipping-lanes-open.

[50] Thawing Arctic Presents Challenges for the Coast Guard, July 2019, https: //www. usni. org/magazines/proceedings/2019/july/thawing-arctic-presents-challenges-coast-guard.

[51] Coast Guard Secures $655 Million for Polar Security Cutters in New Budget Deal, February 15, 2019, https: //news. usni. org/2019/02/15/polar_security_cutter_coast_guard.

[52] Contracts For April 23, 2019, https: //www. defense. gov/Newsroom/Contracts/Contract/Article/1822016/.

[53] Could the U. S. Win in the Arctic?, July 2019, https: //www. usni. org/magazines/proceedings/2019/july/could-us-win-arctic.

[54] US reacts to Chinese and Russian Arctic Activity, Pompeo to attend Arctic Council Meeting, March 20, 2019, https: //www. cnas. org/press/in-the-news/us-reacts-to-chinese-and-russian-arctic-activity-pompeo-to-attend-arctic-council-meeting.

[55] Looking North: Sharpening America's Arctic Focus, MAY 6, 2019, https: //www. state. gov/looking-north-sharpening-americas-arctic-focus/.

[56] Pompeo Warns of New Geopolitical Contest in the Arctic, May 2019, https: //www. maritime-executive. com/article/pompeo-warns-of-new-geopolitical-contest-in-the-arctic.

[57] Pompeo Turns Up Heat on China at Arctic Council Ministerial, May 07, 2019, http: //www. breitbart. com/politics/2019/05/07/pompeo-turns-up-heat-on-china-at-arctic-council-ministerial/#disqus_thread.

[58] Changes in the Arctic: Background and Issues for Congress, December 20, 2019, https://assets. documentcloud. org/documents/6592361/Changes-in-the-Arctic-Background-and-Issues-for. pdf.

[59] Annual Report to Congress: Military and Security Developments Involving the People's

Republic of China 2019, May 2019, https://assets.documentcloud.org/documents/5987010/2019-CHINA-MILITARY-POWER-REPORT.pdf.

[60] The Role of the Arctic in Chinese Naval Strategy, Dec. 2019, https://jamestown.org/program/the-role-of-the-arctic-in-chinese-naval-strategy.

[61] National Defense Authorization Act for Fiscal Year 2020, Dec. 2019, https://www.congress.gov/116/bills/s1790/BILLS-116s1790enr.pdf.

[62] The Importance of Greenland to U. S. National Security, May 3, 2019, https://www.heritage.org/defense/report/the-importance-greenland-us-national-security.

[63] Greenland, Denmark, and U. S. Relations, August 30, 2019, https://crsreports.congress.gov/product/pdf/IN/IN11161.

[64] Engaging with Greenland, September 23, 2019, https://www.rand.org/blog/2019/09/engaging-with-greenland.html.

[65] Remarks by Vice President Pence and Prime Minister Jakobsdóttir of Iceland Before Bilateral Meeting, September 4, 2019, https://www.whitehouse.gov/briefings-statements/remarks-vice-president-pence-prime-minister-jakobsdottir-iceland-bilateral-meeting-keflavik-iceland/.

[66] U. S. 2nd Fleet Flexes Arctic Operational Muscle, September 25, 2019, https://news.usni.org/2019/09/25/u-s-2nd-fleet-flexes-arctic-operational-muscle.

[67] President Donald J. Trump is Celebrating 100 Years of Successful Diplomatic Relations with Finland, October 2, 2019, https://www.whitehouse.gov/briefings-statements/president-donald-j-trump-celebrating-100-years-successful-diplomatic-relations-finland/.

[68] Question No.653 Meeting with Officials on the Sidelines of ASEAN, http://www.mea.gov.in/rajya-sabha.htm?dtl/29212/question+no653+meeting+with+officials+on+the+sidelines+of+asean.

[69] Ministry of External Affairs, Prime Minister's Keynote Address at Shangri La Dialogue, June 1, 2018, https://mea.gov.in/Speeches-Statements.htm?dtl/29943/Prime_Ministers_Keynote_Address_at_Shangri_La_Dialogue_June_01_2018.

[70] Walking on Thin Ice: A Balanced Arctic Strategy for the EU, 19 July 2019, European Political Strategy Centre, https://ec.europa.eu/epsc/sites/epsc/files/epsc_strategic_note_issue31_arctic_strategy.pdf.

[71] In Deep Water, The Emerging Threat Of Deep Sea Mining, Greenpeace International, 3 July 2019, https://www.greenpeace.org/international/publication/22578/deep-sea-mining-in-deep-water/.

[72] The Seabed Minerals Act 2019, Cook Islands Seabed Minerals Authority, January 2019.

[73] NGO calls for Pacific-wide ban on seabed mining, Radio New Zealand, 29 November 2019, https://www.rnz.co.nz/international/pacific-news/404425/ngo-calls-for-pacific-wide-ban-on-seabed-mining.

[74] Sabrina Speich, Tong Lee, Frank Muller-Karger, et al, Oceanobs'19: An Ocean of Opportunity \ [J \ ] , Editorial in the Marine, September, 2019, Volume 6, Article 570.

[75] Tim Moltmann, Jon Turton, Huai-Min Zhang, et al, A Global Ocean Observing System (GOOS), Delivered Through Enhanced Collaboration Across Regions, Communities, and New Technologies, June 28, 2019, https://www.frontiersin.org/articles/10.3389/fmars.2019.00291/full.

[76] Dean Roemmich, Matthew H. Alford, Hervé Claustre, et al, On the Future of Argo: A Global, Full - Depth, Multi - Disciplinary Array, August 02, 2019, https://www.frontiersin.org/articles/10.3389/fmars.2019.00439/full#h8.

[77] Lisa A. Levin, Brian J. Bett, Andrew R. Gates, et al, Global Observing Needs in the Deep Ocean, May 29, 2019, https://www.frontiersin.org/articles/10.3389/fmars.2019.00241/full.

[78] Toste Tanhua, Andrea McCurdy, Albert Fischer, et al, What We Have Learned From the Framework for Ocean Observing: Evolution of the Global Ocean Observing System, August 20, 2019, https://www.frontiersin.org/articles/10.3389/fmars.2019.00471/full#h9.

[79] Robert A. Weller, D. James Baker, Mary M. Glackinet, et al, The Challenge of Sustaining Ocean Observations, March 19, 2019, https://www.frontiersin.org/articles/10.3389/fmars.2019.00105/full#B37.

[80] Scientic Synthesis of the Impacts of Ocean Acidification on Marine Biodiversity. Secretariat of the Convention on Biological Diversity (2009). Montreal, Technical Series No. 46.

[81] Ocean Acidification Reference User Group, "Ocean acidification: the facts. A special introductory guide for policy advisers and decision makers", European Project on Ocean Acidification, 2009.

[82] Política del Mar y Costa de El Salvador, Gobierno de El Salvador, January, 2019, https://www.marn.gob.sv/gobierno-lanza-la-politica-del-mar-y-costa-de-el-salvador.

[83] План развития инфраструктуры Северного морского пути на период до 2035 год, Правительство России, 21 декабря 2019 г, http://government.ru/docs/all/

125703/.

[84] Правила проведения национальной инспекции в Антарктике, Правительство России, 11 октября 2019 г, http://government.ru/docs/all/124216/.

[85] Положение о национальном парке "Русская Арктика", Русская Арктика национальный парк, 4 октября 2011г, http://www.rus-arc.ru/ShareFiles/NP_Order_4.10.2011.pdf.pdf.

[86] 해양경찰법, 국가법령정보센터, 2019, http://law.go.kr/LSW/lsSc.do?tabMenuId=tab18&section=&eventGubun=060101&query=%ED%95%B4%EC%96%91%EA%B2%BD%EC%B0%B0%EB%B2%95.

[87] 갯벌및그주변지역의지속가능한관리와복원에관한법률, 국가법령정보센터, 2019, http://law.go.kr/LSW/lsSc.do?tabMenuId=tab18&section=&eventGubun=060101&query=%EA%B0%AF%EB%B2%8C#undefined.

[88] 제1차해양공간기본계획(2019-2028). 해양수산부, 2019, https://www.mof.go.kr/synap/view.do?fn=MOF_ARTICLE_28175_2019121616f0d240c00720&fd=202007.

[89] 海洋エネルギー 鉱物資源開発計画. 経済産業省, 平成31年2月15日, http://www.enecho.meti.go.jp/category/resources_and_fuel/strategy/pdf/report1902.pdf.

[90] 原田大臣記者会見録. 日本環境省, 令和元年9月12日, http://www.env.go.jp/annai/kaiken/r1/0910.html.

[91] 梁芳. 海上战略通道论. 北京: 时事出版社, 2011.

[92] 汪波. 欧盟中东政策研究. 北京: 时事出版社, 2010.

[93] 2009年海洋观测大会可持续海洋观测综合框架工作组(IFSOO). 海洋观测框架. 北京: 海洋出版社, 2013.

[94] 南海战略态势感知: 美国海岸警卫队近期在西太地区的兵力运用及意图. 军事文摘, 2019(21).

[95] 葛建华. 欧盟战略自主与欧版"印太战略". 亚太安全与海洋研究, 2020(2).

[96] 孟祥青, 韩延哲. 2019年国际安全形势: 和平局面保持、乱象危机频发. 当代世界, 2020(1).

[97] 邢广梅, 汪晋楠. 美国南海"航行自由行动"与军舰无害通过问题研究. 亚太安全与海洋研究, 2020(1).

[98] 张烨. 特朗普上台后美国在南海"航行自由"行动的变化与应对. 太平洋学报, 2018(9).

[99] 金永明. 美国军舰南海航行自由行动目的及中国的应对. 中国海洋大学学报(社会科学版), 2019(3).

[100] 王传剑. 中美南海航行自由争议的焦点法律问题及其应对. 东南亚研究, 2018

（5）.
[101] 张景全，潘玉. 美国“航行自由计划”与中美在南海的博弈. 国际观察，2016（2）.
[102] 骆永昆. 印度东进东南亚：新进展、动因及影响. 和平与发展，2019（4）.
[103] 娄春豪. 战略认知转变与莫迪政府的海洋安全战略. 外交评论，2018（5）.
[104] 李折周，刘存京. 美俄印欧的欧亚地缘战略对“一带一路”建设的影响. 俄罗斯东欧中亚研究，2020（1）.
[105] 李恪坤，娄春豪. 印度洋安全治理：现状、挑战与发展路径. 国际问题研究，2019（1）.
[106] 权五成. 福岛核电站放射性污水排放到海洋的国家责任. 益法学弘，2013，第2号.
[107] 罗曝朝. 基于国际环境法角度对日本福岛核电站事故造成的海洋污染的思考. 新丝路，2019（22）.
[108] 衣淑玲. 论跨国界污染的国家责任. 天津市政法管理干部学院学报，2004（4）.
[109] 胡波. 中国的深海战略与海洋强国建设. 人民论坛·学术前沿，2017（18）.
[110] 哲伦. 国际深海矿产资源开发技术装备发展一览. 资源与人居环境，2008（15）.
[111] 刘少军，杨保华，刘畅，等. 从市场、技术和制度看国际海底矿产资源的商业开采时机. 矿冶工程，2015（4）.
[112] 王金强. 国际海底资源分配与美国的政策选择. 美国研究，2012（3）.
[113] 杨震，刘丹. 中国国际海底区域开发的现状、特征与未来战略构想. 东北亚论坛，2019（3）.
[114] 彭建明，鞠成伟. 深海资源开发的全球治理：形势、体制与未来. 国外理论动态，2016（11）.
[115] 吕文正. 国际海底区域矿产资源开发面临的机遇与挑战. 中南大学学报（自然科学版），2011（9）.
[116] 刘芳明，刘大海. 国际海底区域的全球治理和中国参与策略. 海洋开发与管理，2017（12）.
[117] 2019年美军在南海及周边地区的军事演习，南海战略态势感知. 2019-12-11. http：//www. scspi. org/sites/default/files/reports/2019nian_mei_jun_zai_nan_hai_ji_zhou_bian_di_qu_de_jun_shi_yan_xi_. pdf.
[118] 外交部介绍中韩海域划界政府谈判代表团第二轮会谈成果. 人民日报海外网，2019-07-26. https：//baijiahao. baidu. com/s？ id = 1640115691271841812& wfr = spider&for=pc.
[119] 林勇新. 2019年的南海形势：合作与博弈双向扩大. 中国网，2019-12-25. http：//opinion. china. com. cn/opinion -31-216131. html.

[120] 第五届摩洛哥国际渔业展搭建交流平台. 新华网, 2019-02-26. http://www.xinhuanet.com/world/2019-02/25/c_1124159954.htm.

[121] 2019 年全球海工市场回顾与展望. 国际船舶网, 2020-01-20. http://wap.eworldship.com/index.php/eworldship/news/article? id=156329.

[122] 2019 年全球船市评述与 2020 年展望. 国际船舶网, 2019-12-02. http://www.eworldship.com/html/2019/ship_market_observation_1202/154881.html.

[123] 丹麦拟建 9 座人工岛 欲打造"欧洲硅谷". 中新网, 2019-01-08. http://www.chinanews.com/m/gj/2019/01-08/8722715.shtml.

[124] 深海采矿的国际交锋. 中国新闻网, 2019-09-09. http://www.chinanews.com/m/gn/2019/09-10/8952649.shtml.

[125] 2018 年巴拿马入境游客人数增加 5.4%. 中国新闻网, 2019-01-03. http://www.chinanews.com/m/hr/2019/01-03/8718818.shtml.

[126] 约旦在红海海底打造军事博物馆 可助珊瑚复育. 中国新闻网, 2019-07-26, http://www.chinanews.com/m/gj/2019/07-26/8907813.shtml.

[127] WMO 发布《2019 年全球气候状况临时声明》. 中国气象局官网, 2019-12-05. http://www.cma.gov.cn/2011xzt/2019zt/qmt/20191202/2019102501/201912/t20191205_541820.html.

[128] 中国气象局：受厄尔尼诺影响近期我国南方阴雨天将持续. 新华网, 2019-02-27. http://www.Xinhuanet.com/politics/2019-02/27/c_1124169399.htm.

[129] 世界气象组织发布声明：2019 年全球再次受到气候灾害沉重打击. 经济日报, 2019-12-03. http://www.sohu.com/a/358000868_118392.

[130] 舆论漩涡中的"气候女孩"格蕾塔. 凤凰周刊, 2019-11-05. http://www.ifengweekly.com/detil.php? id=8691.

[131] 太平洋岛国论坛举行，澳大利亚气候政策挨批. 环球网, 2019-08-14. https://world.huanqiu.com/article/9CaKrnKmbiI.

[132] 美国欲制造何种"南海秩序". 光明网, 2016-07-12. http://news.cqnews.net/html/2016-07/12/content-37654830.htm.

[133] 林勇新. 2019 年的南海形势：合作与博弈双向扩大. 中国网, 2019-12-25. opinion.china.com.cn.

[134] 南海战略态势感知：2018 年美军南海军事活动不完全报告. 南海态势感知网, 2019-06-01. https://scspi.org/zh/yjbg/1559318400.

[135] 金永明. 美国"航行自由行动"如何挑战国际法. 澎湃新闻, 2018-07-09. http://www.sohu.com/a/240079496_260616.

[136] 萧强，杜海川，王会聪. 终于清楚了：美国人坚持这样搞，是为了让中国"非常

忙”. 环球时报，2017-07-24. https：//world. huanqiu. com/article/9CaKrnK4feg.
［137］刘锋. 决不让南海掀起大风浪. 人民日报海外网，2018-12-27. https：//opinion. huanqiu. com/article/9CaKrnKglAo.
［138］刘峰. 美国或在南海打新牌，中方宜早做准备. 华夏经纬网，2020-01-21. http：//www. huaxia. com/thjq/jswz/2020/01/6343543. html.
［139］木兮. 西方的老套路！美鼓动多国南海“航行自由”原来为这个潜在目标. 央视网，2019-02-20. https：//mil. eastday. com/a/190220115743415-2. html.
［140］日本拟排福岛核污水入太平洋　韩国首当其冲. 中国环境监察网，2019-08-16. http：//www. hjjczz. com. cn/html/news/internationalNews/8194. html.
［141］日本计划下月起移出福岛核电站 3 号机组燃料棒. 人民网，2019-02-25. http：//sn. people. com. cn/n2/2019/0226/c378286-32683028. html.
［142］伊朗说已将霍尔木兹海峡和平倡议传递给海合会. 新华网，2019-11-03. http：//www. xinhuanet. com/world/2019-11/03/c_1125186503. htm.
［143］南博一. 美国领导的霍尔木兹海峡护航联盟成立指挥中心，已有七国加入. 环球网，2019-11-08. https：//world. huanqiu. com/article/9CaKrnKnG4F.
［144］日韩在 IAEA 年会就福岛核电站处理水交锋. 中评网，2019-09-16. http：//www. crntt. com/doc/1055/4/1/9/105541911. html? coluid = 169&kindid = 12099&docid = 105541911&mdate = 0917185649.
［145］韩国在《伦敦倾废公约》缔约国大会上提出日本排放核电站污水问题. 中韩海洋科学共同研究中心，2019-10-11. http：//www. ckjorc. org/cn/cnindex_newshow. do? id = 3069.
［146］冰岛纪念消失的 OK 冰川. 中华人民共和国商务部官网，2019-08-23. http：//www. mofcom. gov. cn/article/i/jyjl/m/201908/20190802893300. shtml.
［147］深海采矿的国际交锋. 中国新闻周刊，2019-09-10. http：//cul. chinanews. com/gn/2019/09-10/8952649. shtml.
［148］中国获西太探矿权. 人民日报海外版，2013-07-22. http：//paper. people. com. cn/rmrbhwb/html/2013-07/22/content_1271562. htm.
［149］国家海洋局副局长谈《深海法》：规范深海资源勘探开发. 新华社，2016-02-26. http：//static. nfapp. southcn. com/content/201602/26/c49553. html.
［150］王思硕. 中国助力打造全球海洋观测网. 中国新闻网，2019-07-20. http：//www. chinanews. com/gn/2019/07-20/8901337. shtml.
［151］陈佳邑. Argo2020 愿景：走向深海　探知大海脉搏. 中国海洋报，2019-03-27. http：//www. oceanol. com/fangzai/201903/27/c85932. html.